U0175517

瀛寰识略
全球史中的海洋史

陈博翼　编著

漓江出版社

·桂林·

图书在版编目（CIP）数据

瀛寰识略：全球史中的海洋史/陈博翼编著.——
桂林：漓江出版社，2024.5
ISBN 978-7-5407-9791-1

Ⅰ.①瀛…　Ⅱ.①陈…　Ⅲ.①海洋-文化史-世界-
文集　Ⅳ.①P7-091

中国国家版本馆CIP数据核字（2024）第080626号

瀛寰识略：全球史中的海洋史

YINGHUAN SHILVE
QUANQIUSHI ZHONG DE HAIYANGSHI

编著者：陈博翼

出 版 人　刘迪才
品牌监制　彭毅文
责任编辑　彭毅文
特约编辑　肖月
封面设计　周伟伟
责任监印　陈娅妮

出　　行　漓江出版社有限公司
社　　址　广西桂林市南环路22号
邮　　编　541002
微信公众号　lijiangpress

发　　行　北京联合天畅文化传播有限公司
发行电话　010-64258472

印　　制　北京盛通印刷股份有限公司
开　　本　880mm×1230mm　1/32
印　　张　14.5
字　　数　296千字
版　　次　2024年8月第1版
印　　次　2024年8月第1次印刷
书　　号　ISBN 978-7-5407-9791-1
定　　价　68.00元

漓江版图书：版权所有　侵权必究
漓江版图书：如有印装问题　可随时与工厂调换

目 录

一 东南亚与中国

二 印度洋与太平洋

三　全球史与海洋史

一

东南亚与中国

"亚洲的地中海"：
前近代华人东南亚贸易组织研究评述

~~~~~~~~~

    自20世纪布罗代尔《菲利普二世时代的地中海和地中海世界》问世后，南海——"亚洲的地中海"——研究可供拓展的各种方向便成为众多学者关注的话题。很大程度上，环南海的研究在国际学界系由东南亚史和海洋史研究牵引，在华文世界则主要由华人华侨史和台湾史所引导，这在根本上决定了关注主题的侧重和历史解释方向的差异。虽然近代东南亚海上贸易一直是研究的热点，但时至今日，对环南海区域史和整体史的解释框架仍很难令人满意。[①]这一方面跟语言和材料的限制有关，另一方面也跟思路过于单一有关。最近吉浦罗（吉普鲁）（François Gipouloux）所著《亚洲的地中海：13—21世纪中国、日本、东南亚商埠与贸易圈》以磅礴的

---

① 迄今为止，就区域研究整合角度而言，最佳作品当属维克多·李伯曼（Victor B. Lieberman）两卷本的《形异神似》，参见Victor Lieberman, *Strange Parallels: Southeast Asia in Global Context, c. 800-1830*, Cambridge & New York: Cambridge University Press, 2003 & 2009。

气势为该区前近代海上贸易和组织的研究注入了清新的空气。①借此机会不妨"回首来时路",重新思考和讨论一下以海洋为中心、各港市为外围联结点的区域史演化。吉普鲁划定的"亚洲的地中海"包括日本海、东海、南海、苏禄海、西里伯斯海等不同水面的联结,因而首先在地域上超过了本文较为着意的环南海的分野;其著作在时间跨度上也较大,不仅涵盖了前近代和近现代,还包括了中世纪晚期(不论以西洋史还是东亚史的传统划分标准看)。为了避免不着边际,他将精力更多集中于探寻16世纪和20世纪晚期这两个时间段,试图探讨这些海域或区域在这两个时期内各人群和口岸的联结是否能作为对布罗代尔式概念有效的论证,以及边界如何非实体化、流动性如何重新定义边界等建构性概念问题。就组织性原则和跨边界流动的立意看,此书可以矫正材料堆砌和重复引用的风气,因而值得进一步讨论。在评估吉普鲁作品在学术史所处位置和有效性之前,不妨略为回顾前辈学者研究中涉及该区域组织发展脉络的内容,活动人群则以该区域五百年来流动规模最大的华人移民和寓居者为例。

---

① François Gipouloux, *La Méditerranée Asiatique: Villes Portuaires et Réseaux Marchands en Chine, au Japon et en Asie du Sud-Est, XVIe-XXIe Siècle*, Paris: CNRS Éditions, 2009. 英文修正版见François Gipouloux, *The Asian Mediterranean: Port Cities and Trading Networks in China, Japan and Southeast Asia, 13th-21st Century*, trans. Jonathan Hall and Dianna Martin, Cheltenham (UK) and Northampton (MA): Edward Elgar, 2011。中文版见弗朗索瓦·吉普鲁《亚洲的地中海:13—21世纪中国、日本、东南亚商埠与贸易圈》,龚华燕、龙雪飞译,广州:新世纪出版社,2014年。

一、华人与组织研究

商贸组织和商贸网络一直是学术作品中高频出现的词，然而近二十年以来的研究在组织性方面和网络性本身的探讨很薄弱，理论建构也没有根本性的提升。就华人而言，作为该区商贸组织和网络的主要载体之一，一直是备受前辈学者关注的对象，研究成果值得肯定。最早系统研究、揭示华人在该区的存在状态的当属陈达的《南洋华侨与闽粤社会》。此书对于中国沿海华侨社区经济和生活的方方面面做了详细而生动的论述，至今仍是经典作品。[①]陈达开启了对于华人分层的研究。其后，巴素（Victor Purcell）基于剑桥良好的学术训练基础，利用自己作为英国殖民地官员的优势，广泛查阅和搜集了相关的数据，叙述和分析了华人的族群分类、聚居地分布差异、职业垄断和选择以及大致的商业关系。[②]巴素对华人数据的研究有开创性贡献。总体而言，陈达和巴素的研究基本奠定了系统性论述的基础，其后研究的拓展开始进入对组织性要素的考察领域。

王赓武很早便着意于此，从对南海贸易和朝贡的研究开始，慢

---

① 陈达：《南洋华侨与闽粤社会》，上海：商务印书馆，1939年。

② Victor Purcell, *The Chinese in Malaya*, London: Oxford University Press, 1948（刘前度译，《马来亚华侨史》，槟榔屿：光华日报有限公司，1950年）；Victor Purcell, *The Chinese in Southeast Asia*, London: Oxford University Press, 1951; new edition, 1964（中译参见布赛尔《东南亚的中国人》，《南洋资料译丛》1957年第4期、1958年第1—3期连载；郭湘章译，《东南亚之华侨》，台北：正中书局，1966年）。

慢发展出对于华人兴衰制约性因素的体认。作为海外华人研究的专家，王氏着意于"没有帝国的商人"面临的局限和无奈，因此华人在确立有利环境上的失败是显而易见的：相比受到国家高度支持而有优良组织的西方殖民者，华人没有受到一个强有力的母国的支持。[1]然而，如果华人缺乏有效的支撑，又是何种因素促成其成功呢？基于这种追问，探讨华人自身形成的组织结构便顺理成章。包乐史（Leonard Blussé）凭着他对荷兰东印度史料的出色把握在此议题上对王氏的理论提出了修正。对于包乐史而言，华人绝非仅仅是"没有帝国的商人"，更是"非正式帝国的商人"。换言之，他们拥有自己以血缘、亲缘、地缘、业缘联结起来的正式与非正式组织。[2]包氏以此概念来解释华人如何得以与充分组织的荷兰东印度公司持久地竞争并继续存在。包氏将这一问题置于一个广泛的欧洲扩张和东南亚地方发展的脉络，非常有前瞻性地指出华人与荷兰人在特殊的环境中互相依存而发展的特点。可见，基于华人势力的衰落或其所取得的成功展示出的不同面向，王先生和包先

---

[1] Gungwu Wang, *China and the Chinese Overseas*, Singapore: Times Academic Press, 1991, pp. 79-101; "Merchants without Empire: the Hokkien Sojourning Communities," in *The Rise of Merchant Empires: Long-Distance Trade in the Early Modern World 1350-1750*, ed. James D. Tracy, Cambridge: Cambridge University Press, 1993, pp. 400-422；另可参见王先生稍后整理的他对华人华侨所处历史和环境的进一步思考: Gungwu Wang, *China and Southeast Asia: Myths, Threats, and Culture*, Singapore: Singapore University Press, 1999; *The Chinese Overseas: From Earthbound China to the Quest for Autonomy*, Cambridge, MA: Harvard University Press, 2000。

[2] 包乐史：《巴达维亚华人与中荷贸易》，庄国土等译校，南宁：广西人民出版社，1997年，第57—58页。

瀛寰识略

生发展出不同的历史解释。他们的这种不同侧重和解释方向,既受他们自身身份影响(最后结论倾向华人与荷兰人),一定程度上也是在殖民主义和民族主义语境下离散华人活动历史解释长期以来作为颇有争议话题的一个缩影。显然,王先生早期不喜欢"离散族群"(diaspora)这个词,因为这让人想起犹太人不幸的命运,并且有较强的宗教意味,体现了对于回到故土持续的执念。① 因此他更愿意用"海外华人"(overseas Chinese)去称呼这群人。而包先生就很喜欢用"离散族群"去指那些无意识地参与到扩张性商业网络中并扮演重要角色的人。有别于早期华人学者许云樵、姚楠、朱杰勤、田汝康、陈荆和、韩振华、曹永和、王赓武、梁英明、周南京、陈佳荣、巫乐华等前辈对于"中西交通"与本土历史编纂、地名考释的侧重,吴凤斌、杨国桢、李金明、戴一峰、钱江、庄国土、廖大珂、聂德宁、李明欢、陈国栋、袁丁、吴小安、刘序枫、袁冰凌诸位先生几十年以来在华人与东亚贸易网络、华人在东南亚的组织活动方面均有丰硕的研究成果,其中,殖民主义的话语的主体特指西方殖民者,民族主义的话语对于中国来说也仍然隐而不彰,反映了学者内向的克制。

　　在这种背景下,孔飞力(Philip Kuhn)的工作重心是研究华人如何用包乐史所说的"非正式帝国"或组织去适应和完成移居过程。他的近作《他者中的华人》(*Chinese Among Others*)基本是对

---

① 21世纪以来,伴随着中国地位的变化,王先生对该词态度有转变。我个人认为该词可以反映出"分散"和不确定"回归"的状态,也能避免对目标人群国籍的认定,因而在本文使用。

一些该领域学者研究成果的总结，偶有几份明清文献的翻译和解读以及英美政府文件的解读。但此书融入了作者对于华人的一些非常精辟的见解，值得学界重视。①孔飞力不讨论离散华人与西方殖民者的接触，也不着意于两者孰成孰败之类的外部比较，而更关心基于华人方言群差异的条件下，不同的华人组织如何展开以完成经由一定"通道"（corridor）而"栖身"（niche）的移居原理。这种建构模式比早期"拉力—推力"的理论更佳，因为至少解释了如何"拉"和"推"。陈达、巴素等人对方言群早已有所揭示，孔飞力则进一步叙述了其来源以及方言群、组织（会馆）和职业以外的差异。此外，孔飞力作品对于英语世界的意义是描述了离散华人在原居地所处的环境，增进了"另一边"的故事；对于中文世界的意义则是提供了一个华人不同移民形态的全球史视野。如果说巴素仍然是殖民主义框架下离散华人的历史叙述，孔飞力则是采取人群随时段变化不断扩张的模式：早期殖民（16世纪到19世纪中叶）、大规模移民（19世纪中叶到20世纪30年代）、亚洲革命（19世纪后期到20世纪后期）、全球化时代（21世纪后）。不过巴素和孔飞力的研究都没有涉及华人如何与东南亚本地人互相影响。与王赓武对华人异质性的论述重点落在政治认同与阶层差异（包括城乡冲突）不同，孔飞力更强调所有人都互相依赖、互相竞争，从殖民者到被殖民者，从统治集团到民族精英，从贫民到巨富，从离散华人到"他者"，莫不如是。不过，相对而言，孔飞力似乎更关心华人职业的多

---

① 孔飞力：《他者中的华人》，李明欢译，江苏人民出版社，2016年。

样性，而较少关注在不同客居社会中同一职业下异质人群不同的活动方式。孔飞力还区分了欧洲殖民主义大范围介入前在欧洲殖民势力占据的港市和东南亚本土王国控制下的据点这两种不同场所下华人聚居点的类型差异：前者由商人和各种商业中介组成，后者由武装的、领有土地的自治社会政治组织运作，由各种亡命之徒和政治难民建立。而在殖民主义政权扩张后，第一种类型继续存在并且持续繁荣，第二种类型则消失了。孔飞力的这个观察无疑非常敏锐，尽管实际情况肯定远比他划分的这两种模式复杂得多。孔飞力认为一般的殖民代理模式符合双边的利益，而华人寄居者也并非简单地处于这种地方殖民或王朝势力的保护下。孔飞力还认为，华人移民的强大恰恰得益于中国本土的商业化过程，显示出他对构成网络联动的组织及其资金流动的敏感。在回顾学术史上关于华人和组织的几部经典研究之后，不妨从学术史的角度来考察吉普鲁先生近来气势磅礴的新作《亚洲的地中海》的优劣得失。

二、《亚洲的地中海》评述

与前述几位海外学者一样，吉普鲁对组织颇为重视，西方殖民者和华人因而成为重点关注的对象。他认为地中海贸易竞争模式的优势正是其建立的超越国家的新的经济和法律组织，海洋法也因此才逐渐发展为高于各种宪法、法令和习惯法的依据。另一项他着意的指标是自治城市，不过是否可以直接套用到亚洲地区仍有待商榷。此书重在对口岸和网络的观察，与以往对于华人宗族、庙宇、会馆、秘密会社等组织形式和功能的研究相得益彰，其对于人员和交易跨边界流动的思考在一定程度上超越了对狭义组织的重视。在这个意义上，本文将其放入东南亚贸易组织研究的学术史中进行讨论。

吉普鲁对亚洲海域商业组织与贸易网络这个议题的研究已有多年，其在中国和日本游学、做研究已有二十余年，此书也可以视为多年体验与思考的结晶。其雏形于2007年他到东京参加日本东方学会举办的第52届国际东方学会议时发表的论文已可见。滨下武志和羽田正两位先生提出了一些意见反馈，次年吉普鲁以《亚洲的地中海：全球化两个核心时期的中国》（*Asian Mediterranean: China at the Core of Two Periods of Globalisation, 16th-19th Century*, LIA-CASSH Report 2008）为题在清华大学中国研究中心进行报告。此文在2009年刊于《社会科学研究》，提出亚洲国家为何缺失自由港市、海军、私法、商业积累和公司的问题，从而隐晦地表达出这些是西欧殖民者胜出的关键。以该文为基础，他将精要的论述布置在全书各章，从而形成支撑骨架。2009年该书法文版出版后，萧婷（Angela Schottenhammer）在《通报》刊出了一篇颇为严苛的书评，指出其"厚今薄古"。她指出吉普鲁谈及的基本是通识，并且所征引研究过旧，没有提及更多近期出版的作品，关于历史的部分无法体现学术研究的实际进展，历史学家会觉得有趣但无法了解到更多。[1]而且她也认为吉普鲁在亚洲照葫芦画瓢寻找自治港

---

① Angela Schottenhammer, "Review of François Gipouloux, *La Méditerranée Asiatique: Villes Portuaires et Réseaux Marchands en Chine, au Japon et en Asie du Sud-Est, XVIe-XXIe Siècle*," *T'oung Pao* 96.4 (2010): 581-585.

市、联盟和独立法令的做法过分简化了问题，其将中国赖以维持的跨水域交流网络及复杂的商业和制度结构局限于为官方朝贡体系和私人走私贸易也失之过简。吉普鲁进一步修正了一些错漏，并随即于2011年推出改定的英文版（中文版系据英文版翻译，因而也算修正版，尽管还是有些不尽如人意），而萧婷也于《中国观察》刊出第二篇比较温和的书评，仍强调英文版只是小有改进，最大的问题是以"当代中国"代替"历史中国"。当然她也认为这种之前没人敢尝试的宏大分析有其价值，虽然中国史专家不会得到太多新知，但此书仍值得推荐给那些对欧亚比较、古今比较、现代中国港市的经济发展有兴趣的读者。[①]

吉普鲁主要是从亚洲的港口城市入手的，因而此书也重在港口间的联系。作者选取16世纪和20世纪作为论述重点自有其原因：前者代表四片大陆开始常规而稳定地联结，后者是通信成本大大下降的时期，因而有显著的历史意义。本书第一部分比较了基于城市主权的地中海贸易竞争和基于联盟的汉萨同盟波罗的海贸易竞争两种扩张模式；第二部分讲述了"亚洲的地中海"在7—17世纪间朝贡贸易主导下的组织贸易形式，以及日本对中国主导权的抵制；第三到第五部分基本直接进入现代，分别探讨亚洲贸易国际化、东亚制造带与国际金融中心、国际贸易与主权三个大问题。

在讨论了吉普鲁书中核心概念和组织分析模式之后，不妨再说说此书存在的一些问题。"亚洲的地中海"概念的主要反对者是萨

[①] Angela Schottenhammer, "Review of François Gipouloux, *The Asian Mediterranean*," *China Perspectives* 2 (2014): 78-79.

布拉曼洋（Sanjay Subrahmanyam）。他认为这根本不是一个同质的空间，无论从政治、经济还是文化方面而言，社会联结在有些节点相当特殊，而在另外一些节点则很松弛，因此这个大概念令人怀疑。[①]概念问题固然有讨论空间，但通观全书，最核心的问题是布罗代尔式的精髓并未显现。吉普鲁所描述多为"浪花"的事件，偶有一点局势（中时段）的论述，但几乎没看到任何关于长时段的讨论。譬如，除了季风，还有哪些地理要素塑造了深层的"亚洲的地中海"结构？拙目所及，中长时段的许多问题都被某些基于据点的经济联系所掩盖。

（一）此书在一些史实认定上存在武断之处。第一，作者将中国海洋力量的扩张与朱罗王朝／注辇（Cola）的兴起视为导致室利佛逝／三佛齐（Srivijaya）衰落的同等原因，但没给出任何支撑证据（只是强调3世纪以后中国商人在马来半岛很活跃，亦未说有多活跃或提供证据），而事实是注辇取代了三佛齐的地位。对末罗游／巫来由（Malayu）的兴起也语焉不详（第63页）。第二，此书所谓的11—12世纪中国商人"在争取中国与东南亚的贸易之战中打败了阿拉伯商人"也略微夸张，其依据仅仅是在马六甲有150位中国商人（第109页）。虽然在这个时段确实有更多的中国商人开始到马来半岛经营，但这跟在与阿拉伯人贸易战中胜出是两回事，从

---

① Sanjay Subrahmanyam, "Notes on Circulation and Asymmetry in Two Mediterraneans, c. 1400-1800," in Claude Guillot, Denys Lombard, and Roderich Ptak eds., *From the Mediterranean to the China Sea: Miscellaneous Notes*, Wiesbaden: Otto Harrassowitz, 1998, pp. 21-43.

材料中我们看不到这种情形。阿拉伯人在福建沿海的活动仍然非常活跃。且不说著名的蒲寿庚家族（十一世移居广州）、泉州的大量阿拉伯人墓碑，元代阿拉伯商人麻合抹等人在泉州买地契都显示"战胜"在该期对两大族群的商人而言是一个难以量度的命题。即便是依据李露晔（Louise Levathes）的说法，"从阿拉伯人手中夺走了大部分海上贸易"也要到13世纪。[①]第三，谓17—18世纪欧洲金银比价为1∶15时亚洲是1∶10，引用的是米歇尔·莫里诺（Michel Morineau）[②]的研究（第148页），显然是以印度为例，不能代表亚洲。东亚的比值一般在1∶4—1∶7.5的区间内。第四，万丹（Banten）衰落不是因为巴达维亚（今雅加达）"被发现"，而是因为荷兰人无法与万丹土酋达成协议，只能另辟蹊径，最终决定在爪哇（Java）如吉礁（Jakatra）建立新城巴达维亚——在此过程中也动用了大量华人劳工，系由华人承包人杨昆（Jan Con）和苏鸣岗动员而成。以巴城为据点，经过多年的军事和外交对抗，才终于击败万丹，从而进一步确立该区的统治地位。[③]作者所谓的荷兰人在侵

---

① 李露晔：《当中国称霸海上》，邱仲麟译，桂林：广西师范大学出版社，2004年，第30页。

② Michel Morineau, *Les Grandes Compagnies des Indes Orientales, XVIe-XIXe Siècles*, Paris: PUF, 1999, p. 43.

③ Leonard Blussé, "Testament to a Towkay: Jan Con, Batavia and the Dutch China Trade," *Itinerario* 9.2 (1985): 3-41; B. Hoetink, *So Bing Kong, Het Eerste Hoofd der Chineezen te Batavia (1619-1656)*, BK173 (1917), p. 354, 引自Giok Bwee Hesseling-Tjan, "The Kong Koan in Crisis: A Case Study of the Malay Minutes of 1918-1921," in *The Archives of the Kong Koan of Batavia*, eds. Leonard Blussé and Chen Menghong, Leiden: Brill, 2003, p. 106.

入雅加达地区时"发现"一个庞大的中国商人和工匠社区，也有一些误导性：建城人员系被"招募"而来，远非简单的"发现"。总而言之，华人在17世纪上半叶弃万丹而就巴城，是一个可以进一步探寻的议题。第五，所谓布吉人（Bugis）"在廖内定居，控制着新加坡海峡与苏鲁王国"（第170页），如果不是知之不详，就是缺乏历史性的眼光。首先，布吉人主要在苏拉威西定居，虽然许多住在望加锡（Makassar）和巴里巴里（Parepare）这样的港口，但主体农业人群在马洛斯镇（Maros）西部和北部的平原定居。1669年以后，因逃避连绵不绝的内战，才有一群布吉人跑到马来半岛和苏门答腊。他们英勇善战，击败占碑（Jambi）后才对柔佛（Johor）苏丹王朝有决定性影响力。其次，同时代的米南加保人（Minangkabau）也利用了1699年柔佛苏丹马末二世（Sultan Mahmud Ⅱ）遇刺之后的混乱与布吉人一道攫取了对柔佛帝国的控制权，苏丹沦为傀儡。第六，博赫拉人（Bohras）不是印度教徒，而是什叶派穆斯林（如Dawoodi Bohra和Hebtiahs Bohra）或逊尼派穆斯林（如Sunni Bohra）；而信德人也有少数信仰印度教的，不可一概而论（第168、180页；英文版第156、169页）。第七，此书中所谓的天猛公（Temenggong）是活动在马六甲海峡的海盗（第173页）亦颇武断，虽然作者注释"pirates / piracy"非所谓西方意义的"海盗"，引了塔林（Nicholas Tarling, 1999: 47-56）作脚注。①不过仍无法否认天猛公非劫掠性破坏者的实质。其原为马来苏丹国宫廷侍卫和军队的统领，1511年马六甲王

---

① "...the Temenggongs, the 'nomads of the sea' (*orang laut*), bands of pirates who operated in the Strait of Malacca." 参见*The Asian Mediterranean*, pp. 159-160。

瀛寰识略

国灭亡后苏丹逃亡廖内，派天猛公代表其统治大陆领地即柔佛一带。至18世纪中后期，作为封臣的天猛公成为该区的实际统治者。

（二）书中的一些表述不严谨。诸如将中国政府"控制松散的地方确立为大型贸易中心，例如宁波、厦门和广州"等说法似是而非，让人有时代倒置的感觉。且不论作者认为的"中国当局垄断对外贸易"和"朝贡贸易"造成的"商业结构"是否真的决定了这种"贸易网络的模式"，如果在控制松散大型交易中心的层面而言，则意指明代政府曾有的努力，如此厦门当为泉州、漳州；如果意指清代口岸，则就法理层面而言19世纪中期前只有广州；如果系指近现代，则所列口岸无论如何都必须调整。其对中国主导体系及华人经济势力扩张的高估，对不同区域通述后的拼接，与中国学者强调中国商人占有优势、如何和平商贸、有多少艘船、创造了多少白银交易量的惯常论调一拍即合。这种论述模式在一些新近研究中很常见，在泛论基础上缺乏新材料的发掘，也没有理论构建。不过整合这些碎片信息还是需要花一番功夫，因而也可以将其视为对一些区域海上贸易研究的小汇总。①此外，原书"Ayuthea"未作标准写法"Ayutthaya"，并且在附图中，既然是14—16世纪的图，泰国湾（Gulf of Thailand）显然作暹罗湾（Gulf of Siam）更合适，安南与大越（如果一定要标拉丁字母，当作"Đại Việt"而非"Dayue"）也不宜混用。

（三）转引二手研究的古籍未经核对，导致意思偏离，进而影

---

① 较有代表性的总括作品，可参见赵文红《17世纪上半叶欧洲殖民者与东南亚的海上贸易》，昆明：云南人民出版社，2012年。

响结论。例如，引用《福建通志》①的记载言"人们在日常生活中依靠海洋和贸易。他们离开父母，抛弃妻子，毫不犹豫地与异族生活在一起"②（第81页）。遍览同治《福建通志》卷五六"风俗"部分，未发现吻合的原文，页三最接近的记载是"濒海之民，多以鱼盐为业，而射嬴谋息，转贸四方。罟师估人，高帆健舻，出没风涛，习而安之"③。退一步而言，即便与"夷"同处，又如何能得出"战争与社会动荡摧毁或撕裂了家庭和家族的团结"的结论？"Zhang Yi"（第82页）实名应该是"章谊"（罗荣邦原文误为"章宜"），其奏疏言海洋和长江是"中国新的长城，战舰就是烽火台，火炮是新的防御武器"④。据黄淮等编《历代名臣奏议》，原文当为"然则巨浸湍流，盖今日之长城也；楼船战舰，盖长城之楼橹也；舟师战士、凿工没人，盖长城之守卒也；火船火筏，强兵毒矢，盖长城御攻之具

---

① *Fujian tongzhi* [Fujian Local Chronicle], 1868, 56, 3, quoted by Lo, 'The emergence of China as a sea power', p. 502.

② 吉普鲁原文："The people depended upon the sea and commerce for their livelihood," states the *Gazetteer of Fukien*, "They would leave their parents, wives and children without a thought to dwell among the barbarians." 另一版本英译："The people depend on the sea and on trade in their daily lives. They would leave parents, wives and children without hesitation to live with the Barbarians.," 参见 *The Asian Mediterranean*, pp. 77-78。

③ 见华文书局1968年影印本，第1138页。

④ 吉普鲁原文英译："...the sea and the Yangtze River the new Great Wall of China, the warships the watch-towers and the firearms the new weapons of defense." See Huang Huai ed., *Li-tai ming-ch'en tsou-i* (Memorials of famous ministers in history), 1635, 334:5.另一版本英译："...the Yangzi River as 'the new walls of China. The warships are its watch towers and the artillery is its new defensive weapons.'" 参见 *The Asian Mediterranean*, p. 78。

也"（见上海古籍出版社1989年影印本，第4328页），可见后半部分漏译，意思也只理解了一半。"今天我们的防线是长江，不应过于注重我们的骑兵劣势。海军的价值无可估量。利用我们的海军，就是利用我们最强大的武器来打击敌人的弱点"（第82页），看起来有颇超前的元素，查罗荣邦原文，已有意译成分[①]，回译失之更远。据《学海类编》本所收陈克等《东南防守利便（下）》（1131年）第28至29页，原文为"又以谓舍鞍马与吴越争衡，本非中国所长，是则江边之戍，水上之军，以我之长，攻敌之短，胜负可见矣"。原文以三国的例子陈明陆战与水战对己方的利弊，跟作者欲说明的"海军的崛起"有一定距离。

（四）就书的架构和布局而言，本应着重分析的商业组织和商贸网络却没有展开，而直接就跳入现代，留给读者意犹未尽的遗憾。作者强调19世纪前欧洲殖民者放纵价格波动，亦有倒放电影之嫌。如果说19世纪欧洲殖民者有此能力尚可，1800年尤其是1700年以前，其并无能力控制价格波动。如果仔细阅读荷兰与英国东印度公司的报告，就会发现他们经常捉襟见肘，如此谈何放纵？事实

[①] "Our defenses today are the [Yangtze] River and the sea, so our weakness in mounted troops is no cause for concern. But a navy is of value... To use our navy is to employ our strong weapon to strike at the enemy's weakness." See Ch'en K'e et al., *Tung-nan fang-shou li-pien* (The advantages of defending the Southeast) [*Hsüeh-hai lei-pien* ed.], 3:28-29. 吉普鲁英文版字句虽有改动，但类似"海军无价"之类的生造词句则保留下来："Our defence today is the Yangzi River and the weakness of our cavalry should not be a source of preoccupation. The navy is invaluable. Using our navy means using our strongest weapon to strike the enemy's weak spot." 参见*The Asian Mediterranean*, p. 78。

上，价格波动恰恰是前近代社会区域货币交流的常态。就内容而言，作者围绕以经济和法律制度代表的商业组织和金融组织的新工具展开了敏锐的观察，此书在近现代部分所涉及的税收、股份合作、保险、融资等方面论述可圈可点。作者认为，如果按地区看，"19世纪下半叶亚洲的国际贸易：中国远比日本更加融入亚洲国际经济关系之中"（第164页）。如若按结果看该结论也未必有问题，但将原因归为上海等网络节点发挥的作用，则无疑有所偏颇，因为这种情形更像是几个世纪以来华人在该区活动和运作的结果。这些问题和讨论就整体结构而言都需要以更大篇幅展开。此外，此书法文版出版时已是2009年，仍谓"中国的物流市场仍然缺乏组织架构"（第236页），颇有滞后之感，因为近十来年至少各种电商的兴起附带了物流组织架构的建立。

（五）最后，必须指出一些与原作者无关的本书的问题。中译本并非出自历史研究者之手，有一些错误。第一，人名和专名有不少错误。一些已有通例的汉译人名，如布罗代尔（第1、9、10、11、19页等多处）、范勒尔（第8页）、乔治·赛岱斯（George Cœdès，第8页，姓名原文也应核对）、安东尼·瑞德（第8、10页）、菲利普·柯丁（第12页）、马若斐（Geoffrey MacCormack，第85页）、韩森（Valerie Hansen）（第85页，姓名原文也应核对）、博克舍（第102、126、141页）、皮雷斯/皮莱资（第108页）、包乐史（第110页）、韦伯（第184页）、施坚雅（第186页）、德尔米尼（Louis Dermigny，第334页，姓名原文也应核对）应当遵从通例为宜。华人姓名则当还原——"比利·松"（Billy So）为"苏基朗"（第85页），"吴丽萍"

当为"吴丽平";无法还原的人名如"shen xing"应当按标准保留为"Shen Xing"（第Ⅱ页），"阮泽英"当为"阮世英"（第320页）。专名"Serenissima"当为"威尼斯共和国"（第28页），"阿瑜陀耶"当用大陆通译（第70页），"满洲人"非"满族人"（第76页），"沧州"（Chang Zhou）当为"常州"（第85页），"朱印线贸易"当作"朱印船贸易"（shuinsen bōeki）（第99页），"卡里马塔"当为"加里曼丹"（第111页示意图8.1），"常州"当为"长洲"（第114页），"互抵贸易"专业译法为"港脚贸易"（第144页），博赫拉人（如第168页作"柏赫拉人"，不知所谓）等名词前后翻译应统一，"沙逊家族"当为"Sassoons"，"哈同洋行"当为"Hardoons"（第179页），"巴哈姆特"当为"比蒙"（Behemoth，第317页）。

第二是误译和漏译。例如，明朝修建的"这支海军使它重新征服大越的东京"（第78页）看起来就很奇怪，原文则明显只是强调一种可行性（英文版第75页：This wartime marine made it possible to re-conquer the Tonkin...）。引用苏基朗的研究，原书其实就是《刺桐梦华录》，既然已有中译本，最好遵从。而一些翻译错误也可以避免。另有若干处作者转述也不准确。

第三是其他一些编辑或文法的瑕疵。例如，克莱武在普拉西战胜莫卧儿帝国显然是1757年而非1957年（第9页）；"一种由基于血亲的关系和义务的复杂交织"，"由"字当去掉才通顺（第320页）；罗荣邦在《远东季刊》（*The Far Eastern Quarterly*）发表的文章是1955年而非1995年（英文版原书误，第365页）。大概是定位为畅销书，出版商也顺便节省成本，将参考文献全部删去，我想作者也会和我一样对此深感遗憾。大概是为了"镇住"国人，推荐者之一滨下武志教授的单位也被强制改回十来年前的东京大学，这对一家在广州的出版社而言尤其讽刺，从史学史层面而言更是中国人文化后殖民心态的芸芸史料之一。当然，中译本的不足与作者无关，也不损其价值，而对于译者的辛劳和翻译带来的更大贡献也仍然值得肯定。

总而言之，吉普鲁此书虽然有不少问题，但基于其对组织、人群流动和跨边界活动的重视，以及宏大的比较视野，对当前一些迷失方向的研究者而言不啻为学习的样本。基于已有学术作品的贡献与存在的问题，阐明和评估环南海地区研究与基础训练的意义是思考未来研究方向的基础。

三、研究意义与基本要求

既然在环南海地区、华人和组织问题上多年来有不少研究，那么今日为何仍要继续探索这些问题或者说对这些问题的继续探索又有何新意呢？由东南亚与中国环抱的环南海地区以其多元的生态环境、族群结构、社会组织和文化表现而在近几十年来日益受到重视。研究多个世纪以来跨越和交织于该区的人群以及前近代社会经济的整合能帮助我们认识文明演化的一些特点。对于贸易组织的研究只是一种切入该区和相关结构研究的方法和路径。而更深入、更广泛的研究可以改进我们对于同化、涵化和政治参与复杂进程的认知，推进对自身和"他者"理解的感知，找寻更美好的道路。就备受瞩目的华人群体而言，其研究可以回应一些大问题：离散族群是否能够或应该通过建构一种新的认同成为"他者"的一部分？离散族群是否天然可以与客居社会的其他人群和谐共存？在何种情况下其"特殊性"被建构或强调？这些问题也都是过去和现在全球移民所共同面临的。以离散犹太人为参照对象，其被迫害的广泛性、身份认同的强韧性、工作的勤奋度、事业的成功度，都与离散华人有很大相似性。因此，纯粹的所谓族性并不能完全解释这种"巧合"。历史学家更应追问的问题是：在何种条件下离散族群与地方社区和谐共存？又在何种情况下会被排挤甚或清洗？

东南亚的离散华人大多来自华南相同区域，其命运却往往随其所往之国而迥异。[①]何种因素导致这些聚居社区不同的命运？离散华人如何与统治力量以财政或军事支持、社区自治式的代理合作等不同方式打交道？离散华人是否只在特定的区域表现不同？如果是，这种不同又如何体现？有些地域表现出形式多样混合，则需研究何者占主体地位，何者为常态与变态。例如，广南虽然也在会安这种港口有类似甲必丹[②]的社区长官，但华人最引人注目的表现是开拓城市国家（河仙）、开拓边界地区（堤岸）以及影响他国（真腊）与本国政局（西山起事）；而在荷属东印度，显然系以代理的组织形式为主导。华人具有挑战性还是保守性特点，抑或只是弱势的

---

① 比如，同样是闽南人，其在各地表现就很不一样。相关的总结性研究，参见庄国土、刘文正《东亚华人社会的形成和发展》，厦门：厦门大学出版社，2009年；钱江：《古代亚洲的海洋贸易与闽南商人》，《海交史研究》2011年第2期。粤人、潮州人、客家人、海南人等亦必然如此。

② 甲必丹，葡萄牙及荷兰在其殖民地内任命华人为官吏，专司诉讼租税等华侨事务。

个人或群体？研究者应当找寻变量，比较区域和阶级差异，判定华人在不同地域的不同适应性，避免假设聚居社区的华人具有同质性。通过对其在不同的客居社会的观察，其异质性的特点也许更显著，进而可以考察不同的地方社会如何创造这种异质性。这些都是潜藏在吉普鲁关注的商业组织之下更深层的问题。脱离了族群组织的历史背景，就不可能真正明了组织的演化及其特性，也就不可能进一步理解海上贸易的兴衰。

对于青年学者而言，应该鼓励其加强相应的历史语言学和制度史的训练，这有助于该区人群与商贸研究的推进。例如，若知越南语"Minh Hương"（明香）及其发音，配以文献确认，则不难理解初始抵达越南的那拨粤人该词发音与越南音接近，故而双方都能加以确认。而其后该词意思演化为更符合越南本土理解和华人后代理解的"明乡"也顺理成章（因为越南人"乡"不作"hương"的读法，表达人的故乡性联系多用"quê [tôi/nhà]"，而表达行政意义的"乡"更非如此）。该词的研究也能扩展和联系到越南人以此词区分一般意义而言的"北人"，以及"清人""清商居人"等后来的华人涉及华夷之辨或清越关系的议题。[①]又如，一般认为的菲律宾混血华人为"Mestizo"，特别指定华菲混血的人为菲语的"Mestisong Tsino"。然而，如果了解那些被认为有75%以上华裔血统的混血实际被另外称为"Tsinoy"（华裔菲律宾人），便能进一步明晰西班牙

---

① "（戊寅七年二月）……又以清人来商居镇边者，立为清河社；居藩镇者，立为明香社（今明乡）。于是清商居人悉为编户矣。"见《大南实录前编》（*Đại Nam thực lục tiền biên*）（越南绍治四年[1844]汉喃研究院本）卷七，第14页a-b。

殖民者种族隔离的遗产以及以皈依天主教塑造的阶级区隔制度对移民融合与管制的方方面面。在他加禄语里，早期对华人的统称，不论是"Intsik"还是"Tsinoy"，实际上都带有蔑视和贬义色彩，19世纪后"Tsino / Tsinoy / Chinoy"一系的称呼由于慢慢被用于指华裔菲人这种具有菲律宾人国籍意义上的人群，才慢慢趋于中性。作为旅菲华人主体的福建人，多将自己称为"咱人"（Lan-nang / Lán-lâng，另"Bân-lâm"可能是此意），从而也为菲人用以称呼。有意思的是，广东人由于人数少，所获称谓"Keńg-tang-lâng"是由操闽南语的闽南人表述的。在菲律宾，其他诸如生理 / 生意（Sangley）、华裔、华人、华侨等特定称谓，以及对于殖民时代原住民、西班牙人、华人多种混血之人群（Tornatras / Torna-atras）的特定称呼；对于当代台湾人和大陆人，都有特定的指代，凸显了其与中国广泛而复杂的联系。

又如就制度史而言，不明了所谓"朝贡"和"海禁"的因缘和实际状况，基本都是天马行空，人云亦云。不明白暹罗港主机构（Kromma Tha）大事记录本分为两部，由华人商务官和穆斯林官员分别监督记录，如何能知华人势力在暹罗外事外贸部（Krom Phra Khlang）和朝廷内上升，排挤穆斯林，从而控制生意，交接两端？又如何能比较同为"港主"，华人扮演的角色在暹罗这种以征收劳役和实物运作的官僚体系垂直等级结构中与在马六甲的代理和中介体制中有本质差异？基于组织结构而言，华人在中爪哇马打兰王国与在暹罗所需要负责的层级征收和管理内容反而颇为类似，而与马来半岛上管理对外贸易的港主相去甚远。①

兼顾历史语言和制度的考虑，也能发现别有洞天。如果习知马来语中的汉语借词，可知亚伯（华人村长，区长，工头，aboi）、红包（angpau）、公亲（仲裁／调解，kongcin）、弄狮（舞狮，barongsai）等明显与日常组织和生活方式相关；串口（经纪／捎客，cengkau）、船仔（cunia）、字号／商号（jiho）、公司（kongsi）、唐舡（大平底船／驳船，tongkang）、艐舡／王舡（大船，wangkang）等则与组织性和商业性活动联系。汉语中的马来语借词，如abang（亚班［同辈男性长者］）显然表明华人对马来航海规则的袭用；jalan（惹兰［道／路］）、kampung（甘榜／监光［乡／村］）、nyonya（娘惹［土生华裔女子］）等则是华人群体采纳海岛世界本地生活方式的结果。②习知这类词汇，自然可以进一步对不同人群的组织能力和传统、造船技术、航海规则、客寓聚居生活等诸多方面前后互相影响的历史过程产生进一步思考。再如，如果习知马来语出门谋生（merantau）、离开家乡谋生（pergi merantau）、移居（berpindah）等形式有差异

---

① 包乐史：《巴达维亚华人与中荷贸易》，第41—45页。
② 关于这些词汇，可参见包乐史、吴凤斌校注《公案簿》（第一辑），厦门：厦门大学出版社，2002年，第377页；陈国栋：《从四个马来词汇看中国与东南亚的互动：Abang, Kiwi, Kongsi与Wangkang》，收入氏编《汉文化与周边民族——第三届国际汉学会议论文集·历史组》，台北："中研院"史语所，2003年，第65—113页（后收入氏著：《东亚海域一千年》，济南：山东画报出版社，2006年）；周凯琴（Chow Chai Khim）：《马来西亚汉语和马来语借词相互渗透之研究》，新加坡、北京：新加坡国立大学、北京大学硕士论文，2010年。

的词汇，则能对时人观念和组织活动有不同判定。[1]再如，瑞德（Anthony Reid）将马斯（mas／mace）作为基本货币单位，等同于越南的"tiền"（钱），言外国人在暹罗和大越把1／16两（如同马来人所谓的tahil）的计算单位视为1马斯，然而仅仅知道这种单位是远远不够的，也不甚准确。[2]越南与中国一样，不同朝代币制是不同的。

"钱"的基本单位可以是"陌"，也可以是"文"，所指可以是流通的现钱，也可以是古钱。陈朝建中二年（1226）规定民间用钱以69文为1陌（10陌为1贯），缴官府换算则需70文1陌；到了后黎朝光顺八年（1467）"使钱"1陌仅仅需要36文，同时规定"古钱"1陌值60文，系使钱的5／3倍（仅仅是"使钱"10陌1贯），因此越南人认为这跟"北人"（中国人）"以百文为一陌"的"传统"大相径庭。[3]因此，若简单认定换算比率，比如"文"和"陌"之间为10或100的整数换算，往往谬以千里。其实，宋代法定77文为1陌，受纳税赋则需要85文，相较越南同期差别并不算特别大，何况还有"短陌""省陌"的问题。另外，应该注意制钱系统和银两系统的比例和换算有很大差异。根据

---

① 王赓武：《南海贸易与南洋华人》，姚楠译，香港：香港中华书局，1988年，第270页。

② Anthony Reid, *Southeast Asia in the Age of Commerce, 1450-1680*, New Haven: Yale University Press, 1995, Vol. 2, p. 102.

③ 潘清简（Phan Thanh Giản）：《钦定越史通鉴纲目》（*Khâm Định Việt Sử Thông Giám Cương Mục*）："北人以百文为一陌，本国以三十六文为一陌，谓之使钱；六十文为一陌，谓之古钱。使钱十陌，乃是古钱六陌，准为使钱一贯。其古钱十陌乃使钱之一贯六陌四十文。使钱别名闲钱，古钱别名贵钱。"见《钦定越史通鉴纲目》（越南建福元年[1884]汉喃研究院本），正编卷二十一，（光顺八年）"考诸军武艺赏罚有差"条注，第2页a-b。

现有材料，1600年以后在广南出现的以实时米价衡量的"贯"和"两"的关系为1∶6.67—1∶10（1608）、1∶12（1641）、1∶16.67—1∶19.1(1705)、1∶19.67—20（1752）、1∶25（1754），总体呈上升趋势。[①]抛开货币制度而谈贸易网络、计算银钱交易数量，都是没有真凭实据的。

四、相关研究材料评述

环南海地区的原始材料众多，虽经多代学者共同努力，但囿于语言藩篱，任何学者都几乎不可能遍阅周知。不过很多系统性材料开始得到整理和翻译，因而我们开始更有可能深入探究这个丰富而奇妙的世界。就前近代华人东南亚贸易组织而言，个人认为，可以进一步发掘该区值得注意或过去利用率不高的一些新旧材料。

在荷属东印度，有限的古汉语文献一直颇为研究人员所重视。陈洪照《吧游纪略》、《开吧历代史纪》、王大海《海岛逸志》是三种传统一览17—18世纪该区情况的汉文材料。陈洪照（1710—1773）是泉州德化县人，"壮岁"随商船游荷属东印度群岛。他在同乡甲必丹黄氏家里住了五个多月，其间探访了噶喇吧（巴达维亚）、万丹、三宝垄等地华人社区，收集了不少南洋的地方史乘。回国后陈氏撰写了《吧游纪略》（约1749年完稿），此书大致反映了18世纪

---

① David Bulbeck and Kristine Alilunas-Rodgers, "Exchange Rates and Commodity Price," in *Southern Vietnam under the Nguyen*, eds. Tana Li and Anthony Reid, ASEAN Economic Research Unit, Institute of Southeast Asian Studies, 1993, p. 138.

中期华人南洋交通和商业活动的情况及当地风土人情。但该书原书已佚，现仅能依据其德化乡人朱仕玠《小琉球漫志》（1766年前成书）所抄引的三千余字进行研究。陈佳荣早年对此文本进行过研究，苏尔梦（Claudine Salmon）有译本载于《群岛》（*Archipel*）。第二种材料《开吧历代史纪》是一部有近190年（1610—1795）跨度的年鉴式材料汇编，记录了巴达维亚华人社区的发展。我们知道其早期有四个版本：荷兰学者麦都思19世纪中期译本，皇家巴达维亚艺术科学学会本（现藏荷兰莱顿大学），何海鸣刊印爪哇苏加巫眉市（Sukabumi）1921年本，巴达维亚公馆本。[1]过去我国学者一般依据最后一种，即许先生校注本，现在包乐史和聂德宁已推出他们用力多年的翻译和评注本，青出于蓝。第三种材料《海岛逸志》系福建龙溪人王大海1791年完成。此书反映了他在爪哇及其周边包括马来半岛一部分地区的亲身经历。王氏1783年前往爪哇并居住于噶喇吧和三宝垄等地近十年，其间他游历爪哇北部和马来半岛诸港口，因而其对当地华人社会生活的描述有很高价值。王书很简要，很早便为西方学者注意并有译本，不过学界可能尚未完全挖掘该书价值。[2]用这三种目前仅知的汉籍一手文献重建荷属东印度社会是远远不够的，但仍当将其视为基础性材料并进一步解读。

---

① 分见W. H. Medhurst, "Chronologische Geschiedenis van Batavia, geschreven door een Chinees," *Tijdschrift voor Nederlandsch Indië*, Ⅲ, 2, 1840; *Royal Batavian Society of Arts and Sciences* (09/1905)；《侨务旬刊》第130期，1924年7月21日；许云樵：《开吧历代纪记校注》，《南洋学报》第九卷第一辑，1953年，第1—64页。
② Ong Tae Hae, *The Chinaman Abroad, or a Desultory Account of the Malayan Archipelago Particularly of Java*, Shanghai: The Mission Press, 1849.

除却传统汉籍，汉文碑铭作为集合性材料也当受重视。其中，傅吾康（Wolfgang Franke）早年主持汇编的两种碑铭虽然名气很大，但鲜见广泛运用，大概跟时代背景和流传受限有关。[①]陈荆和（Chen Ching-ho）与陈育崧（Tan Yeok Seong）经辛勤田野抄写集录的新加坡碑铭也当关注。[②]

　　荷属东印度有两大系统性材料，近二十年来研究人员都很重视：一是《公案簿》，二是荷兰东印度公司的诸档案。前者为涵盖1772—1964年近两个世纪的巴达维亚华人公馆档案，主要为华人甲必丹和雷珍兰处理日常华人社区诉讼的记录，这种"自治"和"法治"材料自然备受青睐。鉴于其陆续整理出版且中国学者都很熟悉，不再赘述，但个人认为利用率还是太低，其文本形成过程以及这个分隔的社区如何在殖民议程框架下运作也没得到充分关注。荷兰东印度公司的诸档案比较复杂。在荷兰专家的帮助下，印度尼西亚国家档案馆（Arsip Nasional Republik Indonesia）2015年初开放了档案分类卷宗扫描卷。[③]该卷宗分为四大部分。第一部分是《巴达维亚城日记》，由于其涉及台湾的部分早已有郭辉和程大学经由村上直次郎的日译本转为中译本，大家一般比较熟悉。第二

① Wolfgang Franke, Claudine Salmon, and Anthony Siu（萧国健）eds., *Chinese Epigraphic Materials in Indonesia*（印度尼西亚华文铭文汇编）（3 Volumes）, Singapore: South Seas Society; Paris: École française d' Extrême-Orient; Association Archipel, 1988-1997; Wolfgang Franke, Tieh Fan Chen（陈铁凡）eds., *Chinese Epigraphic Materials in Malaysia*（马来西亚华文铭刻萃编）（3 Volumes）, Kuala Lumpur: University of Malaysia Press, 1982-1987.
② 陈荆和、陈育崧编：《新加坡华文碑铭集录》，香港：香港中文大学出版部，1972年。
③ 参见其主页：http://www.sejarah-nusantara.anri.go.id/archive_generalresolutions/。

部分巴达维亚城一般决议（General Resolutions of Batavia Castle 1613—1810）是公司高层每周两到三次在巴达维亚城的会议记录，为印度（亚洲）委员会九人与东印度总督关于战争、贸易、行政、法务的磋商，跨两个世纪。第三部分为东印度与其他区域政权或势力六十来年的外交通信（Diplomatic Letters 1683—1744），整理者已公布对各国通信数的统计列表，因此我们得以看到一个基于印度尼西亚群岛甚至以马来世界为中心的对外辐射网络，其中明清时期的中国只是一个非常外缘的区域，这对我们以前习惯从华南看商贸网络辐射东南亚的视角是可贵的补充。第四部分为在巴城发布的公告和法令（The Placards of Batavia Castle 1602—1808），绵延超过两个世纪。这些公布的档案已可以通过标题检索，使用时也可以运用一些技巧。比如用"巴达维亚日记摘要"（Marginalia）文献库检索日记，用"一般决议分类记录总结"（Realia）库检索一般决议可获知其大致内容，从而进一步确认需要阅读的内容。当然，其内容仍是古荷兰语手稿，需要艰苦的训练才能释读。以莱顿大学为代表的机构培养了一批优秀的东印度公司档案释读专家，他们会大大受益于这批档案的开放。此外，由江树生、翁佳音译注的《荷兰联合东印度公司台湾长官致巴达维亚总督书信集》（*De missiven van de VOC-gouverneur in Taiwan aan de Gouverneur-generaal te Batavia*）也较少被利用。[1]这两卷通讯信涉及殖民者对解决问题的

---

① 江树生、翁佳音协译注：《荷兰联合东印度公司台湾长官致巴达维亚总督书信集》1（1622—1626）；2（1627—1629），台北："国史馆"台湾文献馆、台湾历史博物馆，2007、2010年。

想法，是相当难得的一手材料，《热兰遮城日志》的有些内容其实基于这些往复通信编纂。

其他非系统性材料也有一些零散但值得注意的信息。比如东印度公司船长邦特库（Bontekoe）的航海记，虽然只有几处提及中国人，但生动反映了荷兰人与岛屿原住民和中国海盗的接触。①又如莱佛士的《爪哇史》，成书较早且引用了不少重要文献，也需要细读。②再如克里斯托弗·弗莱克（Christopher Fryke）等人早期在群岛的探险也可进一步发掘。③最后推荐周南京所编的《印度尼西亚华人同化问题资料汇编》④。周先生是出生于印度尼西亚东爪哇（Jawa Timur）的华侨，祖籍福建安溪县。1948到1949年他返回厦门集美中学学习，然后回印度尼西亚泗水中华中学。1953年他又考入北京大学，1958年毕业留校教授东南亚史，1993年主持编定著名的十二卷《华侨华人百科全书》。基于这种特殊背景，在这本《汇编》里，周先生收录了不少印度尼西亚语翻译过来的重要文献，补充了西文和中文所缺失的视角。

---

① Willem Ysbrantszoon Bontekoe et al., *Memorable Description of The East Indian Voyage 1618-1625*, London: G. Routledge & Sons, 1929.

② Thomas Stamford Raffles, *The History of Java*, London: John Murray, 1830.

③ Christopher Fryke, *Voyages to the East Indies: Christopher Fryke and Christopher Schweitzer*, London; Melbourne: Cassell and Co., 1929; Christopher Fryke, Christoph Schweitzer et al., *A Relation of Two Several Voyages Made into the East Indies*, London: For Printed D. Brown and 6 Others, 1700. 中译本参见黄素封、姚楠译《十七世纪南洋群岛航海记两种》，上海：商务印书馆，1932年。

④ 周南京编：《印度尼西亚华人同化问题资料汇编》，北京：北京大学亚太研究中心，1996年。

越南相关的文献目前以《大南实录前编》《大南一统志》《大越史记全书》《大南国朝世系》、戴可来与杨保筠所编《岭南摭怪等史料三种》、石濂大汕《海外纪事》等几种经典汉喃文献最为耳熟能详。谢奇懿等编的《大南实录清越关系史料汇编》（台北，2000）也属于这个系统。《阮朝朱批奏折》所涉时代稍晚，但为19世纪最重要的官方文献之一，越南学者也很认真地做了汉越双语对照本。从《清实录》和中国第一历史档案馆《军机处录副奏折》等卷宗所辑录的《古代中越关系史资料选编》（北京，1982）虽然有些小瑕疵，仍可作为不能亲自到第一历史档案馆阅读扫描原件的研究者的权宜代替文本。利用率较低的是几种碑铭和拓片系列，如二十余卷影印本《越南汉喃铭文拓片总集》（河内，2005—2009），以及两种已出整理本《越南汉喃铭文汇编（一）》（巴黎、河内，1998）、《越南汉喃铭文汇编（二）》（台北，2002）。此外，汉喃研究院所藏《皇越一统舆地志》《黎族家谱》《大宗裴氏家谱》《富演社乡贤谱》《大南通国各省驿站里路（附明命壮籍民数）》等汉喃文献也有一些零星但有用的材料。西文材料则当以耶稣会士的通信和一些传教士游记为发掘重点。[1]

---

[1] Charles Le Gobien, Jean-Baptiste Du Halde, Nicolas Maréchal, and Louis Patouillet collect, *Lettres Édifiantes et Curieuses Écrite, Écrites des Missions Étrangères, par quelques Missionnaires de la Compagnie de Jésus*（中译本参见《耶稣会士中国书简集》(1—6)，郑德弟、吕一民、沈坚、耿升等译，郑州：大象出版社，2001、2005年）; Pierre Poivre, *Voyages d'un Philosophe ou Observations sur les Moeurs & les Arts des Peuples de l'Afrique, de l'Asie et de l'Amérique*, Yverdon: F.-B. de Félice, 1768, 或参见英译本: *Travels of a Philosopher: or, Observations on the Manners and Arts of Various Nations in Africa and Asia*, Glasgow: Printed for Robert Urie, 1770。

暹罗相关的材料一直较少为中国学者熟知，所以就谈不上利用率了。除了暹罗皇宫的泰文档案之外，其实还有不少原始材料可供不谙泰文者阅读。第一种是《17世纪暹罗与外国关系记录》（*Records of the Relations between Siam and Foreign Countries in the 17th Century*），该书汇编了17世纪阿瑜陀耶（Ayutthaya）[①]王朝与各国的通信和官方文书，还有西欧人在暹罗周边区域的游记。全书编为五卷，中有空白时段（1607—1632，1634—1680，1680—1685，1686—1687，1688—1700）。[②]第二种是法国人1685年出使暹罗的记录，充满了科学的好奇和宗教的热忱。该使团令泰王那莱（Phra Narai）对法国充满热忱而互动有加。英文版1688年随即推出，可见英国人的重视程度。[③]第三种为安东尼·法灵顿（Anthony Farrington）编定的《英国商馆在暹罗：1612—1685》（*The English Factory in Siam, 1612-1685*）。[④]编者为这个两卷本的整理本写了一

---

① 阿瑜陀耶作为主要商品中心的兴起，参见Craig A. Lockard, "'The Sea Common to All': Maritime Frontiers, Port Cities, and Chinese Traders in the Southeast Asian Age of Commerce, ca. 1400-1750," *Journal of World History* 21.2 (2010): 239-245。

② *Records of the Relations between Siam and Foreign Countries in the 17th Century*, Bangkok: Printed by order of Council of the Vajiranāna National Library, 1915-1921.

③ Guy Tachard, *A Relation of the Voyage to Siam Performed by Six Jesuits, Sent by the French King, to the Indies and China, in the Year, 1685: With Their Astrological Observations, and Their Remarks of Natural Philosophy, Geography, Hydrography, and History*, London: Printed by T. B. for J. Robinson and A. Churchil, 1688.

④ Anthony Farrington and Dhiravat na Pombejra eds., *The English Factory in Siam, 1612-1685*, London: British Library, 2007.

个介绍其背景的序言，从而使读者可以较快进入情境。17世纪的暹罗是一个高度开放的社会，因此在阿瑜陀耶的英国人发现自己不仅要面对亚洲的波斯人、印度人、中国人、日本人、马来人，还要面对欧洲的葡萄牙人、法国人和荷兰人的竞争，设立商馆就成为重中之重。该书共记录了超过700份英国东印度公司的原始文献，由于迟至2007年才整理发布，目前尚无太多研究成果。这些报告频繁提及中国和华人，虽然该商馆的最终目的其实是日本市场和网络的开拓。由于荷兰东印度公司是其主要竞争者，所以其相关事务多有涉及。

　　暹罗英国商馆后来由于内外交困而关闭，一百多年后大英帝国卷土重来，许多恢复关系和重开商馆的交涉事务随之而来，因此19世纪初又有四种重要文献。第一种是《1824年娄氏出使南暹罗》（*Low's Mission to Southern Siam 1824*）[①]。詹姆斯·娄（James Low, 1791—1852）是英国东印度公司马德拉斯军团（Madras Army）长官，他被派驻到槟榔屿（Penang），任务是重建与暹罗的联系并联合暹罗对抗缅甸。该记录提及华人十余次，华人矿工的无处不在，华商的无远弗届与收购燕窝的热情令娄氏印象深刻，这些材料也提醒我们多面关照的重要——研究荷属东印度，暹罗湾的动态也会与其产生联动。第二种也是法灵顿编的出使记录汇集，主要方向是西北部的清迈，记录了十年间四次精彩的旅程。戴维·理查德森（David Richardson, 1796—1846）当时是英属东印

---

① Anthony Farrington ed., *Low's Mission to Southern Siam 1824*, Bangkok: White Lotus Press, 2007.

度公司的外科医生，因为精通缅语，便承担起了许多外交任务。[①]
第三种是早期在曼谷的传教士的资料汇编。即便是专门研究郭实猎（Karl Friedrich August Gützlaff）的人员也鲜有注意，非暹罗史的学者就更不会重视了。[②]第四种材料是比较出名的约翰·克劳福（John Crawfurd）的暹罗和印度支那出使记录。[③]在英国人1826年出使缅甸同期，美国人也不甘落后，首次向暹罗派出使团，其记录亦可供参考。[④]此外，和马来世界一样，傅吾康与刘丽芳（Pornpan Juntaronanont）合编的《泰国华文铭刻汇编》也很少被利用。[⑤]最后，还有一种值得注意的文献是《一份大日本国和大暹罗国的真实记述》（*A True Description of the Mighty Kingdoms of Japan and Siam*）。[⑥]作者弗朗索瓦·加隆（François Caron, 1600—1673）是一个逃到荷兰的法国胡格诺教徒。早在1619年他就乘荷兰船只到日本，1627年到江户为出使日本会见幕府的荷兰使团当翻译，1619—1641年他一直是荷兰东印度公司在日本的首要代理商

---

① Anthony Farrington ed., *Dr Richardson's Missions to Siam: 1829-1839*, Bangkok: White Lotus Press, 2005.

② Anthony Farrington ed., *Early Missionaries in Bangkok: The Journals of Tomlin, Gutzlaff and Abeel 1828-1832*, Bangkok: White Lotus Press, 2001.

③ John Crawfurd, *Journal of an Embassy from the Governor-general of India to the Courts of Siam and Cochin China*, London: H. Colburn and R. Bentley, 1830.

④ Edmund Roberts, W. S. W. Ruschenberger, and Michael Smithies, *Two Yankee Diplomats in 1830s Siam*, Bangkok: Orchid Press, 2002.

⑤ 傅吾康、刘丽芳编：《泰国华文铭刻汇编》，台北：新文丰出版公司，1998年。

⑥ François Caron, Joost Schouten, and Roger Manley, *A True Description of the Mighty Kingdoms of Japan and Siam*, London: Samuel Broun and John De L' Ecluse, 1663.

（*opperhoofd*），并在1641年公司遗弃其平户前哨之后移居巴达维亚。1644年他被任命为台湾长官，主要致力于米、糖、硫黄、靛青的供给和对华贸易。加隆一生为荷兰东印度公司服务三十余年，从随船侍者晋升至巴达维亚商务长（Director-General），其后在1667—1673年出任法国东印度公司的商务长。基于其丰富而奇妙的经历，关注上述所涉任何一个领域的学者都不当错过其记述。

对于缅甸的研究，除了佤邦、果敢和克钦几个地区较为受重视，对其他地区的研究基本很薄弱，对于缅甸华人的介绍和认知一般仅限于几部东南亚华人华侨通史里的小章节。因此，李恩涵等前辈专著中的相关章节仍为必备参考。[①]关于缅甸海上贸易，则一般极少谈及，缅甸海洋贸易史至多是在讨论罗兴亚人时的副产品。[②]缅甸大选带动了国内学者关于发展政治学、政权演变形态、政治制度特点、社会运动影响及中缅关系的讨论，然而这对于学术圈而言仍然是一个非常陌生的国家，这也是以往过于专注"中缅关系史"

---

① 李恩涵：《东南亚华人史》，台北：五南图书出版公司，2003年；杨力、叶小敦：《东南亚的福建人》，福州：福建人民出版社，1993年；庄国土、刘文正：《东亚华人社会的形成和发展》，厦门：厦门大学出版社，2009年。

② 缅甸跨区域海上贸易可以参看一本由14篇论文构成的跨越孟加拉湾的文化和商业交流论文集，加上普塔克和李伯曼两位的书评，大略可以探知一二背景。参见Jos Gommans and Jacques Leider eds., *The Maritime Frontier of Burma: Exploring Political, Cultural and Commercial Interaction in the Indian Ocean World, 1200-1800*, Leiden: KITLV Press, 2000; Roderich Ptak, "Reviews of Books," *Journal of the Royal Asiatic Society* (Third Series) 12.2 (2002): 241-243; Victor Lieberman, "Book Review," *Journal of the Economic and Social History of the Orient* 45.3 (2002): 419-421。另参见朱振明《海上吉普赛人——缅甸的莫肯人》，《东南亚》1985年第3期，第44—46页。罗兴亚人的研究，参见（转下页）

研究所导向的仅关注战争与划界问题的必然结果。以英帝国区域划界为基本分隔的上下缅甸显现出迥异的政治和经济形态；从陆地东南亚的角度看，伊洛瓦底江盆地越过泰国西部山脉到柬埔寨的洞里萨湖、越南湄公河三角洲之间广袤的稻作之地多少推动了与陆地东南亚国家相似的政治演化进程，这一点与海岛东南亚国家截然不同；而历史上傣族"南下"的争论，对于其是否切断了孟-高棉从语系到族群的联系，以及是否由此造成了缅甸与高棉国家演化的差异，则有待进一步探讨。缅甸王朝时代的兴衰也可以从其位处印暹之间纵横捭阖的角度理解，而从其与暹罗前后三个多世纪的战争，到后来逐渐变成英国殖民地的那段时间，仍是研究薄弱环节，而这正是与英国殖民时代比肩的前近代历史需要重点解释的现代缅甸国家的形成阶段。[①]在这个意义上，治缅甸史的材料收集除本国外，还应旁及暹罗、英国、中国、印度。除了已全文汉译的《琉璃宫史》（*Hmannan Yazawin Daw Gyi*），可资利用的缅甸文献非常

（接上页）李晨阳《被遗忘的民族：罗兴伽人》，《世界知识》2009年第7期；李涛：《缅甸罗兴迦人问题的历史变迁初探》，《东南亚研究》2009年第4期；Jacques Leider, "Competing Identities and the Hybridized History of the Rohingyas," in *Metamorphosis: Studies in Social and Political Change in Myanmar*, eds. Renaud Egreteau and Francois Robinne, Singapore: National University of Singapore Press, 2015, pp. 151-178。

① 李伯曼用比较史的视野对比了暹罗、柬埔寨和马来不同地区的王国与缅甸的异同，指出其文献存留显示的文明及国家组织连续性和整体性特点，这在殖民前史中意义重大。参见Victor Lieberman, "Secular Trends in Burmese Economic History, c. 1350-1830, and their Implications for State Formation," *Modern Asian Studies* 25.1 (1991): 1-31。

有限。^①早期的《缅甸史译丛》提供了非常珍贵的关于缅甸本部的社会经济视角。^②前文提及的李伯曼《形异神似》一书, 由于作者本身为治缅甸史出身, 书中缅甸章节所用材料亦精, 有志于探寻者可按图索骥。未来除了充分挖掘缅甸语文献之外, 英国东印度公司档案的记载和诸如法国商人约瑟夫·塔维尼(Joseph Tavernier)这样的探险者的记录也值得进一步发掘。

吕宋和苏禄相关的史料, 除了五十二卷的《菲岛史料》(*The Philippine Islands*)之外, 其他也没得到太多重视。^③最重要的中文材料目前当属中国第一历史档案馆编的《清代中国与东南亚各国关系档案史料汇编(第二册)》。^④该汇编主要取自第一历史档案馆所藏朱批奏折和菲律宾华裔青年联合会(Kaisa Para Sa Kaunlaran,

---

① 蒙悦逝多林寺大法师等:《琉璃宫史》(全三卷), 李谋等译, 北京: 商务印书馆, 2007年。英译本早出, 但只及蒲甘王朝末期, 参见Pe Maung Tin and G. H. Luce, *The Glass Palace Chronicle of the Kings of Burma* (Translation of Hmannān mạha yazạwintawkyī), London: Oxford University Press, H. Milford, 1923; New York: AMS Press, 1976, 法文本转译自英文本, 亦可供参考, 见P. H. Cerre and F. Thomas trans., *Pagan, l'Univers Bouddhique: Chronique du Palais de Cristal*, Paris: Editions Findakly, 1987。

② 黄祖文、朱钦源编译:《缅甸史译丛》, 新加坡: 南洋学会, 1984年。

③ Emma Helen Blair, James Alexander Robertson, and Edward Gaylord Bourne eds., *The Philippine Islands, 1493-1803: Explorations by Early Navigators, Descriptions of the Islands and Their Peoples, Their History and Records of the Catholic Missions, as Related in Contemporaneous Books and Manuscripts, Showing the Political, Economic, Commercial and Religious Conditions of Those Islands from Their Earliest Relations with European Nations to the Beginning of the Nineteenth Century*, Cleveland, OH: A. H. Clark Co., 1903-1909.

④ 中国第一历史档案馆编:《清代中国与东南亚各国关系档案史料汇编(第二册)》, 北京: 国际文化出版公司, 2004年。

Inc.）所收集的材料，最早的一份系1727年的。所涉主题前期主要为雍乾对于米价和米粮贸易、苏禄国王的接待等问题，后期多为光绪对外关系的考虑以及西班牙人对华人的各种限制和征税，全编总体反映了中菲密切的经济联系和双方统治者对离散华人的密切注意。菲律宾国家档案馆整理出版的西班牙殖民时期档案汇编则发行不广、非常罕见，甚至不少治西班牙帝国史的专家都没注意到。①另外三种值得注意的西班牙人的材料，系由方真真、方淑如和李毓中等译自西语档案，包括了《菲岛史料》未收录的档案文件，弥足珍贵，可惜也没有被充分征引。②另外有些大量运用了档案馆手稿的优秀作品，例如胡安·吉尔（Juan Gil）的《16和17世纪在马尼拉的华人》（*Los Chinos en Manila: Siglos XVI y XVII*），一定程度上由于其中原始文献价值甚高，也当视为准一手材料。③而域外国家如日本的典籍也不当忽略，诸如《外蕃通书》《通航一览》《唐船风说书》等，都有不少南洋及华人史料值得细读。

与中国大陆和台湾地区相关的材料相对而言更为中文世界熟

---

① Virginia Benitez Licuanan and José Llavador Mira eds., *The Philippines under Spain: A Compilation and Translation of Original Documents* (5 volumes), Manila: National Trust for Historical and Cultural Preservation of the Philippines, 1990-1994.

② 方真真、方淑如译注：《台湾西班牙贸易史料（1664—1684）》，台北：稻香出版社，2006年；方真真：《华人与吕宋贸易（1657—1687）：史料分析与译注》，新竹：台湾清华大学出版社，2012年；李毓中编译：《台湾与西班牙关系史料汇编》I & III，南投："国史馆台湾文献馆"，2008、2013年。

③ Juan Gil, *Los Chinos en Manila: Siglos XVI y XVII*, Macau: Centro Científicoe Cultural de Macau, 2011.

瀛寰识略

知, 本文不再赘述, 仅举几种跟该区人群和商贸关联程度较大且利用率较低的珍贵材料。首先是《北京图书馆藏家谱丛刊·闽粤 (侨乡) 卷》和《泉州·台湾张士箱家族文件汇编》, 对华人的血缘、亲缘、地缘和业缘联系颇有揭示。[1]其次是包乐史等人选编的英译荷兰东印度公司关于台湾原住民社会的材料, 以及韩家宝 (Pol Heyns) 和郑维中编的《荷兰时代台湾告令集·婚姻与洗礼登录簿》 (原系荷兰国家档案馆收藏)。[2]甘为霖 (William Campbell) 和程绍刚的书虽然名气较大, 但利用率也不算高, 因此仍有必要列出。[3]鲍晓鸥 (José Borao) 编译了西班牙人在台湾的文献, 为不能阅读西班牙语的学者大开方便之门。[4]李毓中、吴孟真选译的荷

---

① 《北京图书馆藏家谱丛刊·闽粤 (侨乡) 卷》, 北京: 北京图书馆出版社, 2000年; 王连茂、叶恩典整理《泉州·台湾张士箱家族文件汇编》, 福建: 福建人民出版社, 1999年。

② Leonard Blussé, Natalie Everts and Evelien Frech eds., *The Formosan Encounter: Notes on Formosa's Aboriginal Society: A Selection of Documents From Dutch Archival Sources*, Shung Ye Museum of Formosan Aborigines, 1999; *Plakaatboek Formosa*, see Pol Heyns and Wei-chung Cheng, *Dutch Formosan Placard-book, Marriage, and Baptism Records*, Taipei: SMC, 2005; 韩家宝、郑维中编著:《荷兰时代台湾告令集·婚姻与洗礼登录簿》, 台北: 南天书局有限公司, 2005年。

③ William Campbell, *Formosa under the Dutch: Described from Contemporary Records, with Explanatory Notes and a Bibliography of the Island*, London: Kegan Paul, 1903; 程绍刚译注:《荷兰人在福尔摩莎》(福尔摩莎[Formosa]是荷兰殖民者对台湾的命名, 暂录该书名以供文献研究。下同), 台北: 联经出版公司, 2000年 ("De VOC en Formosa 1624-1662: Een Vergeten Geschiedenis." Ph.D. Dissertation, Universiteit Leiden, 1995)。

④ José Eugenio Borao, *Spaniards in Taiwan: Documents*, Taipei: SMC Pub, 2001-2002.

西·阿瓦列斯（José Maria Alvarez）的作品虽然非一手文献，但系第一部关于西班牙殖民时期台湾的专著，也值得重视。[1]

五、研究前景展望

在谈论可关注的材料之后，不妨再谈谈大方向上可关注的主题。总而言之，未来对该区域人群和商贸组织研究的发展，还需要重视基本的历史语言学和制度史训练，有条件也要兼顾计量史学和地理信息系统等多种专业知识。对于域内域外的材料也应当竭力开拓、多面关照。至于未来对该区人群流动与区域史整合的研究，个人管见还可以进一步探讨一些具有操作性的议题，从而增进我们对该区在时间和空间维度上的理解。从区域化的历史、人群跨域流动、海洋中心论等视角看，至少有三个核心议题亟待梳理：一是重塑环南海多中心、去近代民族国家中心化的历史，二是人群在客居社会的适应性与嵌入机制，三是商业与贸易网络。

第一项议题必须涵盖环南海的中心城市或据点，难点在于把握多元族群的分布及各异的活动与表现。在去中心化历史的背景下，近代的单一民族国家概念被解构，我们得以见到更为复杂的场景：首先，不同族属的"中国人""越南人""马来人"跨越边界或特定区域到客居社会，包括仍属"国土"但主要是"本国"其他族群生

---

[1] José María Alvarez, *Formosa: Geográfica e Históricamente Considerada*, Barcelona: Gili, 1930.（荷西·马利亚·阿瓦列斯：《西班牙人在台湾（1626—1642）》，李毓中、吴孟真选译，南投："国史馆台湾文献馆"，2006年。）

活的区域。作为互相依存的流动的群体，他们可能是尚未"中国／越南／马来化"的群体的交往，也可以是跨越多个近代民族国家边界群体的互动。其次，对离散族群与当地统治力量的关系也必须予以更加复杂的考虑。以华人为例，其在东南亚的许多地方都与本地政治势力有互动，然而远不止如此，其历史亦非单纯的"外国人与本地人"或文化和经济"交流史"的维度。在海岛地区，苏丹们偏好用华人来抑制贵族和官僚机构的权势，因而类似"自贸区"的政策时有推行；在荷属东印度的一些地区，基于大量土酋的存在与荷兰人对华人赋权的背景，在华人属于统治阶级抑或被统治阶级的问题上充满模糊性，确定无疑是被统治者的只有本地平民。在这个意义上，国家历史的区域化研究就不仅成为可以消解民族国家叙事和矛盾的有效实践，还能揭示阶层和区隔的权力本质。[①]

综上所述，未来研究的拓展方向，第一可以关照移民及其"起源"，研究其在这些港市中的流动方向。第二可以探究港市如何创造孤立、隔离、联系和分类等多种可能。第三可看人群在这种区隔和联系下的本土化或区域化进程（难易、成败、特点）。第四和第五步看国家议程（state agenda）与人群的能动性（agency）及其互相依赖程度。这个过程涉及政治平衡与动荡、国防与疆域开拓、铸币

---

① 有关"国家历史的区域化研究"，越南学者黄英俊（Hoàng Anh Tuan）先生的作品值得推荐，参见Hoang Anh Tuan, *Silk for Silver: Dutch-Vietnamese Relations, 1637-1700*, Leiden; Boston: Brill, 2007; "Regionalizing National History: Ancient and Medieval Vietnamese Maritime Trade in the East Asian Context," *The Medieval History Journal* 17.1 (2014): 1-20; "From Japan to Manila and Back to Europe," *Itinerario* 29.3 (2005): 73-92。

与财政、商贸网络与国家竞争等重要议题。第六步可以基于前五步总结出一些类型，并通过不同变量的增减评估其有效性。第七步可以反思一些诸如"涵化"和"族群阶级化"的概念，这种基于东南亚复杂历史所见的状况会与当前占主导话语地位的基于欧洲、美洲和非洲史的经验有所不同，因而有完善或颠覆现有理论的前景。第八步可以发掘一些不太为先前研究所注意的次级区域，如海南岛、苏禄西部海域、西北暹罗湾等，这些"未被看到"的区域可以丰富之前总结出的类型，也可以验证各种结论的有效性。总而言之，这些通过多个中心表现出来的去中心化的历史所提供的基础，让我们得以揭示在互为客居社会和多重适应性背景下环南海的人群流动性。该区复杂的王朝和殖民统治遗产，为研究离散族群如何在不同的系统和中心活动提供了可能，其不同的适应性和嵌入性也正构成第二项议题。

第二项议题"客居社会的适应性与嵌入机制"是对已经基本走进死胡同的"涵化"理论的拯救。涵化理论本着对"同化"理论的拨乱反正，既带有政治正确的光环，也修正了后者忽视的互动性与渗透共融的特点。[①]然而，首先，涵化理论没法确立临界点，证明怎样就算"化"或如何就是未"化"；其次，涵化理论有滑向绝对相对主义的趋势，泛而化之地终结了对于文化与族群平等交流和共存以外议题的讨论；再次，基于涵化绝对标准的缺失与所可以开列各项指标的多重性，必然导致争论常沦为"鸡同鸭讲""各自表述"。

---

① 东南亚华人涵化的有代表性的个案研究，可参考李宝钻：《马来西亚华人涵化之研究——以马六甲为中心》，台北：台湾师范大学历史研究所，1998年。

相对而言，诸如"印度化""中国化"不那么受欢迎，而类似"蒙古化""满洲化"则似乎较容易被接受和吹捧，同理而言，在该区研究中，"马来化"在未来很长一段时间应该仍然是很有潜力的话语。对于该区涵化的研究也能对中国史和满蒙维藏（即满族、蒙古族、维吾尔族、藏族。下同）史的研究有所回馈。必须说，该区的华人，暹罗化、安南化、马来化、爪哇化、菲律宾化的趋势都是存在的，就此逻辑和历史过程而言，拒绝承认其他族群在华有华化的趋势和特点，是用一种偏见代替另一种偏见。如果注意到族群与区域之外存在更广泛的认同或自我定位的事实，并注意到当代"汉人"地区青年出现的一些动向和与特定人群区隔（distinction）的思想，汲汲于论证的汉满蒙维藏区域的不同也并不高明——也就是说，"汉"未必有想象的那么相同，而清人及其他中国人也未必有那么不同。若过于执意"中国本部"，其武断正如其批判对象。最关键的是，不少新生代根本上摒弃了原有的各种议题，也对现有学术程式和议题提出了挑战。实际上，认同与抗拒的机制和趋势是共存并同时进行的，研究这种机制和趋势必须正视这种双重性。在现代社会，由于信息传播的便利和其碎片化的发展趋势，异质的个体完成同构型聚合的能力大大提高，这种聚合也更加常见。如果以固有成见看问题，沉浸于与自己共享政治观点、逻辑或历史意识的小圈圈中，很容易"一叶蔽目，不见泰山"。因此，与其不断争论带有自身政治立场和认同偏见导向的议题，不如研究人群在客居社会的适应性与嵌入机制，"适应性"仍然属于涵化理论的范畴，而"嵌入机制"则更多考虑人群的能动性及其历史发生过程，基于这种研究去重新认识人的自我定位和因应的现实灵活性和演化性。对"机制"研究的强调，目前学界并不陌生，但对于该区人群如何利用制度的有效性嵌入特定的社会结构，仍缺乏充分研究。

以华人活动而言，王朝统治和殖民统治塑造了一系列不同的离散族群政治认同和效忠，表现为对在大陆东南亚地区官僚体系以及在海岛东南亚地区合作和代理体系不同程度的渗透。如果说适应性的研究重在强调多种适应策略，则嵌入性机制的研究重在体察制度性和系统性嵌入，以及双向地理解其对多元中心地方生态的重塑。评估适应性是很困难的，剔除个体因素，还需要将区域、阶层、族群、时段的差异分列予以考虑。比较这些差异对华人社群的影响可以进一步辨识在不同环境下的不同适应模式或形态。如果想找到关键的不同适应要素，变量的衡量极为关键。嵌入机制的研究则有助于进一步揭示发生的过程和系统性交织。诸如经典的"推力—拉力"理论或其后任何修正理论并不涉及社会嵌入的实际机制。因此，我们不仅必须研究寓居者和移民们如何立足于新社会，更当体察其如何利用制度或自身在地化去获利，同时塑造本地生态。我们还应考察离散族群如何在特定时间流入特定区域，这样才可构成一个完整的嵌入机制的研究。与适应性更强调单向的概念不同，嵌入机制强调过程和制度化的系统卷入。这种方法不仅对我们反思政策制定者和适应者的立场有帮助，也对指出华人如何反过来塑造地方和区域生态有帮助。这种重塑可以是短期的政治和军事活动与介入，也可以是长期的经济活动的潜移默化。华人在东南亚的采矿活动过去多少为学者所留意，然而关于华人对本地货币政策影响的研究几乎是空白。最后，对于华人社群聚居区隔离状况的研究也很难令人满意。未来的研究必须考虑到四个维度的隔离：沿海或港口之于内地的隔离，城乡隔离，定居点或城市内的隔离，以及世代的隔离。前三者在以往对广州、澳门、会安、铺宪、堤岸、河仙、马六甲、巴城、马尼拉、大员、鸡笼、淡水、泉州、漳州等地的研究中都或多或少可以找到支撑材料，第四种隔离目前是研究的难点。该区复杂的联结也可以为涵化理论添砖加瓦。比如孔飞力以欧洲、北美和澳洲的中国移民社会为比照对象，指出在东南亚殖民地社会的海外华人所处状态迥异。其延续的基本是华人"中间人"的身份状态在独立后的东南亚民族国家中被视为殖民者同谋的观点。不过这种相互影响更多还是表现为相互依存，而不仅仅是任何一方简单移入或者"地方性知识"的故事。如前所述，王朝统治和殖民统治塑造了不同的适应模式，而华人不同的嵌入机制最终也重塑了本土社会。这些现象反映了华人迁徙和扩张、东南亚本土发展的不同面相。

最后一项议题是多年来一直不断有学者关注的商业与贸易网络研究。该议题的难点在于我们经常止步于描述大量船只和贸易的存在、统计船只数量和一些主要商品的交易量，并醉心于用这些有限而破碎的数据或欧洲殖民者的只言片语来探讨譬如华商势力之盛的主题，缺乏深度。基于前述环南海多中心的构想，未来的研究必须超越当前简单的"交流史"或"互动史"的模式。第一，应该考虑跨区域联结如何受限于本地生态结构，因此应当着力改变本地史（"外国史""世界史"）研究薄弱的现状。第二，当讨论环南海多中心的多种适应性时，要先探讨不同的组织形式和多层级的制度，以及其运作方式。以往对于商贸网络的研究也常只着意于简单的港口对接（甚至只是船只往来），对于商业操作的研究极其有限，而不理解组织和运作，奢谈贸易网络是无益的。第三，贸易网络的研究常常将贸易口岸视为平面上均质的点，这种预设忽视了离散族群和口岸本身的异质性及背景的差异。而对这种异质性的追索可以进一步延展到不同的客居社会和口岸，如果同族群华人散布到不同口岸，也能评估多大程度上不同类型的政权塑造着华人的异质性。简言之，变量和常量的设定不应该仅仅局限于两地。以缅甸为例，逼清缅三角关系的探讨便能盘活相关的华人和缅甸对外贸易研究。[①]就亚洲海上区域贸易而言，有研究表明，虽然缅甸的海上贸易更多是被置于具体的跨孟加拉湾贸易背景下的活动，但以印度东部羯陵伽古国的例子看，其本土交易市场汇聚的是来自包括缅甸、中国、阿拉伯和东南亚其他地区的货物，缅甸与其他亚洲地区的交流网络并不一定仅仅在下缅甸和西部沿海进行。[②]同样，关照作为第三方外来力量的荷兰人在孟加拉和缅甸的扩张，亦能发现其导

---

① 冷东：《18世纪暹罗吞武里王朝与清朝及缅甸的关系》，《东北师大学报（哲学社会科学版）》1999年第4期。这也是在聂德宁等人关于中缅贸易讨论基础上的拓展，参见聂德宁：《近现代中国与缅甸的贸易往来》，《南洋问题研究》1998年第4期。
② Prafulla Chandra Mohanty, "Maritime Trade of Ancient Kalinga," *Orissa Review* 68 (2011): 40-42.

致海上强权阿拉干王朝的衰落。①更有甚者，三方互动还会扩展至多方。迪吉克（Wil O. Dijk）论及"中缅贸易"时，精彩地揭示了在荷兰东印度公司介入的背景下，两国基于陆地展开的进出口棉花和铜的贸易如何跨越海洋在榜葛剌和印度东海岸等地市场彰显，又如何扩展至其他东南亚海上世界。其中，荷兰人对经由中缅贸易从云南流出的中国铜钱加以利用，甚至在巴达维亚和锡兰赋予其法定货币的地位，是引人入胜并值得继续探讨的课题。②

最后，我谈一下这些已实践或未实践的议题对于我们重新理解时间和空间的可能。对前近代时间段的大致定位，一般在1400—1800年左右摇摆。对于该区来说，时间稍早于1400年，可以解释为该区各主体族群开始摆脱早期印度化的影响，创造属于自己的史颂和历史文献。1400年以后则是郑和船队带来的一些中国的影响和对马来世界而言最重要的伊斯兰化的火种，以及对于大陆东南亚来说最重要的高棉帝国的衰落和暹罗、大越国家的崛起。1500年以后，中国移民大量涌入，越南开始显著南进，西欧殖民势力扩张到该区，这些深刻改变区域结构的大事件驱使东南亚本土的王朝国家经历了重要的重组。抛开重大事件不论，1500年以后，日常频繁的流动已预示了一个新纪元的到来：越南人南进并压缩占人

---

① Michael W. Charney, "Crisis and Reformation in a Maritime Kingdom of Southeast Asia: Forces of Instability and Political Disintegration in Western Burma (Arakan), 1603-1701," *Journal of the Economic and Social History of the Orient* 41.2 (1998): 185-289.

② Wil O. Dijk, *Seventeenth-century Burma and the Dutch East India Company, 1634-1680*, Singapore: Singapore University Press, 2006, pp. 175-191.

一 东南亚与中国

047

（Chams）和高棉人（Khmer）的生存空间，暹人也向南扩张（同时也抑制了穆斯林势力向北扩张），有不少华人也向南移动；马来人则向群岛东部扩张，爪哇人和米南加保人进驻马来半岛，布吉人向西运动。1600年后出现的一系列事件对区域结构重塑的影响也很显著。岛原之乱后日本锁国、明清易代、清郑纷争、越南的郑阮内战和西山之变都对离散族群的生存状态有重大连带性影响，比如反清的离散华人在广南填补了日本移民收缩留下的真空，也有更多人卷入了对郑阮内战的经济和军事支持，西山之变则将他们完全带入越南国家政治冲突与主政者的政治军事布局之中。18世纪后半期，或者说1800年的节点对于该区同样意义重大。

　　从离散华人的角度看，人口压力和经济利益是其1500年以后大规模涌入东南亚的主要原因，而在1800年以后，其扩张进一步受制于西欧殖民势力或被其操纵，而其本土化或重新"中国化"的步伐也更明显。16世纪以后，西欧殖民势力确实凭借其在航海技术和武器上的优势有效地建立了东南亚的部分行政和法制系统、港市，以及军事权威。然而，其在1800年以后显然更愿意也更有能力介入该区域，这个过程的强化大致在18世纪的最后三十年就开始了。整体而言，该区在1500—1800年期间的异质性程度肯定比1800年以后更高。1800年以前，离散华人有更多的选择，可采取更多可行的策略来嵌入东南亚本土社会，而1800年以后路明显窄了：建立城市国家或自治领地已不再可能，公司（联盟）、甲必丹系统、港主系统更多被限制在一定的程式之中。就西方殖民势力的兴衰看，1800年以后荷兰东印度公司经营的巴达维亚衰落了，而英国主导的殖民地体系冉冉升起，其对人口和劳力的操控能力也大大增强，其结果奠定了今日新马华人社会的格局。

从东南亚史的角度看，"分隔"与"联结"是解释其特质的一种方法。正如王赓武先生所指出的，16世纪后葡萄牙人的到来将海洋技术、民族国家的观念以及公共财政联结在一起，这改变了东南亚的生态环境。因此这个重大事件往往被视为区域史的决定性转折点。然而，从东南亚的角度看历史面相远不止马六甲的陷落或者前近代的"联结"那么简单。若我们从冲击和稳定两个维度同时理解这个时期的历史，1500年恰是该区域稳定性的另一种起点。早在15世纪，穆斯林商人和中国海上力量的扩张已经填补了该区域衰落的印度—上座部佛教。马六甲苏丹国（Malacca Sultanate）在海岛东南亚区域的崛起也抑制了暹罗的力量，从而确立了分属两个世界的穆斯林和上部座佛教徒基本的政治和宗教边界。中国回教徒依托明代海洋势力在15世纪早期的扩张确立了其在马六甲南面和东面的社区，他们很快实现了本土化——"中国人"在爪哇还未伊斯兰化之前努力传教推动其伊斯兰化，这当然是历史的吊诡之处。[①]亚齐（Aceh）、柔佛、廖内—林加（Riau-Lingga）、爪哇和北婆罗洲（North Borneo）的穆斯林继续在群岛地区扩展并清除残余的爪哇化印度教势力。简言之，1500—1800年正是奠定了现代东南亚基调的时代，马来群岛南部和东部的伊斯兰化持续进行，除了东南亚群岛的"边缘"——菲律宾群岛北部，由于西班牙人1565年的占领而

---

① 廖大珂：《从〈三宝垄华人编年史〉看伊斯兰教在印尼的早期传播》，《世界宗教研究》2007年第1期。

走向天主教化。这种图景与进步论或西方殖民史式的描述或历史解释都迥然不同。

基于以上年代断限的讨论，可以看出，时间的选定对空间的框定有合理化的倾向，而空间的框定也对时段划分有同样的效果，二者一定程度上互为意义。环南海地区作为空间的合理性，除了年代断限所见"分隔"与"联结"的共性之外，从半封闭水域的特点和离散华人的角度看也有一定道理。首先，这个广泛的区域是实践以海洋为中心的分析的绝佳场所，其水域被大陆、岛屿、半岛、群岛包围。其次，通过对大陆中心系统的拒斥，海洋史的各项议题得以展开，而非中国中心的历史观察也成为可能。从个体能动和活力及去国家主义的视角看，东南亚离散华人的研究正合去中心化的主题。再次，由于中国涌入该区的寓居者和移民大致来自相同的区域，也大致在同一历史时期涌入，我们获得了观察同样群体的绝佳样本，也得以更好地分析其他变量。也就是说，我们对时间和空间可以有多种不同的理解，但最后仍然需要回到对不同人群行为模式的观察、理解和分析上，通过人去理解历史。在漫长的"地理时间"中，环南海由季风联结起近距水域的活跃和远距水域的分隔，从而创造出多样的组织和富有层次的网络。这种作为中层结构的组织和运作借由富余人群的流动和支撑，最终创造出环水域多中心的边界，这就是前近代社会留给今天的遗产。

稀见环南海文献再发现：回顾、批评与前瞻

本文将回顾环南海区域研究的问题，批评当前南海研究泛政治化的局限，并以"进入"环南海地区、环南海区域调查与"发现"、环南海各区演化文献再探为主旨对未来的研究稍稍予以展望。我国关于环南海地区的研究源远流长，成果丰硕，然而受限于特定时代和语言壁垒，对于海外过去几百年间出版的资料，各大机构收藏多有缺失或不尽如人意之处。相关阅读资料的局限也大大限制了科研人员拓展对于环南海地区诸多问题研究的可能。通过回顾和介绍一批稀见的环南海原始文献，包括档案记录、调查报告、书信、游记等一手观察和资料汇编，本文力图体察近代以来五百年间环南海地区各强权和势力纵横捭阖及兴衰的历史，所涉包括域外势力进入环南海地区、环南海航海记录、档案和大型调查报告、印尼群岛及荷兰殖民时期史料、西班牙统治下的菲律宾、暹罗史地和外交文献、中南半岛王国（越南、老挝、占婆）史事和法国势力的介入。这些资料除了有很高的学术价值外，也反映了我国对几百年来自身和周边历史演变过程的认识亟待加强。从地理大发现和欧洲扩张开始，西方人便主导了现代化的进程，亚洲国家及其民众对自

身在地理和历史上的认知也受到很大影响。在当代,继承几百年来西方人对环南海地区的涉入和调研遗产,吸收其有益的经验和知识体系,摒弃殖民视角的偏见,排除东方学的干扰,去芜取精,势在必行。

一、研究回顾

南海研究在21世纪初渐行走热,良莠不齐的作品也相继涌现。我国关于南海的研究其实有非常深厚的传统和积累,韩振华很早即已展开专门研究,后来成果陆续刊行,享誉学林。[①]自20世纪末开始,在早期资料整理和西域南海史地研究的基础上,李金明将研究扩展到国际法和海洋法,其后也不断有学者跟进。[②]近年来,中国南海研究院、厦门大学南海研究院、南京大学中国南海研究协同创新中心等团队均致力于从法理的角度对南海问题予以论证。这几个主要机构的团队均取得了一定的成绩。不过,在整个维权和战略需求大环境下催生的研究除了对专注于现代的时段有要求之外,在横向空间上多少还是疏于对周边东南亚国家的研判,如果说越南

[①] 韩振华:《我国南海诸岛史料汇编》,北京:东方出版社,1988年;韩振华:《南海诸岛史地研究》,北京:社会科学文献出版社,1996年;《南海诸岛史地论证》,谢方、钱江、陈佳荣编,香港:香港大学出版社,2003年。

[②] 李金明:《中国南海疆域研究》,福州:福建人民出版社,1999年;李金明:《南海争端与国际海洋法》,北京:海洋出版社,2003年;李国强:《南中国海研究:历史与现状》,哈尔滨:黑龙江教育出版社,2003年;陈希杰:《从国际法观点分析南海主权争端与中华民国的南海政策》,台湾政治大学硕士学位论文,2004年。

和菲律宾由于岛礁和油气纠纷还能稍被重视的话，环南海地区的政治和社会演化过程几乎不为业内人士所熟知。

有鉴于此，除了法理探讨，南海研究为数不多尚值得一观的作品基本集中在少数地缘政治、历史和地理研究。①其中，后者对《更路簿》的研究更是近些年崛起的热点，充分显示了新文献发现的重要性。②近年来历史地理研究者在南沙、西沙、东沙和九段线方面均有佳作。③这些研究跟地图和制图领域交错，又能

① 吴士存：《聚焦南海：地缘政治·资源·航道》，北京：中国经济出版社，2009年；李德霞：《中国南海维权史及其特点》，《"海洋与中国研究"国际学术研讨会分组报告论文集（五）》，厦门大学，2019年3月29—31日，第49—74页；李德霞：《南海领土争议中的媒体角色研究》，厦门：厦门大学出版社，2017年；陈进国：《南海诸岛庙宇史迹及其变迁辨析》，《世界宗教文化》2015年第5期。

② 周伟民、唐玲玲：《南海天书——海南渔民〈更路簿〉文化诠释》，北京：昆仑出版社，2015年；《南海更路簿——中国人经略祖宗海的历史见证》，海南：海南出版社，2017年；夏代云：《卢业发、吴淑茂、黄家礼〈更路簿〉研究》，北京：海洋出版社，2016年；刘南威、张争胜编著：《〈更路簿〉与海南渔民地名论稿》，北京：海洋出版社，2018年；李文化：《南海"更路簿"数字化诠释》，海南：海南出版社，2019年；李文化、陈虹、夏代云：《南海更路簿航速极度存疑更路辨析》，《南海学刊》2019年第2期。

③ 吴士存：《南沙争端的起源与发展》，北京：中国经济出版社，2013年；周鑫：《宣统元年石印本〈广东舆地全图〉之〈广东全省经纬度图〉考：晚清南海地图研究之一》，载李庆新主编《海洋史研究》（第五辑），北京：社会科学文献出版社，2013年，第216—286页；徐志良、李立新、潘虹、周鑫：《中国历史地图上南海"九段线"的国界意义——兼论"九段线"内岛礁和海域的管辖权利》，《太平洋学报》2013年第2期；许盘清、曹树基：《西沙群岛主权：围绕帕拉塞尔（Paracel）的争论——基于16—19世纪西文地图的分析》，《南京大学学报》2014年第5期；王涛：《从"牛角Paracel"转为"西沙群岛Paracel"——18世纪末至19世纪初西人的南海测绘》，《南京大学学报》2014年第5期；刘永连、刘旭：《从1927—1937东沙群岛争端看近代中国海疆制度——以领海制度与岛礁定名为中心》，《中国边疆史地研究》（转下页）

吸取其优良的传统或运用相应的档案, 故而相对坚实。[1]其实, 除了最近被热炒的《雪尔登中国地图》, 欧洲早期地图中的环南海地区综合研究三十年来几未见重大拓展。[2]偶见重要区域舆图研究, 亦为地理学、博物馆学和收藏界引领评析, 区域研究和历史学者大多缺席。[3]事实上, 16世纪环南海地区相关舆图, 除了林旭登 (Jan Huygen van Linschoten)《东印度水路志》(Itinerario) 所载图 (约1596年) 稍被重视之外, 诸如拉姆西欧 (Giovanni Battista Ramusio) 和加斯达迪 (Giacomo Gastaldi)《航海与游记》(Terza Tavola) 第三图 "东亚及东南亚部" (1554年原版、1588年左右修正版)、佚名《中华帝国及其周边王国与岛屿图》(Sinarum Regni Alioru[m]q[ue] Regnoru[m] et Insularu[m] illi Adiacentium Descriptio) (1590?)、彼得勒斯·普朗修斯 (Petrus Plancius)《摩鹿加群岛图》(Insulae Moluccae) (1594) 等关系密切又信息丰富

(接上页) 2016年第2期; 丁雁南:《地图学史视角下的古地图错讹问题》,《安徽史学》2018年第3期;《1808年西沙测绘的中国元素暨对比尔·海登的回应》,《复旦学报 (社会科学版)》2019年第2期; 郭渊:《清末初勘西沙之中外文献考释》,《南海学刊》2019年第1期; 赵沁雨:《论英国对南沙群岛主权归属认知的转变 (1930—1980)》,《海南热带海洋学院学报》2020年第1期。

① 李孝聪:《中外古地图与海上丝绸之路》,《思想战线》2019年第3期。

② R. T. Fell, *Early Maps of South-East Asia*, Singapore: Oxford University Press, 1991.

③ Frédéric Durand and Richard Curtis, *Maps of Malaya and Borneo: Discovery, Statehood and Progress: The Collections of H. R. H. Sultan Sharafuddin Idris Shah and Dato' Richard Curtis*, Kuala Lumpur: Editions Didier Millet; Jugra Publication Sdn Bhd, 2013.

的名作，均未被详加考释。①发见这些地图的过程，其实也是将南海研究扩展到环南海区域研究、从海到海陆兼顾的过程。

在阅览许多南海研究的相关作品后，相信无论历史地理、海洋史还是区域研究的学者都可以感觉到某种单调感。究其原因，主要是泛政治化的倾向过于强烈，缺乏坚实和多样的文献依托。以中国知网哲学与人文科学、社会科学Ⅰ、Ⅱ辑三个库收录的南海、西沙、东沙、南沙、"九段线"等主题为例，研究人员必须花费相当大的工夫才能选出较有质量的数十篇论文，遑论各大报刊和媒体铺天盖地的重复性短论。泛政治化的论述在西文研究中亦存在，但整体学术性仍较强，例如，詹姆斯·霍姆斯（James R. Holmes）和吉原恒淑（Toshi Yoshihara）在认为南海之于中国正如加勒比海之于美国的基点上，仍能客观评估中国的地缘战略困境和基于此海军的诉求和理念。②丹尼尔·欧尼尔（Daniel C. O'Neill）在用几个案例重复陈词滥调之后，尚能提出中国若选择参与更复杂的双边政治（例如为某些民主国家内更广泛的利益集团提供激励措施），将更能在全

---

① 关于林旭登《东印度水路志》文献介绍和引介，可参见金国平编译《西方澳门史料选萃（15—16世纪）》，广州：广东人民出版社，2005年；吴志良、汤开建、金国平主编《澳门编年史》，广州：广东人民出版社，2009年。尽管引用《水路志》的学者众多，但书中的海岸线确图几乎未被充分利用或考证。廖大珂先生曾用此图考索钓鱼岛在早期西式制图上的表现形式，见廖大珂《早期西方文献中的钓鱼岛》，《暨南学报》2015年第3期。

② James R. Holmes and Toshi Yoshihara, "China's 'Caribbean' in the South China Sea," *SAIS Review of International Affairs* 26.1 (2006): 79-92.

球范围投射力量的观点，而非以对抗性的蚕食论或拯救论作结。[①] 罗伯特·卡普兰（Robert D. Kaplan）的《亚洲熔炉》从国际关系和战略的角度来看待和阐述这个区域，虽然存在着以美国西太平洋边疆稳定为潜在立场的深切忧虑，其优点也很明显——本书跳脱单纯就海论海的范畴，真正将视野扩及环南海区域及其历史，深入到广阔的东南亚和东亚研究的领域。[②]

其实，环南海地区相关的东南亚文献和解说并不少，早在20世纪，西文和日文的文献编目、解说和注解即已非常成熟。日本战前和战时对该区进行了广泛调查，目录也有很多留存下来，例如昭和七年和十六年的《南洋文献目录》（*Nan'yō bunken mokuroku*）[③]。战后美国对东南亚地区著述的系统整理和知识吸纳相当充分，约翰·恩布里等所编《东南亚著述：书目选编》便是早期代表作。[④]美国国会图书馆更是推出了解说选录区域研究书目的注解集成，使读者能迅速了解各开列书目的核心内容和性质，是为塞西尔·霍布斯编纂的《东南亚：西文参考资料选编书目注解》。[⑤]另外还有一

---

① Daniel C. O'Neill, *Dividing ASEAN and Conquering the South China Sea*: *China's Financial Power Projection*, Hong Kong: Hong Kong University Press, 2018.

② Robert D. Kaplan, *Asia's Cauldron:The South China Sea and the End of a Stable Pacific*, New York: Random House Publishing Group, 2014.

③ 南支南洋经济研究会编：《南洋文献目录》，1932年；太平洋协会调查部编：《南洋文献目录》，东京：中央公论社，1941年。

④ John F. Embree et al., *Books on Southeast Asia: A Select Bibliography*, New York: American Institute of Pacific Relations, 1960 (4th Edition).

⑤ Cecil Hobbs compiled, *Southeast Asia: An Annotated Bibliography of Selected Reference Sources in Western Languages*, Washington: Library of Congress, 1964.

些专门的国别研究目录，如约翰·布朗·梅森与H. 卡罗·帕里斯合编的《泰国书目》。[①]西文作品之外，由于日本对环南海地区的巨大影响，日文作品的选注也有一席之地，詹姆斯·入仓《东南亚日文著述选注》即为代表。[②]冷战时期，美国陆军持续进行情报搜集和编目，制成中南半岛四个国家相关的文献后由美国政府部门刊印销售。[③]可惜这些"遗产"很少在当前的环南海研究中看到，不禁令人有"过去即异乡"之感。

对于环南海区域研究，就当前状况而言，如果说有什么前瞻，那必然是在重新"发现"旧有记载基础上的再论述、阐释和话语重塑。从各方势力"进入"环南海地区，到强权"发现"和调查该区域，再到基于各主要区域的文献再发现，无不考验着这种"一切真历史都是当代史"的反思。这种发见或者说研究水准的提高并无捷径，唯有不断发掘"发现"文献，多进行整理编目、提要注解、研究校补，方能集腋成裘。[④]以下谨就个人管见，介绍一些值得"再发

① John Brown Mason and H. Carroll Parish, *Thailand Bibliography*, Gainesville: Department of Reference and Bibliography, University of Florida Libraries, 1958.

② James K. Irikura, *Southeast Asia Selected Annotated Bibliography of Japanese Publications*, New Haven: Yale University Press, 1956. 另有一种关于东南亚华人的日文研究作品目录也可供参考对照，见George Hicks, *A Bibliography of Japanese Works on the Overseas Chinese in Southeast Asia, 1914-1945*, Hong Kong: Asian Research Service, 1992。

③ Department of the Army, *Peninsular Southeast Asia: A Bibliographic Survey of Literature: Burma, Cambodia, Laos, Thailand*, Washington, D. C.: Headquarters, Department of the Army (on sale by the Superintendent of Documents, U.S. Government Printing Office), 1972.

④ 在这个意义上，唐屹辑印的五十三册民国外交档案可谓弥足珍贵，（转下页）

现"的文献，冀望对学界及未来区域的整合性研究能有所帮助。

二、"进入"环南海地区

15世纪以降，欧洲和日本势力"进入"南海地区的记录不胜枚举，以往一般被置于中外交通史的框架下进行审视。如果把视野扩大到环南海沿岸，则不难发现其观察、记录方式和风格的沿袭，史料层次的发掘也可以更多元。以若干种性质和国别均有差异的从欧洲到东南亚和东亚的航海日记、游记和教士记录为例，不难得见。

彼得·奥斯贝克（Pehr Osbeck, 1723—1805）《中国和东印度群岛旅行记》已推出中译本，周振鹤还写了精彩的序言介绍。[1]瑞典人奥斯贝克是著名学者林奈的得意门生，虽然主要是作为一位植物学家而为人熟知，[2]然而其书中记录的欧洲部分行程有很多重要信息，其环南海相关部分更是可圈可点。例如，他描述了在印尼群岛的马来人如何控制椰汁并迫使华人只能向其购买以制作糖浆、醋和亚力酒，以及东印度人如何将槟榔带到广州，如何制作药用材料等生动的日常交易细节。

皮埃尔·波瓦（Pierre Poivre, 1719—1786）是一名法国植物

（接上页）使学界得以有效利用档案展开对南海诸多问题的探索，参见唐屹编辑《中华民国领南海资料汇编》，台北：唐屹刊印，2014—2016年。

[1] Pehr Osbeck, *A Voyage to China and the East Indies*, London: Benjamin White, 1771；彼得·奥斯贝克：《中国和东印度群岛旅行记》，倪文君译，桂林：广西师范大学出版社，2006年。

[2] 张静河：《瑞典汉学史》，合肥：安徽文艺出版社，1995年，第5—6页。

学家和传教士。1745年，他作为法国东印度公司的属员前往东印度群岛。18世纪60年代他开始管理西印度洋今毛里求斯（Isle de France）和留尼汪（Ile Bourbon）等地。为了打破荷兰人对香料的垄断，1769—1770年，他还安排了丁香和肉豆蔻及香料群岛植物和种子的走私活动。波瓦深耕亚洲和印度洋多年，《一位哲人之旅：亚非诸国风格与艺术的观察》可谓作者一生见闻记录的浓缩。[①]李庆新已指出波瓦游记中对河仙（港口国）和郑玖在此地治理的描述，"他招致数目可观之华人及邻近诸邦之农民，并获得邻近最有力王侯之保护及其所派卫兵，而开发经营此地。……商业上之利润容许他筑起堡垒，凿掘城壕并装备炮队。如此防卫设施确保其境内安宁，并对周围蛮民不逞之企图保障其地位"，以及他在18世纪50年代造访会安、沱㶚、顺化时对交趾支那"税关长是一有力之官员，称为Ong Cai Bo Tau（翁该簿艚）"的判定。[②]这些都是非常珍贵的记录，可以说，波瓦书中值得利用的史料还可以充分发掘。

约翰·斯普林特·斯塔沃瑞纳斯（John Splinter Stavorinus）是一位荷兰海军将领，获批前往荷属东印度，后擢升少将，直至去世，

---

① Pierre Poivre, *Voyage d'un Philosophe, ou Observations sur les Moeurs & les Arts des Peuples de l'Afrique, de l'Asie et de l'Amérique*, Maestricht [Maastricht]: Dufour & Roux, 1779.

② 李庆新：《郑氏河仙政权（"港口国"）与18世纪中南半岛局势》，《暨南学报》2013年第9期；李庆新：《会安：17—19世纪远东新兴的海洋贸易中心》，《亚太研究论丛》（第四辑），北京：北京大学出版社，2007年，第96—121页。主要内容已收录于氏著：《濒海之地——南海贸易与中外关系史研究》，北京：中华书局，2009年。

《东印度之旅》即他两次旅程的合并记录。[1]斯塔沃瑞纳斯于18世纪六七十年代即已造访印度地区，包括纳瓦布（孟加拉）、加尔各答和钦苏拉（Chinsurah）等地，尤其注意砖墙碑石遗迹，可谓经验丰富的官员学者。此书参考了大量荷兰人的游记、可信的报告、手稿、公文和一些口述记录，还包括了一些地图和精确的地理坐标，值得参考。

丹尼尔·提尔曼（Daniel Tyerman, 1773—1828）和乔治·本内（George Bennet, 1774—1841）所编的《伦敦传道会代表航海与旅行日记》是另一部值得研究的记录。[2]提尔曼是一位英国传教士。1795年，他抱着坚定的宗教信仰进入霍克斯顿学院研修，1798年开始担任牧师。本内是一位英国公理会教士，1821年在伦敦传道会的财政支持下与提尔曼一同启程前往传道会南部据点，其后历经南桑威奇群岛、塔希提、夏威夷等南部海域岛屿，后又往中国、印度及东南亚——1824年他们从悉尼出发，穿越托雷斯海峡前往爪哇岛，然后前往新加坡、广州、加尔各答、塞兰坡等地，至1827年从印度前往毛里求斯和马达加斯加。旅行日记展现了教士们丰富的见闻感想和对包括环南海地区在内的世界的认知。

范·杜勒（J. B. J. van Doren）的《前往荷属东印度的旅程》叙

---

① John Splinter Stavorinus, *Voyages to the East-Indies*, London: G. G. and J. Robinson, 1798.

② Daniel Tyerman and George Bennet, *Journal of Voyages and Travels by the Rev. Daniel Tyerman and George Bennet, Esq*, London: Frederick Westley and A. H. Davis, 1831.

　　　　　　　　　　　　　　　　　　　　瀛寰识略

述了作者在爪哇前两年经历的陆海探索。[1]作者自述年轻时就有投入伟大世界的征程的冲动。1808年，他加入法军，参与了1812到1814年的远征，也体味到拿破仑战败的苦涩和其后自己的出生地比利时与荷兰合并及被请出法军的无奈。这些独特的背景和人生经历也将作者的命运真正导向遥远的荷属东印度。虽然19世纪中叶已有不少东印度的游记和论述，然而除去那些夸饰之作，较为严谨地记录风俗、宗教、服饰和样貌举止的作品仍颇为有限。本书除了配有一些地图，还收录了很多珍贵的场景图和各色人种肖像图，相当生动。除去对文明和人种观察的时代特点之外，本书颇能呈现其时对这个地区的整体性认知，这些也是荷兰立法者、政治家和商人所亟待了解掌握的情报动态，也满足了公众教育的需求。在一百多年后的今天重新审视这类充满浓郁"东方学"视角和殖民风情的作品，不仅可以获得关于群岛历史和文化的有用知识，对于了解西欧殖民主体的思维观点、认知模式和知识体系也不无裨益。

日本传统上在"南洋"也很活跃，"朱印船"贸易很大程度上也是这种活动的结果。近世幕府与环南海诸国的往来，尤其是以《外蕃通书》（*Gaiban tsūsho*）为代表的外交文书的记录已为不少学者所注意。[2]除了与明代中国和李氏朝鲜的外交信函外，该书第11—24册所收录的与南洋诸国的书信尤其珍贵。[3]对《外蕃通书》的利

---

[1] J. B. J. van Doren, *Reis naar Nederlands Oost-Indië*, 's-Gravenhage: J. and H. van Langenhuysen, 1851.

[2] 蒋国学：《越南南河阮氏政权海外贸易研究》，广州：广东世界图书出版公司，2010年。

[3] 近藤守重：《外蕃通書》，近藤瓶城编《改定史籍集覽》（*Kaitei shiseki shūran*），东京：近藤活版所，1901年。

用始于越南史的研究者发现其中不少有价值的日越通信，比如《安南国王呈上长崎奉行书》(*Annan koku-ō teijiō Nagasaki bugyō syo*)表明了广南阮主急切盼望加强与日本贸易联系、获取铜钱、招徕日商以助益其财政收入的背景，"庶复结通商之好矣……遥闻贵官之国，土产美铜，权知铸币，敢烦贵官施令调度，法古掌财布一时圜法，充四海之源，通流本国交易买卖，俱获泉利"。[①]这类日越交流以古典中文作为媒介，本身也是值得探讨的近代亚洲秩序和文化交流课题。[②]

三、环南海区域调查与"发现"

英、法两国有关环南海的航海记录、档案和大型调查报告，深刻反映了老牌西欧强权对于商业和殖民利益的追求，"科学化"的观察和记录虽然不一定是有意识的东方学修辞和包裹，但在环南海地区仍逃脱不了帝国主义涉入制造亚洲新帝国的倾向。海军记录之外，其他相关的南海航海记录与调查报告，值得注意的还有郭实猎、科林伍德、芬德利、达麟普等人的作品。日本和中国相应的航行和观察记录也可以补充欧洲人关于环南海地区的记录。佐野的游记和里克雷夫的纪年汇编分别显现了近代早期中国人在南洋居住和日本人到南洋探访的生动图景。

---

① 近藤守重：《外蕃通书》，第21册，第133页。

② 刘志强：《从文书传递看17世纪越南与日本的交往》，《海洋史研究》（第十二辑），北京：社会科学文献出版社，2018年，第67—96页。

莫妮克·舍米莉耶–让德罗《关于西沙和南沙群岛的主权》一书所录法国档案关于西沙与南沙群岛的文献甚多。[①]虽然主要为20世纪初的外交文件，最早记录的却是法国国家海军档案馆藏1788年南海航行报告《法国科噶琉–洛马里亚船长信函节录》（Excerpt from a letter dated 28 August 1788 from Captain de Kergariou-Locmaria [frigate Calypso], National Naval Archives, B.4.278）。此书所收诸如《1909年5月4日法国广东领事波韦（Beauvais）报告》《1921年5月6日法国印支总督（河内）政治与土著事务理事会信函》《1921年10月6日法国驻广东领事馆负责人致外交部委员会主席》《1928年3月8日布尔古昂（Bourgouin）回信1927年12月36日日本人询问南沙事》《1928年11月26日亚澳理事会辖下答日本人及南沙主权以便勘探开矿事》《1928年12月17日代理法属印支总督（河内）致殖民部部长（巴黎）第2276号信》等函件对了解清末以来岛屿事权和法权的纠纷颇有意义。[②]

大型调查报告最有代表性的莫过于作为老牌帝国主义国家的英国对南海水域的大型调查报告，亟待全面研究。[③]经查核，全书

---

① Monique Chemillier-Gendreau, *Sovereignty over the Paracel and Spratly Islands*, Leiden: Martinus Nijhoff Publishers, 2003.

② 关于此档国内已有初步研究，见廖大珂：《20世纪30年代英国对法国侵占西沙群岛的反应》，《"第五届中国南海研究论坛"论文集》，南京大学，2017年11月；郭渊：《20世纪10—20年代法国对西沙群岛的认知及政策》，《暨南学报》2017年第7期；任雯婧：《20世纪初法国西沙群岛政策的演变》，《海南大学学报》2018年第6期。

③ Great Britain, Hydrographic Department, *The China Sea Directory*, London, 1867-1912. 周鑫最早提示我阅读大不列颠水文局编《中国海指南》（转下页）

共四卷,卷一5版含补充材料9种,卷二5版含补充材料8种,卷三4版含补充材料8种,卷四3版含补充材料7种。由于是多年陆续出版的调查报告,又不断有补充更新,除大英图书馆基本接近收齐外,全球其他收藏机构一般只收藏若干卷的不同版本,基本没有机构完整收录全套各卷各版本。目前学界仅见游博清对英国东印度公司18—19世纪在南海的水文调查多有留意,指出通过研究不同时期英国对南海水文的认知及科研与商业的关系,可以进一步发掘水文调查及其在大英帝国扩张、战争与商业利益以及知识传播上的重要意义。[①]另外,周鑫对南海岛屿体系和认知的研究对此文献有所涉及。[②]这套卷帙浩繁的史料乏人问津也表明,南海水文和岛屿调研材料仍有很大的系统整理和研究空间。该调查1879年和1884年的报告记录了中国渔民留居南沙群岛的情形,以及在太平岛已开凿水井的事实,对我国南沙主权声明有利。

郭实猎是著名的普鲁士路德宗牧师和汉学家,因参与翻译《南京条约》和主编《东西洋考每月统记传》为中国学界所熟知。1826年郭实猎搭船前往巴达维亚,次年到达并开始随另一位著名学者麦都思(Walter Henry Medhurst)学习马来文和中文。1829年他

(接上页)这一卷帙浩繁的记录,并提供他所掌握的部分版本信息,使我得以按图索骥并进一步发现该文献的各种补充本。

① 游博清:《英国东印度公司与南中国海水文调查(1779—1833)》,《自然科学史研究》2015年第34卷第1期;游博清《经营管理与商业竞争力:1786—1816年间英国东印度公司对华贸易》,台北:元华文创股份有限公司,2017年。

② 周鑫:《渔业、航路与疆域:14—15世纪中国传统东沙岛知识体系的初创》,《学术研究》2015年第12期。

应邀前往新加坡，1830年又前往暹罗。《1831、1832、1833年中国沿海三次航行记》记录了作者从1831年开始三次前往中国沿海收集军事与商业情报以及传教的过程和感想，并兼及对暹罗和琉球的评论。[1]三次航行中，1832年的第二次航程搭乘了英国东印度公司"阿美士德勋爵号"（Lord Amherst）商船，公司原意为打开一条新的贸易通道，虽然未果，却也收集了大量军事和商业情报。郭实猎在这次沿中国、朝鲜和琉球海岸航行的过程中获取了大量信息并分发了许多基督教书籍。[2]本书中对暹罗与中国贸易联系和"白头船"的论述也值得注意。

卡斯伯特·科林伍德（Cuthbert Collingwood, 1826—1908）是一位博物学家。早年在牛津大学国王学院和基督教会学习，后来到爱丁堡大学和盖伊医院以及巴黎和维也纳的医学院游学和见习。1858年到1866年，科林伍德在利物浦皇家医院医学院担任植物学讲师。1866年到1867年，他担任英国皇家海军射手号（HMS Rifleman）和巨蛇号（HMS Serpent）舰艇中国海域航行的外科医生和博物学家，并从事海洋动物学研究。《一个博物学家在中国海水域及沿岸的漫步》便诞生于这种背景下。[3]该书对所经之地均有

---

① Karl Gützlaff, *Journal of Three Voyages Along the Coast of China: In 1831, 1832 and 1833, with Notices of Siam, Corea and the Loo-Choo Islands*, London: Frederick Westley and A. H. Davis, 1834.

② 关于阿美士德勋爵号此行的详述，参见南木：《鸦片战争以前英船阿美士德号在中国沿海的侦查活动》，列岛编《鸦片战争史论文专集》，北京：生活·读书·新知三联书店，1958年，第105—112页。

③ Cuthbert Collingwood, *Rambles of a Naturalist on the Shores and Waters of the China Sea*, London: J. Murray, 1868.

不少关于南海岛礁的描述，例如谈及东沙常为中国渔民到访，且在东北角可以下锚的潟湖口还耸立着中国寺庙。[1]

亚历山大·乔治·芬德利（Alexander George Findlay, 1812—1875）是一位英国地理学家和水文学家，其父亲亚历山大·芬德利是皇家地理学会的创始成员之一。芬德利致力于编写地理和水文作品，在1843年水文学家约翰·普尔迪（John Purdy）去世后他成为领军人物。1844年他加入皇家地理学会理事会，1851年发表了第一部关于太平洋海岸和岛屿的1400页的两卷本代表作《太平洋航海指南》（*A Directory for the Navigation of the Pacific Ocean*）。《印度群岛、中国和日本航海指南》一书可谓该代表作的延续，其对季风、潮汐的记录和对各个海峡的报告非常详细。[2]

亚历山大·达麟普（Alexander Dalrymple, 1737—1808）的《东方宝库》收录了不少调查、记录和时人的研究报告。[3]该套书第一卷收录的文章对曾经盛极一时的越南中部世界贸易港口会安的记录和人口规模评估尤受史家重视。17世纪中期，会安的华人人口一般被估算为4000—5000人，包括逃亡海外的工匠；到18世纪中期，人数稳定在6000—10000人，而此时整个广南国大约有三万华人。

---

[1] Ibid., p. 26.

[2] Alexander George Findlay, *A Directory for the Navigation of the Indian Archipelago, China, and Japan, from the Straits of Malacca and Sunda, and the Passages East of Java, to Canton, Shanghai, the Yellow Sea, and Japan, with Descriptions of the Winds, Monsoons, and Currents, and General Instructions for the Various Channels, Harbours, Etc.*, London: R. H. Laurie, 1878.

[3] Alexander Dalrymple ed., *Oriental Repertory*, London: Printed by G. Gigg, 1793-1797.

《东方宝库》收录的一篇早期造访会安的罗伯特·克索浦（Robert Kirsop）的评估报告证实了这种评估。[1]

佐野实的《南洋诸岛巡行记：附·南洋事情》（*Nan'yō shotō junkōki: fu Nan'yō jijō*）体现了20世纪初日本人对南海地区与日俱增的兴趣。[2]早在德川幕府锁国之前，伴随着朱印船贸易，"日本町"已在东南亚许多地区蓬勃发展，虽然锁国令这些社区日渐萎缩并最终消失，但明治维新以后，日本可谓卷土重来。大木远吉（Ōki Enkichi）在本书序言里即强调了日本海外移殖的大势所趋及加强对南洋认识的必要性，佐野更是自陈在早稻田学习时对历史和殖民政策的兴趣，因而不妨将这部作品置于现代日本帝国向外扩张的"南进论"的思潮下进行审视。[3]撇开政治因素，作者亲临各岛调研记录土著社会和生活、作物和商品、荷兰人的行政和司法体系，对中国人和阿拉伯人的影响多有措意，也研究马来语文法和日本町商业社区遗存，可谓珍贵的民族志和一手资料收集。[4]

里克雷夫（M. C. Ricklefs）所编《15—16世纪爪哇的中国穆斯林：三宝垄和井里汶马来纪年》系重要的早期马来群岛伊斯兰化的材料，据传源于原三宝垄、塔兰（Talang）、井里汶三地华人寺庙所

---

[1] Robert Kirsop, "Some Accounts of Cochinchina" (1750), in *Oriental Repertory*, ed. Alexander Dalrymple, Vol. 1, p. 250.

[2] 佐野实：《南洋诸岛巡行记：附·南洋事情》（增补再版），东京：东京矶部甲阳堂，1914年。

[3] 矢野畅：《大正期"南进论"的特质》，《东南アジア研究》1978年第16卷第1号。

[4] 研究亚洲国际贸易秩序与日本帝国的笼谷直人先生已注意到佐野记录并展开研究，参看笼谷直人：《最初の地球の步き方—佐野實〈南洋諸島巡航記錄〉と堤林数衛翁を中心に》，京都大学人文科学研究所夏期公开讲座，2010年7月3日。

藏社区档案，也记录了郑和船队航海之后爪哇等地沿岸兴起的哈纳菲（Hanafi）穆斯林社区的相关叙说。[①]由于汉文记录已丢失，荷兰殖民官员波特曼（Cornelis Poortman）根据自己没收的档案做的研究和译注便成为唯一能依据的"原本"，大洋洲学者在此基础上推出了英文本，其内容精彩，能直接对话早期群岛伊斯兰化的论题及其中国渊源，反映了郑和船队留岛部众和当地社区修建清真寺的史事，也算是中国与印度尼西亚关系的一段佳话。[②]

四、环南海各区演化文献再探

在区域调查与"发现"之外，如果以更"本土"的视角看，环南海各主要地区势力的多样性和文献遗存同样值得"再发现"。本节将分别发掘印尼群岛及荷兰殖民时期史料、西班牙统治下的菲律宾、暹罗史地和外交文献、中南半岛王国史事和法国势力介入四个区块，海峡殖民地新马片区由于从业者众已较为人熟知，此处便不再"发现"。

---

① H. J. de Graaf and Th. G. Th. Pigeaud, *Chinese Muslims in Java in the 15th and 16th Centuries: The Malay Annals of Sĕmarang and Cĕrbon*, ed. M. C. Ricklefs, Clayton, Victoria: Monash University, 1984.

② 中文学界对该文献的研究，参见钱江：《从马来文〈三宝垄纪年〉与〈井里汶纪年〉看郑和下西洋与印尼华人穆斯林社会》，《华侨华人历史研究》2005年第3期；廖大珂：《从〈三宝垄华人编年史〉看伊斯兰教在印尼的早期传播》，《世界宗教研究》2007年第1期。新近的研究参见Alexander Wain, "The Two Kronik Tionghua of Semarang and Cirebon: A Note on Provenance and Reliability," *Journal of Southeast Asian Studies* 48.2 (2017): 179-195。

印尼群岛及荷兰殖民时期史料有三种值得重点再探。《新旧东印度志》为弗朗索瓦·华伦坦（François Valentijn, 1666—1727）多卷本巨著，充满了对荷属东印度详尽的观察和思考，另有版画和地图两百多张。[①]作者曾在班达岛工作，因而书中对荷属东印度相关环境与事件的描写颇为生动，例如巴达维亚城里戴宽帽配件的荷兰人，缠头巾的马来人，身穿丝袍、长发飘逸、常被新来船员当成女人的华人男子，穿着宽松马裤的非洲奴隶，以及各种游神活动、弹唱声响、乩童雀跃，不啻为丰富的史料。许多史学研究者均对书中的记录进行了发掘。例如，欧阳泰（Tonio Andrade）引用了该书夸大和戏剧化的一幕：传教士韩布鲁克（Anthonius Hambroek）在给揆一（Frederick Coyett）送信后，为了作为人质的妻子儿女毅然决定回到郑成功那里。[②]这种演绎后来变为阿姆斯特丹乃至欧洲的悲剧名剧本《韩布鲁克》（《台湾围城记》）。又如书中提及客居日本的李旦曾应邀赴澎湖为明廷与荷兰人的冲突进行斡旋，保证只要荷兰人离开澎湖即可获准与中国进行贸易，还收录了天启四年（1624）八月二十日巡抚俞咨皋的斡旋准许函。[③]书中还有《台湾志》（*Beschryvinge van Tsjina, Tayouan, of Formosa*），论述了台湾

---

① François Valentijn, *Oud en Nieuw Oost-Indiën*, Dordrecht-Amsterdam: Joannes van Braam, 1724-1726.

② 欧阳泰：《1661，决战热兰遮》，陈信宏译，北京：九州出版社，2014年，第147页。

③ 华伦坦还附上了荷兰东印度公司首任台湾长官宋克（Martinus Sonck）的评论："我们在别人眼里成为杀人凶手、海盗、暴力者。对中国采取的武力行动依我之见过于强硬和残忍，这样我们永远也无法获得中国贸易。"这类附加材料对研究人员检视公司内部的争议和决策不无裨益，也是此书的优点之一。参见程绍刚译注：《荷兰人在福尔摩莎》，台北：联经出版事业公司，2000年，第47页。

地志、原住民风俗习惯、宗教状态、荷兰人在台经营传教及通商贸易等丰富内容。[1]

皇家巴达维亚艺术与科学学会所编的《巴达维亚艺术与科学学会研究报告》为荷兰殖民时代欧洲人研究探寻本地历史及开展学术活动、创设学术机构和刊物并制度化的一个小缩影和产物。[2]第六卷载有原荷兰东印度公司簿记员扬·雅各布·沃赫拉（Jan Jacob Vogelaar）关于巴达维亚最重要的华人灵位庙宇地藏院（Ti Chong Yan / Wihara Tri Ratna）和完劫寺（Wan Kiap Sie / Wihara Dharma Jaya）的记录。沃赫拉1789年造访了巴达维亚最重要的华人墓地牛郎沙里（Gunung Sari），此处由甲必丹蔡敦哥助力兴建，当时刚建成不久，文本确定了其在完劫寺和地藏院以北的地理位置，并记录了相关的仪式以及此处清明节（Ceng Bing）的活动。[3]本卷还有安德莉斯·蒂塞赫（Andries Teisseire）对反映华人社区与本土伊斯兰势力结合进程的大伯公安恤庙（Kelenteng Toapekong / Wihara Bahtera Bhakti Ancol）的重要描述，堪称经典材料。安恤庙是爪哇

---

① 于雅乐的名著《美丽的台湾岛：历史与记述》一书的材料部分也取自此书，见 Camille Clément Imbault-Huart, *L'île Formose: Histoire et Description*, Paris: E. Leroux, 1893。

② Royal Batavian Society of Arts and Sciences (Lembaga Kebudajaan Indonesia) ed., *Verhandelingen van het Bataviaasch Genootschap der Kunsten en Wetenschappen*, Vol. 6, Batavia: Lands drukkerij, 1827.

③ Jan Jacob Vogelaar, "Korte en Eenvoudige Beschrijving van de Tjembing of het Zoogenoemde Doodenfeest der Chineezen" (1792), p. 237; 苏尔梦与隆巴德书中提供了碑文的法译文，见 Claudine Salmon and Denys Lombard, *Les Chinois de Jakarta: Temples et Vie Collective*, Paris: Éditions de la Maison des Sciences de l'Homme, 1977, pp. 128-131。

北部沿海最为古老和重要的庙宇之一，其建庙时代据传可以追溯到1650年左右。根据一位巴达维亚居民1792年的记录，来自马来群岛东边的布通人（Buton）在17世纪中期某日发现了河上漂浮的尸体，于是将其掩埋在河岸边。后来，有一位华人逃债经过此处，夜间睡觉时梦到受死者帮助，遂决定于此兴建"公亭"，亦即本地穆斯林圣墓之处。[①]之后华人便运作此庙宇，庙的祭祀对象和旁边圣墓埋葬的三位为：郑和的"厨师"吴宾，吴宾的夫人巽他公主伊布能（Ibu Neng），以及公主的父亲萨义德·拿督·甘榜（Embah Said Dato Kembang）。该庙的兴建体现了海上民族与华人移民结合本地伊斯兰化进程构筑社区的历史，而这份文献正提供了关键的信息。[②]

《印度尼西亚读本：历史、文化、政治》为近些年新编的重要印度尼西亚史料合集。[③]由于提内克·贺维和埃里克·塔格里科佐两位译者已将各种零碎材料选编为连续性的十大专题，读者得以较为系统地了解印尼及其所面临的主要历史、政治、文化和社会问题。此书选篇超过150种，包括新闻、年鉴、照片、诗歌、故事、卡通、绘画、书信、演说等载体，很多内容也是首次被翻译为英文推广。时段上，从印度尼西亚群岛文明到其与印度、中国、阿拉伯商人的交

---

① Andries Teisseire, "Beschrijving van een Gedeelte der Omme-en Bovenlanden dezer Hoofdstad," pp. 37-40.

② 关于这个复杂的过程，详见Boyi Chen, *Beyond the Land and Sea: Diasporic South Fujianese in Hội An, Batavia, and Manila, 1550-1850*, Ph.D. Dissertation, Washington University in St. Louis, 2019。

③ Tineke Hellwig and Eric Tagliacozzo eds., *The Indonesia Reader: History, Culture, Politics*, Durham: Duke University Press, 2009.

流到欧洲殖民、日本占领、苏加诺时代和苏哈托独裁统治、后苏哈托时代政治和社会改革（Reformasi）都有覆盖兼顾。两位编者在导言中介绍了群岛独特的多元化特征和古今演变，尤其是近代早期荷兰殖民的重大影响，也提出了"符合什么标准的群体可被称为印尼人"的关键问题。战后的民族独立和政治改革充满艰辛，材料选篇在考虑平衡度之余充分反映了这一过程。编者也试图通过对材料选编的回顾，部分回答印度尼西亚从何而来、现在何处、未来将走向何方的问题。该书若能引进，对于改善国内缺乏印尼语史学人才、对印尼史料缺乏系统了解的局面将大有裨益。[①]

西班牙统治下的菲律宾，由于埃玛·布莱尔、詹姆斯·罗伯特森、爱德华·伯恩合编卷帙浩繁的55卷《菲岛史料（1493—1803）》（*The Philippine Islands, 1493—1803*）已经盛名在外，因而介绍其他补充材料更为迫切。[②]相较而言，一套收录西班牙早期殖民菲律宾的文献且与《菲岛史料》多不重复的史料鲜为人知，相当值得引进，是为维吉尼亚·本尼德兹·利古阿南和侯塞·雅瓦多·米拉编《西班牙治下的菲律宾：原始文献编纂与翻译》。[③]该书为20世纪90年代菲律宾国家档案馆推出的五卷本西班牙文与英文对照史料

---

① 周南京组织编译的印尼华人史料目前仍是此类材料中最佳者，参见周南京等编《印度尼西亚华人同化问题资料汇编》，北京：北京大学亚太研究中心，1996年。

② Emma Helen Blair, James Alexander Robertson, and Edward Gaylord Bourne eds., *The Philippine Islands, 1493-1803*, Cleveland, OH: A. H. Clark Co., 1903-1909.

③ Virginia Benitez Licuanan and José Llavador Mira eds., *The Philippines under Spain: A Compilation and Translation of Original Documents* (5 volumes), Manila: National Trust for Historical and Cultural Preservation of the Philippines, 1990-1994.

集汇编，收录了大量16世纪后期到17世纪初期西班牙殖民菲律宾的文献，史料价值高且易于对读释疑。此书涉及大量本地案件判决和关于殖民当局行政考量的讨论，还有诸如设置针对本地人和华人的保护官、监管华人聚居区八连（Parián）与中国商货进口和银元交易事宜。[1]

菲岛第二种当注意的文献是加斯帕·德·圣·奥古斯丁（Gaspar de San Agustín, O. S. A., 1650—1724）的经典作品《菲律宾群岛征服记（1565—1615）》。[2]该书不仅有诸多对西班牙殖民过程和政权架构运作的论述，还叙述了不少早期殖民所遭遇挑战（例如林凤）的细节、马尼拉城区差异和华人人口评估，显然有不同于前两种文献汇编的史料来源，又是通史型论述，气势磅礴，李毓中等人已选译了此书一些非常有意思的片段。[3]鉴于其史料价值和系统性，亟盼未来翻译与研究。

暹罗史地和外交史料包括三种法英出使记录：加隆与斯豪登《一份对强大的日本和暹罗王国的真实描述》（罗杰·曼利英译）、达夏德《六位由法王派遣的1685年前往印度和中国耶稣会士关于暹罗的旅程：附星象观察及其对自然哲学、地理、水文和历史的评

---

[1] "Testimonios de una Información Hecha á Petitión del Gobernador de Filipinas Gómez Pérez Dasmariñas," Filipinas Legajo 18-A (1590), in *The Philippines under Spain*, Vol. 5, pp. 18-27.

[2] Gaspar de San Agustín, O. S. A., *Conquistas de las Islas Filipinas (1565-1615)*, Valladolid: L. N. de Gaviria, 1890.

[3] 李毓中等编译：《台湾与西班牙关系史料汇编》（Ⅰ-Ⅲ），南投："国史馆台湾文献馆"，2008—2015年。

论》、克劳福《从印度总督驻地到暹罗朝廷和交趾支那的出使日记》。此外，还有一份五卷本暹罗官方外交记录汇编以及英国商馆的资料汇编和越南使节地理记录。

弗朗索瓦·加隆（François Caron, 1600—1673）1619年乘坐荷兰船到日本冒险，其后为荷兰使团当翻译。1641年荷兰东印度公司遗弃日本平户商馆后，他随之移居巴达维亚。尤斯特·斯豪登（Joost Schouten, 1600—1644）一开始是荷兰东印度公司的行政官员和外交官，不仅在1624年出使时为公司商馆在阿瑜陀耶（Ayutthaya）开展业务的成功谈判做出贡献，还于1633年返回阿瑜陀耶商馆主持大局并扩张业务。由于此书为二人分别关于日本和泰国两处的记录，就环南海区域而言可仅关注泰国部分。①

盖伊·达夏德（Guy Tachard, 1651—1712）的书是法国人1685年出使暹罗的记录。达夏德是法国耶稣会士，路易十四曾在1685年和1687年两次派他出使暹罗。法王交给使团的任务之一是建立联盟以抗衡荷兰，而耶稣会士则也想借此开展对印度和中国地区的科学考察。从暹罗的角度而言，泰王那莱（Phra Narai）本身相当鼓励各国到大城进行商贸以提升财政收入，他还很积极地派船四处交易。②因此，他热烈欢迎了法国使团，达夏德法国使团还带回了暹

---

① François Caron and Joost Schouten, *A True Description of the Mighty Kingdoms of Japan and Siam*, Roger Manley trans., London: Samuel Broun and John de l' Ecluse, 1663.

② 先行的研究，参见Dhiravat na Pombejra, "Crown Trade and Court Politics in Ayutthaya during the Reign of King Narai (1656-88)," in *The Southeast Asian Port and Polity: Rise and Demise*, eds. J. Kathirithamby-Wells and John（转下页）

罗使节戈沙班（Kosa Pan），双方关系大幅升温并保持通信。[1]达夏德这份文献也包括对其他五位神甫前往中国的记录，是一部精彩的17世纪亚洲考察探险见闻。

约翰·克劳福（John Crawfurd, 1783—1868）出使暹罗的时间相对稍晚，不过此行隐含着大英帝国在一百多年后重返暹罗的雄心，因而需要仔细审视。[2]克劳福的出使日记之有名，盖因他本身很早就在这一带活动，且记录涉及今日越南广大地区（譬如对中国船只到越南各港口的数目和吨位多有着墨）。在19世纪20年代的报告中，他就已指出潮州人在达信大帝的鼓励下大量到暹罗，华人人口的急剧扩张是该国几百年来的唯一重大变化。[3]由此，其出使日志出版自然备受重视。[4]1821年克劳福受东印度公司派遣与暹罗商讨贸易合约，是首批在吞武里王朝时期就到访的欧洲人。他对英国

（接上页）Villiers, Singapore: Singapore University Press, 1990, pp. 127-142; "Ayutthaya at the End of the Seventeenth Century: Was There a Shift to Isolation?," in *Southeast Asia in the Early Modern Era: Trade, Power and Belief*, ed. Anthony Reid, Ithaca and London: Cornell University Press, 1993, pp. 250-251。

[1] 戈沙班的曾孙郑华（Phra Phutthayotfa Chulalok）在90年后成为却克里（Chakri）王朝的开创者拉玛一世。

[2] Guy Tachard, *A Relation of the Voyage to Siam Performed by Six Jesuits, Sent by the French King, to the Indies and China, in the Year, 1685*, London: Printed by T. B. for J. Robinson and A. Churchill, 1688.

[3] John Crawfurd, "Report to George Swinton, Esq., April 3, 1823," *The Crawfurd Papers*, Bangkok: Vajiranana National Library, 1915, p. 103. 转引自施坚雅（G. William Skinner）：《泰国华人社会：历史的分析》，许华等译，厦门：厦门大学出版社，2010年，第26页。

[4] John Crawfurd, *Journal of an Embassy from the Governor-general of India to the Courts of Siam and Cochin China*, London: H. Colburn and R. Bentley, 1828.

考察团此行沿线政治、经济和社会状况的记录也成为19世纪上半期暹罗研究的重要材料。[①]

五卷本的《17世纪暹罗与外国关系录》是阿瑜陀耶王朝与各国的官方通信，虽然中间有缺漏的年份，由于是近代早期最系统的暹罗官方外交记录汇编，仍是全面了解暹罗与其他外部势力交往的最重要的史料。[②]另外，安东尼·法灵顿、尼埃奇拉瓦·纳·蓬贝特拉编定的《英国商馆在暹罗：1612—1625》两大卷材料整理展示了英国东印度公司在暹罗早期商馆关闭前的记录，涉及丰富的17世纪暹罗湾及其周边缅甸、马来半岛的记录。[③]其时外国商人蜂拥而至，阿瑜陀耶朝廷也没有更好的办法进行管理，遂于都城东南划定各主要的地区和族裔商人的居住区。[④]不过该商馆总记录篇幅较大（超过七百份英国东印度公司的原始文献），有一些旧式英文拼写不易读懂，而泰文人名、地名和专名也需要谨慎查核，因而研究需稳健推进。

出使及记录暹罗周边史地的不只是西欧人。阮朝统一后，于嘉隆九年（1810）派遣宋福玩（Tồng Phúc Ngoạn）、杨文珠（Dương

---

① 与同时代的游记和考察报告一样，克劳福此书当然也带有一定的时代局限和明显的"东方学"描摹，参见齐顺利《克劳福德的东方观——克劳福德〈出使暹罗和印度支那王朝日记〉的研究》，《南洋问题研究》2008年第2期。

② *Records of the Relations between Siam and Foreign Countries in the 17th Century*, Bangkok: Printed by Order of Council of the Vajiranāna National Library, 1915-1921.

③ Anthony Farrington and Dhiravat na Pombejra eds., *The English Factory in Siam, 1612-1685*, London: British Library, 2007.

④ 陈博翼：《"亚洲的地中海"：前近代华人东南亚贸易组织研究评述》，《南洋问题研究》2016年第2期。

Văn Châu）两位使臣出使暹罗, 他们于回程中详细记录了沿途史地状况, 留下了一批对语言学、历史学和地理学而言均相当珍贵的地名记录, 是为《暹罗国路程集录》(Xiem-La-Quốc Lộ-trình Tập-lục)。[1]陈荆和在世时该书已作为香港中文大学新亚研究所东南亚史料专刊之一推出点校本和背景说明, 弥足珍贵, 惟书成而量少, 且流通受限, 非常可惜, 然其于暹越关系和近代早期中南半岛外交史上的地位不易撼动。

最后不妨再探一下关于越南、老挝、占婆史事和法国势力介入的史料。与法国势力介入越南和柬埔寨相关的, 包括四种研究17世纪以降越南史经典文献。克里斯托弗罗·保里是耶稣会士, 并于1616年被派驻澳门, 同行的是另一位被派驻“塘中”（交趾支那）的教士。1618年到1622年他以布鲁诺（Bruno）之名在会安生活。[2]《交趾支那王国耶稣会士新传教志》一书便是基于这种工作和生活经历的作品。[3]其对17世纪越南的观察记录已有系统的整理和研究。[4]保里记录了大量该区的水果、植物、动物、交易商品, 其物产的丰盈程度与会安港的国际贸易中心地位相当匹配, 也已引起前

---

① 宋福玩、杨文珠:《暹罗国路程集录》, 陈荆和编, 香港: 香港中文大学新亚研究所, 1966年。

② Hoàng Anh Tuấn, *Silk for Silver: Dutch-Vietnamese Relations, 1637-1700*, Leiden-Boston: Brill, 2007, p. 252.

③ Cristoforo Borri, *Relation de la Nouvelle Mission des Pères de la Compagnie de Jésus au Royaume de la Cochinchine*, Lille: Pierre de Rache, 1631.

④ Olga Dror and Keith W. Taylor eds., *Views of Seventeenth-Century Vietnam: Christoforo Borri on Cochinchina and Samuel Baron on Tonkin*, Ithaca, NY: Cornell Southeast Asia Program Publications, 2006.

辈学者的关注。①这份文献揭示了很多17世纪的重要问题。例如，关于"Cochin"（交趾）一词的来由，保里根据各种发音比对认为，此词还是西人讹自日语发音"Koshi"，比直到20世纪的多种猜想和争论大概都更为准确，这其实揭示了当时日本海外贸易的繁盛，以及其在朱印船限定体系之前相比华人而言更早与西欧人在越南中部大规模开展海上贸易的背景。②保里也是第一个将"交趾支那"（Cochinchina）用于特指越南中南部地区而不是越南政权的人，"东京"与"交趾支那"作为区别越南北方和南方的术语系统也从此确立下来。

约翰·巴罗爵士（Sir John Barrow, 1st Baronet, 1764—1848）1792年到1794年曾随马戛尔尼使团到访中国，担任马戛尔尼家族的审计官。在到中国之前，他抵达越南，看到的是已经过了全盛时期、遭受西山起义军蹂躏的会安。③巴罗指出，在西山起义前，每年有200余艘中国船只造访会安。《1792年和1793年到交趾支那的旅程：1801年和1802年至博舒纳国酋长驻所行程的合并记录》还记录了他

---

① Do Bang, "The Relations and Patterns of Trade Between Hoi An and the Inland," in *Ancient Town of Hoi An*, ed. National Committee for the International Symposium on the Ancient Town of Hoi An, Hanoi: The Gioi Publishers, 2011, pp. 210-222; 李庆新：《会安：17—18世纪远东新兴的海洋贸易中心》，第96—121页。

② Richard von Glahn, "The Maritime Trading World of East Asia from the Thirteenth to the Seventeenth Centuries," in *Picturing Commerce in and from the East Asian Maritime Circuits, 1550-1800*, ed. Tamara H. Bentley, Amsterdam: Amsterdam University Press, 2019, pp. 55-82.

③ John Barrow, *A Voyage to Cochinchina, in the Years 1792 and 1793: To Which is Annexed an Account of a Journey Made in the Years 1801 and 1802, to the Residence of the Chief of the Booshuana Nation*, London: T. Cadell and W. Davies, 1806.

瀛寰识略

对越南中部的语言调查，其开列的百余汉越及混合词汇对比相当有意义，很多中文记录依据的是闽粤人的发音和用语，而"交趾支那"语有很多其实是18世纪这一带"明乡人"的方言。[①]诸如此类的珍贵材料，更令此书意趣横生。

查尔斯·博斯维尔·诺曼（Charles Boswell Norman）《东京：法国在远东》一书法文和英文版同年推出，足见时人重视，可合并影印对照。[②]书中包含的《一七八七年百多禄主教上路易十六的奏议》揭示了百多禄如何游说法皇在交趾支那"建立一个法国的殖民地"以抗衡英国，提出五大利益点，以及从长远看，拓展一条到中国中部的商道。[③]《越法凡尔赛条约》签订及法王承诺派军支持阮主复国的内容也穿插其间，并且此书收录条文与高第（Henri Cordier）版本从签约代表、签约时间到条约内容都有差异，更值得玩味。[④]

查尔斯·梅奔（Charles B. Maybon, 1872—1926）19世纪下半

---

① Ibid., pp. 350, 323-326.

② Charles Boswell Norman, *Le Tonkin, ou la France dans l'Extrême-Orient*, Paris: Hinrichsen, 1884; *Tonkin, or, France in the Far East*, London: Chapman & Hall, Ltd., 1884.

③ Norman, *Tonkin, or, France in the Far East*, pp. 43-44. 译文见张雁深《一七八七年百多禄主教上路易十六的奏议》，中国史学会主编《中法战争（一）》，上海：上海人民出版社，1957年，第363—364页。

④ Ibid., pp. 45-48. 译文见张雁深《一七八七年十一月二十八日越法凡尔赛条约第二种约文》，《中法战争（一）》，第359—361页。高第版本见Henri Cordier, *Histoire des Relations de la Chine avec les Puissances Occidentales, 1860-1900*, Vol. 2, pp. 244-256; 张雁深译《一七八七年越法凡尔赛条约》，《中法战争（一）》，第347—357页。

叶出生于法国马赛,是一位教授、作家和记者。他在中国和交趾支那活动多年,与法国远东学院(EFEO)关系密切,伯希和不在时便由他代教中文课程。他创立了上海法语学校(l'École française de Shanghai)并执教九年,后来又加入印度支那公共教育部,担任高等教育学院院长。他曾参与越南北部与中国之间道路的地理调查以及1909年对英国东印度公司档案的收集经历为其写作奠定了坚实的基础。[①]梅奔著述颇丰,《安南王国近代史(1592—1820):根据早期欧洲人和安南人的报告及关于安南阮氏王朝立国的研究》便是其最后一部力作。[②]本书运用各种亚欧史料,始于论述越南二元权力的起源,终于嘉隆去世及法国势力入侵前夜,为法国人提供了能较好理解近代早期越南历史的概述,摆脱了早期安南历史教程只能依靠张永记(Trương Vĩnh Ký)所撰著述的局面,并且在对耶稣会士使团建立、西山起义、阮主求援及复国、阮朝统一的论述中,法国人的亚洲"使命感"也被唤起。

越南传统汉文史料由于已引进不少且隔阂较少,故而在此只标示一部有代表性的通史作品。潘清简(Phan Thanh Giản, 1796—1867)编修的《钦定越史通鉴纲目》(*Khâm Dịnh Việt Sử Thông Giám Cương Mục*)(1884)是一部值得再三审视的著作。这部五十三卷的重要纲目体史籍涵盖了从雄王传说时期到后黎朝昭统

---

① Finot Louis, "Charles B. Maybon (1872-1926)," *Bulletin de l'Ecole française d' Extrême-Orient* 26 (1926): 521-524.

② Charles B. Maybon, *Histoire Moderne du Pays d'Annam (1592-1820): Étude sur les Premiers Rapports des Européens et des Annamites et sur l'Établissement de la Dynastie Annamite des Nguyên*, Paris: Typographie Plon-Nourrit et cie, 1919.

瀛寰识略

三年（1789）的史事，时间跨度较大，历经数次续修，从嗣德八年（1856）潘清简领衔撰修，至近三十年后的建福元年（1884）始行刊布。在《大越史记全书》的基础上，潘氏等人仿朱熹以纲（按时间记录史事）、目（为人物作传略）并举的方式修史，成一代巨著。"国立中央图书馆"曾于1969年出版"二战"后国民政府从越南北部撤退驻军时所携回的藏本。法国亚洲学会藏本与此本相同，北京大学图书馆藏本和越南国家图书馆藏本亦属这一阮朝官方刻本。此外，该书另有云南省图书馆版本，是1945年中国接受越南北部日军投降时，南芳皇后交给中国方面的皇室藏本，但也是与台湾和北大藏本同一时间的刻本。[①]就版本而言，越南国家图书馆藏本偶见朱笔点读，间有墨笔眉批；部分字有避讳，如"明"字涂黑左半部以避咸宜帝讳。与台湾所藏刻印本相比，虽为后印本，但美国国会图书馆与越南汉喃遗产保存会合作，已将其数字化，《域外汉籍珍本文库》第三辑也曾于2012年再印出，为研究提供了便利，唯因仍有缺损页面，故需小心比对；将来可考虑直接影印台湾或云南藏本，以便对比研究。

老挝方面的材料，有一种越南对其与暹罗冲突的记录特别有意思。马有理和费艾范·纳斯里瓦达纳《越南文献材料关于暹罗朝廷和老挝公国1827年冲突的记录》为越南汉喃文献《国朝处置万象事宜录》（*Quốc Triều Xử Trí Vạn Tượng Sự Nghi Lục*）的两卷本文献译

---

① 钱秉毅：《云南省图书馆藏〈钦定越史通鉴纲目〉特殊价值研究》，《东南亚研究》2015年第5期。

注力作。[1]其正文原文为古汉语，但译注部分吸取了中南半岛学者的研究成果，因而这部分很值得重新翻译引进。老挝相关的研究非常薄弱，19世纪20年代的史料也有缺失，此书如能引进，也是开创性贡献。该书由乂安官员吴高朗（Lê/Ngô Cao Lãng）于1827年编撰。此前万象国王阿弩 / 安瑙冯（Chao Anouvong / Xaiya Setthathirath V）反抗暹罗操纵起兵，遭遇失利而向越南阮朝求援，其后阮朝出兵护送阿弩返国。由于老挝、暹罗有关该次战事的记录稀少或经过改写，本书提供的史料也可作补充。另外，其原文译注的部分也会增进我们对原古汉语文献的释读和理解。日本东洋文库独具慧眼，2001年即已出版此书。该书反映了越南与暹罗的霸权争夺，也反映了暹罗在老族势力范围内的优势；全书记录了越军的行军日程和信息往来，从越南人的角度看问题，对研究越南如何以小中华自居、试图在周边国家主导一种"朝贡"秩序的意义也很深远。

占婆方面的材料，法国远东学院已有不少整理。最有代表性的莫过于法国远东学院和马来西亚文化、艺术和旅游 / 传统遗产部（Kememterian Kebudayaan, Kesenian dan Pelancongan / Warisan Malaysia）已推出的五种占婆语转写和法语或马来语对照史料"占婆语手稿收集"（Collection des Manuscrits Cam / Koleksi

---

[1] Mayoury and Pheuiphanh Ngaosrivathana, *Vietnamese Source Materials Concerning the 1827 Conflict Between the Court of Siam and the Lao Principalities*, Tokyo: The Centre for East Asian Cultural Studies for UNESCO, The Tōyō Bunko, 2001.

Manuskrip Melayu Campa）系列。[①]其中的第三种《吉兰丹公主》
（*Nai Mai Mang Makah*或*Ariya Bini-Cam*），如同占婆民族的史诗
一样意境悠远、信息丰富，很值得引进。其篇幅为180小段，每小段
长短各一句（全文共360小句），深具口传吟诵史诗形式。开篇即点
明来自远方的主人公于巴甲（Pajai）河口哈勒卡哈勒德（Harek Kah
Harek Dhei，位于今越南富安省艾阿如[Aia Ru]北部、平定省南部）
登陆，然后经历重重艰险离乡，从占婆王国最后的首都巴卡那（Bal
Canar，今越南平顺省潘里，还有一说更细致到静美村[thôn Tịnh
Mỹ]）[②]到哈勒卡，即为了前往"东海"（南海）。接着以作者的口吻
表明了对这种不可抗命运的体认，目送其离去："公主的船航啊航，
已经消失在我的眼中，我擦拭掉啊，眼里那淌流的泪（layar nai ō

---

① Gérard Moussay, Po Dharma, and Abdul Karim eds., *Akayet Inra Patra*
(Hikayat Inra Patra / Epopée Inra Patra), Kuala Lumpur: EFEO, Perpustakaan
Negara Malaysia, 1997; Gérard Moussay, Po Dharma, and Abdul Karim eds.,
Akayet Dowa Mano (Hikayat Dowa Mano / Épopée Dowa Mano), Kuala Lumpur:
EFEO, Perpustakaan Negara Malaysia, 1998; Gérard Moussay, Po Dharma,
and Abdul Karim eds., *Nai Mai Mang Makah* (Tuan Puteri dari Kelantan /
La Princesse qui Venait du Kelantan), Kuala Lumpur: EFEO, Kementerian
Kebudayaan, Kesenian dan Pelancongan Malaysia, 2000; Gérard Moussay
and Duong Tan Thi eds., *Peribahasa Cam* (Dictons et Proverbes Cam), Kuala
Lumpur: EFEO, Kementerian Kebudayaan, Kesenian dan Pelancongan Malaysia,
2002; Po Dharma, Nicolas Weder, and Abdullah Zakaria Bin Ghazali eds., *Akayét
Um Marup* (Hikayat Um Marup / Épopée Um Marup), Kuala Lumpur: EFEO,
Kementerian Kebudayaan, Kesenian dan Pelancongan Malaysia, 2007.
② Kaka, "Bal Canar Kinh đô cuối cùng của vương quốc Champa," https://
www.nguoicham.com/blog/179/bal-canar-kinh-đô-cuối-cùng-của-vương-quốc-
champa/, 2012-01-19.

mboh trā, caok aia matā, kau brai hapuak）．"勾勒了占婆人沿越南南部海岸航海的丰富图景。全诗的悲剧色彩和情绪又对应着在京族进逼中占族被迫从低地向高地迁移,皈依伊斯兰的占巴尼向海岸退却而分离的悲切。①

五、结语

作为环南海研究重要组成部分的东南亚研究在国内近年来热度有所提升。已有学者指出,中国的东南亚研究逐步从国别分析和历史考据方法转向区域和国际关系研究,但上乘研究仍远远不够,而基于地方知识和多元普遍性的文化路径研究、区域治理优化探讨未尝不是观察和实践区域秩序、书写全球史的一条新路。②然而,即便不只是个案抽取,我国东南亚研究更多仍是作为政治学和国际关系研究的注脚。③换言之,无论是环南海地区,还是东南亚研究,目前尚无法显现出区域研究的整体性优势或地方性知识脉

① 关于该文献以及另一种占族诗歌《女占人之歌》(*Ariya Cam-Bini*),可以参考即将推出的占、英、中三语对照译注本:威廉·诺斯维西(William B. Noseworthy)、陈博翼译注:《二重奏:占婆史诗两种》(*Southeast Asian Dualism: Two Cham Ariya*)。
② 魏玲:《东南亚研究的文化路径:地方知识、多元普遍性与世界秩序》,《东南亚研究》2019年第6期;张云:《国际关系中的区域治理:理论建构与比较分析》,《中国社会科学》2019年第7期;《东南亚史的编撰:从区域史观到全球史观》,《史学理论研究》2019年第3期;庄礼伟:《年鉴学派与世界体系理论视角下东南亚的"贸易时代"》,《东南亚研究》2016年第6期。
③ 唐睿:《比较政治学在东南亚权威主义研究中的新进展:议题、方法与趋势》,《东南亚研究》2020年第1期。

络式的深刻理解，未出现诸如本尼迪克特·安德森、安东尼·瑞德（Anthony Reid）或维克多·李伯曼（Victor B. Liberman）创作的经典鸿篇巨制。就该区研究存在的问题，陈博翼已指出，从认识论和方法论而言，历史解释被不同区块研究分割牵引，研究议题又常"只见树木不见森林"，缺乏整体把握；以及就基础研究而言，语言训练捉襟见肘、缺乏制度史依托。[①]解决这些问题并无一蹴而就的办法，只能在不断加强基础训练的基础上，逐步强化整合性研究，当然也需要加强方法论和认识论的自觉和思辨。

本文前瞻的进路所涉只是基于区域平衡与代表性挑选的数十种文献及其蕴含的潜在方向，可谓挂一漏万。鉴于越南、占婆和高棉王国史料文献的庞大存量及其复杂性，语言训练、材料掌握、文献译注和研究解读无疑更为艰难。然而，我相信，借助于今日便捷的科技和交流手段，如果我们不断加强译介和研究，环南海地区的整体认知水准和研究面貌必将达到新的层次。唯有基于坚实的、富有纵深感和层次感的文献记录，基于各方多样性材料的交错核实，打通时间和空间的隔阂，对环南海地区的认知和动态演变才能有更切实的判断，诸如《比较的幽灵》《东南亚的贸易时代》《形异神似》那样伟大的作品也才有望在下一代亚洲学者中诞生。

---

① 陈博翼：《"亚洲的地中海"：前近代华人东南亚贸易组织研究评述》。

Aytiur（Aytim）地名释证：
附论早期海澄与菲律宾贸易

~~~~~~~~~

    门多萨（Juan González de Mendoza, 1545—1618）《中华大帝国史》第二部第二卷《奥法罗中国行纪》载：西班牙人到漳州拜会地方长官后，"为他们的方便叫他们乘同一艘船去海澄（Aytiur）港，那里有船赴吕宋，他要命令这些船接受他们，尽快启航"。[1]何高济译注"Aytiur或为海澄，待考"。[2]笔者迄今尚未见"Aytiur"出现于其他文献，而其是否为海澄则关乎16世纪70年代相关港口出海船只的数量和对外贸易状况，故不揣弇陋试为之证，以就教于方家。

    本文第一节从语言书写习惯上分析，基本可确定"Aytiur"是海澄。第二节从另一个角度，即从地理看，考定西班牙人在华的路程。由他们最后一天所能到达的行程范围看，只有两个港口可以离开——海澄和石码镇。那么，结合第一部分的研究看，"Aytiur"只能是海澄

---

① 门多萨：《中华大帝国史》，何高济译，北京：中华书局，1998年（J. G. de Mendoza, *The History of the Great and Mighty Kingdom of China and the Situation Thereof*, ed. S. G. T. Staunton, London: Hakluyt Society, 1853-1854）（以下简称《中华大帝国史》），第301页。
② 同上，第303页。

港。一旦港口的位置可以确定,传教士的记载则可以成为重要的贸易史料:在1567年"开海"后,海澄与菲律宾的贸易并非立即变得可观,1580年时从海澄去马尼拉的商船其实不多;而从泉州的情况看,1575年时则颇为发达。第三节即展示海澄兴起作为制度确立的结果,即漳州地区对菲贸易的全面展开大概在1580年后的一二十年。海澄与马尼拉的这种联结深刻改变了南海东北隅的区域秩序。

一、书写习惯

"Aytiur"一词除了门多萨一书如此书写外尚未见于他处。这种写法是否可以表示海澄也不易遽断。首先,存在许多种语音的差异使对音的对象不好判断,即一边可能讲的是西班牙语、拉丁语(特别是传教士)、葡萄牙语甚至更大可能是用其熟悉的西、葡语中的某区方言,而记录的一方则可能是以闽南话、福州话、潮州话或其他水上人家近似的语音记录;其次,几百年前的语音也与今音不尽相同;再次,输出和理解、记录之间本身存在差异。姑举一例以证以上三个问题。

> 《东西洋考》引《广东通志》曰:方言谓天为西罗,日为梭罗,风为绵除,山为文池,真珠为亚思佛,玳瑁为实除奴牙,犀角为亚里高佛,金为阿罗,银为巴劳礁。[1]

---

[1] 张燮:《东西洋考》卷五《东洋列国考·吕宋》,谢方点校,北京:中华书局,1981年,第94页。

这段话隐含的问题正揭示了对音所当注意的几大要点及其局限。①理论上，"Aytiur"的音节与海澄闽南语的核心音节是可以粗略对应的，②只是词头和词尾尚需再斟酌，但基于以上所说的问

----

① 首先，虽然用的是《广东通志》的说法，但其所指的"方言"却非粤语而更像是闽语，除了"西罗"（西语Cielo、葡语Céu）和"梭罗"（西、葡语Solo）这两个词闽粤语都对得上之外，其他则粤音毫不能对。这一定程度上说明葡萄牙人最初接触的，为珠江口讲闽方言的人群，应该还有一些水上人家的语言。"阿罗"对西语"oro"、葡语"ouro"；"亚里高佛"则为"里高佛"（"亚、阿"一类常为闽粤语句首字），"里"对"r(h)in(o)"，犀牛能，"高佛"对西语"cuerno / cacho"或葡语"corno"或拉丁语"cornu"。这两个都大体能以西、葡语对音。其次，有些音可能是讲拉丁语的传教士通转而成的，如"文池"，西、葡语皆作"monte"，以闽音尾音对皆无"i"的音节，而若以拉丁语"montis"看，则读音完全吻合。当然这也只是标准语音的层面，书写上如《菲岛史料》中"Philipinas"也有写作"Phelippinas""Felipinas"的例子，"i"和"e"的界线可能有时并不分明，尤其是考虑到几百年前语音差异的问题。Francisco de Sande, "Relation of the Filipinas Islands" (Manila, June 7, 1576) (Trans. Rachel King, from MSS. Doc. ined. Amer. y Oceania, xxxiv, pp. 72-79), in Emma Helen Blair and James Alexander Robertson eds, *The Philippine Islands, 1493-1898*, Oklahoma: The A. H. Clark Company, 1907 [TPI], Vol. IV, 1576-1582, pp. 21-97. Francisco Tello and others, "Military Affairs in the Islands" (Manila, July 12,1599) (Trans. Arthur B. Myric, from MSS. in the Archivo general de Indias at Sevilla), Appendix, "The State of the Kingdom of Camboxa in Relation to these Phelippinas Islands," TPI, Vol. X, 1597-1599, pp. 207-244, esp. p. 226. 桑德（Francisco de Sande）总督也有写作"Sandi"的，见《中华大帝国史》，第248页。）再次，仍有一些无法对应的音，则当为夹杂了水上人家的语音，或者是输出和理解、记录之间的差异。"亚思佛"对"aljófar"、"巴劳礁"对西语"plata"、葡语"prata"已有些勉强；至于"绵除"和"实除奴牙"，则或为西语"vento"、"conchula/conchulae"，或葡语"viento"、"concha/conchae"，或拉丁语"crusta"。因受水上人群"杂音"影响和转录偏差而难以卒对。所以，对音虽然也有一定的规范和习惯，但随意性和不稳定性要远远高于书面表达。

② 翁佳音的研究表明，漳州（chincheo）的记名当来自漳州腔的语音系统，因为葡萄牙人最先遇到的是以"紧邻的漳州籍人士为主"的福佬海商，包括一部分晋

题，求助于书写习惯和当时的书写事例可能是更严谨和有说服力的做法。

西班牙和葡萄牙人文献中明确记载海澄的极少，一般以"Chincheo"这样较大而笼统的称法涵盖，早期该词时而指漳州、时而指泉州，有时也指福建省，连书写者都常常模糊而无法确指，所以后来不断引起各种争论。[①]所以，与其仅凭对音，不如求之于当时普遍的书写习惯和准则更为可靠。早期文献中有"Hayten"的写法，这是一个重要的提示。[②]即若能解释"Aytiur"与"Hayten"在书写上的可通转，即可进一步确定该词所指。文献可以找到这种头尾不尽相同的地名例子，譬如"Aru"。这表明通过一定的准则可以判断一些词为同一所指。[③]又比如西班牙人曾收到三封信，由当年来自中国的三条船的船长和商人带来，皆为来自都堂（Tuton）、海道（Haytao）和巡检司（Inspector-general）

江与安海的"泉"籍海商。见翁佳音：《十七世纪的福佬海商》，载汤熙勇主编：《中国海洋发展史论文集》（第七辑）（上册），台北："中研院"，1999年，第59—92页。

① 最好的总结，见博克舍编注《十六世纪中国南部行纪》，何高济译，北京：中华书局，1990年（Charles R. Boxer, ed. *South China in the Sixteenth Century*, London: Hakluyt Society, 1953），第223—234页。

② Geronimo de Salazar y Salcedo, "Three Chinese Mandarins at Manila" (Manila, May 27, 1603) (Trans. Robert W. Haight, from MSS.), TPI, Vol. XII, 1601-1604, pp. 88, 93.

③ "名见拉施特《史集》，《爪哇史颂》作Haru，赛勒比《行记》作Aruh……"见陈佳荣、谢方、陆峻岭编《古代南海地名汇释》，北京：中华书局，1989年，第902页。

的同类通告。①"Haytao"一词门多萨书作"Aytao"，原注"应作
Hai-tao。有关这些官吏，见杜·哈德，卷ii，页32、33"。"Tuton"门
多萨书作"Tutuan"，原注"Tutuan，应作Totung"。克鲁士介绍说
都堂（Totom）是各地五位首脑中最高的。②博克舍作"Tutão"（都
堂）。③另有"Totoc"（都督，同书又有译作"提督"的④）一词，
拉达（Martín de Rada）作"Tontoc"，原注"应作Too-tuh，高级副
将"。⑤这就是同时显示词头和词尾歧变的最佳例证。"Tuton"一
词音义兼顾译为"都堂"可与"Totoc"区分，根据1599年的通信语
境可知西班牙人用以指"总督"。⑥用《菲岛史料》中西班牙人的通
信和研究与当时西、葡传教士的书写记录相对照，不仅可以明白在
那个时代书写存在的随意性和不统一性，还可以解决对音不能解
决的问题。下面就词头和词尾分别加以证明。

---

① 该句补充说明后面为："如果翻译成卡斯提语，（即为）关于'生理'（Sangleys）
（案：即商人或经商者，一说'常来'）的叛乱及其惩罚。"Antonio de Morga,
Sucesos de las Filipinas (Events in the Filipinas Islands) (Mexico, at the shop of
Geronymo Balli: Printed by Cornelio Adriano Cesar, 1609) (Trans. Alfonso de
Salvio, Norman F. Hall, and James Alexander Robertson), TPI, Vol. XV, 1609,
pp. 25-287; Vol. XVI, 1609, pp. 25-209; Bartolome Leonardo de Argensola,
Conquista de las Islas Malucos (Conquest of the Malucas Islands) (Madrid, 1609)
(Trans. James A. Robertson), TPI, Vol. XVI, 1609, pp. 211-317.
② 《中华大帝国史》，第96、99页。
③ 博克舍编注：《十六世纪中国南部行纪》，第2页。
④ 《中华大帝国史》，第216、219、232页。
⑤ 同上，第96页。
⑥ "但和广东的总督、即称为都堂的人在一起事情处理得很好……"（But affairs
were managed so well with viceroy of Canton, called the "tuton"...）见Francisco
Tello and others, "Military Affairs in the Islands," *Op. Cit.*, p. 231.

词头上讲，西文省首字母"H"的习惯本身就很普遍，如忽鲁谟斯作"Ormuz""Ormus""Hormuz""Hormus"。印度除了可以作"India / Indio / Indo"之外，还可以作"Hindu"。柔佛（养西岭）一般作"Ujong Tanah"，但亦可作"Hujong Tanah"①。上文的海道一词，"Haytao"也可写作"Aytao"；《明史》中的阿鲁"Aru"也可以写作"Haruh"。以门多萨这本书中的例子作为内证，如海南岛（Island Aynan），"葡人把海南拼写作Ainão"。②福建和福州也常省略首字母：既作"Aucheo"（《菲岛史料》亦作此），又作"Aucho"（"福州的巡抚也不至以此为忤"③），福州城又另作"Ucheo"，也可以是"Hocchiu"。④另外，"Ancheo"大概也是福州的讹写。⑤福建省又另作"Ochiam"。⑥又如兴泉道作"Insuanto"，兴化作"Ingoa"，

---

① 谢清高口述、杨柄南笔录、安京校释：《海录校释》，北京：商务印书馆，2002年，第55页；陈佳荣、谢方、陆峻岭编《古代南海地名汇释》，第1086页；费尔南·门德斯·平托（Fermao Mendes Pinto）：《远游记》（上），金国平译，澳门：葡萄牙大发现纪念澳门地区委员会，1999年，第86页注释①。

② 《中华大帝国史》，第2页、第5页注释9。

③ "Viceroy"一词中译一般作总督，但具体到"viceroy of Aucheo / Ucheo / Ochia / Foquiem"等表达，笔者认为当译为福建巡抚（或福州的巡抚）。明代遇事才设总督，管理一区内的军政要务。福建顺治二年置总督，其后渐渐才有闽浙总督的"定制"。在此以前，福建只有特殊情况如倭寇剧烈时，才有官员临时被授以"总督备倭"（刘焘）、"浙直福建总督"（胡宗宪）一类的名衔。另外，西欧人对于这种地区级以上的大员，因为很容易与已有概念对应，故指称也用意译，不像其他不了解的官名一样需要用当地发音对音转写。与其执拗于"viceroy"的原意，不如由这种称代体察文化接触的情境。

④ 《中华大帝国史》，第20、115、125、176、42页。博克舍编注：《十六世纪中国南部行纪》，第209页。

⑤ 同上，第22页注释13、第23、121页。

⑥ 同上，第41页。

拉达则直书"Hinhua"。[1]人名方面，汉高祖（Anchosan）、伏羲（Ocheutey、Ochisaian）[2]、王望高（Howoncon/Omoncon）[3]大概都是省略首字母"H"的例证。意大利汉学家曾指出门多萨的书注音混乱："明显的是，书中出现的执政人士或历史人物的中国人名字所用的注音，注得如此糟糕，以致往往无法辨认。"[4]所幸地名和专名要比人名好一点。其实在那个时代，规范化的书写意识和规则远未产生，尤其是殖民开拓中遇到的新事物，往往要经过一定的时间才能确定为一个为大多数人所接受的名称。[5]这类问题并非门多萨此书所独有。在《菲岛史料》中，这一类地名省首字母更是普遍。[6]"其中涉及的地名'Onan'可能是'Ho-Nan'（河

---

① 《中华大帝国史》，第96、127、41页。

② 同上，第50页；吴孟雪、曾丽雅：《明代欧洲汉学史》，北京：东方出版社，2000年，第143、145页。

③ 博克舍编注：《十六世纪中国南部行纪》，第183页注释①。

④ 白佐良（Giuliano Bertuccioli）、马西尼（Federico Masini）：《义大利与中国》，萧晓玲、白玉昆译，北京：商务印书馆，2002年，第99页。对其中的人名注音错误的讨论，参见D. F. Lach, *Asia in the Making of Europe*, Vol. 1, t. 2, Chicago and London: The University of Chicago Press, 1965, pp. 742-794.

⑤ 早期的殖民开拓面临无数的新事物，西方人都倍感混乱。正如拉赫所说："尽管有如此多英勇的努力，欧洲的商人们、士兵们和传教士们，看起来像是被他们在群岛面临的巨大任务搞晕了。卡蒙斯（Camoëns）在感叹中给予了这种沮丧感一种表达：国家的名字数以千计，还有未被命名的。"见D. F. Lach, *Asia in the Making of Europe*, Vol. 1, t. 2, p. 650.

⑥ 比如，有一处说中国的"十三座城市"（Chincheo, Cantun, Huechiu, Nimpou, Onchiu, Hinan, Sisuan, Conce, Onan, Nanquin, and Paquin）。编译者解释说：泉州（Chincheo）也可写作"Chinchew、Shen-tsheou、Tsiuen-Tchou、Tsiuan-tchau"（案：前三种写法显然更可能是漳州，后二种为泉州），福州（Huechiu）也可写作"Fuchu、Hu-Chau、Hou-Tchou"。

　　　　　　　　　　　　　　　　　　　瀛寰识略

南）。"另外还有三个编译者也不能识别的地名："Sisuan、Lintam 和Ucau"。第一个应该是四川；第二个可能是云南，博克舍书中云南作"Vrnan"（葡人巴罗斯作"Juna"、意人卫匡国作"Iunnan"），[①]中间另有种种讹写的可能；第三个不清楚。"Onchiu"则为杭州（Wan-Chau）。[②]杭州在博克舍书作"Ocho"，也是同一道理。从这段材料中可以看到，福州、河南和杭州的首字母是可以省略的，而且未能确定的"Lintam"提醒我们注意手写体可能产生的讹误，下文会继续讨论。又如人名，《中华大帝国史》提到一个在马尼拉受洗的中国孩子"Gernando"，原注认为是"Fernando"的误写。[③]《菲岛史料》卷六作"Hernando"，英译者如此书写应该也是有根据的。[④]正如前述书写习惯显示的，福建"Fo-""Ho-"及"O-"三类表达其实是一样的。上文"Phelippinas"可作"Felipinas"也是一个例子。即便是后来的荷兰人似也有此类书写习惯，如郭怀一写作"Fayet"。[⑤]而黄盛璋引用森克己（Mori Katsumi）的研究则标示为

<hr />

① 博克舍编注：《十六世纪中国南部行纪》，第2页。吴孟雪、曾丽雅：《明代欧洲汉学史》，第58、164页。

② Andrés de Mirandaola, "Letter to Felipe II" (Cubu, January 8, 1574) (Trans. Arthur B. Myric, from the Archivo general de Indias at Sevilla), TPI, Vol. III, 1569-1576, pp. 223-229.

③ 《中华大帝国史》，第180页。

④ Juan González de Mendoza, History of the Great Kingdom of China (extracts relating to the Philippines) (Madrid, 1586) (Translated by James A. Robertson), TPI, Vol. VI, 1583-1588, pp. 81-156.

⑤ Cheng Shaogang, De VOC en Formosa 1624-1662, Deel I, 1995, p. 36.此当为程绍刚莱顿大学博士论文定稿前后某一版本（北大中古史中心藏油印本），前有荷兰文导言，后来正式出版的中文版省略了这部分。

"はゑた"（Haueta）。[1]有时首字母的重要性是比较低的。正如在另一份通信中显示的，海道也被写为"laytao"而非"haytao"，[2]当然很可能是讹写的结果。

第二是词尾上讲，比词头麻烦很多。譬如，上面讲的"Totoc、Too-tuh、Tontoc"都指一个意思。而"Tuton、Tutão、Tutuan、Totung、Totom"亦如此。江西可以写作"Conce"，[3]也可以写作"Cansay"。[4]"Macao"（澳门）西班牙人也会写为"Macan"[5]。而更常见的例子是称某人为某某"官"则书"qua"或"quan"，如称郑芝龙"Iqua(n)"（一官）。这种称法后来用于称十三行洋商尤其普遍，不胜枚举。[6]拉达提到惩治无赖的官员称"Choyqua"，书后原注为"Chomacan或即Ching-tang，监狱助理官"。[7]福建可作

---

① 黄盛璋：《有关郑成功收复台湾的几个问题新证》，载厦门大学历史系编：《郑成功研究论文选》，福州：福建人民出版社，1982年，第91页。

② "……并且尤其是和海道一起，即那个省的首席按察官员（判官）"（...and especially with the laytao, or chief judge of that province），见Francisco Tello and others, "Military Affairs in the Islands," *Op. Cit.*, p. 231。

③ Andrés de Mirandaola, "Letter to Felipe II," *Op. Cit.*

④ "Cansay"见《中华大帝国史》，第22页注释11、第29页注释9，可以是江西或广西。

⑤ Santiago de Vera, "Letter to Felipe II" (Manila, June 26, 1587) (Trans. James A. Robertson, from MSS.), TPI, Vol. VI, 1583-1588, pp. 297-310; Domingo de Salazar, "The Chinese, and the Parian at Manila" (Manila, June 24, 1590) (Translated by James A. Robertson), TPI, Vol. VII, 1588-1591, pp. 212-238.

⑥ 详参梁嘉彬：《广东十三行行名、人名及行商事迹考》，载氏著《广东十三行考》第一篇第三章，广州：广东人民出版社，1999年，第256—342页。

⑦ 《中华大帝国史》，第100—101页。

"Ochian"，①也可作"Ochia"。②王望高的"望"字，以书面语记录闽南音，可以是"mo"也可以是"mon"（Omocon / Omoncon / Omoncón）。③如此，硬抠"tiur"和"ten"的作法本身不仅不明智，而且是可疑的，因为书写本身有较大随意性。虽然"tiur"和"tin"的闽音差别也极小，但还是能找到一些根据另作证明。据上文"Philipinas"与"Phelippinas"的例子，"ten"与"tin"通写的问题就不大（所以会看到"Hayten"的写法）。

以尾字母看，在西文手写体中，"r"的写法为半个"n"，"n"亦容易被辨为"u"（甚至与"a"都极易混淆），"nr"连写或"m"极易辨成"ur"。这种例子，最典型的是大山官港"Touzancaotican"，《菲岛史料》作"Tonzuacaotican"，"u""n"和"a"竟有三处倒换！④而伦敦英译本又另作"Touznacaotican"，更足以证明此问题。⑤也就是说，"ur"本身有可能就是一个辨识错误的写法，作者

<hr>

① 《中华大帝国史》，第175页。

② Juan González de Mendoza, *History of the Great Kingdom of China*, Chapter IX.

③ "Omoncon"，见《中华大帝国史》，第161页。《菲岛史料》卷六同。但卷四作"Omocon"。Francisco de Sande, "Relation of the Filipinas Islands," *Op. Cit.*

④ 《中华大帝国史》，第161页；Juan González de Mendoza, History of the Great Kingdom of China, *Op. Cit.*, Chapter III.

⑤ Juan González de Mendoza, *The History of the Great and Mighty Kingdom of China and the Situation Thereof,* ed. Sir George Thomas Staunton, London: Printed for the Hakluyt Society, 1853-1854 (Reprinted in Peking, 1940), Vol. 2, p. 9.民国二十九年的这个影印本与原英译本同，但原本为一卷本。此外，英译本另外也还有与何先生译本给出的西文原词不同之处，不知何先生是否在专有名词上不尽依英译本。

的原意是写为"m"，即原词当为"Aytim"；第二种讹写的可能是只讹写了一个字母"n"为"u"，由于"r"也可以是"h"，所以原词为"Aytinh"。由前"Aru"与"Aruh"之例，知亦可为"Aytin"。这两种推测现在无法证实，因为奥法罗神父（Fray Pedro de Alfaro，1525—1580）等人的手稿目前无法见到，最初刊载的西班牙文本也不知能否反映此种情形。①但这种可能性超过尾音本身的容易变换程度，因为"Aytiur"作为现在能看到的孤例，本身就有可能是一个辨错的词。②据伦敦英译本，此词作"Aytim"。③说明依靠书写习惯的判定是极其准确的，而且也较为直接地印证了之前的推断。此词在我所见西班牙文本中亦作"Aytim"，不过其下原文注释解释为"现在的汕头"（El actual Swatow）。根据下文的考察，若是汕头，则其行进路线至三河后将转而顺韩江直下，不需再有任何陆行即可到潮州府，故不确。④无论如何，就现在可见的版本看，此词当为

---

① Juan González de Mendoza, *Historia de las Cosas Mas Notables, Ritos y Costvmbres, del Gran Reyno de la China, 1545-1618*, Roma: Costa de Bartholome Grassi, 1585.

② 在早期，讹误本身很常见，如"Aëta"，"一作Aita，为马来语Hitam之讹写"。见陈佳荣、谢方、陆峻岭编：《古代南海地名汇释》，第898页。又如，伯来拉（Galeote Pereira）的《中国报导》，收入博克舍书中的福建和南京是"Foguiem"和"Nanguim"，而麦术尔给派克英译版《中华大帝国史》写绪论时，引用伯来拉的同样描述，却写作"Fuquien"和"Namquin"。分见博克舍编注：《十六世纪中国南部行纪》，第1—2页；《中华大帝国史》，绪论第33—34页。除了西、葡语之间译转的问题和习惯之外，讹写的问题也是很明显的。

③ Juan González de Mendoza, *The History of the Great and Mighty Kingdom of China and the Situation Thereof*, Vol. 2, pp. 198, 201.

④ Juan González de Mendoza, *Historia del Gran Reino de la China*, Madrid: Closas-Orcoyen, 1990, pp. 299, 301.

"Aytim"，且确为海澄。为了进一步证实，从其他一些记录查考也是有必要的。西班牙人从此处离开，若能精确推出他们在此以前的位置，就能进一步证实该港的位置。

二、西班牙人在华行程路线及离港过程

西班牙人入华，必然要借助原有的航线、在已知的港口登陆和离开。据说正德四年（1509）西班牙天主教道明会会长若望·基利斯督慕和伯金纳德教士在港尾白沙村登陆，不过来不及传教就被驱逐出境。[①]嘉靖二十六年（1547），"有佛郎机船载货泊浯屿，漳、泉贾人往贸易焉。巡海使者柯乔发兵攻夷船，而贩者不止"。[②]可见港尾和浯屿都存在传统的出海处和对外航线。但外国人进入大陆还是不容易的，奥斯定教士阿尔布克尔克神父（Fray Augustin de Alburquerque）到马尼拉之后，就很希望"与来马尼拉港的这些教徒和商人一起到中国大陆"，不过一直未能如愿。[③]

---

① 黄子玉：《天主教在八闽传教史略》，《文史资料选辑》第1辑，漳州：中国人民政治协商会议福建省漳州市委员会文史资料研究委员会，1979年，第84—85页。一说为搭乘在菲律宾马尼拉认识的月港商人颜氏之船而到。颜氏为港尾白沙人。"基利斯督慕"实为"Christmas"，又有作"基利斯德"的。此事史源似有问题，道明会材料未证明这点。万历五年（1577）奥斯定教士从马六甲乘月港商船在月港登陆，进入龙溪县城传教的事不可信，系以拉达之事讹。

② 张燮：《东西洋考》卷七《饷税考》，第131页。此段又见于《泉州府志》，当为张燮执笔所著。

③ Andrés de Mirandaola, "Letter to Felipe II," *Op. Cit.*

总之，在1575年^①拉达一行进入福建和1579年前奥法罗一行到广州之前，西班牙人对中国大陆仍是非常陌生的。门多萨的书收录了这两部分游记。"门多萨原为士兵，1576年致信菲力浦二世欲为外使访华，直到1584年都没成。但他辑了西、葡访华教士的叙述，完成了这部《历史》。"此书中的"许多材料取材于拉达及其同伴带至马尼拉的中国书籍"，还有些来自方济各（Franciscan）修士，尤其是依那爵（Martín Ignacio, 1550—1606）的记录。关于拉达的记录还有一部分收入了《菲岛史料》第六卷，提供了一个可以互校的文本。^②兹由其中关键段落看拉达等人来华的一些问题和相关地名。由其中"潮州"的例子，可知"tan / tin / tim"互可通写。^③其后，拉达等随王望高来华。他们登陆的地点是中左所（Tituhul），"属于泉

① 这个年份在许多地方常被混淆为1577年，是因为原书本身前后自相矛盾。以林凤在中文材料中的记载，可断定为1575而非1577年。奥斯定会的记录和拉达的原稿也支持这点，参见H. Bernard（裴化行）：《天主教十六世纪在华传教志》（*Aux Portes de la Chine: Les Missionaries du XVI Siècle, 1514-1588*），萧浚华译，上海：商务印书馆，1936年，第147、154页。
② Juan González de Mendoza, *History of the Great Kingdom of China*.
③ 在门多萨书第二部分第二章中，述及林凤问题："这个海盗生于广东（Cuytan），即葡人称之为Catin的潮州（Trucheo）城。"见《中华大帝国史》，第159页。而《菲岛史料》中的记载是："这个海盗（林凤）生于葡萄牙人称Catim的广东（Cuytan）的潮州（Trucheo）（府）。"（This pirate was born in the city of Trucheo in the province of Cuytan, called by the Portuguese Catim.）见Juan González de Mendoza, *History of the Great Kingdom of China*, Chapter II。如此，可知何先生此句翻译略有误，"Catin"在另一英译本中为"Catim"，也就是广东"Cuytan"的另一种写法。在西班牙文本中，"Cuytan"作"Cuytam"，而"Catim"作"Catín"，尾字母正好互换。Juan González de Mendoza, *Historia del Gran Reino de la China*, p. 163.

州省［案：当为府］管辖"。① "中左所"在同书作"Tansuso"，《菲岛史料》也作"Tansuso"。②英译本另注释该词为"Ganhai"，指的应当是安海。③据中左所这个确定地名及其后拉达所记录的行程，可知此次西班牙人入华并不经漳州。④王望高未选择在漳州登陆，除了因为要直接带西班牙人去见总督外，还有漳泉的争功问题。⑤但这个事例或许也反映此时马尼拉对海澄以外其他港口的联系更频繁。

　　总体看，1579年以前明确提到西班牙人到海澄（港尾白沙）登陆的仅有一例，且极其可疑。这种情况令人很难想象海澄与马尼拉之间存在稳定的航线和巨大的贸易额。1579年圣方济各会驻菲律宾群岛代会长、圣约瑟省神父伯多禄·德·奥法罗一行在陆地上从广州府到漳州府，正好提供一个可研究的文本。传统路线一般是由增城取道惠州府、海丰、惠来、潮阳，然后入潮州府。⑥接着过饶平

① 《中华大帝国史》，第183页。

② 记录为"在漳州省的港口中左所登陆"（Landing at the port of Tansuso, in the province of Chincheo），同上，第188页。

③ Juan González de Mendoza, *The History of the Great and Mighty Kingdom of China and the Situation Thereof*, Vol. 2, p. 44.

④ 博克舍明确认为此处是"两个只能把Chincheo当作漳州的明确例子"之一，"他们的行程详情无疑地表明，他们的'Chincheo城'只能是漳州"。虽然我同意他的结论，但很显然，他并未提供有效证明。见博克舍编注：《十六世纪中国南部行纪》，第231页。杨钦章根据其他一些材料也已证明了这一点，见杨钦章：《关于西班牙奥斯定会士首次泉州之行》，《泉州文史》第9期，泉州：泉州市泉州历史研究会、泉州市文物管理委员会，1986年，第128—138页。

⑤ 《中华大帝国史》，第183—187页。

⑥ 黄汴：《一统路程图记》卷三《两京各省至所属府水陆路·二六广东布政司至所属府》，杨正泰校注，太原：山西人民出版社1992年版，第88页；杨正泰：《明代驿站考》，上海：上海古籍出版社，1994年，第164页。

入诏安，然后经漳浦临漳驿至漳州府。不过据西班牙人的记载是水陆兼行，所以实为另一条路线。通过研究这段未被注意的路线行程，可以弄清楚西班牙人最后离开的港口"Aytiur"之所在。

可以肯定的是西班牙人必走官路，因为总督下令给各方面一份规定，其中他叫所有官员和长官在他们的辖区内接待要通过的西班牙人……还叫那些负责护送他们的人特别关心他们的健康，不要走得太快，而要慢慢走。[①]派人护送既是优待，又是监视，也符合当时官员的办事常理。[②]所以此行应该还是利用了明代的驿站系统，这也是符合规制的。[③]据西班牙人记载：

> 离开广州河，沿海航行了3里格的距离，他们进入另一条大河，在河里旅行了4天。他们沿河岸看见的大量城镇，确实令人难以置信，而且城镇相互那样接近，以致看起来是一座城；于是4天后他们在一个城市登陆……[④]

---

① 《中华大帝国史》，第298页。

② 应当注意的是，这时的"总督"应该是刚从福建调任广东的刘尧诲，1575年拉达一行到福建的具体情况他必然很清楚，所以才能明确地指定送他们到福建的港口乘船回去。而且，长距离的旅程让使团尽量走水路似乎是一种用心的安排，之前的鄂多立克（Odorico da Pordenone）、后来的利马窦（Matteo Ricci）和庞迪我（Diego de Pantoja），还有荷兰使团皆如此。

③ "（永乐）三年九月，命福建、浙江、广东市舶提举司，各置驿，以馆海外诸番朝贡之使。"见龙文彬辑：《明会要》卷七五《方域五·驿传》，北京：中华书局，1956年，第1471页。

④ 同上，第299页。

这里所说的"海"其实还是属于珠江出海口一带,广人习称为海(明代珠三角的冲积成陆仍在继续)。航行十几公里(1里格约4.8公里)后"进入另一条大河"即当为东江。其后河中航行四天,由于是"慢慢走",晚上也还要休息,[①]所以明显会比"昼夜行三百里"的标准低。[②]4天后"登陆"则应该是为了转陆路,即中文材料至此处注疏曰"过岭",推知此处当为龙川县雷乡马驿。据明代人黄汴《天下水陆路程》(原名《一统路程图记》),可知这四天中当经过东莞县黄家山驿、铁冈驿、苏州驿、惠州府归善县欣乐驿、水东驿、博罗县莫村驿、苦竹派驿、河源县宝江驿、义和驿、蓝口驿。[③]最初可能经过增城县东洲驿,所以一并算上里程,约一千里,平均日行有二百来里。西班牙人在"这个城市"(当为龙川)停留了一天。

第二天,一大清早,给他们备好马匹,供陆路旅行两天之用;第三天他们登上一艘小船,在一条河水不深的河里走了两个钟头;然后他们乘一艘大船,进入另一条河,看来是一条海湾,在里面航行

---

① 《明会要》,第300—301页,明确提到"过夜""通夜未眠"。

② 嵇璜:《续文献通考》卷十六《职役考·历代役法》,《景印文渊阁四库全书》626—631《史部·政书类·通制之属》,台北:台湾商务印书馆,1983—1986年,第1382页。这种利用驿站的行进也与急递铺的标准不同。水路与陆路行进标准也不同,顺逆流也有不同。

③ 黄汴:《天下水陆路程》卷七《一三广东城至惠潮二府水陆》。同见憺满子选辑:《天下路程图引》,杨正泰校注,太原:山西人民出版社,1992年,第221页、418—419页。又见杨正泰:《明代驿站考》,第209页所载黄汴《一统路程图记》卷七《江南水路·一三广东城至惠、潮二府水陆路》、第262—263页所载程春宇《士商类要》卷一《三八广东由潮、惠二府至福建路》。第121页杨先生绘有《明代驿路图·广东驿路分布图》,水东驿和莫村驿的位置颠倒了,另漏标了蓝口驿。

了5天，在这条所谓的河里发现很多舟船驶上驶下，使他们十分惊异。……过了这条河，他们进入另一条，但不及前一条宽，不过水流更湍急，两岸大树环绕，茂密到他们几乎看不见阳光渗透，而尽管那里沿河岸土地贫瘠，仍然有很多带墙的城市……①

可知离开东江后，两天之内他们又陆行六十里至龙川县通衢马驿、六十里至长乐县兴宁水马驿。其后"下水"入兴宁江。"河水不深的河"应该是兴宁江的小叉河流，"另一条河"则当为主河，这样就进入梅溪流域，"看来是一条海湾"。当时"三河"（梅溪、韩江、梅潭河）流域贸易很盛也可以由"很多舟船驶上驶下"看出。②这期间他们当是行七十里过长乐县七都驿、又八十里过程乡县揽潭驿、又七十里过程江驿、又六十里过松口驿，然后五十里入大埔县境，东南二十里至其下辖三河驿，③穿过产溪（韩江），进入和头溪（梅潭河），即"另一条"河。与梅溪相比也是窄而"水流更湍急"，闽粤交界处山区的林木繁茂、土地贫瘠，也确实毫不夸张，所谓"带墙的城市"甚至有可能是大型的堡寨。其后他们登陆，"又陆

---

① 《中华大帝国史》，第299页。

② 这些舟船有许多将山区的木材和靛青等运往下游潮州府处交换大米，有些人还会中途转往饶平和柘林湾出海，有些人则从和头溪（梅潭河）转九龙江至漳州湾出海。从方志和随后讨论走私的奏议中可以看到该区的这种日常活动。人群的活动可参见陈天资撰、王琳乾辑订：《东里志》，汕头：饶平县、汕头市地方志编纂委员会办公室，1990年；黄香铁：《石窟一征》，梅州：蕉岭县地方志编纂委员会点注，2007年。

③ 前引《天下水陆路程》。杨先生绘图漏通衢马驿，兴宁水马驿作"兴林驿"。误程江驿为程乡驿，且地点亦有误。另，文献所谓"五十里大埔县"当指大埔县境而非县治，不然松口驿之后就势必要往东陆行至大埔县城然后再折而至三河驿，但实际未见如此。因此入大埔县境之后直接仍沿水路至三河驿显然更合理。

行4天，惊异地看到当地十分肥沃……4天后他们抵达一个城市，离漳州10里格，寄宿在该城的郊区"。[1]据里程和土地状况看，当是在平和下属小溪或合溪一带。"下一天他们从陆路离开这座城……同一天他们到一个很清新的村镇，距他们离开之地5里格，他们决定在那里过夜，因为害怕通过前面仅1里格远的一座城市，怀疑他们要像头天在另一座城市那样受到人们的极大骚扰。"则此处当为离南靖约五公里的一个村镇。又过了一天，西班牙人终于到了距南靖约5里格的漳州，"它因地势和建筑雄伟，是该省最美的城市。一条大河从城中央穿过，河上有很多美丽的大桥"。"他们通宵都留在船上。这样第二天早晨，在群众能够赶来骚扰他们之前，他们划向雄伟巨大的漳州城，礼拜天进入该城，这天是12月6日。"[2]全程计从广州府到漳州府这里算正式入城，应该是18天。随后长官让他们去Aytiur港，"那里有船赴吕宋"，"于是他们在下一天早晨到达所说的港口"。从漳州府到达海澄港刚好为5里格以内的行程，一天之内可以到达。在这个范围内，当时可能离开的地方只有石码镇和海澄港。据上一部分的研究分析，西班牙人离开的港口只能是海澄港。

到了海澄后，"官员友好地善言接待他们，在他们离开之前，他派人把一个要赴吕宋的船长找来，问他何时从该地动身，船长回答说十天内……然后长官叫把他们带到船上，尽量给予招待，船长答应照办，因此长官向他们表示告别，把他们交给上述船长"。[3]本来

---

① 《中华大帝国史》，第300页。
② 同上，第301页。
③ 同上，第302页。

事至此已止，但是后来又发生了麻烦事。

　　他们在这个港口停留了15天多，在那里受冻。因为他们要乘的船没有准备好，很多天也没有给他们任何命令离开，他们渴望返回到自己的民族当中，安逸休息。他们并且得知另一艘船准备要开航，便一起去见官员（他接见了），大声（在中国都是这样的）对他说，他叫送他们去吕宋的船长，没有准备离开，也没有迹象表示他在很多天要离开，希望他给他们允许，下令给那里另一个准备要启航赴同一吕宋的船长，携他们同行，因为他们感到不安，冻得很难受。

　　官员听见这话时十分生气，他愤怒地派他身边的一个校尉马上去把那个奉命护送西班牙人的船长叫来。……官员当即问他为什么不曾在所谓的十天内离开？船长回答说，天气不好，即使到当时他们也不能航行。官员再问他说，既然气候和时间不成，为什么有另一艘船要启航呢？船长对这个问题回答不上来，说了些琐碎的话，因此长官下令当时鞭打他，因为他说谎。……然后他马上命令把那个准备动身的船长叫来，把给前一个船长的指令交给他，以重刑责成他把西班牙人送往吕宋岛……这位船长了解到另一位船长的遭遇，不愿自己遇到同样的窘困，便接受命令，并且认为他离开的时间还早，又答应他们比他们要求的提前，赶快离开，因为他不愿意再被叫回去。[1]

———————

① 《中华大帝国史》，第302—303页。

确定了Aytiur为海澄港后，这两段材料就尤其珍贵了。因为虽然海澄与马尼拉之间肯定存在一定的贸易量，但其成规模的时间尚不太清楚。隆庆元年（1567）开禁前海澄肯定已多多少少与东西洋有稳定的来往，"开禁"本身即是对结果的一种确认——最初月港和海沧就是"欲避抽税、省陆运，福人导之改泊"的地方。①《东西洋考》萧基小引载："澄，水国也……诚得自今一秉于成，波不沸而市不挑，水果浸称乐郊，独澄利也乎哉！"是言海澄与东西二洋诸国贸易之盛。卷五《东洋列国考》之"吕宋"条又言："其地去漳为近，故贾舶多往。"是言与吕宋贸易在对诸国贸易中最盛。这就是颇为后世史家称道的"月港—马尼拉"航线贸易。②但是必须注意，饷税的收入是对东西二洋总体贸易的不完全反映，而非马尼拉贸易量的反映，马尼拉方面的统计资料反映的也不仅仅是海澄甚至漳州的航往船量。这几点常为研究者所混淆。

16世纪的材料中明确提到月港与马尼拉贸易的材料并不多，尤其是16世纪80年代以前的贸易状况，可能并不尽如现在估计的乐

---

① 胡宗宪：《筹海图编》卷十二《经略二·开互市》，《景印文渊阁四库全书》584《史部十一·地理类·边防之属》，台北：台湾商务印书馆，1983—1986年，第1477页。

② 菲律乔治：《西班牙与漳州之初期通商》，《南洋问题资料译丛》1957年第4期，载《月港研究论文集》，漳州：中共龙溪地委宣传部、福建省历史学会厦门分会，1983年，第280—294页；李金明：《十六世纪后期至十七世纪初期中国与马尼拉的海上贸易》，《南洋问题研究》1989年第3期，第70—79页；《十六世纪中国海外贸易的发展与漳州月港的崛起》，《南洋问题研究》1999年第4期，第1—9页；谢方：《明代漳州月港的兴衰与西方殖民者的东来》，载中国中外关系史学会编：《中外关系史论丛》（第1辑），北京：世界知识出版社，1985年，第154—165页；W. L. Schurz, *The Manila Galleon*, New York: E. P. Dutton & Co., 1959.

观。上文中，王望高带传教士来华是在中左所登陆可能也说明更寻常习见的航线是哪一条这一问题——虽然王本身是泉州方面的人，与漳州方面存在"争功"的考量，但从传教士对港湾的描述看，中左所以北区域似仍较南部漳州湾船只略多①。据以上西班牙人1579年的情况看，虽然存在着"时值冬季，仅有一阵子好风"的客观原因，仍然可以看到官方登记月港前往马尼拉的船只尚颇为有限这一事实，而且本来每年十二月正是适合从中国大陆前往菲律宾的风向，后来的贸易情形充分说明了这点。②15天中，似只有其他一船准备前往，而且其实第二个船长也"认为他离开的时间还早"，只是"不愿意再被叫回去"才急忙离开。据此亦可推知至1580年官方登记的海澄每月前往马尼拉的船只不多，因为如果这是偶然的，那就会有官员或船长开脱说往时非如此的言论，而事实看起来此事似乎为常态，船长并未能有多少辩护，官员也没有更多解释。另外，航行技术的运用似乎也还不纯熟。上文提到的第一位船长说"天气不好"也并非尽是推托，西班牙人1月2日离开海澄，先到了厦门岛，第二天出海就"遇到可怕的恶劣气候"，"风暴持续了4天"，船队都被吹散，各自飘到安全的港口，整修后1月23日才重新启航，顺风5天终于见到吕宋岛。不过。在离岛5里格时又遇上风暴，历经磨难最后1580年2月2日才"到达期望的港口"。③可见直到1580年，从海澄到马尼拉

① "他们进入一个大海湾，停泊有150多艘战船。""河里停泊着1000艘各式各样的船，舟艇那样之多，河面为之复【覆】盖，每条船上都满是人，那是上船去看卡斯蒂略的，该国是这样称呼西班牙人的。"见《中华大帝国史》，第193、199页。
② 菲律乔治：《西班牙与漳州之初期通商》，载《月港研究论文集》，第282页。
③ 《中华大帝国史》，第303—305页。

的航行尚非易事。贸易的常态化展开是其后一二十年的事情。

三、"Hayten"及明西早期交往

在《菲岛史料》中，如前所述，直接提到与海澄的贸易很少。一般而言，"正常"年份下所能见的材料唯有菲律宾方面的税收记录，故通常是有事件发生的时候能观察到更多的交往情形。在一份报告中，提到了"Hayten"，是以转述张嶷（Tio Heng）的陈述记录表达的。这份记录源于一个道明会教士的翻译，其中有许多名词的对音和书写，由于有一定的中文材料互相验证，所以显得极具提示性：

> 丞县（chanchian）姓王（Au），[1]管掌福建（Hoquien）省的士卒，与姓高（Cou）的太监一道作为中国皇帝的特使而来。因为被认为可靠的张嶷（Tio Heng）跑到中国皇帝那告诉他说在那个王国（吕宋）以"所得金十万两、银三十万两"[2]（a hundred thousand taes[3] of gold and three hundred thousand taes of silver）作为开销，如此他的臣民们便可以不纳贡赋或被侵扰，皇帝于是派叫

---

① 海澄县丞王时和，"chanchian"当为"丞县（县丞）"。

② 《神宗实录》卷三七四，"万历三十年七月丙戌"条，见黄彰健等：《明实录》（附校勘记），"中研院"，1962年，第7037页；张廷玉等：《明史》卷三二三《列传第二百十一·外国四·吕宋》，北京：中华书局，1974年，第8371页；"岁输精金十万，白金三十万。"见高克正：《折吕宋采金议》，载张燮：《东西洋考》卷十一《艺文考·吕宋》，第222页。

③ 当时西班牙人习惯将银两（tael）写成"tae"。如《中华大帝国史》，第80页："他们交给他四百二十五万六千九百塔额（Taes）。"

高寀（Cochay）的太监去接管那个有金子的地方。这个张嶷对五个随从说在海澄（Hayten）的界外（"澄县界外"①）有个叫吕宋（Lician）的地方，那有座山叫机易山（Heyt Coavite，又称加溢、交逸、佳逸、龟豆城，甲米地），孤立于茫茫大海中，无所属，居民无所贡赋。其地富集金银。其山之主挥金如鹰嘴豆和小扁豆（"金豆"②"成斛遍地"③）一样自由。其亲见机易山之主挖掘并获之于地，并且机易山的每家每户，虽贫者亦有1量器（"medida"，等于3斗（冈塔）"gantas"），其富者有100斗（冈塔"gantas"）；他们将其存起来以便和来做生意的生理人贸易，由此可以买到他们的货品。

然后他说："现在自家的地方没有金子，而且你也没有地方可以获取，不过在那个地方得到金子比问黎民要容易多了。我看到的是真的，现在来这告诉你；我没问你要任何东西，但你应该授权我去拿……你可以看到船长和商人每年从吕宋（Luzon）带回的金子。……"皇帝授权此事可做，并且那个叫高寀的太监，和这些官员一道随着张嶷到吕宋金矿那、看看是否有这样一个矿并回禀皇帝。……在（各地的）奏疏中海澄商人并未申闻（开矿）许可，他们也不敢去吕宋（开矿）；但漳州的判官（judge of Chiochio，案：当为漳州府同知、通判等推官）命令他们当随张嶷一起去看看那是否

---

① 赵世卿：《九卿机易山开采疏》，载《赵司农奏议》，陈子龙等：《明经世文编》卷四一一，北京：中华书局，1962年，第4458页。

② 万斯同：《明史》卷四一四《外蕃二·吕宋》（北图藏清抄本），《续修四库全书》史部第324—331册，上海：上海古籍出版社，2002年，第10532—10533页。

③ 《神宗实录》卷三七四，"万历三十年七月丙戌"条，第7037页。

有金子。[1]

由这段材料可以看到一些有趣的概念对应（如"金豆"），进一步理解中文文献的某些表达，还可以看到一些书写依据："高"写作"Cou"，"高寀"则是"Cochay"，可省尾音。吕宋前后异写为"Lician / Luzon"，前者不知何所据。机易山作"Heyt Coavite"，而一般作"Cavite"（门多萨书和《菲岛史料》常写为"Cabite"），可见与"高寀"的例子相反，可以增一音。张嶷（Tio Heng）在随后的文献中也被写作"Tionez、Tiognen"[2]和"Tioguen、Tiogueng"[3]。从"他们将其存起来以便和来做生意的生理人贸易，由此可以买到他们的货品。……你可以看到船长和商人每年从吕宋带回的金子"可以看出，在17世纪初，海澄与吕宋的贸易已经达到较高的规模了。

据李金明的研究，到马尼拉的中国商船数，隆庆六年（1572）是3艘（Retana, *Archivo del Biblifilo*, Vol. V, p. 468.），万历二年（1574）是6艘（W. L. Schurz, *The Manila Galleon*, p. 71.），三

---

① Geronimo de Salazar y Salcedo, "Three Chinese Mandarins at Manila," pp. 83-97. 相关中文文献，还可参考中山大学东南亚历史研究所编《中国古籍中有关菲律宾资料汇编》，北京：中华书局，1980年。

② "Letter from a Chinese Official to Acuña," (Chincheo, March 1605) (Trans. Henry B. Lathrop, from MSS.), TPI, Vol. XIII, 1604-1605, pp. 287-291. 此信为三信总和，日期不一，涉及三位来信者：3月12日巡检司、3月16日福建巡抚、3月22日福建某太监。

③ Pedro de Acuña and others, "Relations with the Chinese" (Manila, July 4 and 5, 1605) (Trans. Henry B. Lathrop et al., from Archivo General de Indias, Sevilla), TPI, Vol. XIV, 1606-1609, pp. 38-52.

年（1575）是12—15艘（TPI, Vol. III, p. 299.），五年（1577）是9
艘，八年（1580）是21艘（Rafael Bernal, *The Chinese Colony in
Manila*）[①]，十一年（1583）是0艘，十二年（1584）是25—30艘，十五
年（1587）和十六年（1588）是30艘[②]，十七年（1589）是11—12艘，
十九年（1591）是20—30艘，二十年（1592）是28艘（分见TPI, Vol.
VI, p. 61, 303, 316; VII, p. 120; VIII, p. 85, 237.），二十五年（1597）
是14艘（The Chinese Colony in Manila），二十六年（1598）是11—
12艘，二十七年（1599）是50艘，三十一、三十二、三十三年（1603、
1604、1605）分别是14、13、18艘（分见TPI, Vol. VII, p. 120; XI,
p. 111; XII, p. 83; XVI, p. 44; XIV, p. 51.）。[③]另据肖努（Pierre
Chaunu）的补充资料，万历九年（1581）和十年（1582）分别是9艘和

[①] 舒尔茨的数据此处出入较大，他说1580年有40艘船，见W. L. Schurz, *The Manila Galleon*, p. 73。

[②] 肖努的数据此处出入较大，他指出1588年有46艘，其中36艘到马尼拉，2艘到彭家施阑，5艘到巴那斯岛（Panas），还有3艘到吕宋的卡加延岛（Cagayan）。见Pierre Chaunu, *Les Philippines et le Pacifique des Ibériques (XVIe, XVIIe, XVIIIe Siècles): Introduction Méthodologique et Indices d'Activité*, Paris: S. E. V. P. E. N., 1960, pp. 149-150.

[③] 李金明：《十六世纪后期至十七世纪初期中国与马尼拉的海上贸易》，《南洋问题研究》1989年第3期。除了1574年的数据，舒尔茨估计1580年有40—50艘，数值明显偏高，却多被引用，见李永锡：《菲律宾与墨西哥之间早期的大帆船贸易》，《中山大学学报》1964年第3期，第75—97页；李金明：《早期移居菲律宾的闽南华侨》，载福建省民俗学会、晋江市谱牒研究会编：《谱牒研究与华侨华人》，北京：新华出版社，2006年，第75—85页。

24艘，二十四年（1596）是40艘。[1]这是到马尼拉的中国商船数，而始发地不明。泉州诸港要占取一定数额。若假设漳泉两地四六分或五五分，[2]则可以看出直到16世纪末期，从漳州开往马尼拉的船只一般每年十几到二十几艘。17世纪初期的商船到达数量则由于发生了大屠杀而明显偏低。大体而言，1580年左右，以前十几艘是上限，而其后则多为下限（1583年例外），17世纪以后则是一个新的层次。若从月港的督饷馆的抽税看，隆庆年间是3000两，万历三年（1575）是6000两，四年（1576）是10000两，十三年（1585）是20000两，二十二年（1594）是29000两。[3]可以看出16世纪70年代中期以后月港对外贸易额的显著提升（这还只是"合法"纳饷贸易部分），其中大概就包含了一定数量的前往马尼拉船只的贸易量。

与海澄（Aytiur）显出的情况相比，中西双方的饷税和船只记录呈现出一定的矛盾。也就是说，若没有奥法罗一行人离开海澄港时颇为不易的情形，贸易的程度不宜以16世纪80年代开始有显著飞跃来理解，而更容易简单地由海澄督饷馆（马尼拉的记录由于

---

① Pierre Chaunu, *Les Philippines et le Pacifique des Ibériques (XVIe, XVIIe, XVIIIe Siècles): Introduction Méthodologique et Indices d'Activité*, pp. 148-151. 其中，1581年是8艘到马尼拉、1艘到彭家施阑，1582年是22艘到马尼拉、2艘到周边省份。

② 近代菲律宾政府对马尼拉、卡加延、怡朗和宿雾四省的人口抽样显示，过半的华人来自晋江、同安、南安和龙溪四县，其中晋江又超过80%。因此去菲律宾的华人泉州或当更多见。见Edgar Wickberg, *The Chinese in Philippine Life, 1850-1898*, New Haven and London: Yale University Press, 1965, 转引自李金明：《闽南人与中华文化在菲律宾的传播》，《华侨华人历史研究》1998年第3期。考虑到这有可能是后来厦门兴起后长期的移民结果，保守估计或当以漳泉持平为妥。

③ 张燮：《东西洋考》卷七《饷税考》，第131—133页。

数值不稳定不易觉察）的税额判定为16世纪70年代开始飞跃。海
澄素有"通番"的传统，在大规模的对倭军事作战后，对一直存在
的滨海活动人群的活动在管理和态度上都已不同，以新的方式控
制的"编户"也不再被视为"寇"。①海澄经历的制度变迁过程被
称为"月港体制"——嘉靖九年于海沧设"安边馆"，三十年于月
港设"靖海馆"，四十二年改为"海防馆"。②"嘉靖四十五年十二
月以龙溪县之靖海馆置，析漳浦县地益之。"史称"南接田尾港、
溪源，北接西溪上流，潮汐吞吐，溉田以万计。亦通舟楫"。③由于
"澄在海滨，……其民非有千亩鱼陂，千章材，千亩桑麻卮茜也，以
海市为业。得则潮涌，失则沤散，不利则轻弃其父母妻子，安为夷
鬼"，④而吕宋又有厚利，"东洋中有吕宋，其地无出产，番人率用银
钱（钱用银铸造，字用番文，九六成色，漳人今多用之）易货，船多空
回"，⑤"闽人通番皆自漳州月港出洋"。⑥闽人"所通乃吕宋诸番。

---

① 陈春声：《从"倭乱"到"迁海"》，载《明清论丛》（第二辑），北京：紫禁城出版
社，2001年，第73—106页；陈博翼：《16—17世纪中国东南陆海动乱和贸易所见的
"寇"》，《海港都市研究》第4號，神户：神户大学文学部海港都市研究センター，
2009年，第3—24页。
② "澄在郡东南五十里，本龙溪八九都地，旧名月港……四十二年，巡抚谭纶下令
招抚，仍请设海防同知颛理海上事，更靖海馆为海防馆。"陈瑛等修、叶廷推等纂：
《海澄县志》卷一《舆地志·建置》，台北：成文出版社，1968年，第17页。
③ 黄仲昭纂：《八闽通志》（上）卷二三，《食货·漳州府》，福州：福建人民出版
社，1990年，第480页。
④ 蒋孟育：《赠姚海澄奏绩序》，乾隆《海澄县志》卷二一《艺文志·序》，第252页。
⑤ 顾炎武：《天下郡国利病书》第7册，卷一〇〇《福建·洋税考》，上海：上海书
店，1985年（商务印书馆1935年四部丛刊三编本），第202页。
⑥ 黄光升：《昭代典则》卷二八《世宗肃皇帝》，北京：北京大学出版社，1993年，
第3319页。

每以贱恶什物，贸其银钱，满载而归，往往致富"，[1]所以引起西班牙人的反感。比如作为律师和殖民地官员的佩德罗·德·罗哈斯（Pedro de Rojas, 1539—1602）指责说："每年从这个国家流到中国三十万比索的银子，今年更是超过了五十万。中国人在这获得了许多金子，他们带走了，而且（金银）再没有回来的；而他们带来的却是自己国家的渣滓，同时他们带走的是却是您领土内的富饶。"[2]新任的总督桑德对与中国的贸易很不以为然——他觉得中国带来菲律宾唯一有用的商品就是熨斗。[3]不过，西班牙仍需要中国商品："他们卖得如此便宜，以致我们只能认为任何在他们国内生产的产品都是不用任何劳动力的，或者他们可以找到免费劳动力。"[4]最初西班牙人也未与中国大陆直接贸易，而常借助澳门中转，一如当时日本与中国实际的贸易模式一样。"中国商人在这点上极为羡慕和嫉妒，并害怕葡萄牙人对他们造成损害。"西班牙人想仿葡萄牙例，于漳州附近获取一岛屿立足。[5]因为他们知道葡萄牙人从中转手肯定夺利，"尽管那些商品很好很有价值，但是不如生理人带

---

① 《皇明经世文编》卷四三六，转引自傅衣凌：《明清时代商人及商业资本》，北京：人民出版社，1956年，第119页。

② Pedro de Rojas, "Letter to Felipe II" (Manila, June 30, 1586) (Trans. Robert W. Haight), TPI, Vol. VI, 1583-1588, pp. 269-270. 岩生成一（Iwao Seiichi）认为万历十四年（1586）顷，每年从菲岛流入中国的银有三十万比索，这一年达五十万比索，见岩生成一：《南洋日本町の盛衰》（一），《台北帝国大学文政学部史学科研究年报》（第2辑），台北：台北帝国大学文政学部，1935年，转引自傅衣凌：《明清时代商人及商业资本》，第117页。

③ Francisco de Sande, "Relation of the Filipinas Islands," *Op. Cit.*, p. 58.

④ Santiago de Vera, "Letter to Felipe II," *Op. Cit.*

⑤ Ibid.

来的东西好。他们在最近这几年获取了如此高的利润，带来了他们国家现在所有最好的东西。有超过30艘船从那片土地来，带来如此多的人和一起生活的那些人们，现在这个城市（马尼拉）有超过10万生理人"。①这是1588年的事，离奥法罗一行离开海澄正好十年。由这种贸易状况可以看出，漳州与马尼拉的大规模贸易基本是在这十年内展开的。

作为贸易活动主要参与者和载体的生理人，已为前辈学者所关注。②陈荆和、吴文焕诸先生也曾论及，比如1571年西班牙占领马尼拉时，至少发现有华人15名，皆为避战乱携家眷至此地，从事丝织物、棉布及日常杂货之贩卖。③西班牙士兵马丁·德·戈第（Martín de Goiti）1570年勘查吕宋时，亦多次发现多艘华船。④此处兹据

---

① Santiago de Vera and others, "Letter from the Audiencia to Felipe II" (Manila, June 25, 1588) (Trans. Consuelo A. Davidson, from MSS.), TPI, Vol. VI, 1583-1588, pp. 311-322.

② 裴化行（Henry Bernard）认为最早伯希和对"商来"的解释只有一半是正确的，见H. Bernard（裴化行）:《天主教十六世纪在华传教志》，第153—154页注一二。17世纪台湾及东南沿海的对菲贸易及生理人的问题，参见李毓中:《明郑与西班牙帝国：郑氏家族与菲律宾关系初探》，《汉学研究》1998年第16卷第2期；方真真:《明郑时代台湾与菲律宾的贸易关系——以马尼拉海关记录为中心》，《台湾文献》2003年第54卷第3期；方真真:《1664—1670年从台湾大员到马尼拉的船只文件》，《台湾文献》2004年第55卷第3期。

③ 陈荆和:《十六世纪之菲律宾华侨》，香港：新亚研究所东南亚研究室，1963年；吴文焕:《关于华人经济奇迹的神话》，马尼拉：菲律宾华裔青年联合会，1996年，第32—33页，转引自曾少聪:《东洋航路移民》，南昌：江西高校出版社，1998年，第38、110页。

④ 黄滋生:《十六世纪七十年代以前的中菲关系》，《暨南学报（哲学社会科学版）》1984年第2期。

我所见补充若干材料。在西班牙人立足宿务并向北推进之后，他们已发现了中国人大量活动于吕宋的事实。萨维德拉（Álvaro de Saavedra，？—1529）到米沙鄢群岛（Visayas）时，他"发现了三个西班牙人，他们告诉他八个麦哲伦留下的同伴已经被当地人俘虏并被卖给中国人"。[①]生理人势力很大，萨拉查（Domingo de Salazar，1512—1594）曾早在信中大谈生理人如何神奇。西班牙人想建立据点直接贸易，也自己设想生理人会反对，以致后来还对生理人并未反对这件事感到惊奇。[②]西班牙人也借助生理人的势力远征（结果适得其反，如潘和五事件），"住在漳州的一个女生理人写信给高母羡（Juan Cobo，1546—1592）修士，感谢他在一桩生意上给予她丈夫的说明"这样的事例，被视为"很好的兆头"。[③]大屠杀之后，西班牙人极为担心经济受影响，认为若生理人不来，一年将损失52000比索。于是派人致信两广总督和福建巡抚。不过最后发现生理人还是来了。[④]中国官员的回复说明16世纪末17世纪初贸易量已很大——从人员定居数量和所称的"富裕"可以看出：

---

① "Voyage of Alvaro de Saavedra, 1527-28" (Translated and synopsized by James A. Robertson, from Martín Fernández de Navarrete, Col. de Viages, Tomo V, Appendix, No. I, pp. 193-486), TPI, Vol. II, 1521-1569, pp. 23-43.

② 因为后来有"大帆船"贸易，中国人在大帆船抵达马尼拉后要抬价百分之一百，以至略士柯洛内尔（Hernando de los Rios Coronel）不无愤慨地说："每个中国人看起来都是魔鬼的化身"，"因为他们无不试图使坏或欺诈"。西班牙人想通过直接贸易来控制价格。参见W. L. Schurz, The Manila Galleon, p. 67。

③ Domingo de Salazar, "The Chinese, and the Parian at Manila," Op. Cit.

④ Pedro de Acuña and others, "The Sangley Insurrection" (Manila, December 12-23, 1603) (Trans. Robert W. Haight, from MSS.), TPI, Vol. XII, 1601-1604, pp. 153-

我来这当巡检司数年前，有一个叫张嶷（Tionez[Tiognen]）的生理人在皇上许可下携三个官员到吕宋，在甲米地（和门多萨书一样，"Cavite"作"Cabite"）寻金银。整件事就是一个谎言，因为他们没有找到金或银。……张嶷（Tiognen）伙其同伴阎应龙（Yanlion）为此谎。……我上疏皇上，斥张嶷谎称卡斯蒂略疑我朝将兴师讨伐；此事已致三万华人被屠、死于吕宋。……此外尚有另一件重要事件要考虑，那就是两艘英国船来到漳州海岸，这对中国是一件非常危险的事。……他们应该立即回吕宋去，因为他们可能为海寇剽掠而来。……（在此段空白处有批语说：他们知道英国人是我们的朋友）①

去年我们得知由于张嶷之欺，如此多的中国人死于吕宋，许多官员极言为死者复仇。我们说，吕宋之地微而不足道，往时只有恶棍和卑劣者居住；由于数年前这么多生理人移民前去与卡斯蒂略贸易，其国才富到许多生理人在那劳作的程度。②

154.此信中以"Chincheo"代指福建，与门多萨可以将福州当成与福建不同的一个省道是一样的。这种情况部分原因是"Aucheo"常被用来指代两广总督驻地的梧州或福建巡抚的驻地福州，所以把"Aucheo"当作一个省时有可能是指广西省。

① "Letter from a Chinese Official to Acuña," *Op. Cit.*此材料见先贤张维华曾辗转据裴理伯《西班牙与漳州通商之初期》所引《菲律宾旅行记》（Jager, Travels in the Philippines）引用的阿库尼亚书信译出，初刊见张维华：《明史佛郎机吕宋和兰意大里亚传注释》，《燕京学报》专号7（燕京大学硕士论文），北京：燕京大学哈佛燕京学社，1934年。后再版见张维华：《明史欧洲四国传注释》，上海：上海古籍出版社，1982年，第79—81页。台湾再版影印见《明史欧洲四国传注释》，台北：台湾学生书局，1985年，第99—101页。今据原信重译，仅补若干讯息，译笔恐难媲美前贤。其中的英国船，张先生注言"当是和兰之误"，如下文所示，西班牙人的报告就说的是荷兰。不过，不排除"英人荷船"或"荷人英船"的情况。

② "乃闻张嶷去后，尔吕宋部落无故贼杀我漳泉商贾者至万余人。有司各爱其民，愤怒上请，欲假沿海将士加兵荡灭，如播州例。且谓吕宋本一荒岛，魑魅龙蛇之

这位官员最后叙述了三个理由不会开战："传统友谊"、胜败未可知以及被杀之人为中国贱民。[①]从该信还可看到中国方面也开始注意到17世纪初期势力渐渐到达南海东北隅的英国人了。只是将两条小船视为与三万人大屠杀事件同等的"另外一件重要的事"，应当令西班牙多少有点惊讶。[②]不过西班牙人的回复并未谈及和否定英国人是否为"朋友"，却明确指出同样到达此处的荷兰人是"仇敌"，而且荷兰人也被西班牙人标签为"海寇"：

"对生理人的惩罚立即引来了两艘荷兰船，泊于漳州海岸。这些荷兰人不是我们的朋友，却是仇敌；因为，虽然他们是我大西班牙国王的臣民，但他们及其国家反叛了，他们变成像中国的林凤一样的海寇。他们没有工作，只能竭其所能劫掠。因此他们不来吕宋；如果他们来了，我将抓捕并惩罚他们。"[③]

回信中他们也辩护说"因叛乱被杀的生理人不是三万，而只有一半那么多"，"事实上虽然我们对中国人遭受的苦难也感到悲伤，但我们在这点上没什么后悔的，因为我们做的是杀死那些也想对我们做出相同行为的人"，"正如幸存的中国人所宣称的，让巡抚

区，徒以我海邦小民，行货转贩，外通各洋，市易诸夷。十数年来，致成大会。亦由我压冬之民教其耕艺，治其城舍，遂为隩区，甲诸海国。"徐学聚：《报取回吕宋商囚疏》，载《徐中丞奏疏》，《明经世文编》卷四三三，第4728页。如上所述，张嶷在其后文献中也写作"Tioguen""Tiogueng"，而阎应龙则作"Anglion"，显示首字母略和尾音不定的特点。

① "Letter from a Chinese Official to Acuña," *Op. Cit.*

② 李毓中主编：《台湾与西班牙关系史料汇编》(I)，南投："国史馆台湾文献馆"，2008年，第459页。

③ Pedro de Acuña and others, "Relations with the Chinese," *Op. Cit.*

判断能做什么吧，还有如果这种事发生在中国他将怎么做"，"去年繁荣持续了，只要物主或代理人出现就交还他们；……我们应该说在这场贸易中，中国人获取的利润与西班牙人一样多，或更多"。①

确实，贸易的巨额还表现在这种双边依赖，不仅西班牙要担心"一年将损失52000比索"，中国的这些生理人在厚利之下亦不顾刚刚发生过激烈的冲突和屠杀，仍驱船前往，以致西班牙人直称中国人为"贪婪"：

> 由于中国人非常贪婪，我们很确定一些船不会忘记来，在其他年份动作迅速的总会比一般那些来得早得多：但这并未发生，自五月底以来我们已经没有任何来自中国的消息了。因为这个和另外我们从澳门方面（我之前写到的）获得的信息说生理人将来这些群岛为叛乱时死去的人复仇，整座城市陷于巨大的焦虑和恐慌。然而谢天谢地十八艘船带着数额巨大的衣服来了，这减轻了我们的畏惧；现在看来这协定算是达成了。……福州的巡抚和另外两个一直参与协议的巡检司和太监官员给了我一封信……文字不流畅，因为两个翻译的人对两种文字都不是很熟练。……我们努力保住我们和皇帝的友谊，因为他很强大；我们仅凭我们有的名誉坚持守在这里。②

由这段记录还可看到，即便是到17世纪初，双方的往来信件尚

---

① Ibid.

② Pedro de Acuña, "Letters to Felipe III," *Op. Cit.*

且"文字不流畅"，翻译的人"不是很熟练"，可见专有名词甚至在同一信中前后不一致的书写是有理由而且正常的。

　　总结一下，在本节中，文献展示的是海澄、与海澄相关的张嶷等人、漳州地区及相关的生理人与西班牙人的交往情形，包括了正常年份和突发事件这两种状况。可以看到，"漳州"有时总还是包括泉州在内的漳州湾地区，文献并未明确区分二地，这使得针对海澄一地与马尼拉之间的贸易研究变得困难。虽然可以知道有一定的量，但确切量无法估定。海澄督饷馆零星的几个税额记载反映的是海澄面对东西二洋的合法登记贸易量，亦无判定贸易量全额的可能。西班牙人的记述笼统地称为漳州地区，可能反而是较为准确的。据现有材料分析，至1580年为止，海澄到马尼拉的商船似乎仍不及泉州同安方面多。王望高领着拉达一行入沿海港湾，"海湾里来去船只很多"，却是中左所和漳州两方面的船只（最后在中左所登陆，却受到漳州方面船只的进逼）。拉达一行1575年从泉州离华，立即就可以上船离开，"尽管船只当时没有完全准备好"。去福州路上经泉州湾也看到"150多艘战船"，经同安也看到1000多条船，而且"每条船上都满是人，那是上船去看卡斯蒂略的"。[①]而奥法罗一行1579年12月从海澄离华，尚且需等待半个月以上，直到1580年1月才得以离开。可见与泉州诸港相比，月港并无明显的繁盛处。前文提到的现代人口抽样也一定程度显示来自泉州的生理人和商船至少与漳州方面相当。

---

① 《中华大帝国史》，第234、193、199页。

海澄的"兴起"似乎一定程度上是督饷馆等一系列制度确定的结果（由此更有《东西洋考》一类的产物）。[1]而之所以是"月港体制"而不是"同安体制"或"泉州体制"，一定程度在于寇盗背景下的管理之需——设于海沧、月港一带，即为"弹压"与监控。泉州处于帝国统治权力更核心之处，其有效控制优于海澄。最初欲设在梅岭，又因力量尚无法到达而被迫放弃，所谓"先是发舶在南诏之梅岭，后以盗贼梗阻，改道海澄"，充分显示了帝国力量在"泉州—漳州（月港）—诏安（梅岭）"一线的强弱和据点选择。这种寇盗背景下的制度因应与控制方式的改变最终促成了督饷馆在海澄的设立。而海澄在其后五十多年的时间里也利用这种制度确立之后的优势取代了泉州诸港的地位，漳州的官员也成功抵制了泉州官员欲另设一口岸以分利的想法。[2]直到17世纪20年代以后，同样由于"制度"原因（"寇"的背景和滨海人群的控制方式）——泉州安海出身的郑芝龙以与国家权力相同的方式垄断和安排了贸易的地点，安海取代了海澄的地位，贸易的重心迅速从海湾的一侧移到另一侧。[3]"芝龙泉人也，侵漳而不侵泉，故漳人议剿而泉人议抚"

---

① 谢方说："《东西洋考》一书的编撰，也雄辩地证明十六、十七世纪间月港已是亚洲的一个重要商港。"见谢方：《明代漳州月港的兴衰与西方殖民者的东来》，第154—165页。

② 张燮：《东西洋考》卷七《饷税考》："泉郡兵饷匮乏，漳泉道议分漳贩西洋、泉贩东洋，欲于中左所设官抽饷；漳郡守立言不可，乃罢。"，第133页。

③ 陈博翼：《从月港到安海：泛海寇秩序与西荷冲突背景下的港口转移》，《全球史评论》（第12辑），北京：中国社会科学出版社，2017年，第86—126页。

置于这种情境下解读就尤其生动。[①]1575年和1580年这两个年份教士们在港口所见到的船只数以及他们离港的顺利与不顺利，也许只是偶然（虽然所有证据都指向其为"常态"，因为没有人觉得奇怪或另作更多解释），也许反映的又是更深层次的制度与社会互相作用之下的必然结果。

[补记] 本篇发表后12年，西班牙格拉纳达大学博士、华中师范大学周萌教授告诉我1933年出版的方济各会（*Sinica Franciscana*）收录了同行的奥斯丁·德·托德斯拉（Angustin de Tordesillas）游记的西班牙文版，提到海澄这一地名就是"Haitin"。参见Augustin de Tordesilla, "Relación de Viage que Hizimos en China," in Anastasius Van den Wyngaert, *Sinica Franciscana, II: Relationes et Epistolas Fratrum Minorum Saeculi XVI et XVII*, Ad Claras Aquas (Quaracchi-Firenze): Apud Collegium S. Bonaventurae, 1933, p. 156. 这个地方奥斯丁记录的信息比奥法罗（门多萨《中华大帝国史》版本）清楚很多，他明确记载了"Haitin"是唯一可以合法登记出洋的地方，很多船从这里去吕宋。如此，本文前半部分的考证基本可以坐实了。谨致谢忱！

---

① 吴伟业：《虞渊沉·漳泉海寇（江南附）》（北京图书馆藏清抄本），《续修四库全书》史部第390册，第101页。

从月港到安海：
泛海寇秩序与西荷冲突背景下的港口转移

~~~~~~~~~~

  本章节将考察在区域史研究视角下的港口转移，即明末清初东南海域社会经济结构制约下港口变化的机制。区域史近年来积累的丰富研究个案，不仅改变了学界对地域丰富历史层次和对区域与国家等多层级组织关联的认识，也产生了方法论上的自觉：区域史或"地方史"研究绝非通过众多个案进行概括、总结、拼接，而是在个案中进行概括，换言之，即在区域史研究中揭示结构性特点，在地方史研究中彰显全局性的共性与意义，而不仅仅是直接宣称"琼斯村即美国"式的以小见大。[①]区域内部的联系可以是超越区域的，自然也可以是国家的、全球的，这种区域史研究与全球史研究

———————

[①] 关于这种理论的阐释与研究运用，参见格尔茨：《文化的解释》，韩莉译，南京：译林出版社，1999年，第28—29页；陈春声：《从"倭乱"到"迁海"》，载朱诚如、王天有主编：《明清论丛》（第二辑），北京：紫禁城出版社，2001年，第73—106页。

在建立空间内部关联上的共性已为前辈学者所论证。①本文所涉区域，虽然具体联系点仅限月港、马尼拉、安海、大员四处港市，背景却关涉一般刻板概念化的闽粤、闽台、闽浙、菲律宾、东南亚等区域（东南沿海与台菲诸岛）。可以说，本文所强调的区域史背景，即泛海寇秩序与西荷冲突的背景，前者为日常生活常态，后者为新的域外势力进入之后砥砺形成的新平衡，即一种新的常态。既有对明清交替及南明史的诸多研究一般仅在"南明诸政权""抗清"和"郑氏驱荷复台"三大主题框架下进行；中西交通史范式在该期的主题则常仅限于"隆庆开禁""海外交通与对外贸易"和"白银流入"三大主题；社会经济史范式下涉及该期东南变动的"里甲崩坏""赋役钱粮"和"财政"的主题又通常集中于万历一条鞭法改革前后的社会变动、"三饷加派"和"明末基层社会的崩坏"，故均未及于港口转移，更未能注意到社会经济史和明清易代范式研究的背景和人事以及中西交通研究范式所涉的过程，可以结合讨论诸如港口变化背后所反映的社会结构问题。因此，本文的目的有三：一是揭示港口转移史事，二是以港口转移为例展示如何结合几大研究范式或框架，三是对未来结构研究这一方向的希冀。

　　既有研究表明，16世纪末至17世纪初，荷兰人的势力进入中国东南沿海地区，以获利为目的，或仿葡萄牙例占据沿海一席之地，或实行武力劫夺，竭力驱逐西班牙和葡萄牙在该区域的势力。因

① 赵世瑜：《在中国研究：全球史、江南区域史与历史人类学》，《探索与争鸣》2016年第4期；刘志伟：《超越江南一隅："江南核心性"与全球史视野有机整合》，《探索与争鸣》2016年第4期。

此，其后递见多次所谓的中荷交涉，以及若干次荷西战争。许多学者注意到，盛极一时的月港恰好也在17世纪上半期衰落，于是"西方殖民者"的劫掠和破坏也成为解释其衰落的一个因素。[1]本文以同期月港旁边亦遭受攻击的港口并未呈现衰落为证，利用这种难得的参照对象，论证区域史研究视角下港口转移的偶然与必然，揭示在同样外部环境影响下，基于复杂人事背景和更广泛的区域联结下，商贸口岸转移的原因和过程。所谓贸易的过程，具体可以表现为多个方面，本研究重点落在几个贸易港口之间海域发生的事件，包括相关的海事、政策与角力、港口和贸易对象的变动等。以该海域为中心观察，可看出浪花式的事件和区域局势在一个"寇"和控制的背景下运行。[2]本文以荷兰势力进入该区后造成的港口转移亦即贸易对象和格局的变动为主线，考察新的力量"进入"时如何受到原有系统和环境的制约；郑氏如何依靠王朝编户式的行政管理方式实现人群控制，保持社会秩序，与外来力量妥协缔约，从而决定地区格局最终走向的过程。

---

① 月港与马尼拉贸易代表性研究，参见钱江：《1570—1760年中国和吕宋贸易的发展及贸易额的估算》，《中国社会经济史研究》1986年第3期；李金明：《十六世纪后期至十七世纪初期中国与马尼拉的海上贸易》，《南洋问题研究》1989年第1期；李金明：《明代海外贸易史》，北京：中国社会科学出版社，1990年。

② 以海域为观察和分析框架的理论依据和介绍，参见Jerry H. Bentley, "Sea and Ocean Basins as Frameworks of Historical Analysis," *Geographical Review* 89.2（1999）: 215-225。"寇"的控制和背景，参见陈博翼：《16—17世纪中国东南陆海动乱和贸易所见的"寇"》，《海港都市研究》（日本）2009年第4号，第3—24页。

瀛寰识略

一、月港研究的回顾与思考

有关月港的兴衰，学界在20世纪八九十年代已有一些讨论。然而，已有的讨论不仅对"寇"的背景和具体时空的人群活动欠缺分析，而且对西班牙人与荷兰人在亚洲竞争引发的港口嬗递也未予讨论。所谓"寇"的背景，即16世纪到17世纪中国社会发生的深刻变革所塑造的社会基层背景在滨海社会的反映。在此期间，王朝在社会控制和赋税汲取上结构性的转换过程在东南沿海表现得尤为明显，东海沿海地区形成了大量流动性人群活跃的常态。这些人群的活动，结合西欧势力对亚洲的进一步渗透和介入，呈现出更为复杂的态势，也为问题分析提供了更多的参照材料，使具体时空之内事件的许多细节及显示事件过程与演化的机制得以展现。

海澄于嘉靖四十五年（1566）从龙溪县及漳浦县部分辖地析出立县，并随后在"准贩东、西二洋"的开禁中占得先机，因其所辖港口形状而被称为月港，闻名于世。①月港在西班牙人确立马尼拉为其东方贸易中心后，由于与马尼拉的商贸往来而迅速兴起，并成为

---

① 海澄设县前后讨论，可参见梁兆阳：《海澄县志》卷一、卷六，收入《稀见中国方志汇刊》第33册，北京：中国书店，1992年。郑永常新近梳理了其开港的一些争论，并指出："月港开放的设计与澳门完全不一样，那就是只准中国商舶出洋贸易，而不准外国商舶靠岸贸易。"见郑永常：《晚明月港开放与荷治大员华人社会之形成》，《海洋史研究》（第四辑），北京：社会科学文献出版社，2012年，第90—110页。

"大帆船贸易"的一个环节。[1]大体而言,以往关于月港兴衰的讨论多侧重原因的探讨,疏漏不妥之处值得细辨:第一,政策层面问题的辩驳颇为乏力,以最为突出的海禁与开禁讨论来看,诚然月港因开禁而兴,不过却非因海禁而衰,它的衰落有一个过程,并且明末的海禁也从未真正有效实行过。第二是明政府后期征重税的解释也很难成立——安海与月港情况接近,如果月港沉沦于重税,安海何以17世纪三四十年代仍旧兴盛?[2]第三,战乱破坏与迁界,甚或厦门港的兴起更是无稽之谈,因为这些都发生在17世纪上半叶月港明显衰落之后。第四,有一些讨论将月港兴起归于明代后期社会经济的发展和朝贡体制的衰落——这是普遍性问题,不独月港所有,且亦无力解释该期其他港口的兴起,历史性和逻辑性均不成立。第五,一种比较有影响力的意见是地理因素分析,这种观点有一定道理,但"成也萧何,败也萧何",讲其兴起的原因则言其区位

① 陈自强:《明代漳州月港研究学术讨论会综述》,《福建论坛(社科教育版)》1982年第6期;《论明代漳州月港》,《福建论坛》1982年第2期;《明代漳州月港续论》,《漳州职业大学学报》1999年第3期;李金明:《十六世纪中国海外贸易的发展与漳州月港的崛起》,前引文;《闽南文化与漳州月港的兴衰》,《南洋问题研究》2004年第3期。大帆船贸易的研究见W. L. Schurz, *The Manila Galleon*, New York: E. P. Dutton & Co., 1959。
② 就支出和成本而言,如果说月港需要交重税给官府,那么安海也需要应付郑芝龙或官府;就港口发展而言,安海完全是一个同期存在而兴盛的港口——与月港相比,泉州港衰落较早,厦门港兴起较晚,所以也有总结说"对外通商的地区也曾三变,先泉州,次月港,最后厦门"。参见菲律乔治:《西班牙与漳州之初期通商》,《南洋问题资料译丛》1957年第4期;就地域而言,安海与月港非常接近,也与月港一样属于内湾,而且在海域分群上属于同一势力,参见杨国桢:《籍贯分群还是海域分群——虚构的明末泉州三邑帮海商》,载《闽南文化研究》(上册),福州:海峡文艺出版社,2004年,第431—442页。

优势突出、地理位置优越，讲其衰落则强调九龙江携带过多泥沙致使内港出现淤积，而无视淤积也有一个过程（从最初的石码往东移到月港已表明，淤积虽然存在，港口也可以因势位移），况且其他港口亦非完全不受淤积困扰，更重要的是，淤积很多时候是港口衰落的结果而非原因，地理性和技术性问题在此处无法作为直接原因。第六是西方殖民者破坏说——这也是普遍现象，无法解释何以在沿海众多被袭击的港口中，独独月港衰落，而周边的港口，例如安海，就没有同期衰落，也无法论证是否存在殖民者多次袭击月港并对其造成毁灭性打击的事实。就现有材料看，荷兰人的若干次袭击并不是最致命的，在海上邀击前往马尼拉的帆船及对菲律宾的长期封锁也不是釜底抽薪的有效办法。荷兰人与郑芝龙最后达成某种妥协，保证了作为郑氏武装大本营的安海的地位。郑氏选择了安海作为基地，也一手安排了他垄断下的中国对荷间接贸易形式，船只在安海与台湾之间航行成为一种新常态。[1]最后一种说法是寇乱说，主要着眼于倭寇、海寇一类的骚扰和破坏。不过，再次回到安海的例子，如同西人破坏说一样不攻自破——安海也曾经多次被攻击，但并不妨碍其兴盛。[2]从某种程度上讲，寇乱说提供了一种向纵深程度思考的可能，但若将其简单与月港衰落画等号，除了与西方殖民者破坏说一样无法解释外，更会衍生出这些贼寇实质为何的问

---

[1] 有关安海港的研究，包括涉及郑氏安海经营的基本史事，参见安海港史研究编辑组：《安海港史研究》，福州：福建教育出版社，1989年。

[2] 明代安海即以"山海之寇频繁"建城，见佚名：《安海志》，载《中国地方志集成·乡镇志专辑》(26)，南京：江苏古籍出版社，1992年，第506页。

题。考虑整个寇乱的背景有助于我们理解该区域内不同势力形成的过程、产生的结果及其后的运作：郑芝龙最后选择安海，因为这是他的老巢（也与旧有中心港共享漳州湾——这是非常典型的海域分群模式）；荷兰人致力于切断中国同马尼拉的联系，月港首当其冲——然而，受制于东南沿海和南海东北部海域泛寇盗的背景和区域秩序中西班牙势力存在的现实，其最后亦只能被迫同意由郑氏一手操控的间接贸易——限定性地组织中国大陆船只前往台湾开展对荷贸易。由是之故，船只汇集在安海和厦门等地。这就是制度操作和社会秩序之间复杂的互动，以往中西交通或中外关系史研究相对忽视中国社会内部的变革和区域秩序的存在，因此也较少看到这种互动产生的机制。

综观上列诸多局限，可以发现，政策（海禁、税收、迁界），地理，外部破坏（战乱、西方殖民者、寇盗），甚至是文化层面的解释都无法有效解释与月港各方面都极相似的安海的案例，也很难把握到历史复杂的层次和面向、人物及关系的互动、社会的结构与变迁。任何历史研究，如果仅仅停留在对原因的总结和探讨上，都很容易出现以上问题，因为原因总会不胜枚举。回到历史场景，就是要通过对机制的研究和把握，进一步看到一个结构和过程。简言之，既有研究要么是在中西交通史的框架下描述葡、西、荷人到达东亚对中国的影响；要么是从传统中国史角度讨论月港的贸易及其兴衰，而仅仅将西人东来作为大背景勾勒，既未能从西欧外来殖民势力角逐竞争内在逻辑的角度理解贸易成立的基础，也未能充分注意到在泛寇盗背景下制度运作与人群活动对港口转移的决定性作用。本文将从西人亚洲竞争这种相对中华帝国而言外缘的角度和王朝内部社会变革引发的泛寇盗背景这种内缘角度来揭示港口转移的核心问题。从月港到安海，就可在区域史中看到这种结构和过程。

二、西人选址和泛海寇背景下的贸易

月港兴起的时间，传统上认为是隆庆开禁之后，尤其是对马尼拉贸易开始以后。关于早期月港与马尼拉开展贸易的情况，已有不少研究。①重新审视西班牙东来及其与中国展开贸易往来，可以发现，这是一个数十年的过程，而且并非自然发生的，因为最初西班牙人的兴趣不在中国，只是迫于无奈选择了一个东方贸易的据点，却极大地改变了历史的进程。可以说，月港的贸易很大程度上也是基于这种特殊的时空情势而兴起的。

---

① 除前引钱江和李金明之外，金应熙也对整个大帆船贸易的过程作了最早的详细介绍，参见金应熙主编：《菲律宾史》，郑州：河南大学出版社，1990年。另见廖大珂：《福建与大帆船贸易时代的中拉交流》，《南洋问题研究》2001年第2期；汤锦台：《西班牙人占菲初期文书中的闽南"生理人"》，载福建省炎黄文化研究会、漳州市政协编：《论闽南文化：第三届闽南文化学术研讨会论文集（下）》，厦门：鹭江出版社，2008年，第993—1009页；陈博翼：《"Aytiur"（Aytim）地名释证——附论早期海澄的对菲贸易》，《明代研究》2009年第13期。对菲贸易所涉白银问题的经典研究，参见梁方仲：《明代国际贸易与银的输出入》，《中国社会经济史集刊》1939年第6卷第1期，收入氏著《明清赋税与社会经济》，北京：中华书局，2008年，第515—562页；全汉升：《明季中国与菲律宾间的贸易》，《中国文化研究所学报》1968年第1期。

西班牙人最初为香料而来，与对华贸易关系甚小。①1542年，维拉罗伯斯"为了西班牙势力在西部岛屿获得立足点"，奉命率舰队从新西班牙（墨西哥）出发到摩鹿加群岛，结果遭葡萄牙人袭击，全部船只被击毁或被俘获，维拉罗伯斯被迫投降。②尽管如此，维拉罗伯斯仍于1543年成功发现了菲律宾南面的一些岛屿并将其命名为"菲律宾群岛"。③在航海条件未完全成熟的背景下，向一个实力相当的防御型据点发起远征的困难，由桑蒂斯德班神父写给新西班牙总督门多萨的信可见一斑，信中陈述了西班牙人遇到的各种困难以及饥荒和疾病："在离开新西班牙的370人中，只有147人活着

---

① "Expedition of García de Loaisa, 1525-26," and "Voyage of Alvaro de Saavedra, 1527-28" (Translated and synopsized by James A. Robertson, from Martín Fernández de Navarrete, *Col. de Viages*, Tomo V, Appendix, No. I, pp. 193-486), in Emma Helen Blair, James Alexander Robertson, and Edward Gaylord Bourne eds., *The Philippine Islands, 1493-1803*, Cleveland, OH: A. H. Clark Co., 1903-1909[TPI], Vol. II, 1521-1569, pp. 23-43.

② TPI, Vol. II, "Preface," p. 12; "Expedition of Ruy Lopez de Villalobos, 1541-46" (Translated and synopsized by James A. Robertson, from *Col. doc. Inéd.*, as follows: *Ultramar*, II, part I, pp. 1-94; *Amér. y Oceanía*, pp. 117-209, and XIV, pp. 151-165), TPI, Vol. II, 1521-1569, pp. 45-73.

③ "Relation of the Discoveries of the Malucos and Philippinas" [1571?] (Translated by Alfonso de Salvio, from MSS. in the Archivo general de Indias at Sevilla), TPI, Vol. III, 1569-1576, p. 127.据厘沙路（荷西·黎刹）（José Rizal）的注释，其时所发现的仅为南部部分岛屿，参见Austin Craig, *Rizal's Life and Minor Writings*, Manila: Philippine Education Co., 1927, p. 314。奥特柳斯（Abraham Ortelius）所绘《东印度群岛图》（*Indiae Orientalis, Insularumque Adiacentium Typus*）（1570）仅绘棉兰老岛和宿务而无北部的吕宋岛也说明了这个问题，见曹永和：《欧洲古地图上之台湾》，载氏著《台湾早期历史研究》，台北：联经出版事业股份有限公司，1979年，第307—308页。

到达葡萄牙人在印度的据点。"最后妥协的结局是西葡休战，之前安汶岛上的部分经营被废弃。①由此可见，西班牙人受迫于葡萄牙人的压制，无法立足摩鹿加群岛，因而他们需要另一个据点。1559年9月24日，国王给新西班牙总督韦拉斯科（Luís de Velasco）一项任务即"发现与摩鹿加群岛相对的西部岛屿"。尽管如此，在西班牙国内，就航行目的地和航线仍然争论不休。1564年，菲利普二世下令派遣另一支由黎牙实比（Miguel López de Legazpi）率领的舰队从西班牙前往吕宋岛，避开与葡萄牙的冲突。经过了二十年的努力，才真正由黎牙实比开始了殖民者眼里所谓群岛"真正的历史"。

在此过程中可以看出，依旧是香辛料决定了西班牙人在亚洲的据点选择，因为菲律宾群岛是一些"与摩鹿加群岛相对的西部岛屿"。于是，西班牙人的势力进入东亚贸易圈。萨维德拉（Álvaro de Saavedra）到达米沙鄢群岛（Visayas）时发现了一些中国商人的活动迹象："发现了三个西班牙人，他们告诉他，八个麦哲伦留下的同伴已经被当地人俘虏并被卖给中国人。"②早期中国商人发现对菲贸易有利可图，故纷纷前往——有俗语说"舶人为之语曰：若要富，须往猫里务"。③据陈佳荣先生考证，猫里务即吕宋岛南的布

---

① 还有一些信件可以证明这种困难，例如维拉罗伯斯辖下的一位船长阿瓦拉多（García de Escalante Alvarado）1548年8月1日写给新西班牙总督的信。这两封信都记录了"饥荒和其他穷困情形、当地人的叛变和葡萄牙人的敌对行为"。参见 TPI, Vol. II, "Preface," p. 13。

② "Voyage of Álvaro de Saavedra, 1527-28," *Op. Cit.*

③ 张燮：《东西洋考》卷五《东洋列国考》，谢方点校，北京：中华书局，1981年，第98页。

里亚斯岛（Burias），[1]也就是米沙鄢群岛再往北一点的区域。这些证据链表明迟至16世纪中期华商对群岛内部的渗透程度已颇为可观。[2]由此，从1565年西班牙远征菲律宾群岛，到1567年占领米沙鄢群岛中部的区域中心宿务，发现有厚利可图后继续向北推进，由宿务到马尼拉，是符合逻辑的自然拓展轨迹。[3]1569年，黎牙实比即认为"应该获取和中国的商贸"，"那里有丝绸、瓷器、安息香、麝香，还有其他商品"，[4]坐实了这种循序渐进的理由。在远征过程中发现的这种商利（与中日商人的交通）、探险过程中发现吕宋有"生产大量黄金"的地方可以说是促使西班牙人在1571年进一步把据点从宿务往北移至马尼拉的动力。[5]新任总督桑德后来强烈要求

① 陈佳荣：《金猫里、合猫里和猫里务考》，载中国中外关系史学会编《中外关系史论丛》（第一辑），北京：世界知识出版社，1985年，第294—302页。

② 华人及其后华菲混血儿（Mestizo）在中南部的经济垄断，见魏安国的经典研究：Edgar Wickberg, "The Chinese Mestizo in Philippine History," *Journal of Southeast Asian History* 5.1 (1964): 62-100。

③ 黎牙实比7月23日给国王的信指出："与中国大陆贸易。那将是非常有利可图的一件事。"见汤锦台：《西班牙人占菲初期文书中的闽南"生理人"》，第995页。教权跟进则是较晚的事。见Sixtus V, "Brief Erecting Franciscan Province of the Philippines," *Rome*, November 15 (Trans. James A. Robertson), TPI, Vol. VI, 1583-1588, pp. 290-293。

④ W. L. Schurz, *The Manila Galleon*, p. 27.

⑤ 吕宋岛西岸遇华商交易、发现黄金藏地，见Gaspar de san Agustín, O. S. A., *Conquistas de las Islas Filipinas (1565-1615)*, Libro 2, Capítulo VIII, pp. 379, 389, 引自李毓中编译：《台湾与西班牙关系史料汇编》（I），台北："国史馆台湾文献馆"，2008年，第134、140页。黎牙实比曾救起遇到船难的中国人并予以款待，其后他们重返马尼拉并带来种类繁多的货品交易，也促使更多华商前往马尼拉交易。见同书第117—118页译Gaspar de san Agustín, O. S. A.(*Op. Cit.*, Capítulo VIII, pp. 359-360)。

远征中国便是这种逻辑的进一步延展。①这个大胆的计划过于极端，自然没有被批准，但菲利普二世的批示表明西班牙人已经进入一个需要考虑泛海寇秩序的区域。②

这些在菲律宾做生意的中国商人主要是闽南人，由闽南音"生意"（一说"商来"）讹转，也被称为"生理人"，这个群体已为前辈

---

① 桑德认为他需要4000—6000人来征服中华帝国，见TPI, Vol. IV, 1576-1582, "Preface," p. 10。又，"二到三千人就可以拿下任意想要的省份，通过它的港口和舰队使它在海洋中变得最强。这很容易，征服一个省份，所有的征服就成了"，"人们会立刻造反，因为他们被粗暴对待。他们是异教徒，而且贫穷；最后，仁慈的对待、显著的实力和我们将给他们展示的宗教将使他们牢牢依靠我们"，见Francisco de Sande, "Relation of the Filipinas Islands," Manila, June 7, 1576 (Trans. Rachel King, from "Doc. inéd., Amér. y Oceanía," xxxiv, pp. 72-79), TPI, Vol. IV, 1576-1582, p. 59。桑德孜孜不倦地向国王推销这个政府计划，其说辞非常夸张："数艘战舰就能殖民这片土地，很明显我们能拿下整个中国的所有东西"，"如果您希望有生之年拥有中国……派遣战舰来非常必要"，见Francisco de Sande, "Letter to Felipe II," May 30, 1579 (Trans. James A. Robertson), pp. 144-147, esp. 145-146。对于其他亚洲域内国家的盘算，见Francisco de Sande, "Letter to Felipe II," Manila, July 29, 1578 (Trans. G.A. England), TPI, Vol. IV, 1576-1582, pp. 125-135。到了1586年，西班牙人觉得还需要更多的人："估计这场战争将需要10000—12000西班牙人及同样数目的菲律宾人和日本雇佣军。"见赫德逊：《欧洲与中国》，北京：中华书局，1995年，第226页。无独有偶，荷兰的普特曼斯（Hans Putmans）也有类似观点："（中国的）一省极少或从未在这些寇掠行为爆发时援助另一省，他们大都各自顾自己。"见"Letter from Governor Hans Putmans to Amsterdam, 14 October 1632," VOC 1105: 197-200, fo. 198，转引自Tonio Andrade, "The Company's Chinese Pirates: How the Dutch East India Company Tried to Lead a Coalition of Pirates to War against China, 1621-1662," *Journal of World History* 15.4 (2004): 415-444。中译本见欧阳泰：《荷兰东印度公司与中国海寇（1621—1662）》，陈博翼译，《海洋史研究》（第七辑），北京：社会科学文献出版社，2015年，第231—257页。

② 菲利普二世1577年4月29日给桑德的回信中明确指出："至于您认为必须立即着手进行的对中国的征服，据我们看，此事必须作罢；而且，恰恰相反，必须努力寻

学者所关注。①陈荆和、吴文焕等先贤曾举例，戈伊蒂（Martin de Goiti）1570年勘查吕宋时，多次发现多艘华船。1571年西班牙占领马尼拉时，亦至少发现华人15名，皆为避战乱携家眷至此地，从事丝织物、棉布及日常杂货之贩卖。②在西班牙人立足宿务并向北推

求与中国人建立友好关系。您不得和所说的那些中国人的海盗敌人联合行动或勾结在一起，亦不可让他们有任何借口来理直气壮地指控我们的人民。"见博克舍书的《序言》(C. R. Boxer ed., *South China in the Sixteenth Century*, "Preface")，钱江译，载中外关系史学会、复旦大学历史系编：《中外关系史译丛》(第4辑)，上海：上海译文出版社，1988年，第322页。类似的材料张铠先生已有提及，所引用的材料出处，一处为重印帕斯特尔斯等《塞维利亚西印度档案中现存菲岛文献总汇》(*Catálogo de los Documentos Relativos a las Islas Filipinas Existentes en el Archivo de Indias de Sevilla*, Barcelona: Impr. de la viuda de L. Tasso, 1925)卷2第49页，一处为维利亚尔（Ernesto de la Torre Villar）《16—17世纪西班牙美洲在亚洲的扩张》(*La Expansión Hispanoamericana en Asia: Siglos XVI y XVII*, México: Fondo de Cultura Económica, 1980)第43页："你提议征服中国之事，容当日后考虑。当前不可贸然行事，而应当与中国人保持友好关系。尤戒和那些与中国人为敌之海盗为伍。不给中国人以任何仇视我们的口实。"分见张铠：《庞迪我与中国》，北京：北京图书馆出版社，1997年，第103页；《中国与西班牙关系史》，郑州：大象出版社，2003年，第76页，书名略有修正。由内容推知来源当为菲利浦二世1577年4月29日致桑德的信被收录入菲岛残档，以及被维利亚尔引用。桑德信原载Francisco de Sande, "Relation of the Filipinas Islands," Manila, June 7, 1576 (Trans. Rachel King, from "*Doc. inéd., Amér. y Oceanía*," xxxiv, pp. 72-79), TPI, Vol. IV, 1576-1582, pp. 21-97.
① 17世纪台湾及东南沿海的对菲贸易及生理人的问题，参见李毓中：《明郑与西班牙帝国：郑氏家族与菲律宾关系初探》，《汉学研究》1998年第16卷2期；方真真：《明郑时代台湾与菲律宾的贸易关系——以马尼拉海关纪录为中心》，《台湾文献》2003年第54卷3期；方真真、方淑如译：《1664—1670从台湾大员到马尼拉的船只文件》，《台湾文献》2004年第55卷3期。裴化行（Henry Bernard）认为最早伯希和对"商来"的解释只有一半是正确的。见裴化行：《天主教十六世纪在华传教志》，萧浚华译，上海：商务印书馆，1936年，第153—154页注一二。
② 陈荆和：《十六世纪之菲律宾华侨》，香港：新亚研究所东南亚研究室刊，1963年；吴文焕：《关于华人经济奇迹的神话》，马尼拉：菲律宾华裔青年联合会，

进之后，他们发现："自我们殖民地的北方，即自当地的东北不太远的地方，有称为吕宋及明多罗岛。同地每年有中国人及日本人来此交易。他们运来生丝、羊毛、钟、陶瓷器、香料、锡、色木棉布及其他的小杂货。当归航时，他们则输出金和蜡。这两岛的住民，为摩洛人（Moro）。他们购入中国人及日本人所运来的货物，因而转贩于群岛中。"[①]"在1565年，有人从宿务岛找到耶稣圣婴像一张，又在马尼拉附近，找到圣母像一张，都是由中国而来！……（1572年）有四十名到马尼剌贩卖丝棉的中国商人，携带妻孥，逃避日本海贼的掠劫，流离失所，雷迦斯必盛意将他们收留。"[②]简言之，从宿务到马尼拉，西班牙人最终选定了其在亚洲立足的中心城市，因此也确定了马尼拉作为主要港口的地位。

早期闽菲双边贸易的情形已大体为先贤研究所勾勒。中国方

1996年，第32—33页，转引自曾少聪《东洋航路移民》，南昌：江西高校出版社，1998年，第38、110页；黄滋生：《十六世纪七十年代以前的中菲关系》，《暨南学报（哲学社会科学版）》1984年第2期。

① 岩生成一：《南洋日本町の盛衰》，《台北帝国大学文政学部史学科研究年报》（第2辑），台北：台北帝国大学文政学部，1935年，转引自傅衣凌：《明清时代商人及商业资本》，北京：人民出版社，1956年，第117页。岩生本条材料的来源系帕斯特尔斯（Pablo Pastells）重印《塞维利亚西印度档案中现存菲岛文献总汇》（I,ccxciv），参见博克舍（C. R. Boxer）编注：《十六世纪中国南部行纪》，何高济译，北京：中华书局，1990年，导言第17、63页（原译《塞维拉印度档案所收藏的有关菲律宾群岛文献目录》不尽准确）。材料原文在《菲岛史料》（TPI）中见Miguel López de Legazpi, "Letters to Felipe II of Spain," Cubu, July 23, 1567 (Trans. Arthur B. Myrick), TPI, Vol. II, 1521-1569, p. 238。塞维利亚印度总档案馆的史料情况，详见李毓中：《西班牙塞维亚印度总档案馆内所藏有关中国史料简目初编》，《汉学研究通讯》1997年第16卷第4期。

② 裴化行：《天主教十六世纪在华传教志》，第153页注八、142页。

面有一个明显的制度变迁的过程，后来称"月港体制"。月港成弘之际即被称为"小苏杭"，其来有自。傅衣凌先生认为"明代福建海商分布之地，以漳泉为多，福兴次之。就中，以漳州的地位最称重要"，因为自16世纪以来，漳州即保持了对外商贸的"传统"，"据16世纪葡萄牙人的记载，通商于满剌加的中国船，均从漳州开航。这里所指的漳州，即是月港。"罢置市舶司则进一步将这种交易推向漳州。[①]当然，漳州的胜出本质上缘于其乡土势力的强大和既得利益集团对常年外舶厚利的把持，"时漳州月港家造过洋大船，往来暹罗、佛郎机诸国，通易货物"[②]，"沿海地方人趋重利，接济之人，在处皆有，但漳泉为甚。……漳泉多倚著姓宦族主之，方其番船之泊近郊也，张挂旗号，人亦不可谁何"。[③]这些耳熟能详的记录均指向漳州地方的社会结构及明代中期以后的社会变化——画地为牢制度的松解和全国性人口的大流动催生了大量流动人群，"向来通倭多漳泉无生理之人"[④]，"于是饶心计者，视波涛为阡陌，倚帆樯为耒耜，盖富家以财，贫人以躯，输中华之产，驰异域之邦，易

① 小叶田淳：《足利後期の遺明船通交貿易の研究》，《台北帝国大学文政学部史学科研究年报》（第4辑），台北：台北帝国大学文政学部，1937年，见傅衣凌前引书，第110页；又（第109页）："嘉靖初年，闽浙两市舶司复因海疆不靖罢置，商人为逃避税饷，预示漳州的海沧、月港、浯屿遂成为中外互市之地。"
② 顾炎武：《天下郡国利病书》第22册卷九六《福建五》，"福建洋税条"。
③ 郑若曾：《筹海图编》卷四《福建事宜》，载《中国兵书集成》（第15—16册），沈阳：辽沈书社、北京：中国人民解放军出版社，1990年，第368页。
④ 郑若曾：《筹海图编》卷十三《经略三》，第1202—1203页。

其方物，利可十倍"。①倭乱间，"闽人通番皆自漳州月港出洋"。②
倭乱后开禁，最先选择的海商发舶地点在诏安湾的梅岭，"后以盗
贼梗阻，改道海澄"，"独澄之商舶，民间醵金发舻艭，与诸夷相
贸易。以我之绮纨磁饵，易彼之象珇香椒，射利甚捷，是以人争趋
之"。③故而漳州区域内的月港一跃而成为"闽南大都会"也是情理
之中。虽然安海本身也有对外商贸的基础，"南石井江由海门转曲
而入安海，以通南北之商船，此则安海之要枢也"④，不过此时显然
无法盖过月港的风头。其后数十年，月港发展态势良好，并在16世
纪80年代后达到每年较为稳定的对外交易数额。⑤万历年间因为
援朝作战抗击日本，明廷又对沿海商贸活动进行了限制，漳州的
地方势力即通过地方官员以维稳的理由争取继续在明面上通商的
权利：

随据福建按察司巡视海道佥事余懋中呈：据海澄县番商李
福等连名呈称"本县僻处海滨，田受咸水，多荒少熟，民业全在舟
贩，赋役俯仰是资。往年海禁严绝，人民倡乱，幸蒙院、道题请建
县通商，数十年来，饷足民安。近因倭寇朝鲜，庙堂防闲奸人接济

---

① 陈瑛等：《海澄县志》卷十五《风土志》，乾隆二十七年（1762）刊本，收于《中国
方志丛书》（第92号），台北：成文出版社，1968年，第171b页。
② 佚名：《嘉靖东南平倭通录》，载沈云龙选辑：《明清史料汇编》八集第四册，香
港：文海出版社，1967年，第132页。
③ 张燮：《东西洋考》卷七《饷税考》，第132、152页。
④ 佚名：《安海志》，第507页。
⑤ 陈博翼：《"Aytiur"（Aytim）地名释证——附论早期海澄的对菲贸易》，前
引文。

硝黄，通行各省禁绝商贩，贻祸澄商。引船百余只、货物亿万计，生路阻塞，商者倾家荡产，佣者束手断飧，阖地呻嗟，坐以待毙"等情，批据漳州府海防同知王应乾呈称：查得漳属龙溪、海澄二县地临滨海，半系斥卤之区，多赖海市为业。先年官司虑其勾引，曾一禁之。民靡所措，渐生邪谋，遂致煽乱，贻祸地方。……①

当然，即便是开禁，走私也是大量存在的。万历二十一年（1593），在海澄即有越贩商人胡台、谢楠二十四船属于无引，其他走私的商船尚未计及。②"16世纪时，漳泉的商船，每年至少有三四十只停泊于马尼剌，运来各种生丝及丝织物。"③如果以《东西洋考》所载官定份额计，船数无法达到这种规模，可见走私是必不可少的，这也是在泛海寇秩序下的常态。

在隆庆开禁后的半个世纪里，对于月港与马尼拉持续的双边贸易，前辈学者已多有着墨，大致每年十几到几十艘船、交易白银十几万到五十万两的规模。④大量闽商由于马尼拉商贸的厚利争相前往，所谓"市物又少，价时时腾贵，湖丝有每斤价至五两者"，丝

① 许孚远：《疏通海禁疏》，载陈子龙等：《明经世文编》卷四百《敬和堂集》，北京：中华书局，1962年，第4332a-b页。
② 张燮：《东西洋考》卷七《饷税考》，第133页。
③ 箭内健次：《マニラの所謂パリアンに就いて》，《台北帝国大学文政学部史学科研究年报》（第5辑），台北：台北帝国大学文政学部，1938年，第189—346页；傅衣凌，前引书，第113、118页。
④ 涉及16到18世纪中菲具体贸易数额的统计和估算，参见W. L. Schurz, *Op. Cit.*; Pierre Chaunu, *Les Philippines et le Pacifique des Ibériques (XVIe, XVIIe, XVIIIe Siècles): Introduction Méthodologique et Indices d'Activité*, Paris: S. E. V. P. E. N.,

棉"常因匮乏，每百斤价银二百两"。[1]西班牙人专门设置了监督和管理华人聚居地"八连"（涧内）的官员来负责这些银货交易事务的监管。[2]中国商人（生理人）在马尼拉很快超过一万人，他们"在过去的几年里获得了巨额利润，现在带来的所有东西都是他们国家最好的产品"。[3]不过在这种趋之若鹜、泥沙俱下的交易之下，马尼拉当局也觉察出劣质商品、殖民地安全等一系列问题。总督桑德就直接抱怨中国带到菲律宾唯一有用的商品就是熨斗，而在军事上则表达了对葡萄牙卖武器尤其是火绳枪给中国的担忧。[4]罗哈斯

1960。华人在菲经济生活，参见Edgar Wickberg, *The Chinese in Philippine Life, 1850-1898*, New Haven: Yale University Press, 1965。

[1] 傅衣凌，前引书，第118、125页。

[2] "Testimonios de una Información Hecha á Petición del Gobernador de Filipinas Gómez Pérez Dasmariñas," Filipinas Legajo 18-A (1590), in Virginia Benitez Licuanan, and José Llavador Mira eds., *The Philippines under Spain: A Compilation and Translation of Original Documents*, Manila: National Trust for Historical and Cultural Preservation of the Philippines, 1994, Vol. 5, pp. 18-27.第24页涉及华人商品和白银的内容英译有问题。

[3] Santiago de Vera and others, "Letter from the Audiencia to Felipe II," Manila, June 25, 1588 (Trans. Consuelo A. Davidson), TPI, Vol. VI, 1583-1588, p. 316.另一个评估是马尼拉城外生理人聚居的八连"最高峰时期曾住有四万人之多"，见Gaspar de san Agustín, O. S. A. *Op. Cit.*, Libro 2, Capítulo X, pp. 367-369, 李毓中前引书，第130页。

[4] "一些印地人、日本人和中国人在这告诉我，葡萄牙人已给了中国武器，尤其是我们也用的火绳枪……葡萄牙人能教他们使用大炮、操控马匹以及其他同样对我们有害的事情。"见Francisco de Sande, "Relation of the Filipinas Islands," *Op. Cit.*, p. 58。后来的荷兰人也强调要"想尽一切办法避免'福尔摩莎'（福尔摩莎[Formosa]指台湾，该处引文站在荷兰殖民者立场表达，不代表编者观点。下同）的居民即北港人得到我们的武器，同样不能向中国人和其他人出卖或出借武器。"见VOC 1126, fol. 146, 见程绍刚译注：《荷兰人在福尔摩莎》（"De VOC en Formosa 1624-1662: Een Vergeten Geschiedenis." Ph.D. Dissertation, Universiteit Leiden,

（Pedro de Rojas）则抱怨殖民地的利益因为中国的丝绸和其他奢侈品的贸易而受损，建议立刻制止这种套取黄金的交易，易之以殖民地的主要需求品："如果他们不再带来丝棉，他们即可带来牛、马、母牛、粮食、军需、铜、各类金属以及火药，每种都很充足并且低价。"①西印度皇家最高议会给国王的一封信表达了对中非贸易中钱源源不断流向中国的关切，要求总督采取措施限制向中国进口货物，但国王的回信指示要继续和中国贸易。②因为当时华商用极低廉的价格提供西班牙人需要的香料，无法不予依赖。③如果对华贸易被切断，西班牙就不能供养在菲律宾的人口，土著也会反抗西班牙人的统治，而且由于西班牙人对华贸易利润很高，葡萄牙人非常嫉妒，也会试图排挤。④另一方面，新西班牙和菲律宾群岛两块殖民地内部也存在此消彼长的供给问题。⑤这些无不显示，与中国的贸易都与维持菲律宾群岛的运作有关，西班牙人虽然希望能摆

1995）（以下简称该档案集为《荷》），台北：联经出版事业股份有限公司，2000年，第201页。本文中的许多文献材料来自荷兰东印度公司（VOC）材料，现存于海牙荷兰国家档案馆。为节省篇幅，下文提及材料时将不赘引，兹用VOC档案中的第一个字母标示并列出档案索引号和页码。

① Pedro de Rojas, "Letter to Felipe II. Manila," June 30, 1586 (Trans. Robert W. Haight), TPI, Vol. VI, 1583-1588, pp. 269-270.

② Felipe II and others, "Measures Regarding Trade with China," Madrid and Manila, June 17-November 15 (Trans. Arthur B. Myrick), TPI, Vol. VI, 1583-1588, p. 281, pp. 288-289.

③ "中国人带了数不清的胡椒到这里，丁香也是，他们卖四里尔一磅——一百肉豆蔻同等价。"见Francisco de Sande, "Relation of the Filipinas Islands," *Op. Cit*。

④ Felipe II and others, *Op. Cit.*

⑤ 第六任菲律宾总督维拉（Santiago de Vera）写信给新西班牙大主教，抱怨送往

脱对中国贸易的依赖，但客观条件不允许，所以月港与马尼拉之间的商路得以欣欣向荣。①

从地方官强调漳州民众的生计和传统营生模式、月港与马尼拉实际贸易额度超出明代官方记载，到马尼拉当局对闽商及其商品的倚赖，以及西班牙统治者对区域海寇的考量，无不反映着泛海寇秩序的实态与西人对此秩序的调适。②在这种贸易过程中，展现的是许多理论上属于"编户齐民"但实际上不受政府管制的人群持续不断的海上活动。从20世纪80年代"亦商亦盗"的商盗理论推

新西班牙的物品太多，显然"投机者喜欢与中国人的贸易"，所以应该限制菲律宾与新西班牙的贸易。他认为所有来自中国的货物需由西班牙政府指定批发销售，然后"公平地"平价分销给西班牙公民、中国人和西印度人。这种措施部分被运用了，"中国的零售商被压制"，当局还"紧急命令马尼拉城加强防御"，因为"这将使其邻居即本地人和中国感到敬畏，他们随时倾向造反"。见TPI, Vol. VI, 1583-1588, "Preface," p. 20。

① 以西班牙人的视角看16世纪与中国港口开展贸易的过程，包括月港船只到达马尼拉后如何从河口进入，华人如何躲避税收抽检，征税获得收入的评估，可参看胡其渝选译的部分材料，见Evelyn Hu-DeHart, "Through Spanish Eyes: The Fujianese Community of Manila During the Late Ming / Early Qing Period," *Asian Culture* 35 (2011): 1-13。后收入Edgardo J. Angara, José Maria A. Carino, and Sonia Pinto Ner eds., *The Manila Galleon: Crossing the Atlantic* (El Galeon De Manila: Cruzando El Atlantico), Quezon City: Rural Empowerment Assistance and Development Foundation Inc., 2014。

② 西人与中国海寇及寓居马尼拉的华商的冲突，可参见卫思韩为《剑桥中国明代史》专门撰写的对外关系章节，见John E. Wills, Jr., "Relations with Maritime Europeans, 1514-1662," in *The Cambridge History of China: Volume 8, The Ming Dynasty, 1368-1644*, Part 2, eds. Denis C. Twitchett and Frederick W. Mote, New York: Cambridge University Press, 1998, pp. 333-375。卜正民近年亦有关于华商华人在西属菲律宾反乱与寓居的通俗性介绍，见Timothy Brook, "Sailing from China," in *Mr. Selden's Map of China: Decoding the Secrets of a Vanished Cartographer*, Toronto: House of Anansi Press, 2013, pp. 110-128。

进，21世纪初一些学者已经认识到"民盗"的称谓其实更确切，这更是一种日常生活实态的问题。[1]贸易和寇盗从来都是人群生计活动的两面，在不同情势下有不同指归。泛寇盗是16到17世纪东南海域一直存在的大背景，也是一种基本的秩序。明廷在经历了16世纪中期的"倭寇"之后事实上承认了这些群体的存在，也不再视滨海活动人群为"寇"。[2]这是在"遍地皆贼"，"其在浙为贼，还梅岭则民也。奈何毕歼之"的倭乱应对后总结出的真知灼见，官府和滨海人群得以实现多赢。这种思路最生动的写照，可见于万历四十年（1612）兵部的说法：

> 而通倭之人皆闽人也，合福、兴、泉、漳共数万计，无论不能禁，即能禁之，则数万人皆倭，而祸立中于闽，此其故难言之

---

[1] 20世纪80年代极富创见和启发的商盗理论至新世纪初期仍占据主流解释地位，见戴裔煊：《明代嘉隆间的倭寇海盗与中国资本主义的萌芽》，北京：中国社会科学出版社，1982年；林仁川：《明末清初的海上私人贸易》，上海：华东师范大学出版社，1987年。生计常态或生计秩序的研究导向，见Robert J. Antony, *Like Forth Floating on the Sea: The World of Pirates and Seafarers in Late Imperial South China*, Berkeley: University of California, 2003, 以及陈春声《明清论丛》和陈博翼《海港都市研究》前引文、杨培娜：《濒海生计与王朝秩序——明清闽粤沿海地方社会变迁研究》，中山大学博士学位论文，2009年。

[2] 屠仲律：《御倭五事疏》："一、绝乱源。夫海贼称乱，起于负海奸民通番互市。夷人十一、流人十二、宁绍十五、漳泉福人十九；虽概称'倭夷'，其实多编户之齐民也。"见《世宗实录》卷四百二十二，"嘉靖三十四年五月壬寅"条，第7310页；或《明经世文编》卷二八二《屠侍御奏疏》，第2979b页。当然，对编户控制方式的转变（均徭与折银）很早就开始了，参见刘志伟：《在国家与社会之间》，广州：中山大学出版社，1997年。明中期这项深刻的社会变革，进一步促成了众多流动群体的广泛活动。

矣。……闽岁给文往者，船几四十艘，输军饷四万两，而地方收其利，不必与倭并论也。①

17世纪20年代以后，明廷又由于财政的压力重新试图加强对编户的控制（不仅体现在加饷上，还体现在均徭和应役的反复和摇摆这类结构性的问题上），"寇"于是重新出现在文献叙述的语境中。②17世纪的最初二十年，海寇贼寇一类的问题基本不见于明廷视野和讨论，但初来乍到的荷兰人却可以明显感受到，因为滨海活跃人群一直存在，泛海寇秩序是一种常态。③

三、"人与船遍地皆是"

1579年荷兰联省共和国宣告从西班牙独立，开启了"海上马车夫"海外扩张的黄金时代。不过，1580年西班牙兼并葡萄牙，"马德里朝廷统治了里斯本市场，英伦及自由（反叛的）尼德兰商人再也不能自由地进入该市场了。如果英国人和荷兰人要取得他们餐桌上的香料及衣着上和赛会里的丝绸，他们就必须向中立的投机牟

---

① 《神宗实录》卷四九八"万历四十年八月丁卯"条，载中山大学东南亚历史研究所编《中国古籍中有关菲律宾资料汇编》，北京：中华书局，1980年，第34—35页。
② 陈博翼：《16—17世纪中国东南陆海动乱和贸易所见的"寇"》，前引文。
③ 舒尔茨的一个总结也可以作为这种状况的旁证："尤其是长期活跃于交趾支那海岸的海寇群体劫掠造成的破坏，日本海寇不断到吕宋北部，还有海寇船利用台湾作为一个据点的攻击。有时葡萄牙人和荷兰人的威胁很大，那些人都乐于削弱西班牙人在马尼拉的事业。"参见W. L. Schurz, *The Manila Galleon*, p. 71。

利者——或者他们自己亲自前往原产地搜购"。[①]1600年12月14日，西荷舰队在八打雁（Batangas）—纳苏格布（Nasugbu）附近海面相遇并展开海战，互有损失。[②]除了不可避免的荷西冲突，荷葡竞争亦暗流涌动：1604年荷兰派了一艘船到广州，想在广东直接进行贸易，又被澳门葡人破坏。[③]从这个时候开始，荷兰人才转向更东部的福建沿海。如前所述，与西班牙人、英国人一样，荷兰人东来追逐的还是香辛料。[④]随后即中国学界较为熟悉的两次中荷澎湖交涉与荷兰人占领大员湾的历史，相关的研究比较充分，此处便不赘述。[⑤]本部分与下部分主要着眼于荷兰进入东亚海域后应对西葡与海

---

① 马士（Hosea Ballou Morse）：《东印度公司对华贸易编年史(The Chronicles of the East India Conpany Trading to China, 1635-1834)（第一卷）》，区宗华译，广州：中山大学出版社，1991年，第3页。陈国栋已指出，达伽马说葡萄牙人前来亚洲为的是"寻找香辛料及基督的信徒"，荷兰东印度公司或其他亚洲商人17世纪上半叶最主要的目的就是取得亚洲所产香辛料并运回欧洲销售，见陈国栋：《东亚海域一千年：历史上的海洋中国与对外贸易》，济南：山东画报出版社，2006年，第9—10页。

② 金应熙主编：《菲律宾史》，第221页。

③ 马士：《东印度公司对华贸易编年史》（第一卷），第5页。

④ 据《密德顿爵士航行记》："（1604年）4月22日从中国来了一艘巨大的帆船……而且，今年中国人尽一切可能从国内带来了他们所需要的银钱；既然这样，我们势必只好采取赊卖的办法，否则必然错过今年销售的季节。胡椒已被荷兰全部搜刮光，我们什么也没有搞到手，而价格差一点，当地人也决不愿脱手。"见William Foster ed., *The Voyages of Sir Henry Middleton to the Moluccas, 1604-1606*, London: Hakluyt Society, 1943, pp. 111-112, 转引自田汝康：《中国帆船贸易与对外关系史论集》，杭州：浙江人民出版社，1987年，第8页。

⑤ 详细的讨论参见郑永常：《晚明（1600—1644）荷船叩关与中国之应变》，《国立"成功大学历史学报》1999年第25期，第237—319页；翁佳音：《十七世纪的福佬海商》，载汤熙勇主编：《中国海洋发展史论文集（第七辑）》（上册），台北："中研院"中山人文社会科学研究所，1999年，第59—92页；林仁川：《中国社会经济史

寇（流动人群与郑氏）势力的问题，以明其受制于旧有秩序的事实。

总体而言，荷兰改变了原有贸易体系，在这个过程中，西班牙势力与泛海寇的问题也表现得比较显著。首先，对于西班牙势力，荷兰前后与之进行了四次规模较大的战斗，其中的一次——1609年10月荷兰舰队将领弗朗索瓦·德·韦特（François de Wittert）进击——封锁马尼拉达五个月之久，致使马尼拉商贸严重受阻。[①]这还是在荷兰本土反抗西班牙帝国的独立战争第一阶段结束后（4月9日安特卫普签署停火协议）进行的，即处于双方的十二年休战期。[②]可见在亚洲的争斗并不必然围绕欧洲本土政治议程展开。西荷之间所有的战争只有一个目的：夺取贸易的垄断权。同理，荷兰人也试图从葡萄牙人那里夺取这种权利，于是有了对澳门的进攻。[③]约格尔认为，1609年以后荷兰东印度公司已能在日本平户开设一家商馆，这促成了其后对马尼拉的封锁（1619—1621）和对澳门的攻击。这是荷兰人着意切断葡萄牙人控制的货源并且不经葡人

究》2004年第4期，第65—72页；通论叙述见包乐史（Leonard Blussé）：《中荷交往史（1601—1999）》，庄国土、程绍刚译，阿姆斯特丹：荷兰路口店出版社，北京1999年中文修订版。

① Gregorio F. Zaide, *Philippine Political and Cultural History*, Manila: Philippine Education Company, 1957, Vol. 1, pp. 259-263.转引自金应熙主编：《菲律宾史》，第222—223页。

② Jonathan Israel, *The Dutch Republic: Its Rise, Greatness, and Fall, 1477-1806*, Oxford: Clarendon Press, 1995, pp. 399-405.

③ John E. Wills, Jr., *China and Maritime Europe, 1500-1800: Trade, Settlement, Diplomacy, and Missions*, New York: Cambridge University Press, 2011, p. 68.

中转而直接根据自己需求购入中国货物的策略。①

对于中国的海寇群体，荷兰人渐渐发展出应对策略。荷兰初来时，即发现"整个中国沿海人口密度之高，令人难以置信，人与船遍地皆是。与我们的船只相比，他们的帆船更便于行驶和转变方向。……对于便利的船只来说，整个沿岸有众多的优良港湾。"②其实在更早的时候，克路士（Gasparda Cruz）已经描述了这种高密度的中国滨海人群状况：

> 要知道的是，在二月末、三月及四月的一部分，大涨潮的时候，大量的海鱼在沿海的河口产卵，因此在河口育出无数的很多品种的小鱼。为了在这个时候捕捞这些鱼仔，沿海岸所有的渔人都汇集在他们的船上，集中的船是那样多，遮盖了海面，都挤在河口。总之，来自海上的船看见它们，还以为那是坚实的陆地，到接近时才发现那是什么，惊讶有那么多的渔船。我听说共汇集了两千艘船，或多点少点，我不能肯定，因为我知道没有人相信我的话。但既然人口那么多，当地的船也不会少，这对那些到过中国并在那里居留

---

① C. J. A. 约格尔：《荷兰东印度公司对华贸易》，节选自《瓷器与荷兰对华贸易》，任荣康译，载中外关系史学会、复旦大学历史系编：《中外关系史译丛》（第3辑），上海：上海译文出版社，1986年，第304—334页。

② VOC 1077, fol. 8，《荷》，第18—19页。明清的士大夫和官员（屠仲律、林偕春、俞正燮、严如熤等）多深谙沿海无数港湾的事实，所以很多都会谈及防御之计。又如，"兵部尚书冯嘉会因言：……闽北自沙埕南达南澳，上下几二千里，其人皆沿海而居，烟火相连，市镇互错，贼无时无处不可焚掠"。见《熹宗实录》卷七十八"天启六年十一月戊戌"条，第3796页。

过的人说，并非不足信，主要因为沿海县份有无数多的渔人。①

西班牙人描述漳州湾时，也是说"那个港的入口是壮观的……它从入口处分为三股海湾，每股海湾都有很多船扬帆游弋，看来令人惊叹，因为船多到数不清"。②这些描述无不反映了16、17世纪东南沿海众多海上活跃人群的情形，并且这种生活形态并不随国家层面政令的变化而销声匿迹。沿海的这种秩序也是泛海寇秩序的基础，寇与民在一定条件下是可以相互转化的："因为中国人很多借口出海变成海盗，抢劫沿海县份。由此沿海有很多中国海盗。"③

荷兰人采取了几项"入乡随俗"的方略以适应这种区域秩序：用小船以适应该海域的航行和作战，用银与新铸币互换铜钱来适应货币体系，培育自身商业网络。后两者涉及面较大，也经历了较长过程，前者则调整最快、最显著。荷兰人迅速总结道："我们的快船不适用于此，因中国帆船快速灵活，便于转弯和掉头……沿海省份福建土壤贫瘠，人口众多，中国人不会放弃航海。"④因此他们也迅速调整其战术：

> 我们已将大型海船召回，为大员配置小型轻便、约100至150拉斯特的快艇，原因是这些大船在那里的航行水域难以发挥其作用，

---

① 博克舍编注：《十六世纪中国南部行纪》，第95页。
② 同上，第173页。
③ 同上，第132—133页。
④ VOC 1077, fol. 30,《荷》，第20页。

因而常常冒险，同时他们在马尼拉的水域也无优越性可言，用于追踪拦截小型中国帆船过于笨拙，敌人则常占优势，逃之夭夭。[①]

可见，小船的运用不仅考虑到对付中国海寇使用的帆船，也进一步着眼于拦截西班牙船只的需要。他们开始袭击月港开往马尼拉的船只，因为"往马尼拉的航行使中国商人不再积极前来雅加达"。[②]而这将改变之前已形成的颇为稳定的马尼拉贸易格局。[③]迫于无奈，在1619年，菲律宾总督甚至需要派道明会修士巴托洛梅·马蒂涅（Bartolomé Martínez）到广州，要求中国当局暂时禁止船只航往马尼拉贸易，因为荷兰人在该区的存在使商业贸易变得困难。[④]不过，中国船只仍未立刻被阻吓，因为荷兰人破而未立，没有提供替代方案——1619年开始，英荷订立攻守同盟，其联合舰队以平户和巴达维亚为基地，一年多内对伊比利亚人（西葡）展开袭击，但效果不佳。[⑤]"按中国人的说法，只要我们不能在中国沿岸找到地方驻扎，并在那里与中国人贸易，他们就不会放弃马尼拉的航

---

① VOC 1086, fol. 5,《荷》，第56页。

② VOC 1073, fol. 58,《荷》，第2页。

③ 截击驶往马尼拉的海船有大量记载，见《荷》，第6、30、115、244、247、264、265、272、279页。

④ 参见鲍晓鸥叙述的塞维利亚档案（Archivo General de Indias, Sevilla）所载，José Eugenio Borao, "Spanish Sources for the History of Taiwan," 载台湾大学历史学系编《台湾史料国际学术研讨会论文集》，1994年，第39页。

⑤ 村上直次郎译注、中村志孝校注：《巴达维亚城日记》（第一册），"序说"，郭辉译，台北：台湾省文献委员会，1970年，第6—7页。

行，即使我们每年派舰队在马尼拉附近也无济于事。"①"据中国人讲述，他们不会因货物上的损失而放弃马尼拉的航行。"②

针对这些问题，荷兰人采取了相应的措施。1623年时，"大部分中国贸易在此期间将转移到马尼拉"，"我们的目标是，把马尼拉与中国的贸易引至我处，以保证对大部分贸易的永久垄断权"。③荷兰人清楚地意识到，"我们不可能在短时间内使贸易突然间从马尼拉转向巴城以及从巴城的人转向中国沿海"④，因此首先决定"备几艘快船占领大员湾，并保留相当数量的资金吸引冒险商……若得到中国港口有帆船驶往马尼拉的消息，即派出2艘或3艘快而结实的舰艇（如不能多派），前去马尼拉海岸中国商船航行的水域劫击"。⑤其次，如同对马尼拉一样，对月港展开封锁："备几艘便于作战的坚船快艇封锁漳州湾，虽然此湾南北仍有其他港湾可供中国人航出，但一旦发自漳州的这条重要航路被堵，另有港湾也无济于事。"⑥再次，扫荡作为"海澄门户"的中左所、直接打击经营月港—马尼拉航线的中国巨商。⑦邦特库（Willem Ysbrandtszoon Bontekoe）

---

① VOC 1074, fol. 16,《荷》，第3页。

② VOC 1077, fol. 30,《荷》，第21页。

③ VOC 1079, fol. 20,《荷》，第33页。

④ 同上。

⑤ VOC 1079, fol. 20,《荷》，第33—34页。

⑥ VOC 1079, fol. 20,《荷》，第34页。

⑦ "决定到鼓浪屿扫荡……从Eisan的住宅获得20箱绞丝和绪丝。"见VOC 1077, fol. 8,《荷》，第18页。"福建巡抚商周祚言：红夷自六月入我彭湖，专人求市……贼遂不敢复窥铜山，放身外洋，抛泊旧浯屿。此地离中左所仅一潮之水。中左所为同安、海澄门户，洋商聚集于海澄，夷人垂涎。又因奸民勾引，蓄谋并力，遂犯中左，

在攻打澳门未果东移后，即按照颇为类似定制的老指示行事：

> （1623年）十月五日……前往漳州河，占领那条河，不让任何中国帆船开往马尼拉群岛或其他掌握在我们敌人手中的地方；并如我们时常和不断提出的要求，同他们在台湾进行自由贸易，在那种情况下，完全可以同他们和平友好相处，但是如果他们不肯答应，那么应在海陆两方面与他们作战，使有利和有益于本公司的上述那种情况可以产生，凡此种种，在司令及其评议会的指示中表达得更为明白。[①]

荷兰人在17世纪一二十年代推行中国沿岸劫掠政策而无所顾忌，系因考虑在中国有其海寇"盟友"可以帮忙改善形象，而且也幻想可以在贸易格局转变后重新树立良好形象。在写给巴达维亚总督的信中，台湾的官员说："虽然在澎湖商谈协定时，要提出中国人必须放弃航往马尼拉的航道之事有困难，不过，若能派出这样的舰队去马尼拉沿海夺取中国人航往那里的船只，我们认为还应该派去。这样做，大概不至造成他［谅指李旦］很多的困难，而且他在中国也能容易地答辩，因为我们希望，到那时候，中国人对我们的形象已经改善，把我们看成商人了，并且，在这期间，经由各种方法

盘据内港，无日不搏战。又登岸攻古浪屿，烧洋商黄金房屋船只。已，遂入泊圭屿，直窥海澄。我兵内外夹攻，夷惊扰而逃。已，复入厦门，入曾家澳，皆即时堵截，颇被官兵杀伤。进无所掠，退无所冀，于是遣人请罪，仍复求市。"见《熹宗实录》卷三十"天启三年正月乙卯"条，第1535—1536页。

[①] 邦特库：《东印度航海记》，姚楠译，北京：中华书局，1982年，第97—98页。

途径，我们在中国也已结识几个朋友，可于需要时派上用场。"①到17世纪20年代，这种封锁效果颇明显，据《巴达维亚城日记》记载，1624年荷兰与明廷双方约定，在中国领土外的地方允许中国人前去与荷兰人贸易，因为"不再前往马尼拉"也是对西班牙的一种阻击。②1624年"没有中国帆船到马尼拉，只有一艘银船到达那里，又驶往澳门"。③但显然福建官员并未彻底执行这种规定，"中国商人在海上航行时不在大员停泊，直接前往马尼拉与西班牙人建立联系并扩大贸易"④。荷兰人"质问以前Touya与总司令雷也生之约款并不履行，且中国人不但不来台湾贸易，仍然许可戎克船航渡马尼拉及其他地方，是为何故"，使者回答虽然"前Touya都督等已退职"，但由于与荷兰人的协议是更高层的意思，所以不需要顾虑。⑤

西班牙人也奋起反击，不过1625年仅有一次交战，效果仅是迫使荷兰不敢太靠近马尼拉近海。⑥"（1625年）5月17日截获一中国帆船，据日本方面传言，约有30艘来自中国沿海的船只航至吕宋各地。但除上述帆船外，我们没遇到其他任何船只。"⑦不愿束手待毙的西班牙人试图进一步稳定航路——既然马尼拉与月港之间隔

---

① VOC 1083, fol. 55-72. 见江树生、翁佳音等译注：《荷兰联合东印度公司台湾长官致巴达维亚总督书信集》1（1622—1626），"国史馆"台湾文献馆、台湾历史博物馆，2011年，第116页。

② 村上直次郎译注、中村志孝校注：《巴达维亚城日记》（第一册），第21页。

③ VOC 1082, fol. 147，《荷》，第48页。

④ VOC 1102, fol. 10，《荷》，第114页。

⑤ 村上直次郎译注、中村志孝校注：《巴达维亚城日记》（第一册），第21—22页。

⑥ VOC 1086, fol. 5，《荷》，第53页。

⑦ 同上，第53—54页。

着台湾，最好的办法就是消除这种隔阂。于是在1626年，西班牙人夺占鸡笼，筑鸡笼城（San Salvador），直接开展对福建的贸易。[①]而荷兰人则不仅"要试图切断福州的中国人与福岛［案：即殖民者对台湾的简称］北端的鸡笼、淡水的西班牙人之间的贸易往来"[②]，还要阻止通过葡人的转手贸易（"特别是派船到南澳与大星山之间的水域巡逻，拦截航行于长崎、马尼拉和澳门之间的敌船"）。[③]

不过，随着时间的推移，荷兰人不再坚持一定要拦截航往马尼拉的船只，因为正如1636年报告中显示的，改变贸易格局有多种方式："重要的是，若能增加我们在大员的资金，直到我们的人有能力购买从中国运去的所有货物，从而使那里的贸易成为惯例而得到稳定，即使对去马尼拉和鸡笼的货物运输不加阻拦也无妨。"[④]他

---

① "马尼拉的西班牙人在他们所占据的福岛北端往西约0.25荷里处一小岛上"，"据说西人所占的地方条件比大员更优越"。见VOC 1090, fol. 140，《荷》，第65—66页。到1628年，"在鸡笼、淡水，我们的敌人西班牙人筑起一座城堡……"，见VOC 1096, fol. 12，《荷》，第90页。有关西班牙人侵占台湾北部据点的材料汇编，参见鲍晓鸥辑录的可供参照比较的资料：José Eugenio Borao, *Spaniards in Taiwan: Documents*, Taipei: SMC Pub, 2001-2002。

② "1628年11月14日……在福州与敌人的基地鸡笼和淡水之间的航路上拦截船只，直到1629年3月1日"，见VOC 1096, fol. 4，《荷》，第92页。

③ VOC 1094, fol. 5，《荷》，第85页。这一年，由于商贸不通已久，明廷又行米禁，饥民开始反叛，郑芝龙的力量得到极大增强，也成为荷兰人需真正对付的势力。林绳武（悍甫）辑：《海滨大事记》之"闽海海寇始末记"载："芝龙初只聚船十余只，渐至百只。及福海严米禁，饥民附者益众，遂达千艘。"见《台湾文献丛刊》（第213种），台北：台湾银行经济研究室，1965年，第9页。

④ VOC 1119, fol. 164，《荷》，第183页。最初荷兰吸引商人到大员贸易也是靠价格手段："一些现金不但用于不赢利有时甚至用于买入质量极次的货物，于公司毫无用处，但我们希望能以此为诱饵吸引更多的商人前来大员贸易。"见VOC 1102, fol. 10，《荷》，第114页。

们意识到，交易一旦成型且变为一种习惯，短期内就不可能改变，因为"中国人需要我们的白银，正如我们不能没有他们的商品一样。"①基于这种交易的原理，荷兰人发现进入东亚贸易圈是一个顺理成章的过程，但他们要面对的还有区域内泛海寇的实态以及这种既有秩序的制约，与中国海寇势力的冲突、竞争与合作自然也同时进行。

四、受海寇制约的荷兰人

（一）海寇

荷兰接触该区海盗始于攻打澳门失败后的东行："7月4日……我们在岛屿间看到一些中国渔民，但他们都在我们面前逃跑了。"第二天荷兰人进入澎湖，"取得许多食物"。"21日，我们望见了中国大陆，到达著名的漳州河。""27日，有一渔民靠拢我们，卖给我们一些鱼干。"②

> （8月）11日……我们停泊在这里（［浙江台州湾］琅机山）时，有些中国人乘舢板前来，送给我们每艘船白糖五筐。就我们从他们那里所能了解到的情况来说，估计他们是中国海盗，是些对他们本国干抢劫勾当的人。……18日，我们又在同一岛的西边下碇，这里的锚地比另一个锚地好些；它是一个海港，几乎可以躲避各种

---

① VOC 1132, fol. 569，《荷》，第221页。
② 邦特库：《东印度航海记》，第75—77页。

方向的风。上述海盗的泊所就在这里，他们知道哪里可以找到食物，也给了我们一些，但对我们全体船员来说，没有多大用处。他们屡次提出要我们跟他们到岸上去，这样他们就可以在我们的掩护下为我们弄到食物，而且可以满载而归，但是我们认为此事做不得。他们把"亲王旗"悬挂在他们的小船上，打着那种旗号来抢劫他们自己的国家。①

邦特库还记载了他听说的一批失事的荷兰船员在中国陆地上的活动概况。那些人多次遇到了许多友好的中国人，"感谢中国人的善意接待"，"感到十分高兴"。②可见，荷兰人遇到的所谓海盗，仍是中国沿海的流动人群，官府眼中的"化外之民"，所以还想假借外夷劫掠定居的"编户齐民"。值得注意的是，他提到：

> 25日，我们一齐到达漳州河前，停泊在一个岛上的一个镇旁，镇上居民都已逃跑。我们从那里带回了大约四十头牲畜，其中有好几头猪，还有一些母鸡。③

可见，荷兰人袭扰会使月港一带的常住人口躲避逃亡；大量牲畜的存在则表明日常活跃抢掠的中国海寇对该地没有实质威胁——不然所谓的海寇也不需要狐假虎威借助"夷人"来抢掠，村

---

① 《东印度航海记》，第77—78页。
② 同上，第75—82页。
③ 同上，第83页。

镇也不会如此正常运作。在荷兰人看来，未与他们达成协议的自由航行者即海盗。[①]不过，这些人其实可以是在月港或厦门交了饷税的普通"编户齐民"，也可以是未交任何饷税、在沿海多处地方任意出航的"化外之民"。在接触渐多后，荷兰人开始重视处理与各种域内势力的关系。比如，他们与郑芝龙、福建地方政府既联合又争斗。[②]荷兰人报告会不时提及对付海寇要承担的费用[③]；同期文献也显示日本人与荷兰人皆受海盗困扰。[④]而此时"突然出现"众多海寇的原因，无非是海寇力量处于分合期，非常活跃而已。明末基层控制的松动和各种摊征加派导致的更多流动人群和入海谋生者显然为海寇力量的增强提供了源泉。海寇数量与活动范围、活动能力的增强也使在大员的荷兰人处境略为艰难。[⑤]连带的贸易受

---

① 关于荷兰人对其视为盟友、朋友、竞争对手和"海盗"人士的词汇使用，需要看文献中的语境，一些双重标准的案例可以从欧阳泰前引文中寻得，下文提及的韦特将军给荷兰东印度总督卡本提的信件（Letter from Gerrit Fredricxz de Witt to Governor-General Pieter de Carpentier）属于直接证据之一。

② 明代借助西欧人打击海寇的事并不罕见，联合打击海寇的要求不时也会被提出，有时也确实各自会有一些行动，尤其是当海寇活动威胁到荷兰人基本商业利益时："海盗骚扰的威胁和大员贸易的薄利导致商人不再前往大员；他们要求我们配合驱逐海盗，严禁海盗在大员附近入港。"见VOC 1090, fol. 115,《荷》，第60页。

③ 《荷》，第73、85页。

④ 《荷》，第86、100、108、113页。

⑤ "而另一条在中国沿海被海盗所困而未能返回。"见VOC 1092, fol. 3,《荷》，第75页。"……均被杀害。因此，我们目前在大员和中国沿海没有一艘海船、快船和帆船，海盗控制中国沿海，将我们在大员和中国沿海的人之间的联系切断。……大员没有一艘船……中国海盗在中国沿海为所欲为……"见VOC 1092, fol. 10,《荷》，第80页。"海盗在中国海上横行，我们的人不得不远而避之。……海盗们北上到达Haerlem湾。海盗们在该湾以北烧杀抢掠……每个海湾中均漂有30、40、50或更多

阻也导致巴达维亚遭遇财政紧缺。①

对此，荷兰人首先在自己管辖的势力辐射范围内组织行动，清除海寇的陆上落脚点。②其次，他们与各方势力接触，以寻求最大利益，尤其是实际控制漳州湾的势力。③同时，荷兰人也借机与中国官方接触，筹码仍是帮助清理海寇：

> 1627年6月之前，中国人不准我海船或帆船自大员到漳州湾和沿海其他地方停泊。但后来中国海盗猖獗，在中国海上横行霸道，将整个中国沿海的船只烧毁，到大陆上抢掠。海盗们拥有约400条帆船，6万至7万人。海盗头目一官（Icquan）曾在大员为公司翻译，后来悄无声息地离开那里，在海上行盗。短时间内即有众人响应，其声势浩大，甚至中国官府也无法把他们赶出中国海岸，派人在大员向我们的人求援，首先要求我们派船到漳州湾运丝，因他们无法将货物运往大员；其次，派两艘海船停泊在漳州湾，以防海盗骚扰；再次，协助他们剿灭海盗。④

尸体。"见VOC 1094, fol. 5，《荷》，第81页。

① "我们的人认为，因为海盗为寇，今年不会有帆船自漳州到达巴城。"见VOC 1092, fol. 3，《荷》，第80页。

② 比如，去麻豆社"征服那里的一伙中国贼寇"，见VOC 1097, fol. 51，《荷》，第104页。

③ 其与郑芝龙接触，就是因为"海盗一官在中国沿海拥有1000条帆船，称霸于中国海；方圆20荷里内，人皆避之；厦门和海澄被他们攻占、摧毁、焚烧……"见VOC 1094, fol. 5，《荷》，第84页。此处提及一官攻击和摧毁海澄，既是郑氏与官府的矛盾，也是漳州与泉州的矛盾——郑氏绝不会摧毁泉州诸港。

④ VOC 1092, fol. 3，《荷》，第77—78页。"海盗长期在沿海地区为寇，造成巨大损失，他们烧杀抢夺，导致无数无辜贫民百姓丧失性命，而中国政府对他们的惩罚

荷兰人也曾与其他海寇势力诸如李助国、刘香联合以制约郑芝龙[1]。在1630年发现李魁奇势力过大且无意与他们开展自由贸易时又倾向决定协助郑芝龙除掉李魁奇。[2]即便如此，要保证贸易像1636年"中国海岸平静无事，也无海盗骚扰"一样不受域内海盗势力制约仍非常困难。[3]荷兰也曾想借助于海寇进行贸易转手："可使用已经和将要运往大员的资金在海盗那里购买蔗糖、生丝和其他中国货物。这样一来，我们不必再依赖与中国的贸易，获得我们所需要的货物。"[4]这种方案进一步证明，那些被称为海盗的人群实为不受荷兰管制的人群而已。不过后来荷兰人又否定了这种设

却微不足道，我们对此十分惊叹。"见VOC 1104, fol. 51，《荷》，第120页。

[1] 由于芝龙势力过大，荷兰人曾倾向于联合其他海寇打压，见VOC 1107, fol. 52，《荷》，第134页。又，"一官必须吃几次败仗"。VOC 1104, fol. 51，《荷》，第120页。"正如前面发生过的挫败李魁奇等事情，人们应考虑是否该向他说明，若他仍忘恩负义，我们不仅将对刘香而且将对其他人提供援助。"见VOC 1104, fol. 58，《荷》，第123页。荷兰人对海盗的多手准备和各种策略集中体现在对刘香的态度上，详见《荷》，第148—150页。

[2] 1630年内容《一般事务报告》(Generale Missiven)和《巴达维亚城日记》遗失，程先生据《热兰遮城日志》(De Dagregisters van het Kasteel Zeelandia)补上，另见其注释："1629年他甚至击败郑芝龙进占厦门。官府无法制服他，只能授以官职安抚。一官请求荷兰人帮他攻打魁奇，荷兰人鉴于魁奇扼守漳州湾出入海口，阻碍大员与中国的贸易往来，因而有意相助。"引自H. T. Colenbrander, Jan Pietersz. Coen, I, p. 169, 参见《荷》，第108页。

[3] VOC 1119, fol. 10，《荷》，第179页。不仅是中国沿海，荷属东印度到台湾之间的远洋航路亦无法保证："似乎有什么在阻止Hambguan来巴城，1635年他的一条帆船从这里驶往大员时曾被中国沿岸的海盗抢劫。"见VOC 1119, fol. 1-205，《荷》，第172页。1639年又有一批荷兰人被杀，"这些贼寇共36人，在上述帆船与Zantfoorts一船分航不久，便开始袭击19名荷兰人，将他们杀害并投入大海。"见VOC 1129, fol. 5，《荷》，第208页。

[4] VOC 1111, fol. 4，《荷》，第149页。

想，因为觉得海寇"难以信赖"。[①]是故，要想让变动不羁的海寇可以"信赖"，只有找到控制海寇的人或组织。这种对海寇从清理转为利用的趋势，本质上和一开始所谓的要让"海盗在此无立足之处"[②]、"我们不容忍任何海盗，相反我们保持海面对所有商人和渔民安全"[③]是一样的，符合荷兰东印度公司的利益。浙闽总督陈锦总结这种滨海皆寇的情形时说："至于良善士民，其心固不从贼，然顺贼尚生，忤贼则死，势不得不行附和。……若游手赤贫之徒，尽为贼党矣。……况漳泉逼临大海，犹贼类出没之乡。"[④]如此，荷兰人要找谁来打交道，控制这些人群呢？

（二）郑氏控制及妥协的达成

第二次中荷交涉之后，荷兰人落脚大员湾，所谓"荷兰红毛舟遭飓风飘此，爱其地，借居于土番……已复筑赤嵌楼与相望，设市于城外，而漳泉之商贾集焉"。[⑤]由于与荷兰人贸易有厚利，"彼国

---

① "在继续与中国的战争的情况下将公司的资金通过海盗转换成货物这一做法欠妥，鉴于不但海盗难以信赖……"，见VOC 1111, fol. 104,《荷》，第159页。
② "Letter from Gerrit Fredricxz de Witt to Governor-General Pieter de Carpentier," 29 October 1625, VOC 1087: 385-396, fol. 389.见Tonio Andrade, *Op. Cit.*
③ "Letter from Gerrit de Witt to Simpsou, Chinese Merchant," 21 November 1625, VOC 1090: 182-183, fol. 182v.见Tonio Andrade, *Op. Cit.*
④ 《郑氏史料续编》一二《浙闽总督陈锦奏本》，载《台湾文献丛刊》（第168种），台北：台湾银行经济研究室，1963年，第15页；《明清史料丁编》卷一，台北："中研院"，1951年，第2页。
⑤ 乾隆《重纂福建通志》卷二七六《丛谈·台湾府》，见《福建通志台湾府》，载《台湾文献丛刊》（第84种），台北：台湾银行经济研究室，1961年，第52b页。甘为霖（William Campbell）《荷兰人侵占下的台湾》的记载显示，荷兰人在澎湖交涉

既富裹蹄，华夷货有当意者，辄厚偿之，不甚较直。故货为红夷所售，则价骤涌"。①崇祯十二年（1639）三月给事中傅元初《请开洋禁疏》也谈到："海滨之民，惟利是视，走死地如鹜，往往至岛外区脱之地曰台湾者，与红毛番为市，红毛业据之以为窟穴。……而吕宋、佛郎机之夷，见我禁海，亦时时私至鸡笼、淡水之地，奸民阑出者市货。"②这些都已早为学界所揭示。从荷兰人落脚台南到与沿海海寇势力达成妥协，实际上经历了十余年。

在17世纪20年代，月港与马尼拉的贸易在奏疏中被解释为"阴贩"，荷兰对西班牙船只的截击被说成是荷兰怀疑西班牙截击他们的商船，所以才来中国"挟求市"。③通过将所有事情置于偷漏税款"商人"引发的纠纷，地方官员将对外交涉的主导权控制在手里，也最大限度减少了可能会影响官场晋升的负面因素的干扰。不过，即便是在这个框架内，帝国的官员也深感忧虑——外有袭扰进犯的"红夷"，内有"通夷为生"、无法管制的"无籍雄有力之徒"，即流动的"化外之民"，帝国面对与荷兰人一样的困扰：

期间已有去台考虑："我们认为，留在澎湖显然不是明智之举，宁愿携带一切货物离开澎湖前往台湾。在那边准备地方收购货物，和中国人进行贸易。"可见去台并非仅仅是福建巡抚商周祚的建议导向，见《荷》，第47页。

① 张燮：《东西洋考》卷六《外纪考》，第130页。
② 《清一统志台湾府》，《台湾文献丛刊》（第68种）引《天下郡国利病书》（四部丛刊三编昆山图书馆藏稿本）第三八册，台北：台湾银行经济研究室，1960年，第53页。
③ 《天启红本实录残叶》"（天启三年四月）壬戌（初三日）"条，《明季荷兰人侵据彭湖残档》，载《台湾文献丛刊》（第154种），台北：台湾银行经济研究室，1962年，第2页，录自《明清史料戊编》第一本第1页。

南京湖广道御史游凤翔奏：臣闽人也。闽自红夷入犯，就彭湖筑城，胁我互市。……今彭湖盈盈一水，去兴化一日水程，去漳、泉二郡只四五十里。于此互市，而且因山为城，据海为池，可不为之寒心哉？且闽以鱼船为利，往浙、往粤，市温、潮米谷又知几十万石。今夷据中流，鱼船不通，米价腾贵，可虞一也；漳、泉二府负海居民，专以给引通夷为生，往回道经彭湖，今格于红夷，内不敢出，外不敢归，无籍雄有力之徒，不能坐而待毙，势必以通属夷者转通红夷，恐从此而内地皆盗，可虞二也。[①]

可见，以往的商贸活动已经在荷兰的封锁下暂时中止，"鱼船不通，米价腾贵"，"内不敢出，外不敢归"。游凤翔担心的，更是"无籍雄有力之徒"联合荷兰人，造成"内地皆盗"的情形。这比徐学聚《初报红毛番疏》中表达的"大抵闽省纪纲大坏，人人思乱，在在可虞。漳泉亡命，黩货无餍，何知三尺？……养门庭之巨寇为腹心之隐忧，因红番而祸闽省，因闽省而祸中原"又更进了一步。[②]确实，荷兰的双重标准必然导向其与海寇的勾结，"当荷兰出巡驱逐隐藏在大员湾附近的海寇团伙时，海寇并未被驱逐或像中国囚犯那样被送往巴达维亚当苦力，却被邀请定居在荷兰堡垒附近的中国乡村里。通过这种方法，公司可以利用他们帮助巡掠从中国航往

---

① 《熹宗实录》卷三七，"天启三年八月丁亥"条，第1927—1928页。
② 徐学聚：《初报红毛番疏·红番通市》，载《明经世文编》卷四三三《徐中丞奏疏》，第4727a-b页。

马尼拉的船只。"①但与中国人的担忧相反，荷兰人认为中国人也能轻易管住海盗："据我们获悉，中国人已将各地海盗降服，以免他们到澎湖与我们进行合作。"②

达成妥协是一个较长的角力过程。利益和关于滨海人群控制的问题实际上穿插其间。荷兰人最初想跟中国官方达成直接贸易的约定，所以进行了两次澎湖交涉。未落脚大员前，最初出现的是荷兰"一厢情愿"的或多流于口头形式的不稳定协议。③在与郑芝龙的交涉中，早期文献中荷兰人多次提到郑芝龙以礼相待，即便有一次提到他"扣押"荷兰人，但仍强调"以礼相待"。④虽然荷兰人1627年时已使用袭击和封锁政策，但其对福建内地动态的掌握相当迟滞，比如这一年他们才得知前一年郑芝龙对漳浦的袭陷。⑤

---

① 欧阳泰：《荷兰东印度公司与中国海寇（1621—1662）》，第244—245页，引据"Letter from Gerrit Fredricxz de Witt to Governor-General Pieter de Carpentier," 15 November 1626, VOC 1090: 196-206, fol. 202。

② VOC 1077, fol. 3-40，《荷》，第17页。

③ 1623年2月，"20日，我们夺获一艘中国帆船和十四名中国人。他们告诉我们，他们是从漳州河出海的，还说科内利斯莱·耶尔策司令已同漳州人订立一项条约"。见邦特库，前引书，第91页。

④ VOC 1096, fol. 10-17，《荷》，第88页。

⑤ "由于中国海盗主要立基于靠近，台湾的大员湾并因此屈从于我们的权威……"，故而要推行清剿震慑，见"Memorie voor de Ed. Pieter Nuyts, Raet van India, Gaende voor Commandeur over de Vloote naer Taiyouan gedestineert, ende van Daer Voorts in Ambassade aen den Keijser van Japon," 10 May 1627, VOC 854: 51-60, fol. 59, 引自欧阳泰前引文注释。不过，巴达维亚当局的态度并非完全一致：1629年，荷属东印度总督科恩（Jan Pieterszoon Coen）命令主政台湾者联合中国人并完全清除台湾的海盗，见"Instructie [van Gouverneur Generael Jan Pietersz. Coen] voor den Gouverneur Hans Putmans ende den Raet in Tayouan," 24 April 1629, VOC 1097: 146-154。

1628年郑芝龙受抚，依托官府，次年解决了背叛自己的部将李魁奇。[①]其后荷兰对郑氏的制约便剧减，至17世纪30年代，荷郑双方冲突加剧，这和崇祯三年（1630）新上任的福建巡抚邹维琏推行强硬路线也有关系。同年，荷兰犯中左所，郑芝龙募龙溪人郭任功率十余人，夜浮荷兰船尾，潜入焚之。[②]邹维琏再颁禁海令，控制民人大量下海（允许前往大员的许可证每年仅六张），此事在荷兰人而言接收到的信息则是郑芝龙的命令。[③]荷兰人该期的报告显示：

> 贸易仍在前面所报告的情形中进行，即一度受海盗侵扰，一度由贸易承包者疏通；但贸易常常因中国人故意寻找缘由或凭空编造的区区小事而减少和封锁。据阿森德尔夫特（Assendelft）带来的蒲特曼斯10月10日最新的消息讲，海盗已停止在海上为寇，但变

---

① "魁奇，惠安渔人，能竟日行水中。初聚众澎湖，候劫吕宋国船。陈德等回台湾，闻芝龙受抚不决，以众来会；至澎湖为魁奇所劫，德及杨天生等皆死，免归台湾者惟李英与通事何斌。芝龙闻之大悉。"同年，"秋九月，毓英说芝龙降，偏略当事，皆喜，遂诈以义士郑芝龙收复郑一官奏闻"。见沈云：《台湾郑氏始末》卷一，载《台湾文献丛刊》（第15种），台北：台湾银行经济研究室1958年版，第5页。魁奇对马尼拉船只的劫掠也反映了该区泛海寇秩序的特点。荷兰、明政府、芝龙与海寇的多边关系，参看何孟兴：《诡谲的闽海（1628—1630年）：由"李魁奇叛抚事件"看明政府、荷兰人、海盗李魁奇和郑芝龙的四角关系》，《中兴大学历史学报》2001年第12期。
② 张维华：《明清之际中西关系简史》，济南：齐鲁书社，1987年，第70页。
③ 1631年秋，普特曼斯"和其他官员听说芝龙已经贴出布告禁止中国人未经官府批准赴台贸易"。欧阳泰：《荷兰东印度公司与中国海寇（1621—1662）》，第250页，引据"Letter from Governor Hans Putmans to Governor-General Jacques Specx," 9 November 1632, VOC 1109: 195-197.

换方式增加在陆上的各种恶劣行径。[1]

这条记录讲的其实就是李魁奇被击败后，海上"秩序"被郑芝龙暂时控制，荷兰人派高级商务员罗德纽斯特常驻漳州湾并至安海与郑芝龙开展贸易，福建地方政府强调民众无许可证不准到大员的事。[2]由于郑氏实力的提升，郑荷也渐渐有了走向妥协的基础——虽然完全的妥协必须是郑氏取得压倒性绝对优势的料罗湾战役之后。[3]从荷兰的记载中可以看到，郑芝龙在1630年以后确实渐渐掌握了某种垄断权。[4]这是一种类似于陆地控制的海上控制，即将"无序"的泛海寇活动变为"有序"。

> 漳州湾的贸易与从前一样被人垄断，现在是因为一官的严密监视和滴水不漏的守卫，以至于没有私商肆意带货上船，甚至连订做必要的装丝箱的木板也不许购买。一官向我们许诺，情况将会有所改进，海道将发放给五条中国帆船许可证，允许他们去大员与我们

---

① VOC 1102, fol. 10,《荷》，第113页。

② 同上。

③ 林伟盛认为这是"明朝官方、郑芝龙、海盗刘香与荷兰人彼此之间，基于自身利益所做的合纵连横"，参见林伟盛：《一六三三年的料罗湾海战——郑芝龙与荷兰人之战》，《台湾风物》1995年45卷第4期。有关料罗湾海战及荷郑关系转向破裂的新近研究，参见甘颖轩：《中国海盗与料罗湾海战》，《海洋史研究》（第九辑），北京：社会科学文献出版社，2016年版，第212—229页。关于17世纪30年代贸易正常化的趋势，见郑永常：《来自海洋的挑战：明代海贸政策演变研究》，台北：稻乡出版社，2004年，第341—349页。

④ "我们的人只借助一官的势力购到一批生丝和丝货。"见VOC 1107, fol. 1-83,《荷》，第126页。

自由贸易。①

　　不受福建官府或郑芝龙控制的诸如刘香之类的人即破坏秩序
的海寇。②同安知县曹履泰就亲身经历了郑芝龙清除各种不服管
制海寇的过程。③不过由于郑芝龙没法兑现荷兰人在帮助清除李魁
奇之后获得自由港的承诺，巡抚邹维琏又推行强硬路线，1630年以
后荷兰人日渐不满，也开始谋划反制措施，迫使明廷改变政策。④
　　荷兰人反抗福建地方政策和郑芝龙海上垄断的活动在1631到
1633年达到巅峰，其间普特曼斯曾多次亲自率船前往金门和泉州，
其中贸易和袭击皆有。⑤1632年12月，"尊贵的先生开始实施对中
国沿海的行动计划，占领从南澳到漳州湾西角的地区。"⑥值得注
意的是，行动只及于"漳州湾西角"，即月港所在区域，而安海则不
在此区，大概多少也跟郑军主力在厦门以北安海一带有关。1633年
7月12日，普特曼斯率队突袭"势力相当的舰队"，"结果丝毫没有遇

①　VOC 1104, fol. 51,《荷》，第119页。
②　"海盗刘香在新的贸易季节一开始就在漳州湾出击，对十几条装货丰富的帆船进
行抢劫袭击并全部缴获它们，其中有三条准备驶往巴城，一条驶往柬埔寨，其他
的去马尼拉。"见VOC 1111, fol. 4,《荷》，第147页。
③　"时郑芝龙劫众出没海岛，视同安如几上肉；旋于崇祯元年就抚，奉命进剿旧日
伙伴李魁奇、钟斌辈。其间'用战、用守、用间谍、用招安、用解散、用诱购'，履泰
均身历其境、亲预其事。"见曹履泰：《靖海纪略》，《台湾文献丛刊》（第33种），台
北：台湾银行经济研究室，1959年，"弁言"，第1页。
④　江树生译注：《热兰遮城日志》（第一册），台南市政府，2002年，第108页。
⑤　《荷》，第111、124—125、127—135页。
⑥　VOC 1107, fol. 52,《荷》，第131页。

到敌方的任何抵抗，把它们焚烧、轰炸、摧毁殆尽"。[①]其时郑芝龙在福州"平寇"，闻讯赶回，巡抚邹维琏和海澄知县也发兵反击，荷兰撤退。[②]此次"窥海澄境"之后，双方开始再次和谈。此即为"组织贸易"的开端。[③]此时荷兰文献明确提及的是大战之后有不少货船停泊在郑氏据点安海。

荷兰人武力威吓之余，也提出了和解的条件，包括："我们还要有八至十个人同时能在海澄、漳州、安海、泉州以及其他邻近地区，毫无阻碍地，自由通行买卖……"[④]这种要求当然不会被答应，但其所开列的港口表明该期月港和安海处于并重的地位，从其希望"派快船和帆船占领从南澳到安海的整个中国沿海"进一步坐实

① 《荷》，第132页。欧阳泰总结说："荷兰的要求充满野心。他们想要与中国自由贸易，在任何地方与他们选择的任何人。他们还要求在厦门的鼓浪屿（在鸦片战争之后成为厦门的国际租界点）和福州建立永久贸易场所的权利。芝龙的回复礼貌而强硬。"见欧阳泰前引文。此次袭击无果后，荷兰人在报告中显示了许多让步的想法，见《荷》，第136、147页。

② 《重纂福建通志》："荷兰筑城台湾，与奸民互市。已袭陷厦门城，大肆焚掠，遂自料罗窥海澄境。知县梁兆阳率兵夜渡浯屿击破之，焚其舟三，获舟九。维琏发兵水陆并进，召芝龙赴援。荷兰乃泛舟大洋，转掠青港、荆屿、石澳。诸将御之于铜山，连战数日，始败去。"见《福建通志台湾府》，第910页；李毓中、林玉茹：《台湾史》《战后台湾的历史学研究：1945—2000》（第七册），台北："行政院国家科学委员会"，2004年，第72页。

③ "我们的船队撤离中国海岸之后，有数条小型中国帆船，载运糖和其他货物以及中国大官一官的信件到达大员……中国有意与我们讲和。"见VOC 1111, fol. 260，《荷》，第144页。程先生据《巴达维亚城日记》1634年2月19日注释：一官为言和派出三条帆船去巴城，荷兰人确信有6—7条船装载货物并停泊在厦门和安海，不久将运货往大员。

④ 郑永常：《晚明（1600—1644）荷船叩关与中国之应变》，《"国立"成功大学历史学报》1999年第25期。

了其时荷兰人的想法。[①]从报告中也可以看到明廷和福建地方对荷政策的演变，即从不稳定摆动政策（达成非常不稳定和模糊的一些约定）到郑芝龙作为官方代表时基本稳定化为定制。[②]这样，原来的"预订"贸易就固定为"组织"贸易，虽然相对在中国沿海与中国人直接贸易来说还是间接贸易，但已由原来的间接转手贸易变为间接直航贸易了。

其后，荷兰人不再试图直接到中国沿海开展贸易[③]，因为"到中国沿海购货，亦非上策，因为那里的居民只愿将其货物以高出大员三分之一的价格售出，并以低于大员三分之一的价格接受我们的货物，而且数量有限"。[④]随着郑芝龙对沿海流动人群越来越有力的控制，他开始借官府的正统性对控制范围内的郡县征粮饷，"不取于官"，对资源的汲取能力也大大提升。[⑤]即使在郑芝龙决定售给

---

① VOC 1107, fol. 16,《荷》，第128页。

② VOC 1096, fol. 12,《荷》，第89页。后此协定因对东印度公司不利而未被总督批准。不过，一般1633年被视为一个转折年份，"热兰遮城的荷兰当局与福建地方势要郑芝龙及其部属建立了相对稳定的贸易关系，从此之后，荷兰人才能将注意力转向开发台湾本土的自然资源。"见W. A. Ginsel, *De Gereformeerde Kerk op Formosaof de Lotgevallen Eener Handelskerk onder de OIC, 1627-1662*, Leiden: P. J. Mulder en Zoon, 1931.转引自包乐史（L. Bluseé）:《热兰遮城档案资料概述》（Towards a Reconstruction of the Zeelandia Castle Archives），载《台湾史料国际学术研讨会论文集》，第13、21页。

③ 直到1729年，也就是清代开国后八十余年，荷兰东印度公司对华直航才开始，见刘勇:《荷兰东印度公司中国委员会与中荷茶叶贸易》，《厦门大学学报（哲学社会科学版）》2013年第4期。

④ VOC 1111, fol. 104,《荷》，第159页。

⑤ "泉城南三十里，有安平镇，龙筑城，开府其间。海稍直通卧内，可泊船，竟达海。其守城兵自给饷，不取于官。……令抚按以下皆捐俸助饷。官助外，有绅助、

其何种商品以及定价多少的问题上, 荷兰人也几乎没有讨价还价的余力。① 但他们也接受了这种格局, 因为"中国人一官是位对公司贸易不利的人物……众商人对一官怨声不断, 但他以厚礼贿赂各大官人而使事情化为乌有"。② 本来郑芝龙与福建当局有不小矛盾, 只是靠贿赂和无法被明政府剿灭的势力才受抚招安。但随着料罗湾海战的结束, 强硬派巡抚邹维琏下台。③ 郑芝龙也在1635年清理刘香之后, 于1636年被任命为福州都督, 获得了更大的权力。故而荷兰人在17世纪30年代末总结道: "一官独霸海上贸易, 对驶往大员的船只横加敲诈勒索; 或采取诸如下列做法, 故意拖延两条已准备就绪的帆船……我们断定, 那个国家的贸易完全由一官控制。"④

大户助。又借征次年钱粮, 搜括府县库积年存留未解者, 丝毫皆入龙橐。"林时对: 《荷牐丛谈》, 《台湾文献丛刊》(第153种), 台北: 台湾银行经济研究室, 1962年, 第156—157页。

① "结果该帆船不但未归还船主反遭一官没收, 无视该船持有巡抚的许可。"见 VOC 1116, fol. 17, 《荷》, 第167页。

② VOC 1129, fol. 118, 《荷》, 第216页。

③ 郑芝龙与地方当局之间的矛盾, 有一个生动的案例, 即施邦曜将其比喻为"蠹": "……函请外出为漳州知府。盗刘香、李魁奇横海上, 邦曜获香母, 絷而诱之, 香卒就擒。魁奇援郑芝龙故事请抚。邦曜谓巡抚邹维琏曰: 闽蠹一之已甚, 其可再乎! 卒与维琏讨平之。"见《东林列传》卷十《施邦曜传》, 北大藏售山山寿堂清康熙五十年刻本(1711), 第2页。

④ VOC 1132, fol. 16, 《荷》, 第220页。又, "一官欲壑难填, 居心不良, 企图控制我们的贸易, 他在日本享受巨额利润……", 见VOC 1142, fol. 45, 《荷》, 第247页。有关与一官关于日本贸易的协议, 见VOC 1136, fol. 916, 《荷》, 第227页。荷兰人对郑芝龙将上品输往获利更多的日本而次品输往大员湾表示不满, 但荷兰退回次品的行动却遭到郑芝龙垄断性的集体抵制, 导致商舶不至。

五、安海:"海寇"控制下的贸易格局

　　到了1637年,郑芝龙的船只已经可以在东亚和东南亚从日本到马六甲自由穿行。这是贸易垄断的时刻,也是荷兰人完全妥协之时。[①]经谈判,荷兰人争取与郑芝龙间接贸易的目的达成了,他们和受郑芝龙保护的中国商人在台湾贸易,如此当然也就没有什么海寇问题了:"(1638年)中国至大员的频繁的货物运输仍在继续,那里缺少的不是货物而是资金,大员公平贸易的声誉在商人中间逐渐形成,致使海盗和贼人销声匿迹。"[②]"中国人讲述,他们在马尼拉的生意受挫,销售货物受到损失",[③]而与此同时,大员则是"商品种类繁多,贸易状况令人满意"。[④]毋庸置疑,安海与大员的商贸往来将转变为主要交易,以前在月港经营的商人基于风险与收益考虑也会前往大员:

---

① 从在福建近海港湾阻吓荷兰人,到依据协议保障远洋航线和船只,郑氏实力在17世纪20年代到40年代的上升是很明显的。《重纂福建通志》载:"夷船高大,官军技无所施,伤者甚众。芝龙退泊枫亭港口,募渔船贯水者五十人,以竹筒贮火药。人各佩两筒,撑以舟,急至夷船边,钉筒发火。五十人者,浮浪而归。焚夷船五艘,郎必即哩哩歌大惊,自是不敢入闽境。"见《福建通志·台湾府》,前引书,第911页。郑氏运载货品交易量也达到前所未有的程度:1641年郑氏派六艘船往日本,生丝一项30720斤,丝织品一项90920匹,相当于当年中日生丝贸易的三分之一,丝织量的三分之二。见J. C. van Leur, *Indonesian Trade and Society*, The Hague: W. Van Hoeve Publishers, 1955, pp. 339, 255。

② VOC 1126, fol. 146,《荷》,第194页。

③ 同上,第198页。

④ 同上,第201—202页。

大员贸易规模大于从前，并得知，海澄和其他地方不敢擅自前往的商人也赴大员贸易。……他们甚至被允许公开销售从大员运回中国的货物，而在此之前大部分则由一官暗中在安海出售。①

由于月港的商人大部分改为从安海出发，马尼拉的贸易也被改变："在安海停泊着几条装载贵重货物的帆船待发，只是在等待白银运至大员。……今年（已经是第三年）马尼拉肯定没有从新西班牙（Nova Espanja）得到援助，使那里每况愈下，一些重要的中国居民离开那里而前往中国。"② "特别是现在马尼拉贸易断绝，澳门也不景气。"③

这种改变当然不是一蹴而就的，而是在17世纪20年代到30年代的冲突、争夺和妥协中完成的。月港和安海的过渡可以从1632年"有17条中国帆船从马尼拉返回漳州和安海"④这种两港并用的例子看出。1636年，马尼拉的对华贸易仍旧颇为兴盛。⑤这种兴盛既是西班牙势力的客观存在（荷兰无法如愿以偿完全切断马尼拉的商贸），也是郑芝龙的势力在背后支撑的——利之所在，郑氏集团的人仍从该线盈利，中国船只仍从福建驶往马尼拉，只不过很多不

① VOC 1111, fol. 104，《荷》，第159页。
② VOC 1129, fol. 115，《荷》，第215页。
③ VOC 1132, fol. 16，《荷》，第219页。
④ VOC 1104, fol. 51，《荷》，第121页。从将漳州与安海并提看，此处漳州即指月港。
⑤ "马尼拉现在与中国和平贸易，以所得丝和丝织物满足西印度市场需求。"见VOC 1116, fol. 20，《荷》，第169页。"目前从中国到马尼拉的货运繁盛而无阻。"见VOC 1119, fol. 10，《荷》，第175页。

再是从原来的法定出口月港前往，而是从郑氏的老巢安海出发：

> 截获两条安海驶往马尼拉的大帆船……从而缓解了贸易的不景气。一官获悉后立刻发出一封急信给大员的商人，指责他们是这一事件的罪魁祸首。令其尽快将上述帆船与货物交还一官，不然他们在中国的老少家人和亲属将遭诛杀，使那些鼠目寸光、胆小怕事的中国人如坐针毡。①

由于郑芝龙控制船的出发地和目的地，停在月港的船只无法随意出航。②同理，前往大员的商船仍然受限。荷兰人1642年报告说："公司货物的销路仍然不佳。我们难以说服中国人将我们需要的丝货和瓷器运往大员……中国对大员的贸易是背着皇帝和官府进行的，所有的活动均在一官和巡抚的默许之下进行，商人一旦被发现无照经商，将受到严惩。"③由于其时已为明末，"中国处于一片混乱之中，各省发动战争相互争斗，货物运输需大批人马护卫，商人损失惨重"。④可是，"一官还运往马尼拉相当数量的货物"。⑤1643年，26艘中国大陆船到台湾，其后大多数转驶马尼拉。"5月底，从郑芝龙控制下的台湾沿海通过的船只数量最多。……

---

① VOC 1154, fol. 43,《荷》，第271页。

② 船只未经获准不得擅自离港："直到4月28日，除前去大员的船只以外该北风期没有其他船只获许离开漳州。"见VOC 1126, fol. 146,《荷》，第194页。

③ VOC 1138, fol. 76,《荷》，第235页。

④ 同上。

⑤ VOC 1142, fol. 43,《荷》，第251页。

郑芝龙还与被关闭在各自国家的商人们签订了协议，以他们的名义与台湾经商。"大批属于郑氏的船只往来于中国海上，郑氏还与日本的幕僚、暹罗人、东京（越南）人建立了广泛的个人联系。[①]而到大员之后还转航马尼拉不是要交易商品，而是获取黄金。[②]所以大员的贸易状况也是欣欣向荣，不断有安海船只前往，荷兰人也感觉良好。[③]不同于对付郑氏，荷兰人在台湾与西班牙人的对抗明显占优势。[④]1642年，西班牙人在台湾筑设的两个城堡都被荷兰人占据。[⑤]最终荷军在台湾北部击败西班牙军队，霸占整个台湾。[⑥]1645年到1647年，荷兰又猛攻菲律宾群岛，至1648年双方才订约，互相承认既得利益。[⑦]

---

① 玛丽-西比尔·德·维也纳：《十七世纪中国与东南亚的海上贸易》（《半岛》1982年第4—5期合刊，第86—105页），杨保筠译，载中外关系史学会、复旦大学历史系编《中外关系史译丛》（第3辑），第217、219、221页。

② "吕宋或马尼拉的黄金含量可观，被中国人暗地里在帕那苏郎（Pannassulangh）和卡卡阳（Cacayen）从当地居民那里（那里藏金量大）买出。中国人又一次从大员乘坐一条帆船前往马尼拉，尽管他们最近一次航行不顺，并有人控告他们来自大员。"见VOC 1138, fol. 81,《荷》，第237页。

③ VOC 1142, fol. 84,《荷》，第255页。

④ 纳瓦（Francisco Navas）和帕斯特尔斯编辑的文献反映了1641—1642年西荷之战及西班牙失败的史事，参见José Eugenio Borao, "Spanish Sources for the History of Taiwan," *Op. Cit.*, pp. 39-40.

⑤ 张维华：《明史欧洲四国传注释》，上海：上海古籍出版社，1982年，第104页。

⑥ 西班牙人据台湾北部始末，参见方豪：《台湾早期史纲》，台北：台湾学生书局，1994年，第205—222页。有关西荷竞争与西班牙帝国脉络下经略台湾的一些研究，可参见吕理政主编《帝国相接之界：西班牙时期台湾相关文献及图像论文集》，台北：南天书局有限公司，2006年。

⑦ 金应熙主编：《菲律宾史》，第223—225页。

明清易代的战乱使大员的外贸大受影响。[1]在前述大环境下，月港也明显衰落，文献提及次数越来越少，不过由《菲岛史料》的记录看，仍不算完全衰退终止。安海则于1647年遭受清军重创——先是郑芝龙逃离安海老巢[2]，继而是郑成功母亲田川氏于安海自杀，清军掳掠一空后挟郑芝龙北返。但安海自17世纪初以来持续的繁荣并未立即结束，因为其仍作为郑氏大本营，只要稍微安定，商船仍会聚集。[3]1650年，巴达维亚的记录显示"除日本一条、大员两条中国帆船外，今年1月26日至3月29日之间另有6条帆船自中国的厦门和安海泊至"。[4]巴达维亚的官员还惊讶地发现，直至1651年11月公司当年最后一艘船离开日本时，当时到达长崎的54只帆船内，除了中南半岛的15艘（暹罗1、柬埔寨6、广南5、东京3）之外，福州和安海以18船和13船包揽了剩余39艘中国航往船只的80%，因为

---

[1] VOC 1159, fol. 39,《荷》，第280页："因中国仍处于战乱之中，自中国运往大员的货物稀少。"

[2] "鞑靼人……兵临中国大盗一官的城下，迫使他撤离他的坐城和驻扎地安海，逃往一座孤岛，并以六百艘战船守卫。"见VOC 1159, fol. 16,《荷》，第283页。

[3] 一个很好的例子是1649年，在施若翰（Juan García）要求下，黎玉范（Juan B. de Morales）和利安当（Antonio de Santa María Caballero）分率三名道明会士万济国（Francisco Varo）、博迪格里（Timoteo Bottigli）、洪罗烈（Manuel Rodriguez）和三名方济各会士文度辣（Buenaventura Ibáñez）、毕兆贤（Jose Casabira）及桑迭戈（Cristobal de San Diego）于7月21日乘郑成功叔父郑芝莞的船只离开菲律宾，两周后抵安海。郑芝龙的葡萄牙裔孙子希望他们留在安海，处理安海及郑家信徒教务，并答应建教堂。参见L. Carrington Goodrich and Chaoying Fang eds., *Dictionary of Ming Biography*, New York: Columbia University Press, 1976, pp. 26-27。另见自林金水、谢必震编《福建对外文化交流史》，福州：福建教育出版社，1997年，第217页，但洪罗烈姓名拼写有误。

[4] VOC 1179, fol. 139,《荷》，第320页。

该区被认为处于战乱区，难以想象安海和福州能派出如此大量的帆船前往日本。[①]1654年，造访广州的荷兰人往回送信仍是派中国人到安海，再从那里委托一条商船到大员，显示这仍是最便捷的商路。[②]截至1655年9月16日，57艘造访长崎的中国帆船有5艘来自福州，41艘来自安海，"多属国姓爷"，[③]仍旧是80%的比例。1658年，到长崎的47艘帆船有28艘来自安海，剩下的则全来自东南亚，而且"这些船均属于大商国姓爷及其同伙"。[④]1660年，安海到日本的商人还帮中国船主向长崎的代官解释船货迟归的原因。[⑤]1661年，荷兰人截获一艘从暹罗回航的安海船只。[⑥]这些记录均显示17世纪40年代至60年代安海作为主要贸易港持续不断对外贸易的实态。[⑦]

其实，这段时间内，由于对清作战的需要，郑成功的对外贸易需求相当高，"国姓爷向东京、暹罗、柬埔寨派出的帆船多达60条，他们多派自安海……国姓爷在清军兵临城下之时仍派船出外贸易，可见其海外贸易至关重要"。[⑧]因此，他对于任何妨碍他获取资源的行为都会非常强硬。1655年，在大员的荷兰人获悉，拦截荷兰商

---

① VOC 1189, fol. 119,《荷》，第363页。

② VOC 1196, fol. 159,《荷》，第377页。

③ VOC 1212, fol. 52,《荷》，第450页。

④ VOC 1220, fol. 17,《荷》，第490—491页。

⑤ VOC 1232, fol. 95,《荷》，第521页。

⑥ VOC 1234, fol. 156,《荷》，第540—541页。

⑦ 这段时间荷郑双方保持的平衡，既是明清易代致使郑氏无暇顾及荷兰人所致，也是荷郑双方各自在军备和人员、训练上占优形成的均势决定的，见陈思：《17世纪中叶荷郑台海军事力量对比评述》，《台湾研究集刊》2013年第4期。

⑧ VOC 1213, fol. 696, 705, 765以及《热兰遮城日志》1655年9月30日记载，见《荷》，第435页注释31。

船并杀掉三名荷兰人海员的船只最后泊在安海，所以要求郑成功予以惩处并交回货物，但也知道郑"恐怕不会满足我们的要求"，果然郑毫不理会。[1]1656年，荷兰人报告指出郑成功"这一巨商将成为公司北部的眼中钉、肉中刺，而且现在我们已渐渐感受到这种刺痛"，但无可奈何，因为"他的自负与傲气日益滋长……以此警告我们在巴城优待他的商人，不设任何障碍地开放前往以上地区的航行，不然他将被迫下令禁止其部下前往大员和巴城贸易"，"国姓爷满口威胁之词，他将采取什么行动，时间会告诉我们"。[2]的确，在最后地盘日益局促、可获取资源越来越少的情况下，郑成功将目光瞄向了荷兰人占据的台南，并以行动给了他们答案。[3]

六、结语

16、17世纪中国东南海域的海寇、商人和闽人，只是特定人

---

[1] VOC 1202, fol. 57，《荷》，第424—425页。

[2] VOC 1212, fol. 21，《荷》，第435页。

[3] 有关郑成功驱逐荷兰人的研究汗牛充栋，此处便不赘引。近期的研究有将其置于全球史比较范畴下讨论的趋势，如西欧与郑氏火器实力、棱堡防御技术的讨论，值得注意，参见Tonio Andrade, *Lost Colony: The Untold Story of China's First Great Victory over the West*, New Jersey: Princeton University Press, 2013。中译本见欧阳泰：《1661，决战热兰遮》，陈信宏译，北京：九州出版社，2014年。区域经济整合的面向，参见郑维中和杭行两位的新作：Weichung Cheng, *War, Trade and Piracy in the China Seas (1622-1683)*, Leiden: Brill, 2013; Xing Hang, *Conflict and Commerce in Maritime East Asia: The Zheng Family and the Shaping of the Modern World, c. 1620-1720*, Cambridge, UK: Cambridge University Press, 2015。

群在编户系统内外从事不同活动被打上的标签，自然视不同情势被赋予不同的称谓，进行不同的选择。由于人的利己特性，人群的活动显示出无序性。王朝编户控制的努力使逃离的人群极易成为"寇"，频繁活动于海上者即为"海寇"。当如郑氏一般强有力的海寇为体制吸纳后，其采取与王朝同样的方式吸纳或清除服从或不服从编制的人群；荷兰人的语境中亦将无联盟关系、未被制服或不受控制的海上流动人群称为海盗，亦谋求吸纳利用或清除，官府、郑氏、荷兰人的思路和处理方式其实并无本质区别。

中国的寇盗源于该期王朝深刻的社会变革，西方殖民势力进入该区域加剧了这一问题的复杂性。从传统王朝的角度考虑，流动的"化外之民"带来的挑战要比外部的挑战更大，内外挑战势力若联合则非常危险。[①]在有新势力介入的情势下，流动人群必然产生分化和重新选择；新势力进入原有区域，也必须适应原有秩序，甚至向原有人群和势力妥协，由此促成贸易的垄断及贸易点选择的特定性。随着原有区域"泛海寇"秩序从无序向有序变化，贸易形式的变化（从随机到"预订"贸易，再到"组织"和垄断贸易）最终确定了相关的交易港口。简言之，即西荷两方的利益和矛盾在中国当局和地方势力于交易港口的选择上充分展现，其对抗又直接影响了港口的走向。不仅是荷兰的封锁、拦截和袭击，西属菲律宾当局

---

① 福建副总兵俞咨皋曾向巡抚南居益密报："今倭夷连和，奸盗党附，我孤军渡彭，宾主倒置，利害判于斯须，胜负殊难期必。事急矣！此兵法用间时矣！"这也是南居益感慨"非去夷之难，去倭与寇之难也"的原因。见《兵部题行"条陈彭湖善后事宜"》残稿（二），《明季荷兰人侵据彭湖残档》，第26页，录自《明清史料乙编》第七本，第603—607页。

屠杀中国商民，前往马尼拉更难得到保护，也是导致贸易转向的原因，间接导致了月港的衰落。就中国王朝内部而言，明廷与闽省之间、省府福州与闽南之间、漳泉两府之间也充斥着斗争。[①]郑氏的贸易保护和垄断以及安海作为其老巢和基地这一现实确立了新的交易港口和交易形式，其实力又使这一选择成为可能。

简言之，由西班牙与荷兰的档案文献，参照以其他同期非系统性史料，可以看到，在明末到清初百余年间，福建沿海的主要对外贸易港口从月港（海澄）转移到了安海。这种转移是在东南陆海间泛海寇主导的日常秩序与西荷冲突的背景下，基于不同人事背景和更广泛的区域联结产生的。考虑所有复杂的因素并落实到具体的对抗和妥协过程，作为落实过程的机制展示了建立在结果基础上的事件与局势。从布罗代尔式的角度看，袭击、拦截和封锁仅仅算"浪花"一般的事件，"泛海寇"的秩序背景、编制形式和过程可视为一定的"局势"；事件固然能于局势下施以影响，但最终决定结果的仍是局势下的选择路径，而体现事件及具体操作过程的机制展示了事件如何作用并受制于局势。理解这一点，即能从看似零散的档案条目中理解从月港到安海的机制，领会在特定时空下存在的

---

① 福建巡抚与郑氏的矛盾见前文所引史料。"芝龙泉人也，侵漳而不侵泉，故漳人议剿而泉人议抚"既是漳泉矛盾，也是闽省与闽南的矛盾——以闽省利益而言当剿，但闽南有既得利益者。参见吴伟业：《虞渊沉·漳泉海寇（江南附）》（北京图书馆藏清抄本），《续修四库全书》史部第390册，上海：上海古籍出版社，2002年，第101页。漳泉的矛盾还可以见于其他许多方面，张燮《东西洋考》卷七《饷税考》描述了两地关于饷税划分的问题。泉州府一直想独立另开一处与月港一样的港口，最终也未获批准。可见的只是作为官方法定出海口的月港的衰落和作为郑氏驻地安海的兴起。

日常秩序及其对历史变迁的影响。17世纪20年代月港开始出现一些衰落趋势，但几乎是在17世纪30年代突然之间为安海所取代。我们由袭击与封锁甚至所谓的海港淤积看到了这种趋势，又由人群编制和组织贸易看到这种骤变。就是说，这些局势性甚至结构性特点，都可以在主要贸易所从月港"逐渐"而"迅速"转移到安海的过程中看出。

荷兰东印度公司与中国海寇（1621—1662）（翻译）

欧阳泰（Tonio Andrade）^①

本文系2006年一项翻译计划的产物，当时本特利（Jerry H. Bentley）教授慷慨授权一批《世界历史学刊》论文，系里同人亦有意将其引进译介国内。后因各种原因，该计划搁置，本文虽译出但未完成校订。白驹过隙，本特利教授亦于2012年驾鹤西去，无缘得见中文版，实为憾事。2014年，惊悉曹永和教授仙逝，深感岁月蹉跎，内心羞愧，遂翻检旧箧，再作冯妇，以此纪念这位伟

---

① 作者欧阳泰系埃默里大学（Emory University）历史系教授。原文刊于*Journal of World History* 15.4 (2004): 415-444。

作者说明：本文中许多文献材料来自荷兰东印度公司（VOC）材料，现存于海牙荷兰国家档案馆。为节省篇幅，下文提及材料时将不赘引，兹用VOC档案中的第一个字母标示并列出档案索引号和页码。此处引用的西班牙和葡萄牙材料一般可在鲍晓鸥（José Eugenio Borao Mateo）《西班牙人在台湾》两卷本（Spaniards in Taiwan, 2 vol.）（台北：南天出版社，2001—2002）两卷本中找到。此处引用的大部分中文材料可在台北"中研院"网站上的"汉籍电子文献"数据库找到，这是一个极好的中文文献检索库，涵盖了几乎完整的《台湾文献丛刊》及《明史》和《清史》（2004年3月6日，"汉籍电子文献"的网址是http://www.sinica.edu.tw/ftms-bin/ftmsw3，现为http://hanji.sinica.edu.tw/）。如非特别指出，所有翻译皆本人所为。

178

瀛寰识略

大的早期台湾史、海洋史及荷兰殖民史学者，以示不忘初心。衷心感谢《世界历史学刊》主编拉扎罗（Fabio López Lázaro）教授重新慷慨授权、助理编辑塔赫科（Brandon Tachco）先生和克丽芙（Rebecca Clifford）女士的热情协助，中文版方得以2014年秋与国内读者见面。作者欧阳泰在此文刊出之后陆续出版 *How Taiwan Became Chinese* (New York: Columbia University Press, 2007)（中文版《福尔摩沙如何变成台湾府》，郑维中译，台北：远流出版公司，2007年）（曹永和文教基金会赞助）（福尔摩沙[Formosa]是西葡殖民者对台湾强加的名称，暂录该书名以供文献研究。下同）和 *Lost Colony: The Untold Story of Europe's First War with China* (Princeton, NJ: Princeton University Press, 2011)（中文版见陈信宏译：《决战热兰遮：欧洲与中国的第一场战争》，台北：时报文化出版社，2012年；《1661，决战热兰遮：中国对西方的第一次胜利》，北京：九州出版社，2014年）两本专著，本文内容部分散见其间，读者有兴趣可取以寓目参考。本译文对注释参考书目已有中译者尽力附上，其余仍保留原文以便读者按图索骥。译者案等说明以小括号表示，补充字句则以中括号标出。

17世纪初，荷兰东印度公司骤至中国水域，试图对华贸易。他们要求自由贸易，然而被不信任"红毛夷"及其强大舰队的中国官员断然回绝。同样是这批官员，却经常向中国的海寇许以高位，以劝其放弃不法的生活。当看到海寇接二连三变为显贵时，荷兰人渐感挫败。他们想知道：为何海寇可以因罪得赏，而我们的公司却被无视？考虑到"中国的海寇……能充分向我们展示怎样以及以什么方式向中华帝国施压，"于是荷兰人决定贯彻一项巧妙的计划：联合海寇攻击中国，他们设想在此之后"大官们"将同意他们自由贸易。[①]

然而，海寇是许多不安分的群体。他们经常组织成小的、互相竞争的团体，有时又联合起来成为大的联盟以攻击在中国海面繁忙航线上的船只。[②]有时他们乐于与荷兰人合作，但在乱世之中，一个盟友随时会被新贵取代。因此事实证明，公司的海寇联盟是不稳定的，海寇混战被郑芝龙的胜利终结。郑芝龙是一个曾为荷兰人翻译并由寇转官的海寇。他同荷兰人一样，与海寇斗争，但由于拥有官方背景和地方的纽带，他逐渐控制了台湾海峡。[③]当他的儿子郑

---

① Letter from Hans Putmans (governor of Taiwan)to Governor-General Jacques Specx, 5 October 1630（台湾总督普特曼斯给［巴达维亚］总督史必克的信，1630年10月5日），VOC 1101: 412-430, fo. 416.

② 穆黛安关于18和19世纪中国海寇的杰出研究也是16和17世纪（海盗研究）很好的学习教程。见Dian Murray, *Pirates of the South China Coast, 1790-1810*, Stanford, Calif.: Stanford University Press, 1987（中文版《华南海盗：1790—1810》，刘平译，北京：中国社会科学出版社，1997年），还有Dian Murray, "Living and Working Conditions in Chinese Pirate Communities, 1750-1850," in *Pirates and Privateers: New Perspectives on the War on Trade in the Eighteenth and Nineteenth Centuries*, ed. David J. Starkey, Exeter: University of Exeter Press, 1997.她展示了18世纪在中国南方的海寇个体通常由贫穷的渔民组成，只是暂时地转向寇掠行为。在一两周的掠夺后他们会回到本土的村庄并重操旧业。有证据显示16和17世纪在台湾海峡也是如此。在某些时候这些个体自己组织起来加入较大的团体，正如16世纪中期和17世纪20年代发生的一样。

③ 包乐史已对郑芝龙取得成功背后的因素做了突出的分析。见Leonard Blussé, "Minnan-jen or Cosmopolitan? The Rise of Cheng Chih-lung Alias Nicolas Zhilong," in *Development and Decline of Fukien Province in the 17th and 18th*

180　　　　　　　　　　　　　　　　　　　　　　　　　　　　　　瀛寰识略

成功继承了他的组织后，海寇们变成为自由而战者，致力于恢复新近崩溃的明朝。郑的儿子建立了一个中国人的海上政权，并最终夺取了荷兰东印度公司在台湾的殖民地，使仅有的少数欧洲殖民地落入非欧洲势力手中。

因此，我们的海寇故事在全球史的基本问题下显现：海寇及其与国家的互动如何帮我们理解欧洲扩张。从一个泛欧亚的观点看，欧洲国家非同寻常地愿意利用海寇来拓展其在海外的战略与经济利益。欧洲的航海者享受国家支持，因此比绝大多数的亚洲对手更能组建致命的海上力量与经贸企业联合体。[1]荷兰东印度公司是世

Centuries, ed. E. B. Vermeer, Leiden: Brill, 1990。在另一篇文章中，包乐史还从中荷认识的观点检视了海寇在17世纪早期和中期的成长：Leonard Blussé, "The VOC as Sorcerer's Apprentice: Stereotypes and Social Engineering on the China Coast," in *Leiden Studies in Sinology*, ed. W. L. Idema, Leiden: Brill, 1981, pp. 87-105。

[1] 地中海当然是一个例外，奥斯曼人同样也进行了许多努力去抗衡葡萄牙人印度洋上的海上扩张（见Giancarlo Casale, "The Ottoman Age of Exploration: Spices, Maps, and Conquest in the Sixteenth Century Indian Ocean," Ph.D. Dissertation, Harvard University, 2004）。也有一些小的亚洲国家鼓励海商冒险主义，如阿曼、亚齐和和望加锡，但一般亚洲国家倾向避免海上私掠或极致国家赞助的海上扩张。见N. M. Pearson, "Merchants and States," in *Political Economy of the Merchant Empires*, ed. James D. Tracy, Cambridge: Cambridge University Press, 1991, pp. 41-116。对于欧洲在亚洲扩张重要的综述，见John E. Wills Jr., "Maritime Asia, 1500-1800: The Interactive Emergence of European Domination," *American Historical Review* 98.1 (1993): 83-105。欧洲海上武力投放源于地中海，尼尔斯·斯廷斯加德于弗雷德里克·莱恩的作品提示其关联，见Niels Steensgaard, "Violence and the Rise of Capitalism: Frederic C. Lane's Theory of Protection and Tribute," in *Review: A Journal of the Fernand Braudel Center* 5.2 (1981): 247-273。又见Geoffrey Parker, *The Military Revolution: Military Innovation and the Rise of the West, 1500-1800*, Cambridge: Cambridge University

---

界上最大最好的资本化私掠企业。只要获得少许国家支持，他们就能超过其东亚的竞争对手。然而郑成功海商集团的崛起改变了势力的均衡，公司输给了原先的中国海寇。

一

　　海寇在中国海已经活跃很久了，尤其在明代（1368—1644）。其官员视海洋如长城：作为抵挡蛮夷进入中国的屏障。①明朝的建立者在他留给后世的祖训中写道："海外蛮夷之国……阻山越海，僻在一隅"，"得其地不足以供给，得其民不足以使令"。②正是他推行了著名的海禁政策，依此法令，中国与海外人士的接触只能通过我们熟知的朝贡使团的官方外交人员进行。朝贡体系对中国来说并不新鲜，但明朝的政策比较极端。它规定中国人与外国人所有的交流都必须在正式使团范围之内进行，不允许任何非官方的外商访问，同样也不允许中国人航海出国，除非事涉朝贡。正如长城可以保障中国

Press, 1988。关于欧亚军事平衡的经典章节。恩斯特·凡·准恩（Ernst van Veen）最近的一篇文章追溯了荷兰东印度公司政策从暴力强迫贸易到外交运用的演变，他的论点很大程度上与本文概述的荷兰东印度公司的政策演变一致。见Ernst van Veen, "VOC Strategies in the Far East (1605-1640)," *Bulletin of Portuguese / Japanese Studies* 3 (2001): 85-105。

① 事实上，南中国海如今是一个海寇活动已达到危险程度的区域，按照一位学者已证明的，其对国际贸易是灾难性的。见John S. Burnett, *Dangerous Waters: Modern Piracy and Terror on the High Seas*, New York: Dutton, 2002。

② 引自Chang Pin-tsun（张彬村），"Chinese Maritime Trade: The Case of Sixteenth-Century Fu-chien," Ph.D. Dissertation, Princeton University, 1983, p. 14。

远离北方蛮夷的妨害，海禁将使中国远离海外蛮夷的妨害。[1]

然而中国的民众仍然追寻着外国的产品和市场，所以海禁造成了两个问题。首先是朝贡促进团规模和费用增长的趋势。明朝建立者从非经济的关系角度考虑朝贡：因为中国是上国，他可以支付所有的外使开支，他的赏赐在价值上将高于外使携带的物品。然而中国的商人和他们的外国伙伴却视朝贡使团为合法贸易的唯一途径，于是满载货物和人员。由于朝贡的花费越来越高，在15世纪中期，明朝官员开始压缩其规模以节省开支。第二个问题是走私。因为朝贡使团太小并且间隔太久，无法满足需求，非法贸易便兴起，尤其是在16世纪，当时中国正转向白银经济而日本正大量开放银

---

[1] 明代国家确实容忍了一些在边界和沿海区域的私人海外贸易，如在广州。但这受到严格的控制，包括对船只尺寸和可能被出口物品的限制。禁止出口的包括铁器、铜钱和丝绸，所有都是中国人希望输出到海外的商品。违反这些管制的商人将比从事国内贸易违规的商人受到更无情的处罚，见张德昌（Chang Te-ch'ang）的一篇雄文：《明代广州之海舶贸易》（"Maritime Trade at Canton during the Ming Dynasty"），*Chinese Social and Political Science Review* (Beijing) 19 (1933): 264-282。（案：中文版见《清华学报》第七卷第二期，1932年），又见Timothy Brook, *The Confusions of Pleasure: Commerce and Culture in Ming China*, Berkeley: University of California Press, 1998, pp. 119-121（中文版见卜正民：《纵乐的困惑：明代的商业与文化》，方骏、王秀丽、罗天佑译，北京：生活·读书·新知三联书店，2004年）；还有John Lee, "Trade and Economy in Preindustrial East Asia, c. 1500-c. 1800: East Asia in the Age of Global Integration," *Journal of Asian Studies* 58.1 (1999): 2-26。这种有限的私人贸易逐渐受到越来越强的限制，因为官员对贸易的态度在15世纪末16世纪初更加强硬。1524年，刑部开始对那些与海外贸易者密切联系的人施加惩处。次年，浙江沿海的双桅船被拿下并摧毁，1551年连捕鱼船也被禁了。因此，私人贸易系统（如果其能被称为一个系统，因为它看起来特别而乡土）在16世纪中期崩溃了。这种状况，加上朝贡贸易体系陷于停废，给中国的海上安全带来了很严重的后果。

矿。①最初，明代官员维持着巧妙的海防以阻止走私，但到了1500年，水师和卫所的数量降低到明代早期水平的20%，而走私相应地增加了。大多数走私者以沿海省份福建为基地，在那里，强大的宗族组织规避了贸易禁令。

最初，北京的官员睁一只眼闭一只眼，但是走私带来了海寇问题。由于走私者不受法律保护，他们倾向于用武力履行合约。淘汰的压力因此催生了武装的海上帮派，他们用勒索和掠取来增补贸易收入。②在16世纪40年代，明政府试图镇压。他们加强了水师，重建了海岸和岛屿要塞，并开始攻击走私者。但明政府只是提高了赌注。1540年后，走私者结成更大、更紧密、更好战的组织，占据了军事基地、村庄和城镇。他们也在日本找到了支持者，日本的战国大名们渴望新的收入来源。明政府试图加强海禁却导致了典型的"气泡效应"：当他们镇压某一区域的走私时，其他区域的走私却有所

---

① 特别要参考William Atwell（艾维泗），"Ming China and the Emerging World Economy, c. 1470-1650," in *The Cambridge History of China*, Vol. 8, eds. Denis Twitchett and Frederick W. Mote, Cambridge: Cambridge University Press, 1998, pp. 376-416（中文版见崔瑞德、牟复礼编《剑桥中国明代史》（下卷），史卫民译，北京：中国社会科学出版社，2006年）; Dennis O. Flynn and Arturo Giraldez, "Arbitrage, China, and World Trade in the Early Modern Period," *Journal of the Economic and Social History of the Orient* 38.4 (1995): 429-448。又见Dennis O. Flynn, "Comparing the Tokugawa Shogunate with Hapsburg Spain: Two Silver-Based Empires in a Global Setting," in *The Political Economy of Merchant Empires*, ed. James D. Tracy, Cambridge: Cambridge University Press, 1991。
② 事实上，有些中国学者为这种组织提出了一个新术语：海商。参见李金明：《明代海外贸易》，北京：中国社会科学出版社，1990年，引自翁佳音：《十七世纪的福佬海商》，载汤熙勇主编《中国海洋发展史论文集》（第七辑），台北："中研院"，1999年。

抬头。①

16世纪50年代，一些明朝的官员们意识到外贸的要求是如此
强烈，以致无法抗拒，他们开始讨论废除海禁。他们争辩说如果合
法的贸易代替走私，那么海寇也会随之减少。1567年，一位新的皇
帝出乎意料地选择了他们这一边，并颁布了一项"开海"的法令。
法令仍禁止外国商人在中国登陆，除非是朝贡使团，但允许中国人
航海出国，只要他们获得许可证并交纳通行税和货物税，并且不航
往被认为对海寇太友好的日本。②新的政策生效了：走私和海寇减
少了。然而还有一个问题，最有利可图的贸易，即与日本的贸易，仍
然非法。中国商人找到三个办法迂回解决这个问题。第一个是老办
法：无数的走私者继续不法地航向日本。第二个办法是在东亚和东
南亚等其他地方与日本商人碰头，尤其是在台湾岛。第三个办法是
与欧洲的中介贸易。中日间的贸易为欧洲人占领竞争激烈的东亚商
贸世界提供了用武之地，正是这一点驱使荷兰人和他们的前辈葡萄
牙人来到中国。

然而欧洲人带着奇异的海洋贸易观念到了东亚。虽然明代国
家视海上贸易为一种必然的罪恶，某种最多是能容许的东西，欧洲
国家却常常凭借武力积极推进它。事实上，他们支持中国官员称为
寇掠的行为，使用私掠船船长——得到国家许可的海寇——攻击

---

① 许多走私止于福建省。见张［彬村］在《中国海上贸易》（"Chinese Maritime
Trade"）第36—54页和第234—249页中极好的讨论。
② 在澳门的葡萄牙人是一个例外。广州的地方官员允许外贸商访问始于16世纪早
期。在16世纪50年代，港口对外贸商人再次关闭，除了葡萄牙人，他们获得允许在
澳门开一个基地。

敌方船只。葡萄牙人是最早向亚洲海域进行欧式扩张的,因为他们重型武装的舰队在1498年使印度洋的贸易陷入混乱。1511年,他们围困了马六甲,控制了印度洋与东亚之间的主要通道。中国的商人们对马六甲的统治者不满,鼓励葡萄牙人并借给他们舢板以登陆武装力量。围攻非常成功,但当葡萄牙人试图打开与中国的贸易时,他们遭受到了阻力。明朝官员认为佛郎机(他们这么称呼葡萄牙人)是篡位者,因为马六甲的前任国王是明朝的一个朝贡者。[①]葡萄牙的使节解释说他们在遭受前国王暴政的中国商人的要求下接管了马六甲,这是一个使明朝官员尴尬的解释,因为明朝不允许中国人进行海外贸易。由于合法贸易被阻,葡萄牙人转向走私。1542年,他们的一条船在暴风雨中迷失了方向并在日本靠岸。船员们发现其东道主是最友善的,并且他们在停留的过程中意识到,只要他们可以找到一个获取中国商品的办法,就可从中日贸易间赚取巨大的利润。

1552年,一个葡萄牙商人解决了这个问题。他了解到广州的地方官并不强制推行海禁,并且外国人可以在广州进行贸易,"除了那些黑心的佛郎机"。[②]他与一个用丰厚礼品巴结的中国官员亲密共事,该官员弄了一个替换名,因此葡萄牙人便不再被等同为佛郎

---

① "Farangi"是汉语移植的"佛郎机"的葡萄牙语音译,来自阿拉伯语和波斯语对西欧人的称呼"faranjī",该词源于"法兰克人"(Franks)一词。

② 卫思韩(John E. Wills Jr.)认为该引文所本的那份文献是研究中国-路西塔尼亚(译者案:古罗马的一个行省名,相当于现今葡萄牙的大部和西班牙西部尤其是埃斯特雷马杜拉自治区地区)关系最重要的文本,见John E. Wills Jr., "Relations with Maritime Europeans," in *The Cambridge History of China, Volume 8: The Ming Dynasty, 1368-1644, Part 2*, Cambridge: Cambridge University Press, 1998, pp. 333-375 (quote p. 344)。

机。到1577年，葡萄牙人在澳门半岛立足，并得以进入中国南方的丝绸市场。广东的官员谨慎地盯着他们的客人。明朝政府不允许葡萄牙人越过半岛顶端的拱门（关闸）（Porta do Cerco）。由于澳门农业用地极少，这个城市的居民依赖中国的食物供给。如果中国的官员觉得他们的客人胡作非为，便可以切断供给。尽管有这些限制，澳门半岛还是繁盛起来。运丝的"大帆船"（carracks）或"中国船"（naos）每个夏天驶离澳门，十二到三十天后到达日本。它们11月或12月归来，满载白银。[①]到1571年，葡萄牙人已经得到允许在长崎永久性居住。在澳门的葡萄牙人实际上已被驯服为良民，完全依赖于中国。他们不会试图把在印度洋建立的咄咄逼人的体制强加于中国或日本商人。在印度洋上，亚洲商人需要购买通行证，或忍受葡萄牙巡逻队的掠夺。

二

荷兰人1600年左右到达，决意从葡萄牙人那里抢夺贸易。荷兰共和国已在1579年宣告从西班牙独立。对于这个小国来说，找到一

[①] C. R. Boxer, *Fidalgos in the Far East, 1550-1770*, Hong Kong: Oxford University Press, 1968; Charles Ralph Boxer（译者案：此处重复，作者仍是之前的博克舍），*Portuguese Seaborne Empire, 1415-1825*, London: Hutchinson, 1969; James C. Boyajian, *Portuguese Trade in Asia under the Habsburgs, 1580-1640*, Baltimore: Johns Hopkins Press, 1993; and George Bryan Souza, *Survival of Empire: Portuguese Trade and Society in China and the South China Sea, 1630-1754*, Cambridge: Cambridge University Press, 1986.

个收入来源以抗衡西班牙至关重要。他们是娴熟的海上贸易者，控制了大部分的欧洲贸易。许多商人想向东扩展他们的商业组织，从而包围葡萄牙人，阿姆斯特丹当局可以从他们那里获得香辛料以转贩到著名的批发市场。1596年，范林斯霍滕（Jan Huygen van Linschoten）出版了一本游记描述了他作为葡萄牙雇员游历东印度的游记。他的《水路志》（*Itinerario*）一书提供了采自葡萄牙机密档案的精细航海图。《水路志》使荷兰的船长们得以航向东方。他们1597年的第一次远征极为成功。只有五分之一的船成功返航，但〔带回的〕货物抵得上远征的所有花费。

荷兰的投资者建立了几十家东印度公司，都竞相购买相同的香辛料，抬高了价钱，降低了利润。相互竞争的公司也无法产生一个联合阵线对抗葡萄牙和西班牙。因此荷兰的国家议会决定创建一个联合的东印度公司（Vereenighde Oost-Indische Compagnie，或VOC）。它被指定用来通过攻击伊比利亚人为祖国赚取利润，并因此获得通常主权国家才有的权利：发动战争及对外订立条约的权利。在东印度（阿拉伯海以东的所有地区），东印度公司代表着荷兰共和国。荷兰人创造了一个巨大、公开的贸易私掠集团。事实上，私掠所得是其前十年间存活下来生死攸关的收入组成部分。[①]

公司运用他的军事力量在巴达维亚建立了一个司令部，并发动了一系列远征，以获得对东南亚和东亚的贸易控制。甫立足香料群岛，即向北前往澳门。1622年，公司的一支舰队包围了澳门，但该城

---

① 参见van Veen, "VOC Strategies," pp. 90-96。

瀛寰识略

在西班牙军队增援后获胜。①所以公司转而前往中国大陆和台湾间的澎湖列岛。因为群岛横跨澳门和日本的海上航线，荷兰人计划利用其作为截击葡萄牙船只及对华贸易的一个基地。然而，中国官员要求荷兰人必须撤走，而且按照荷兰材料的说法，让他们转而去台湾，并承诺允许华人去那里与他们贸易。②荷兰人极不情愿地将他们的经营移往"大员湾"，即今天的台南市附近。③在这里，1624年，他们建立了一个新的代理站交易中日之间的丝绸和白银，但贸易发展极为缓慢。中国官员允许一些华人交易者前往台湾，但荷兰人想要更大宗的贸易。他们面对一个抉择：应该用外交还是武力？

---

① 关于荷兰东印度公司中国之行一份极好的报告可见于John E. Wills Jr., *Pepper, Guns, and Parleys: The Dutch East India Company and China, 1622-1681*, Cambridge, Mass.: Harvard University Press, 1974。又见Leonard Blussé, "The Dutch Occupation of the Pescadores (1622-1624)," in *Transactions of the International Conference of Orientalists in Japan* (國際東方學者會議紀要), No. 18, Tokyo: Toho Gakkai（東方学会）(Institute of Eastern Culture), 1973, pp. 28-44。还有一个纲要性的讨论在Jonathan I. Israel, *Dutch Primacy in World Trade, 1585-1740*, Oxford: Clarendon Press, 1989。

② Generale Missiven, P. de Charpentier, Frederick de Houtman, J. Dedel and J. Specx, Batavia, 25 December 1623, VOC 1079: 124-126。程绍刚已将《一般事务报告》中涉台内容转录并翻译成中文。见Cheng Shaogang, "De VOC en Formosa 1624-1662: Een Vergeten Geschiedenis," Ph.D. Dissertation, University of Leiden, 1995。学位论文已在台湾出版，未附荷兰文记录，见程绍刚：《荷兰人在福尔摩莎》，台北：联经出版事业公司，2000年。

③ Generale Missiven, P. de Charpentier, Frederick de Houtman, J. Dedel en J. Specx, Batavia, 25 December 1623, VOC 1079: 124-126 (in Cheng, "VOC en Formosa," p. 27).

正当他们对此犹豫不决时，他们遭遇了台湾海峡的海寇。[①]

　　当公司到达台湾时，岛上居住的是南岛语系族群的猎头者，但华人在当地的利益正与日俱增。许多前往台湾的华人是福建的渔民，他们每个冬季都到那里捕捉鲻鱼。[②]捕鱼舢板也带来了小贩，他们冒险进入内陆与土著开展贸易，用铁罐、盐和丝织品交换鹿皮、鹿肉。更多富裕的中国商人将岛屿作为与日本间的商贸平台。[③]台湾的海湾和小水湾中藏着许多中国海寇。当他们到达时，荷兰人发现了大员湾旁的两个中国村庄。一个住在那里的华人形容他们都是盗贼渊薮。[④]

　　这些海寇的首领是令人讳莫如深的颜思齐。据一部富于传奇色彩但不太可信的文献《台湾外纪》所述，在意识到"人生如朝露耳"并投身海寇之前，他曾经在日本当裁缝。[⑤]该文献中讲述的故

---

① 台湾作为一殖民地更多的讨论，见Tonio Andrade, "Commerce, Culture, and Conflict: Taiwan under European Rule, 1623-1662," Ph.D. Dissertation, Yale University, 2000。

② 对17世纪台湾渔业最突出的评述，见中村孝志（Takashi Nakamura）：《荷兰时代台湾南部之鲻渔业》，载《荷兰时代台湾史研究》（上卷），台北：稻乡出版社，1997年，第121—163页。

③ 曹永和区分了两种商贸者：穷一点的商贸者带来动植物产品，富一点的商贸者带来台湾北部的硫黄和黄金，或在台南与日本人开展贸易。见曹永和：《明代台湾渔业志略》，载《台湾早期历史研究》，台北：联经出版事业公司，1979年。

④ 他使用的词是"ladroes"，见Salvador Diaz, "Relação da fortalesa poder e trato com os Chinas, que os Olandeses tem na Ilha Fermosa dada por Salvador Diaz, natural de Macao, que la esteve cativo e fugio em hua soma em Abril do Anno de 1626," *Biblioteca Nacional de España*, MSS 3015, fos. 55-62v, fo. 56 (Borao, *Spaniards in Taiwan*, document no. 21)。

⑤ 江日昇：《台湾外纪》，《台湾文献丛刊》二（60），第4—6页。

事读起来像一部武侠小说。颜聚集了一帮可靠的人，其成员包括铁骨张弘（译者案：一作宏），还有另一个伙伴叫深山猴，善使标枪火炮。各人立誓祷于天（"虽生不同日，死必同时"），共拜颜思齐为盟主，最后在台湾建基设寨并从此流亡海上。故事是充满想象力的，一些学者甚至认为颜思齐不存在。然而颜思齐的名字（或他的字振泉）确实见于其他更可靠的早期文献，只是没有传奇式草莽的细节。①颜思齐确有其人，但仍旧是一个神秘的人物。

我们有更多关于另一个海寇李旦的信息，荷兰人与其广泛互动，因为他们都致力于在中国贸易中立足。②李旦是住在日本的一群中国人的首领，他们被明政府视为非法的人，他便是西方人熟知

① 颜思齐，字振泉，二名皆未见于《明史》。然而，这个名字确曾在其他数种早期文献出现，如黄宗羲：《赐姓始末》，《台湾文献丛刊》二（25），第9页；彭孙贻：《靖海志》，《台湾文献丛刊》四（35），第1页；刘献廷：《广阳杂记选》，《台湾文献丛刊》四（219），第79页（附录"飞黄始末"）；许旭：《闽中纪略》，《台湾文献丛刊》五（260），第44页（附录"海寇记"；有意思的是这份材料指出颜喜欢郑是因为他很英俊）。这些作品通常在他们提供的一些事实上紧密一致：颜思齐是万历（1573—1620）晚期或天启（1621—1627）早期一个以台湾为基地的海寇，他通过死后的继承者郑芝龙加入那里［的帮派］。（译者案：英文原文如此，不确。川口原文谓："芝龙之台湾，与弟芝虎共入振泉党曰：请为我许一发舰而劫略……"因此，仍系郑芝龙加入颜思齐党伙。）一份较晚但非常有用的说明见于川口长孺（Choju Kawaguchi）的作品（尤其是他的《台湾郑氏纪事》，《台湾文献丛刊》二（5），第3—4页）。

② 在中国的文献中，李旦有时叫李旭。他也是令在日本的理查德·考克斯（Richard Cocks）和英国人非常惊恐的"中国船长（中国甲必丹）"。考克斯日记的最佳版本是Richard Cocks, *Diary Kept by the Head of the English Factory in Japan: Diary of Richard Cocks, 1615-1622*, ed. University of Tokyo Historiographical Institute, Nihon Kankei Kaigai Shiryo: Historical Documents in Foreign Languages Relating to Japan（东京大学史料编纂所编：《日本関係海外史料：イギリス商館

的"中国船长"。他也似乎曾在台湾控制了中日贸易。[1]台湾的一些学者认为他是颜思齐的一个伙伴，虽然证据是不充分的。[2]无论怎样，李旦同意帮助公司获得与中国的自由贸易，并代表他们带着荷兰人给中国官员的礼物到福建省拜访。[3]虽然他在一些中国官员眼中具有合法性，也许是想通过他劝说荷兰人离开澎湖列岛，中文文献里常称他"海寇李旦"，并且显然他确实不时劫掠。[4]比如，他一度督促荷兰人卖给他一些舢板，那样他可以"以荷兰国家的名

長日記》，东京大学，1980年）。又见岩生成一（Seiichi Iwao）关于李旦的经典论文：Seiichi Iwao, "Li Tan, Chief of the Chinese Residents at Hirado, Japan, in the Last Days of the Ming Dynasty," *Memoirs of the Research Department of the Toyo Bunko*（東洋文庫欧文紀要），17 (1958): 27-83。

[1] Iwao, "Li Tan." 翁佳音《十七世纪的福佬海商》使我们对岩生的一些结论提出疑问。

[2] 颜思齐与李旦之间的关系是可考虑的有意思的主题。一些学者已支持颜思齐和李旦是一个人的观点。C. R. Boxer, "The Rise and Fall of Nicholas Iquan," *T'ien Hsia Monthly*（天下）11.5 (1941): 401-439, 尤其是第412-414页；又见 W. G. Goddard, *Formosa: A Study in Chinese History*, Melbourne: Macmillan, 1966, pp. 40-48。几乎可以肯定不是这样。翁佳音认为颜思齐和李旦是亲密的伙伴，他争论说颜思齐是西文文献中被称为"中国彼得"（Pedro China）的那个人，基于他们死于同时期，他研究了一封李旦给"中国彼得"但中途被公司截取的信，显示了二人间密切的共谋。见翁佳音：《十七世纪的福佬海商》，第74—75页。虽然翁用的证据是不确定的，但他有说服力的假设获得了其他人的认可，例如，汤锦台：《开启台湾第一人郑芝龙》，台北：果实出版社，2002年，第120—121页。

[3] Journael van Adam Verhult vande Voyagie naer Tayouan, March-April 1623, VOC 1081: 65-67.又见永积洋子（Yoko Nagazumi）：《荷兰的台湾贸易（上）》，《台湾风物》第43卷第1期，1993年，第13—44页），尤其是第15—23页。

[4] 在《明史》中，右副都御史福建巡抚（military governor of Fujian）南居益的传记认为李旦受命于中国人去与荷兰人谈判，这是一个主要为了让他中饱私囊的职位。见Iwao, "Li Tan," pp. 61-62。（译者案：《明史·南居益传》作"海寇李旦"，周凯《厦门志》卷十六《旧事志》作"海贼李旦"。）

义……抢劫中国人"。①然而他与荷兰的合作为期甚短。1625年,公司的官员发觉他扣留了本应给中国官员的礼物。②他们还发现他的人曾试图掠夺为荷兰在台湾殖民地装载货物的中国舢板。③

无论是谁领导,台湾的海寇都是公司的烦扰,影响到他们和中国贸易的尝试。与公司密切合作的中国商人许心素告诉荷兰人他必须做"非同寻常的准备"以防他的舢板被海寇攻击,并且要求额外人力和军需的补偿金。④公司派出远征队去找这些海寇,但他们经常能逃到台湾西部的小海湾与河中。⑤荷兰人思忖着这些地方必须得到控制以便"海寇在此无立足之处"。⑥

但有些海寇能在荷兰东印度公司自身的行政部门之内工作。看看萨尔瓦多·迪亚兹(Salvador Diaz)的故事吧,他是一个从澳门来

---

① 雷尔松(Reijersen)的日志,引自Iwao, "Li Tan," pp. 51-52。

② 同样他欺骗了英国人,当他们离开日本的时候,他欠了总数七万两的巨额,见Iwao, "Li Tan," p. 68以及Cocks, *Diary*。

③ Letter from Gerrit Fredricxz de Witt to the Governor-General Pieter de Carpentier, 29 October 1625, VOC 1087: 385-396, fo. 389.

④ 在荷兰文献中许心素被称为"Simpsou"。由于他是李旦的一个亲密伙伴,因此很明显要么他是对荷两面派,要么李旦不在使他苦恼的海寇之列。包[乐史]相信心素从他过去的伙伴转向为荷兰工作,在此过程中激起了他们的愤怒(Blussé, "VOC as Sorcerer's Apprentice," pp. 99-100)。心素是明朝的一个把总,稍迟将参与明廷抵御郑芝龙和其他海寇[的活动]。川口长孺:《台湾郑氏纪事》,第4页。

⑤ 这可能部分是刻意的政策,以改变公司对中国官员直接的印象。因为他们让许心素转告官员们:"我们不容忍任何海寇,相反我们为所有商人和渔民维持海上安全。"见Letter from Gerrit de Witt to Simpsou, Chinese Merchant, 21 November 1625, VOC 1090: 182-183, fo. 182v。

⑥ Letter from Gerrit Fredricxz de Witt to Governor-General Pieter de Carpentier, 29 October 1625, VOC 1087: 385-396, fo. 389.

的信奉天主教的中西混血儿。1622年，他在去马尼拉的船上被荷兰人捕获，荷兰人将他和同船水手带回他们的基地。由于迪亚兹通晓汉文和葡萄牙文，他比其他犯人得到了更好的对待。当其他犯人在烈日下工作、忍受饥饿时，他则坐在荷兰的堡垒中翻译与中国官员联系的信件。荷兰人甚至开始付给他工资并允许他有一些自由。他逐渐获得了荷兰官员的信任，这些官员包括荷兰的副总督德·韦特（Gerrit de Witt），此人透露给迪亚兹一个惊天秘密。他告诉迪亚兹，他是天主教徒，展示了他在新教同事面前隐藏起来的一个金色的圣物箱和一份教皇的特许状。在公司翻译的特权位子上，迪亚兹见证了荷兰在台殖民地的建立和早期运作。为他的捕获者所不知的是，他"用汉语在一个本子上"保存了详细的笔记，因为他计划回澳门，在那里，荷兰殖民地的信息将颇有价值。1626年4月，他动身了。从一个中国渔民那里买了一条小舢板后，他和十五个同伴起航穿过台湾海峡。四天后他们在澳门登陆，在那里，迪亚兹许多次被问起他的故事并提及荷兰殖民地的细节。荷兰人对他的潜逃极为恼怒。他们更恼怒的是迪亚兹背地里为海寇办事，告诉海寇离开大员湾的舢板在哪里最容易被捕获并为中国商人提供保护。事实上，中国商人许心素声称付给迪亚兹2000两银子以保证他的舢板免遭海寇攻击。[①]

收取保护费，或"报水"（water taxes），是中国沿海商寇的惯

---

① 迪亚兹的故事流传于荷兰、西班牙和葡萄牙的文献，最重要的是Diaz, "Relação"。相关的荷兰文献包括一份1624年8月15日参议会关于台湾的决议案（VOC 1083: 75）和一封德·韦特写给总督卡尔本杰（Pieter de Carpentier）的

例。[1]迪亚兹和李旦的组织有可能进行合作，因为在迪亚兹逃走的同一年，公司获悉李旦的儿子李国助向中国渔民收取保护费。[2]渔民们以收获的10%即可买到一张签字证明，遇到海盗时出示即可保证免遭抢掠。[3]这个发现推动公司本身加入收取保护费的生意。荷兰人分派三艘战舰于一批新近到达的120艘捕鱼舢板旁巡逻。荷兰人与海寇收费一样：所获的10%。[4]这是公司在其新殖民地最早征收的税额之一。

颜思齐和李旦都死于1625年，并为一个更具影响力的海寇领袖所继承：著名的郑芝龙。[5]生于南安（厦门和泉州之间），郑芝龙是

信（15 November 1626, VOC 1090: 196-206, fo. 204v）。又见"Relación de las Islas Filipinas y otras partes circunvecinas del año 1626," in E. H. Blair and J. A. Robertson eds, *The Philippine Islands, 1493-1803*, Cleveland: A. H. Clark, 1902-1909, Vol. 22, pp. 141-45。

[1] 卫思韩在他的文章中讨论了报水："Maritime China from Wang Chih to Shih Lang: Themes in Peripheral History," in *From Ming to Ch'ing: Conquest, Region, and Continuity in Seventeenth-Century China*, eds. John E. Wills and Jonathan Spence, New Haven, CT.: Yale University Press, 1979。又见Leonard Blussé, "Minnan-jen or Cosmopolitan?", pp. 259-260。穆黛安讨论了广州海寇19世纪的实践（Dian Murray, *Pirates*）。

[2] 李国助（译者案：明人称为李大舍）的教名是奥古斯丁，与理查德·考克斯日记中所提到的奥古斯丁同名，因此是李旦的儿子。公司的档案也显示奥古斯丁享受着日本商人的保护，他们要求在日本而非台湾审判他。见Resolution of the Council of Formosa, 9 December 1626, VOC 1093: 380v。

[3] Resolution of the Council of Formosa, 9 December 1626, VOC 1093: 380v.

[4] Resolution of the Council of Formosa, 16 December 1626, VOC 1093: 380v-381.

[5] 欧洲的档案经常称郑芝龙为"Iquan"，来源于汉语"一官"。福建人传统称长子为一官，经常连姓称呼。因此，"郑一官"意为"郑家长子"。考虑到此人的重要性，郑芝龙的传记比其应有的少得多。最好且最近的是一部是汤［锦台］的《开启台湾第一人》。又见廖汉臣：《郑芝龙考》（上），《台湾文献》第10卷第4期，

所有文献公认的英俊而有才能的青年，他极有可能在一次和父亲争执后，离家前往澳门碰运气。[①]他在澳门改信基督教，获得教名尼古拉斯·贾斯帕（Nicholas Gaspard）。在马尼拉（在那里他似乎惹上了些官司）和长崎待过之后，他前往台湾加入颜思齐的海寇帮派。[②]与此同时，他可能还以他尼古拉斯·贾斯帕的教名当了荷兰东印度公司的翻译。[③]极有可能的是，像迪亚兹一样，他在荷兰人的行政层内为海寇服务，如果确实如此的话，至少荷兰人并没有发觉。[④]大约在1625年底，他离开公司做了全职海寇。1625年，颜思齐和李旦死后，郑芝龙顺势被推为中国海寇的领袖。一些中国文献显示其他海寇首领推举他为领袖是由于神示。[⑤]然而事实上，郑芝龙看起来已为领导权斗争多时，[在此过程]中逐渐掌握了权力。

1959年，第63—70页；还有廖汉臣：《郑芝龙考》（下），《台湾文献》第11卷第3期，1960年，第1—15页。很遗憾英文的著作确实很少，可见C. R. Boxer, "The Rise and Fall of Nicholas Iquan," *T'ien Hsia Monthly* 11.5 (1941): 401-443; John E. Wills Jr., *Mountain of Fame: Portraits in Chinese History*, Princeton, NJ: Princeton University Press, 1994, pp. 222-227; 以及Leonard Blussé, "Minnan-jen or Cosmopolitan?"。

① 事变详述见于彭孙贻：《靖海志》，《台湾文献丛刊》四（35），第3页。又见川口长孺：《台湾郑氏纪事》，第2页。

② 郑氏在马尼拉遇上的官司，见汤锦台：《开启台湾第一人》，第60页。

③ 一份荷兰的文献资料显示他在离开公司的职位后变成了海寇。（见Boxer, "Rise and Fall," p. 412），但萨尔瓦多·迪亚兹的例子说明，中国海寇可以在公司内部工作，中国的文献显示他在1624年左右跻身海寇（见Boxer, "Rise and Fall," p. 413）。

④ 包［乐史］认为郑芝龙系通过李旦附上荷兰人，李旦希望以此监视荷兰人的计划（Blussé, "Minnan-jen or Cosmopolitan?" p. 254）。

⑤ 根据比较玄虚的中国文献，在一个首领们祈天以求上天选出下一任领袖的仪式后，郑成为颜帮派中的领袖。根据一个版本，为了选出继任者，首领们轮流于插有一把剑的米堆前祈祷。当郑开始祈祷时，剑震动并跃出米堆。海寇们因此认定他

他与荷兰的联系帮助了他，因为他们希望吸引他成为私掠船长。①公司在巴达维亚的领导人毫无疑问关心寇掠行为，比如他们对迪亚兹的背叛十分恼怒。但他们也知道海寇可以很有用。一个巴达维亚的中国居民为他们献计：

> 由于中国海寇主要立足于靠近大员湾的台湾海湾并因此屈从于我们的权威，中国人在这里［巴达维亚］的首领请求我们禁止［海寇］攻击任何我们从巴达维亚通往中国或从中国往巴达维亚航线之下的中国舢板……至于航向其他地方的舢板……如果他们需要，［他们应该被告知］我们不会对此感到不快。前述的首领觉得如果在中国的中国人明白这点，那么他们将更有可能驾驶大量的舢板来巴达维亚，而尽量不去其他地方。②

荷兰巴达维亚的官员依此指示台湾总督要克制无差别攻击海

为盟主。（译者案：原文"……约曰：'拜而剑跃动者天所授也！'次至芝龙，剑跃出于地，众皆异之，俱推为魁，纵横海上。"）见川口长孺：《台湾郑氏纪事》，第3页。另一种版本见《台湾外纪》，第13—14页。

① 据包乐史，荷兰保护者的身份是郑芝龙崛起的主要因素但肯定不是唯一因素。见Leonard Blussé, "Minnan-jen or Cosmopolitan?"。

② Memorie voor de Ed. Pieter Nuyts, raet van India, gaende voor commandeur over de vloote naer Taiyouan gedestineert, ende van daer voorts in ambassade aen den Keijser van Japon, 10 May 1627, VOC 854: 51-60, fo. 59. 巴达维亚的态度并非完全一致。1629年，荷兰总督简·皮特斯佐恩·科恩（Jan Pieterszoon Coen）命令台湾总督联合华人并完全清除台湾的海寇。见Instructie [van gouverneur generael Jan Pietersz. Coen] voor den gouverneur Hans Putmans ende den raet in Tayouan, 24 April 1629, VOC 1097: 146-154。

寇，并告诉他要代之以鼓励中国海寇对付西班牙人和葡萄牙人。台湾的官员是十分乐意利用海寇的。比如，1625年，他们给了李旦的下属一些通行证，允许他们袭扰马尼拉附近的船只。①同样，1626年，当荷兰出巡驱逐隐藏在大员湾附近的海寇团伙时，海寇并未被驱逐或像平常对待中国囚犯那样被送往巴达维亚当苦力，却被邀请开始定居在荷兰堡垒附近的中国乡村里。通过这种方法，公司可以利用他们巡掠从中国航往马尼拉的船只。②

郑芝龙也在荷兰的旗号下进行掠夺。例如，早在1626年，他就驾驶一只船体渗漏、桅杆损坏的大船进入大员湾，告诉荷兰官员他来自北方，在那里同大约四十艘舢板共事巡掠。"从他的船上，"台湾总督报告说，"公司按照我们和他约定的取一半[收益]，约960里尔。"③同年，郑芝龙把捕获的九艘舢板及其货物转交给公司，总价值超过2万两。④这些记录显示郑芝龙当了荷兰的私掠者：公司以对芝龙的支持与航海权的保护作为交换，分享其战利品。这种合作在大西洋和加勒比海是普遍惯例，在那，一国的海寇经常从

---

① Letter from Governor Martinus Sonck to Governor-General Pieter de Carpentier, 19 February 1625, VOC 1085: 228-233, fo. 232.

② Letter from Gerrit Fredricxz de Witt to Governor-General Pieter de Carpentier, 15 November 1626, VOC 1090: 196-206, fo. 202.

③ Letter from Gerrit Fredricxz de Witt to Governor-General Pieter de Carpentier, 4 March 1626, VOC 1090: 176-181, fo. 179. 公司与芝龙寇掠行为共谋的例子很丰富，见Resolution of the Council of Formosa, 26 June 1627, VOC 1093: 385v-386。

④ Generale Missiven, H. Brouwer, P. Vlack, and J. van der Burch, Batavia, to the Heren XVII in Amsterdam, 1 December 1632 (Cheng, "De VOC en Formosa," p. 105). 又见Blussé, "Minnan-jen or Cosmopolitan?", p. 255。

瀛寰识略

外国领袖手中获得捕拿特许证。

由于来回航行于中国海岸，侵袭沿海城镇并吸引新的成员加入其组织，郑芝龙的力量增长了。他塑造了"高贵的劫匪"形象，一个海上罗宾汉，专门劫富济贫，他的慷慨故事流传四方。[①]他似乎也很小心地避免对普通民众施暴，阻止他的追随者掠夺那些与他合作的人，尤其是他南安故土附近的人。[②]这种形象效果极好，上千人加入他的船队。[③]许多是出于绝望而加入的，干旱和饥荒迫使他们冒险与海寇为伍。[④]随着他的力量增长，中国官员开始忧虑。例如，在一份给北京兵部的报告中，两广总督写道，海寇"狡黠异常，习于海战……其船器则皆制自外番，艨艟高大坚致……器械犀利，铳炮一发，数十里当之立碎……而我沿海兵船，非不星罗棋置，而散处海滨，无所不备，则无所不寡"。[⑤]

福建的官员以提供自由贸易的可能相诱，要求荷兰人帮忙对付

---

① 依据中国文献，这个短语（劫富济贫）（译者案：原文作"劫富施贫"，依其原文拼音径改）是中国官员在官方讨论如何摆平郑及其追随者时用来描述郑的。见彭孙贻：《靖海志》，第3页。其他明代文献佐证了郑塑造了仁慈的形象，例如曹履泰：《靖海纪略》，《台湾文献丛刊》四（33），第3—4页。

② 例如见彭孙贻：《靖海志》，第2页。

③ 事实上，正如包［乐史］争论的，郑芝龙与他家乡的联系和他的能力因此仰赖于其乡众的支持，这是他成功的关键因素（"Minnan-jen or Cosmopolitan?" p. 264）。

④ 一份中国的文献显示出上千人由于饥荒，旬日之内加入他的团伙。引自汤锦台：《开启台湾第一人》，第123页。

⑤ 《郑氏史料初编》，《台湾文献丛刊》四（157），第1—2页。又见汪荣祖的引文，第124页。Young-tsu Wong, "Security and Warfare on the China Coast: The Taiwan Question in the Seventeenth Century," *Monumenta Serica* （华裔学志）35 (1981-1983): 111-196。

郑芝龙。荷兰官员进退维谷：是支持郑芝龙还是安抚中国官员更有利可图呢？他们尝试着妥协。1627年夏，一艘荷兰军舰捕获了一条属于郑芝龙的舢板。许心素，唯一一个被允许同荷兰贸易的中国商人，希望公司把舢板及其成员移交给中国官员。如果不这样，他说，中国官员会"严惩他并永不重用，这样公司会立刻告别对华贸易"。这是一个艰难的决定。移交舢板给当局会导致"怀恨……在海寇中间，他们在这个关头上很有必要……被作为朋友"。最后公司下定决心将舢板及其船员（"除了三四个头领"）交给许心素，由他移交当局，但这没有使中国官员满意，他们要求公司不能仅仅用一种姿态对付郑芝龙。①

　　1627年10月，中国官员要求公司帮助一支中国舰队摧毁郑芝龙的武力。如若不从，他们说："［许心素］将不再被允许与公司贸易并将被诛族。"②公司同意帮忙，一个月后，副总督德韦特只身到达中国海岸。③他告知福建官员："公司将在没有中国船只或人员的参与下（除五艘荷兰人驾驶的舢板之外）保证从海岸驱逐（通过武力或友谊）海寇［郑芝龙］及其伙伴。"作为交换，他希望"中国的［伟大的］（de grooten）官员们给予公司永久的自由公开贸易权。"④中国当局同意这笔交易，但荷兰人动作还不够快。郑芝龙攻击了厦门

---

① Resolution of the Council of Formosa, 6 August 1627, VOC 1093: 386.

② Resolution of the Council of Formosa, 12 October 1627, VOC 1093: 387v，许心素自己参加了反对芝龙的行动，彭孙贻：《靖海志》，第2页。

③ Resolution of the Council of Formosa, 12 October 1627, VOC 1093: 387v; 25 October 1627, VOC 1093: 388.

④ Resolution of the Council of Formosa, 6 November 1627, VOC 1093: 389v-390.

城，毁坏上百艘舢板并烧毁房屋。[1]这次攻击使得明廷断定郑芝龙太强大，无法用武力征服，并决定代之以"招抚"政策来招引他。

所以，1628年初，皇帝给予郑芝龙一个官衔、一个帝国官职和一个证明他忠诚的机会。郑芝龙被授予"游击将军"，条件是荡平沿岸海寇。这个任务很适合他。他现在有合法的理由摧毁他的竞争者，并且他的头衔让他很容易为他迅速成长的舰队获得供应和军备。他扎根于厦门并致力于扩展他的贸易网络。[2]荷兰人也在郑芝龙的官方地位中找到了机会。1628年10月，荷兰驻台湾总督利用郑芝龙在一艘荷兰船上访问的机会，强迫他签署一份三年贸易协定：郑芝龙以固定比价提供丝、糖、姜和其他货物，换取白银和香辛料。[3]如此看来，郑芝龙新的合法地位可能会为大员湾带来和平和贸易。然而麻烦仍然存在。合同规定公司将获得允许与中国的私商进行自由贸易，但荷兰人怀疑郑芝龙垄断了贸易。更重要的是，郑芝龙自身的权威并不稳固，因为一个新的海寇组织出现了。

一旦郑芝龙转为合法，他就不可以再允许曾支持过他的海寇成员继续掠夺。未被雇佣而离开后，他们聚集在一个新的领袖旁，

---

① 见Letter from Governor Pieter de Nuyts to Governor-General Pieter de Carpentier, 15 March 1628, VOC 1094: 133-135。

② Wong, "Security and Warfare," pp. 120-127; Boxer, "Rise and Fall," pp. 420-421.

③ Accort getrocken tusschen Pieter Nuyts, Raedt van India ende Gouverneur over t'eijlandt formosa ende tfort Zeelandia ter enee zijde ende Iquan, overste Mandarijn van t Provincia van Aimoijen, Admiral vande Chineesche Zee ter andere, 1 October 1628, VOC 1096: 124-125. 又见Blussé, "Minnan-jen or Cosmopolitan?", pp. 257-259.

那个人叫李魁奇，曾是郑芝龙手下的一位指挥官。[①]据中国的文献记载，李魁奇担心郑芝龙会把他出卖给中国当局并因此叛变。[②]迟至1629年末，李魁奇已拥有一支超过四百艘舢板的舰队，他赖此将郑芝龙赶出厦门。因此，对台贸易大大缩水。荷兰的官员仔细讨论他们应该支持哪一方。一方面，郑芝龙已垄断了大员湾的中国贸易。另一方面，李魁奇正在捕掠台湾周围的舢板并危害荷兰的利益。[③]两方都给公司[一定的]提议。公司决定支持任何可以帮助达致自由贸易的一方。当大员湾的管理者写信给郑芝龙并保证帮助对抗李魁奇以换取贸易权利时，郑芝龙做了清晰的回复。他说这是行动的好时机：一场对魁奇的胜利可以为荷兰赢得全中国上下的大名。[④]荷兰决定支持郑芝龙。"我们期待，"总督写道，"公司将因此获得一个忠实而可靠的伙伴，并将从他那里获益最多。"[⑤]

1630年2月9日，荷兰利用海寇组织的内讧，在厦门的一个海湾袭击了李魁奇。李魁奇的一个指挥官钟斌，因与其不和倒向了另一边。[⑥]当荷兰船只航入港湾时，他带领他海湾周围的追随者截断李魁奇舰队的后路，牵制住了李魁奇的船队。李魁奇的武力被粉碎

---

① 彭孙贻：《靖海志》，第3页。李魁奇在荷兰文本中称"Quitsicq"。

② 见Blussé, "Minnan-jen or Cosmopolitan?", p. 258。

③ Letter from Governor Pieter de Nuyts to Governor-General Antonio van Diemen, 4 February 1629, VOC 1096: 120-123. 又见*Zeelandia Dagregister*, 1A: 389（中文版见《热兰遮城日志》（第一册），江树生译注，台南：台南市政府，1999年。第二册至第四册分别于2002、2004、2010年出版）。

④ *Zeelandia Dagregisters*, 1A: 394.

⑤ 同上。

⑥ 钟斌在荷兰文献中称"Toutsaylacq"。

了，他自己也被俘。这是一场极大的胜利。郑芝龙很高兴，并答应尽其所能劝说中国官员允许自由贸易。然而他无法同意公司要求的禁止［船只］航向西班牙人和葡萄牙人。事实上，他说宁死也不同意，因为与伊比利亚人的贸易为中国官员带来了巨大的收入，他们决不愿意取消它。[①]

1630年3月20日，中国官员在厦门召开了一场特殊的庆典来表彰胜利者。一位代表福建巡抚的官员授予荷兰官员奖章、一把小伞和一件官方长袍。[②]然后荷兰人以胜利的姿态列队巡游城市街道。然而相对于庆典，荷兰官员对商业更有兴趣，他们就贸易特权向代表施压。代表回复道，他自己在这方面没有权力，但他的长官无疑乐意帮忙。荷兰想立刻谈妥细节，但代表另有顾虑。钟斌，先前李魁奇的副官，对此次胜利至关重要的人，也是预定要在庆典上被授予荣誉的人，却没有出现。中国官员对他的缺席感到忧虑，于是突然离开厦门，没有给荷兰人自由贸易的保证。[③]

钟斌确实回去当海寇了，摇身一变，迅速如同他刚帮忙击败的李魁奇一样强大。他将郑芝龙赶出厦门，奇袭福州城，并且在1630年6月俘获六艘荷兰船和十九个荷兰人，扬言只有公司和他一起对

---

① *Zeelandia Dagregisters*, 1A: 399.

② 我找不到提及这次庆典的中文文献。荷兰文本提到是福建军门（Combon）的一个官方代表［出席］。

③ Letter from Governor Hans Putmans to Governor-General Jacques Specx, 5 October 1630, VOC 1101: 412-423, fo. 422; Letter from Governor Hans Putmans to Governor-General Jan Pietersz. Coen, 10 March 1630, VOC 1101: 408-411.

抗郑芝龙，他才会放人。①公司官员假装顺从，但事实上他们和郑芝龙谈判。然后事情有了相似的转变：中国官员决定给钟斌一个郑芝龙曾在厦门获得的官职（郑芝龙在福州北部获得了一个新官职）。钟斌同意了。令荷兰极为惊愕的是，另一个海寇完成了由非法到公职的转变。荷兰人无所依凭，只得接受新形势并与钟斌达成贸易协定。②但是两周后，郑芝龙袭击了他。在钟斌手下一个叛逃到郑芝龙一边的"中将"的帮助下，郑芝龙再次成为台湾海峡的主人。

三

所有的这些海寇变局都使荷兰人感到沮丧。他们希望进行贸易，需要稳定。他们希望在郑芝龙重新控制局势后，贸易额可以增长，但极少的中国商人被允许与他们贸易，无论在大陆海岸还是在台湾。当公司官员向郑芝龙诉苦时，他说他无权批准自由贸易。当他们诉诸中国官员时，得到的只是托词。顿挫之余他们想到了一项对华贸易的新策略：采用海寇本身的做法。

此策略的创设者是普特曼斯（Hans Putmans），1629年成为台湾总督。他相信公司的老路已被证明行不通，并写了一封长信来解释他的观点。"这是一个糟糕的形势"，他写道，"这么富有油水的

---

① 川口长孺：《台湾郑氏纪事》，第7页。又见Letter from Governor Hans Putmans to Governor-General Jacques Specx, 5 October 1630, VOC 1101: 412-423, fo. 412; and *Zeelandia Dagregisters*, 1A: 442。

② Letter from Governor Hans Putmans to Governor-General Jacques Specx, 22 February 1631, VOC 1102: 446-455. See also *Zeelandia Dagregisters*, 1: 39.

中国贸易被这些背信弃义、奸猾迂腐、忘恩负义的高官们阻挠。"①
他相信，公司已经很好地履行承诺，帮中国官员清除了海上的寇
盗。在打败李魁奇后，官员们已表示感谢并给予礼物，但其后，新官
上任，声称对其前任的任何承诺一无所知。只要一个海寇被击败，
新的就会浮现。中国官员对海寇似乎是赏赐安抚而非剿灭，正如郑
芝龙和钟斌的案例。普特曼斯总结说，唯一可以向高官们施压的方
式是暴力手段。②公司必须仿效海寇的做法：

> 中国海寇……可以充分向我们展示如何以及以什么方式可能
> 施压于中华帝国，对于如芝龙、魁奇和钟斌已展现的，一位仅在被
> 下一个［海寇］推翻前获得权力的首领，将获得这种权力，中国官
> 员试着用各种方法羁縻他们，授予他们厦门和水师的高官职位……
> 为何我们不这样对华施加武力，而只让他们享受部分战利品呢？③

他建议道，十二艘欧洲军舰足以根除其他海寇并成为海寇
武力的核心，中华帝国将被迫"跟着我们的调子跳舞"[near onse
pijpen... dantsen]。④如海寇一般，荷兰人可以以劫掠富饶的中国海

---

① Letter from Governor Hans Putmans to Governor-General Jacques Specx, 22
February 1631, VOC 1102: 446-455.

② Letter from Governor Hans Putmans to Amsterdam, 14 October 1632, VOC
1105: 197-200, fo. 199.

③ Letter from Governor Hans Putmans to Governor-General Jacques Specx, 5
October, 1630, VOC 1101: 412-430, fo. 416.

④ 同上。

上贸易为生。确实，他写道，荷兰巡逻艇经常在一天内遭遇"四十至五十，其实是八十艘舢板，全部满载大米和其他船货"。[①]他认为公司将无须担忧中国官员一致的回应，因为"[中国的]一省极少或从未在这些寇掠行为爆发时援助另一省，他们大都各自顾自己"。[②]事实上，他说，无论何时一个海寇攻击一省然后离开，省级官员常叫海寇回来并给予他官职。

起先，公司在巴达维亚的决策层不打算采用普特曼斯的策略。他们征求一个中国商人的意见并得到一个令人失望的回答：荷兰不可能获准与中国进行自由贸易，并且他们因此只能自我满足于特许贸易。那位中国商人建议他们同郑芝龙合作，巴达维亚命令普特曼斯遵照这一建议。但普特曼斯很快便坚信郑芝龙本人在阻挠对荷贸易。1631年秋天，他和其他官员听说郑芝龙已经贴出布告，禁止中国人未经官府批准赴台贸易。许可证很难取得，而且当荷兰官员问郑芝龙要时，他回答，他正游说福建的官员，但任何实质行动都必须取决于帝国的朝廷本身。[③]郑芝龙说的也许是真话，但普特曼斯觉得郑芝龙所有的承诺"如烟云散"。[④]1633年3月郑芝龙送给普特曼斯一封信说"朝廷"已决定给中国商人每年八次的通行证，

---

① Letter from Governor Hans Putmans to Amsterdam, 14 October 1632, VOC 1105: 197-200, fo. 198.

② 同上，fo. 199.

③ 郑芝龙说他正和福建军门（译者案：即巡抚福建等处地方兼提督军务的所谓"福建巡抚"）和福建海道谈。

④ Letter from Governor Hans Putmans to Governor-General Jacques Specx, 9 November 1632, VOC 1109: 195-197.

同意其与荷兰的自由贸易，只要公司不要试图在中国开展贸易。这是好消息，但普特曼斯和他的同事却持怀疑态度："中国人至今多年只用轻率的甜言蜜语设法使我们保持满意。"[1]

因此，1633年夏天，巴达维亚的官员决定让普特曼斯实践他新的海寇政策。[2]这颇合时宜。郑芝龙正被分心，因为另一个海寇组织崛起了，其为两个人所领导：李旦的儿子李国助和另一个更重要的叫刘香的人。[3]李、刘二人攻击了厦门并俘获了台湾海峡的船只，而郑芝龙正在准备一支舰队去反击。虽然海寇队伍由小舢板和改进的商船组成，但郑芝龙建造了三十艘特别的战舰，有些得到欧洲舰船的启发，两边甲板都配有大炮。[4]"据说，"普特曼斯写道，"由如此壮观、巨大、精良武装的船组成的舰队……在此之前从未见于中国。"[5]但荷兰没有给该舰队机会。1633年7月12日，一支公司的舰队驶入厦门港并毫无预警地攻击了它。郑芝龙以为荷兰人前来贸易，措手不及。他无能为力，只能眼睁睁看着荷兰烧毁和击沉大量船只，仅余四艘。荷兰人的要求野心勃勃。他们要在中国自

---

① *Zeelandia Dagregisters*, 1E: 573-574.

② See Generale Missiven, H. Brouwer, A. van Diemen, P. Vlack, Philips Lucasz., and J. van der Burch, Batavia, 15 August 1633, in Cheng "De VOC en Formosa," pp. 108-112.

③ 刘香在荷兰文献中被称为"Janglauw"，这是基于他名字的另一种形式：香老。

④ 见Letter from Governor Hans Putmans to Governor-General Hendrik Brouwer, 30 September 1633, VOC 1113: 776-787, fo. 777。大型战舰每艘装配有十六到三十六门大型加农炮（*Zeelandia Dagregisters*, 1F: 16）。

⑤ Letter from Governor Hans Putmans to Governor-General Hendrik Brouwer, 30 September 1633, VOC 1113: 776-787, fo. 777.

由贸易并且他们自行决定何地与何人。他们还要求在厦门的鼓浪屿（在鸦片战争之后成为厦门的国际租界场所）和福州建立永久贸易建筑。郑芝龙的回复礼貌而强硬。

荷兰人继续像海寇一样行动，俘获舢板并索取保护费，尽管他们谨慎地让中国战俘获得自由，希望保持中国商人和潜在盟友的好感。他们也试图吸引其他海寇个体加入他们。普特曼斯派遣一艘船去海寇刘香和李国助那里，邀请他们加入袭击。海寇给出了一个和解性但机警的回复：他们很高兴加入荷兰这一边，但担心这是郑芝龙的诡计。普特曼斯误捕了刘香和李国助的一条舢板并借此机会表明了他的善意：他归还了船只，同时邀请他们参与对华掠夺。刘香和李国助开始派遣舢板，为荷兰提供热情的帮助。[1]同时，其他海寇组织也依附于荷兰舰队。"海寇们，"荷兰总督写道，"与日俱增……现已增加到41艘海寇舢板，士兵加水手共450人。明天还会有14或15个加入，所以这个数目正在快速增长。"[2]郑芝龙试图以特赦这些海寇指挥官为条件劝说他们叛逃，但作用不大。对于普特曼斯来说，海寇基层分队的领袖们彼此间互相猜忌监视，并会通告他任何背叛行为。看起来普特曼斯的计划奏效了。荷兰人会成为一个新的"联盟首领"吗？

郑芝龙决心阻止这种事发生。与海寇们集结的同时，在中国省

---

① Generale Missiven, H. Brouwer, A. van Diemen, P. Vlack, J. van der Burch, and Antonio van den Heuvel, Batavia, 15 December 1633, in Cheng "De VOC en Formosa," p. 116.

② Letter from Governor Hans Putmans to Governor-General Hendrik Brouwer, 30 September 1633, VOC 1113: 776-787, fo. 786.

级当权者们的帮助下，他准备了一支新舰队。他不慌不忙，通过一个巧妙的计谋知悉了荷兰人的计划。荷兰人纠集了他们的海寇大军的同时，写了一系列信件给中国官员们，要求自由贸易。郑芝龙中途截取了信件，然后模仿中国官员伪造了回应。用这种方法，他既了解了荷兰的计划，又拖延了时间，他知道台风会在他行动之前削弱荷兰。[①]一场台风确实袭击了荷兰舰队，使其四艘船丧失了战斗力。1633年10月，郑芝龙准备好行动了。他派了一个使者去普特曼斯的旗舰上递送一封信："要怎样"，他问道，"才能令一条狗温顺俯首于帝王休憩之枕下？"[②]然后郑芝龙用150艘舰船攻击，其中许多是大型战舰。公司的海寇联盟被郑芝龙军队的力量和决心惊呆了，迅速逃离现场，任由郑芝龙的两列船队围攻荷兰人的主力并摧毁了两艘荷兰舰船。由于他们的海寇联盟的背弃，荷兰人撤退到台湾。

他们曾一度尝试延续战斗，甚至设法与中国海寇发动联合袭击，但在失去贸易期间，战争是昂贵的，更重要的是，郑芝龙准备用谈判的办法和解。郑芝龙允诺授予三个中国商人在台贸易的许可证，只要荷兰远离中国。这不是荷兰人为之奋斗的自由的、"不需经当局许可的"的贸易，但比他们之前所受待遇要好。荷兰人无法战胜郑芝龙，但他们显示了当他们被激怒时，尤其当他们与其他海寇联盟时，可以成为威胁。可能正是这种威胁使芝龙同意给予更优厚的贸易条件。

---

① 郑芝龙对荷兰的操纵概见Blussé, "The VOC as Sorcerer's Apprentice," 尤其是第102—104页。
② 包[乐史]的翻译，同上，第103页。

海寇战争还没结束。1634年，刘香袭击了重要的贸易城市漳州。海寇们要求普特曼斯重组联盟但收到了一个模棱两可的回复。普特曼斯说当前的形势正合他意，但如果郑芝龙的承诺如烟云散，他明年会帮助刘香。①然后刘香要求许可他的舰队在台湾休整。当普特曼斯拒绝其请求后，那个海寇俘获了一条荷兰舢板，并将俘获的三十六名船员散布于自己的舰队里当人盾。那以后不久，台湾的中国居民报告说刘香遣兵攻击荷兰人的要塞。因为有预警，荷兰人毫不费力就击退了刘香的进攻。

尽管刘香发起了攻击，但普特曼斯仍相信海寇对公司有利。没有他们，中国将变得"自大"[hoochmoedigh]而更不愿意与公司打交道。②事实上，他说，一切都进展良好，因为与中国的贸易较此前任何时候都发展更快更繁荣。"我们已经显示了，"他写道，"我们能加诸他们什么样的损害和混乱，并且看起来即便他们控制了活动范围，摧毁了我们两艘快艇，并迫使我们离开他们的海岸，他们仍然寻求与我们和解，并给予我们前所未有的更好的贸易条件。"③每一年会有四五艘满载丝绸的舢板，以及八艘左右运输瓷器和少量贵重货物的小型舢板到达台湾。荷兰以武力威胁及与新的海寇联盟的办法向中国官员施压，以图保持这种贸易。④

---

① Generale Missiven, H. Brouwer, A. van Diemen, P. Vlack, and J. van der Burch, Batavia, 15 August 1634, in Cheng "De VOC en Formosa," pp. 128-130.

② Letter from Governor Hans Putmans to Amsterdam, 28 October 1634, VOC 1114: 1-14, fo. 6.

③ 同上, fo. 9。

④ 见Generale Missiven, H. Brouwer, A. van Diemen, P. Vlack, and J. van der Burch, Batavia, 15 August 1634, in Cheng "De VOC en Formosa," pp. 130-131。

郑芝龙这边也是欣欣向荣的。刘香是一个难缠的敌手，但郑芝龙最终击败了他；到了1637年，郑芝龙的船可以在东亚和东南亚从日本到马六甲自由穿行。[1]许多海寇商人购买郑芝龙的旗号悬挂，以获得威望与保护。他在泉州府建了一个华丽的堡垒，由一条运河连接直达大海。1640年他升为福建总兵，是明代官僚机构中的最高职位之一。[2]1644年，当清军进入北京并宣布建立清朝时，郑芝龙选择了旧政权一边，宣告自己忠于明朝并承认唐王（朱聿键，明后裔，世称隆武皇帝）为帝国合法的继承人。感激不已的皇子晋升郑芝龙并且象征性地收养了郑芝龙的儿子，给他封了一个"国姓爷"的头衔，意为"国姓贵族"。由于这个头衔在福建闽南话中发音为"Kok-seng-ia"，郑芝龙的儿子后来以"Koxinga"闻名于荷兰人和其他西方人中。简言之，郑氏家族成为明皇族的名誉成员，这是无上显赫的地位。

然而郑芝龙对于明的事业摇摆不定，他更愿意选择将他的资源投于贸易而非兵戎复明。明皇子开始不信任郑芝龙，并在1646年进行了一次没有郑芝龙帮助的陆上远征，比更谨慎也更有希望的海上战略先行。被满洲武力挫败后，他的军队溃败，本人也被俘处死。[3]郑芝龙开始与清廷妥协，他们开出了一个诱人的条件：如果他加入他们，他将被任命为闽广总督。他的高级军官和他的儿子郑

---

① 一份郑芝龙对刘香决定性战役的记录可见于彭孙贻：《靖海志》，第5页。

② Wong, "Security and Warfare," pp. 128-129.

③ Lynn Struve, *The Southern Ming, 1644-1662*, New Haven, Conn.: Yale University Press, 1984, pp. 75-97.（中文版见司徒琳：《南明史：1644—1662》，李荣庆等译，上海：上海古籍出版社，1992年；上海：上海书店出版社，2007年。）

成功敦促他拒绝这项提议，但1646年11月他去福州表示归顺清朝。这是一个骗局，他们被带回北京并被软禁在家。

郑成功接手了。不像他涉猎政治的商寇父亲，郑成功完全是政治化的［人物］。他的反清是意识形态的，甚至是"狂热的"。[①]他以海上贸易的收入进行对清人持续而灵活的战争。他把厦门作为主要基地，称它为"思明州"，并基于明代的行政管理结构建立了一个政府。[②]郑成功不仅仅是商人或海寇，他自认是复明的主要希望，而其他人也认可。许多遗民到厦门助其一臂之力。[③]然而郑成功反清有些困难。福建人描述他们的家乡是"山多田少"，因为福建地区只有10%的地方海拔低于200米。山脉阻隔了福建与中国内地的联系，这也是福建人趋向海洋的一个原因。福建的地理位置保护了郑成功免受清人的陆上攻击，但也使他很难扩展对内地的控制。在海上他有决定性的优势，可以快速地沿着中国广阔的海岸运送他的军队，但是他的陆上武力只能在靠近他海岸基地的有限区域内取得胜利。[④]1656年，他开始计划一场战役以振兴他的事业：夺取南京。1659年7月7日，他的舰队驶入长江口，包围了南京。然而就在

---

① Wong, "Security and Warfare," p. 133. 按汪［荣祖］的说法，郑成功是一个"革命性的传统主义者"，他"用一种空前的办法将十足的暴力转变成为政治运动，他使整个区域政治化了"。

② 卫思韩指出郑氏家族吸引的［加入］己方的官员更多是来自商人和军事团体而非文人团体。见John E. Wills Jr., "Maritime China"。

③ 正如卫思韩已指出的，然而，相对于其他南明小朝廷，文人在成功的朝廷中更少有机会晋升和获得影响，这是一个问题，降低了成功抗清获得成功的机会。见John E. Wills Jr., "Maritime China"。

④ John E. Wills Jr., *Mountain of Fame*, pp. 222-227.

　　　　　　　　　　　　　　　　　　　　　瀛寰识略

他的武力包围这座城市时，一支从贵州向北行军的清军碰巧到达这个区域。郑成功匆忙进入南京并发起激烈的反击。坚毅作战的满洲旗人压住了他的军队，编队被打乱并溃逃。

一个月后，郑成功的残军到达厦门。许多经验丰富的指挥官和成千的士兵已被俘或被杀。因为其他明遗民的中心已被粉碎，清人已不再需要多面作战，郑成功意识到他需要找一个新的基地。[1]他的家族在台湾已有广泛的经验。他的父亲甚至在离开台湾去为明廷服务后，似乎仍与台湾的中国居民保持着紧密的联系。例如，中国的材料显示，在福建一次严重的饥荒期间，郑芝龙曾计划运送几万旱灾受害者去台湾，准备"人给银三两，三人给牛一头"。[2]荷兰文献中没有证据表明这项提议曾得到推行，但这和其他的证据都显示，郑氏家族与台湾保持着紧密的联系。[3]1661年郑成功攻入台湾，当地的中国人帮助他的军队上岸。他的武力横扫台湾西南的平

---

① 事实上，郑氏家族，以及他们之前的李旦，与该岛已经有很长时间的密切联系。正如我们所看到的，郑芝龙曾打算占领台湾。同样，郑氏家族试图插手台湾行政管理，即便是在荷兰殖民统治期间，尤其是在17世纪50年代，那时郑成功试图向中国贸易者和定居者征税。见Andrade, "Commerce, Culture, and Conflict," part III。
② 不清楚这个提议何时被抛出，[见]黄宗羲《赐姓始末》，引自方豪：《崇祯初郑芝龙移民入台事》，《台湾文献》第十二卷第一期，第37—38页。方豪的短文，[虽然]引用原始文献过多，仍然是对这一扑朔迷离时期最好的介绍。又见郭水潭：《荷兰据台时期的中国移民》，《台湾文献》第十卷第四期，1959年，第11—45页；John E. Wills Jr., "Maritime China," p. 215；还有John Shepherd（邵式柏），*Statecraft and Political Economy on the Taiwan Frontier 1600-1800*, Stanford, Calif.: Stanford University Press, 1993, pp. 466-467, n. 214，两是一个称重和货币单位，以银称重而论约略37.5克。
③ 见Andrade, "Commerce, Culture, and Conflict," part III。

原，很轻松地击溃荷兰军队。荷兰人最重要的堡垒坚持了九个月，但最终也被击败。

四

这个海寇子孙的胜利为欧洲近代早期扩张的研究提供了范例。正如卫思韩在他的研究领域所指出的，欧洲人在亚洲的成功主要是因为"组织、凝聚和［欧洲］国家与法人组织的支撑力量"。[①]可以肯定的是，中国和日本在中央集权和毋需赘言的规模上如同欧洲国家一样强大，但他们无意于海上扩张。这就是为何欧洲贸易组织在国家的支持下，得以达到他们所取得的成功。[②]然而欧洲在东亚的地位是脆弱的。举个例子，澳门的据点依赖于中国人的善意。如果葡萄牙人自己不好好表现，一份广东官员的布告就足以叫停对港口的食物供应。葡萄牙人和荷兰人被允许在长崎开设的小商馆同样脆弱。荷据台湾和西属菲律宾是欧洲人在东亚仅有的殖民地，然而都处于中国人的竞争威胁下：西班牙殖民地险些丢失给中

① John E. Wills Jr., "Maritime Asia," p. 86.
② 可以肯定的是，到16世纪晚期，丰臣秀吉领导下的日本是一个膨胀的力量，丰臣那时新确立了对封建大名的统治。丰臣计划入侵朝鲜、中国、菲律宾，以及最终的目标——印度，以使他成为所有已知领土的统治者。然而当他1592年侵略朝鲜时，他的武力开始陷入艰难的游击战，并且从那以后，日本的海外冒险计划很大程度上就被抛弃了。琉球群岛1609年被侵略并成为日本的一个保护国。1616年日本远征试图在台湾建立一个基地，但失败了。在17世纪期间，尤其是1635年以后，当幕府将军颁布法令说没有任何日本臣民被允许到南部海域贸易时，日本放弃了侵略扩张这件事。

国海寇林凤；荷兰殖民地则成为郑成功的势力范围。[①]

当荷兰人1624年在台湾建立据点时，他们很幸运地发现没有中国的组织有力阻碍他们控制该地区。可以肯定的是，李旦和颜思齐控制了大量的贸易和海寇组织，但他们和其他中国的商寇都没有正统权力。也就是说，没有人受国家的保护。另一方面，荷兰东印度公司是世界上最大、最资本化的海寇私掠机构。参加寇掠行为的权利——或者，从荷兰的观点看，经济战争——被写为其宪章中。在东亚的背景下，它对来自中国的竞争对手有明显的优势。它可以在自己的家乡公开筹集资金，对外订立条约，依赖荷兰的法律系统解决争端和保证合约，有时甚至可以依靠本国政府的军事和财政支持。由于缺乏法律上的正当性，中国的商寇组织在17世纪前半段只不过是讨厌的竞争者。许多海寇领袖在中国获得官职，但这意味着他必须停止他的掠夺，直到他的属下叛变并开启另一轮循环。

然而在17世纪50年代，郑成功在中华帝国晚期的历史上创造了一个异数：一个热衷于支持海外贸易和海外扩张的中国海洋政权。荷兰拥有的主要优势——国家支持——被抵消了。鉴于他们之前与非法和涣散的海寇联盟竞争，他们现在要面对一个有凝聚力、有法统声明支持的结构，并且郑成功可以做他的前辈所未能做到的：把荷兰人从台湾赶走。事实上，郑成功的思明州与荷兰政府所建的东

---

① 有一个介绍林凤的精彩而迷人的故事，见Cesar V. Callanta, *The Limahong Invasion*, Quezon City: New Day Publishers, 1989。有线索表明林凤可能自称为王，并尝试建立一个政权。他入侵的武力包括开拓的民众，这些人可能是通过国家主义的正统性观念联合起来的。因此，虽然他的组织不是一个严格意义上的国家，却有可能有国家的诸多特性。

印度公司基于同样的原因推动了商业发展：为对抗外国统治增加了收入。只要荷兰东印度公司与海寇交战，他就有优势。但当其开始与一个政权作战，即便是一个短命而且处在中华帝国边缘的郑成功政权，优势也会消失。最强大的欧洲私掠组织遇上了对手。

清代海疆执法与东南亚互动
——从觉罗满保的密折说起

本文从满保的一份密折出发，探讨清代海疆执法与东南亚互动。清廷并非基于领土或海禁问题来考虑海疆执法问题，而更多是从安全与稳定的角度出发，围绕人户管制和对外互动的议题来应对该问题。清廷禁止航行到西班牙和荷兰殖民势力控制下的吕宋和噶喇吧（巴达维亚），但刻意保留了前往安南（越南古称）的孔道。然而，当中国人在越南引发事端并返回中国执法海域时，清政府迅速进行了干预。这表明，清廷海疆执法在与外部世界互动的基础上有其自身内在的逻辑。

一、措辞谨慎的密折

雍正二年（1724）八月初四日，闽浙总督觉罗满保给雍正皇帝上了一份密折，通报了涉及清朝海疆政策和安南、噶喇（啰）吧、吕宋东南亚三个关键地区之间的联系。这封密折不见于《雍正朝满文朱批奏折全译》及"清代宫中档及军机处档折件"数据库，《雍正朝汉文朱批奏折汇编》（江苏古籍出版社，1989年）则仅以"闽浙总督满保奏陈严禁商船出洋贸易折"这一不含任何东南亚地名的题名收入[张书才主编：《雍正朝汉文朱批奏折汇编》，南京：江苏古籍出版社，1989年，第3卷，第15、404页]。故较少为先行研究者所注意，偶有若干短句引用，亦无专门分析。然细细考量，尤其是置于中国与东南亚互动背景下考察，该折却有很大的信息量和较高的文献价值。

满保开篇即指出："窃海洋商船不许前往西南洋吕宋、噶啰吧等处贸易，惟东洋许其行走，久经定例，禁饬在案。"但基于此限制和禁令，回航的船只便伪称"东洋回棹"或"又称自安南回棹"，因为根据清政府的规定，这可以是合法的。满保查到的三艘在定海驳岸的洋船就钻了这个空子。他抱怨说先是江、浙海关公然违禁，继而闽、粤也偷偷摸摸："而闽省不敢公然前去，闻亦有借遭风而谎称漂到安南者。在广东原有许贩安南之例，但一至安南，则大海茫茫，乘风之便，何处不可去？所以近年以来，商船称贩安南遭风而回者，不一而足。"①满保解释了他如何知道被截获的船主撒谎：

查东洋出产货物与西洋出产货物不同，今三船内所载，类多西洋货物。又闻西洋货物报税恐违禁例，俱捏报由安南回棹字样。②

---

① 《福建浙江总督满保奏为西洋商船不许前往西洋吕宋噶啰吧等处贸易事折》（1724），载中国第一历史档案馆编：《清代中国与东南亚各国关系档案史料汇编》第二册（菲律宾卷），北京：国际文化出版公司，2004年，第111—113页。
② 同上，第111页。

令满保担心的不仅是那些利用清廷政策的人，还有那些内部的危险，这必然会进一步损害王朝的根基："凡税一倍者，必加至两倍完纳，并口岸文武各衙门俱有规例，自数两至数十两、一二百两不等，更有土宜分送。"也就是说，似乎整个官僚机器都与违法者密谋，文武两个系统都借此自肥。满保一方面自知得罪不起"满朝文武"这个体制，一方面又怕东窗事发皇帝问罪、自己受到牵连，所以便以密折的形式谨慎进行请示，因为这确实是一个麻烦的问题，与王朝海疆政策和执法、官场的微妙关系息息相关：

> 若穷究根原，则所关甚大，不得其违禁偷贩实据，恐多株连冤抑，且事连数省，亦终难于归结。若稍从宽，纵听海关多得税银，任文武侵分陋例，将来偷贩事发，沿海文武均难逃于严例。事处两难，故臣特将实情密密奏闻，仰求皇上睿鉴指示。……臣沐恩既深，敢不将委曲下情先行陈奏！此事关系江浙闽广四省要务，伏乞皇上密为裁定，指示遵行。为此密折谨奏。[①]

雍正皇帝披览完毕，除了做出自己的决定外，还在结尾特别朱批表示："防海之道，惟宜核之一家耳。这主意一点挪移活动不得。"显然，皇帝不同意放宽先前的禁令，但他也不想收紧海外贸易的渠道或切断安南的孔道。这与他先前的批示是一致的，即"商船

---

① 《福建浙江总督满保奏为西洋商船不许前往西洋吕宋噶啰吧等处贸易事折》，第111—113页。

不许前往西南洋吕宋等处，其西南洋货物，听其自来"。①由此也可见，雍正实际上认可满保的判断，即巴达维亚的荷兰人和吕宋的西班牙人不敢对中国有所觊觎。

在海疆执法和海外贸易政策的意义上，满保的奏折实际上提出了超出普通"朝贡制度"的问题，更多的是关于"中央王朝"在看待外部世界和自身民众管控方面的态度和方式。本文所探讨的海疆执法即包含这类人户管控与对外互动的权利。清廷更多是从安全与稳定的角度出发，围绕人户管制和对外互动的问题来应对该议题。先行研究表明，清初清廷在推动海外贸易方面相当活跃。②政府禁止航往吕宋岛和巴达维亚这两个被西班牙和荷兰殖民势力盘踞的地方，但有意向平民开放通往"东洋"和安南（以及声称自安南返回的人）的大门。

二、南洋禁令和事实上的放任

清早期的海事政策在边境执法和人户管控方面充满了对王朝安全与稳定的复杂考虑。康熙五十六年（1717），为应对海寇和跨境汉人的挑战，皇帝禁止人们到吕宋和噶喇吧（巴达维亚）进行贸易（即所谓的"南海禁令"），并提到台湾住民与菲律宾有联系的

---

① 《福建浙江总督满保奏为西洋商船不许前往西洋吕宋噶喇吧等处贸易事折》，第112页。
② 许毅、隆武华：《试论清代前期对外贸易政策与海禁的性质》，《财政研究》1992年第7期；Gang Zhao, *The Qing Opening to the Ocean: Chinese Maritime Policies, 1684-1757*, Honolulu: University of Hawai'i Press, 2013.

潜在危险。①不过清廷也确认此前出国的人有三年宽限期可以合法回归。康熙时代总体的政策相当宽松,更多考虑了王朝的安全与稳定,没有涉及人身惩罚的情况。

清初的海外贸易政策实际上从中受益,并促进了船只向越南东部沿海地区的流动。即便在1717年,清廷禁止船只航行到"南洋"(如吕宋岛和巴达维亚)商贸时,越南也没有成为目标。②当然,我们还可以想到有些人实际上并没有驶往越南,只是将去越南作为借口。17世纪的一位士人描述了这种情况:"安南国地处西南,与内地毗连,又与吕宋、噶啰吧等国相隔遥远,应照东洋之例,听商贾贸易。"③该政策故意留有漏洞,清朝官员也继续对其进行操纵。换言之,在实践中,禁令演变为事实上的自由放任,带来巨大的寻租空间和腐败。

在这种背景下,满保非常谨慎地测试新任皇帝雍正是否愿意在法理上解除禁令。他向皇帝提出了对王朝安全的关切:"臣查从前禁止商船不许前往西南各洋,原为防范外国彝人起见。在西南洋,红毛吕宋等国地处穷洋之外,全仗贸易资生,何敢向中国暗藏窥伺之意?"但是,作为一位精明的高级官员,他在随后又立刻回圜说

---

① 《清实录》第六册《圣祖实录》,北京:中华书局,1985年,卷270,第649—650页;卷271,第658页。康熙对西方威胁的考量和通过禁令进行的回应,参见Gang Zhao, *The Qing Opening to the Ocean-Chinese Maritime Policies, 1684-1757*, pp. 153-161。南洋禁令的背景和影响参见董凌锋:《论清代南洋禁令实施的历史背景与历史影响》,《柳州师专学报》2007年第1期。

② 《圣祖实录》卷270,第650页;卷271,第658页;卷277,第719页。

③ 陈梦雷编:《古今图书集成》(1726),北京:中华书局;成都:巴蜀书社,1985年,《祥刑典》卷八二《律令部汇考》六十八。

"但既经奉禁，即当恪遵王法"，显得完全没有想要改变现状的意思。[1]因为他不确定新皇帝是否想解决禁令与现实之间的脱节：

> 若外洋远彝，原无他意，沿海商民借以资生。倘邀皇上洞鉴，欲弛前禁，则臣暂行缓待，候旨遵行。[2]

满保的小心谨慎得到了回报。雍正不想取消禁令，但他也不想修复漏洞或堵上安南孔道。尽管他批评满保放松禁令的想法"甚属不合"，但朱批清楚表明了他维持现状、不冲击官僚机器却又不会连带怪罪总督的态度：

> 看尔所奏，似欲藉此一事，竟开西南等洋往贩之禁，甚属不合。十数年来，海洋平静，最为得法。惟直道可守，定例不可更张。亦当仍照旧例核查收税，实力奉行，严饬属员，不可徇私违例。[3]

尽管雍正没有在法律上放弃康熙以来名存实亡的南洋禁令，但该政策也只是名义上存在于其统治的前几年。[4]当雍正终于在1727年解除禁令时，他仍然没有批准海外华人自由返回中国。这种区别

---

① 《福建浙江总督满保奏为西洋商船不许前往西洋吕宋噶啰吧等处贸易事折》，第112页。

② 同上，第112页。

③ 《福建浙江总督满保奏为西洋商船不许前往西洋吕宋噶啰吧等处贸易事折》，第112页。

④ 吴建雍：《清前期中国与巴达维亚的帆船贸易》，《清史研究》1996年第3期。

表明，海疆执法是一回事，人户管制是另一回事。

雍正认为这首先与立场有关，因为"是出洋之人，皆已陆续返棹，而存留彼地者，皆甘心异域"。[1]第二个担忧是他们"在外已久，忽复内返，踪迹莫可端倪，倘有与外夷勾连，奸诡阴谋，不可不思患预防耳"。[2]因此，雍正要求当地官员"宁可再加察访……徐徐设法诱问，务悉其底里"。[3]当海外移民或寓居者返回时，清廷特别指出应关注"无赖之徒"和"无资本流落番地"这两种类型的人。[4]显然，这两类人与安全性和稳定性有关。前者可能与外国人太近，而后者可能引起内地社会的不稳定。对于其他海外平民，雍正一般只让他们支付赎金了事。[5]

简言之，在17世纪海禁之前，清朝在海外贸易中相当活跃，而海疆执法和人户管控又是另一回事。在18世纪初，南洋禁令名存实亡。1727年以后，尽管完全解除了禁令，但清廷基于安全性与稳定性的考虑，维持了对东南亚寓居华人的限制。先前的研究倾向于使用乾隆年间的若干案例来证明清廷对华侨的迫害是凶残的，但是

---

① 《清实录》第七册《世宗实录》，卷58，第892b页。

② 《朱批谕旨》，上海：点石斋，1887年，第46卷，第33a页；一个略有差异的版本参见张书才主编：《雍正朝汉文朱批奏折汇编》，南京：江苏古籍出版社，1989年，第11卷，第353a页。

③ 《朱批谕旨》，第46卷，第46b页；《雍正朝汉文朱批奏折汇编》，第13卷，第167a页。

④ 陈寿祺编：《重纂福建通志》(1871)，台北：华文书局，1968年，第270卷，第5131b—5132a页。

⑤ 《影印文渊阁四库全书》，台北：台湾商务印书馆，1986年，第214卷，第277—283页。

这种观点忽略了那几个案例的特殊背景。

三、人户管控与对外互动

乾隆皇帝对人户管控似乎更加严格，对回国华侨也不太宽容，但这是有原因的。1741年，有福建大员询问朝廷是否想禁止南洋贸易，以应对1740年的巴达维亚大屠杀。一位士大夫建议，如果仅是巴达维亚荷兰当权者侮辱了华商，那么政府只要禁止与巴达维亚的贸易就可以了。[①]正是在这种背景下，清廷对巴达维亚的防范相当强。最著名的是一起涉及国家安全因素考量的案件，即对陈怡老的迫害。[②]

清廷以略为敏感的方式保护自身安全和稳定，也为官员、衙役和胥吏提供了勒索回国者的机会。但可以推测，在支付过一些通行费之后，他们中的大多数人都相当安全，因为仅有杨廷魁和陈历生两起案件被作为问题记载下来。[③]杨廷魁和陈历生（或他的尸体）都被发现具有政治敏感性或威胁，案件并非基于禁令本身。东南亚的许多华人应该觉得返回中国很安全，尤其是在18世纪下半叶以后，否则陈历生就不会要求人们把他的尸体带回来了。另一位在巴达维亚的雷珍兰高根官也要求他的仆人按照遗嘱将他的孩子送回中国："需寄儿曹回家，将钱付其带回交母亲收入……在吧儿曹可

---

① 光绪《漳浦县志》，第22卷，第13—14页。
② 《清实录》第一三册《高宗实录》，第346卷，第785a页。
③ 同上，第364卷，第1009页。

寄回家交母亲抚养。"①这些人都清楚清政府的路数和逻辑。

如果华人在海外引发事端，清廷的态度又会不同。例如，潮州人李阿集（集亭）一伙在越南南部（广南）参与其内战。当这些中国人在越南引发事端并返回广东洋面时，清政府迅速进行了干预，集亭等人被拿获并送审。1776年，乾隆读完集亭最后一次讯问供状后，指示应"斩立决"，因为其"在洋抢夺杀人""在番滋事"，"私越外番，得受伪职"，"似此群聚外番，甘为役使，尤属可恶"。②乾隆对此案的态度表明，他首先关心的是安全和稳定，以"海疆可期宁谧"，"绥靖海洋"为旨归。③像集亭和陈天宝一样，何喜文也被指控在海外接受"伪职"。他和另外两名海盗被阮福映（Nguyễn Phúc Ánh）缚送回清朝，被指控为"内地奸民"，接受"伪职"和"行劫内洋"。④另外还有范文才和梁文庚两名海盗，与莫观扶一起被处决。⑤

我们可能对这些指控词会感到很熟悉，因为对这些人的斥责显示出清王朝对安全与稳定一以贯之的关切。越南西山朝的第三

---

① 包乐史、吴凤斌校注：《公案簿（第一辑）》，厦门：厦门大学出版社，第10页。
② 李侍尧：《在番滋事洪阿汉李阿集等各犯遵旨分别审拟事》；《审拟李阿集等在洋抢夺杀人一案中在事人犯重罪轻拟奉旨申饬谢恩事》，中国第一历史档案馆，档案号04-01-01-0347-038；04-01-01-0361-020；中国社会科学院历史研究所编：《古代中越关系史资料选编》，北京：中国社会科学出版社，1982年，第656页；《清实录》第二一册《高宗实录》，第999卷，第360页。
③ 《古代中越关系史资料选编》，第578、579页。
④ 同上，第585页。
⑤ 郑瑞明：《试论越南华人在新旧阮之争中所扮演的角色》，载许文堂主编：《越南、中国与台湾关系的转变》，台北："中研院"，2001年，第1—36页。

位也是最后一位皇帝阮光缵（Nguyễn Quang Toản）即被清廷指控"窝纳叛亡，宠以官职，肆毒海洋，负恩反噬，莫此为甚"，"豢养盗贼，通同劫掠，负恩背叛，情迹显然，实为王章所不宥"。[①]在这里，安全与稳定是王朝的重中之重，海禁甚或"朝贡制度"和"对外关系"反而是其次的。

综上所述，在较为保守的（即使不是消极的）指导思想下，清朝发展了与东南亚的关系，并依靠海疆执法和人户管制来维持国内的安全与稳定。与外国政权互动的方式也部分地影响了清朝的国家利益和模糊的主权权利概念。从皇帝和官员的角度来看，巴达维亚和吕宋的政权不再是"蛮夷"，而是应引起注意的潜在威胁。安南政权虽然没有那么危险，但对于那些有成为滋养王朝海上挑战势力据点风险的地方（例如西山）而言，也应予以敲打。

---

① 《古代中越关系史资料选编》，第585页；《清实录》第二九册《仁宗实录》，第102卷，第361页；第106卷，第427页。

二

印度洋与太平洋

纵横：如何理解印度洋史

~~~~~~~~~~

　　2018年3月下旬，因为参加亚洲研究学会（AAS）年会，时隔多年我再次造访华盛顿特区，开会前后也抽空到此前并未太重视的美国国家博物馆晃荡，本来想找一下建国史或美国革命的"神话"版块观摩其手法，然而大概水涨船高、美国史学者早已着手改进，博物馆员和专业布展者对我们这类批判者已有预防，不仅完全不是传统美国史学叙事模式，更直接消解掉了这部分爱国情操满满的篇章，只在军事史专展中对独立战争和南北战争有所涉及。展厅对面的另一个低调展厅更让人猝不及防、深感震撼。这是一个描绘大西洋水域海洋历史的篇章，除了远洋捕捞的船只、工具、人员、炊事、船上娱乐用品等细密生动的内容，还有多首19世纪老渔人和捕鲸人吟诵的海上之歌供观众选择聆听。①配合着幽暗的灯光和船员罗伯特·韦尔（Robert Weir）在1855年颇为沉重的名言"我们必须像马一样劳作、猪一样生活"（We have to work like horses and live like pigs），艰辛的海上生活若隐若现。在悠扬而深沉的歌声

---

① "Fishing for a Living (1840-1920): Commercial Fishers," National Museum of American History, Washington, D. C., USA.

中，我仿佛置身于近代早期大西洋世界的迷雾之中。

印度洋的声音能否被寻觅? 困难肯定是存在一些的, 毕竟周边沿岸国家里没有什么发达国家, 后来跻身其间的新加坡迟至20世纪60年代也还很穷, 顾不上发展什么文化事业, 因此大概采集19世纪的老曲调有些困难; 澳洲西海岸则由于地理条件限制, 开发也较晚, 19世纪以前渔业并不显著。不过, 由于存在丰富的殖民档案, 稍加检视, 我们便发现渔民之外, 至少军人、囚犯、劳工、商人都留下了他们各自的"声音"。有鉴于此, 汇聚挑选相关的研究, 检视印度洋史的进路, 似乎是当务之急。

印度洋不仅是连接亚非欧的重要水域, 也是把控南亚与东南亚的枢纽、海上丝绸之路西向的必经之路。然而长期以来, 我国关于印度洋史的研究几乎付之阙如, 仅有西域南海史地传统下对海上交通线路和若干港口的少数考证文章, 既无法匹配这片广袤水域的重要性, 也无法匹配我国的大国地位、长远利益和战略需求。21世纪以来, 国际印度洋史研究掀起了一轮新热潮, 这种现象既与国际局势发生的重大变化有关, 也与包括金砖国家在内的新兴经济体的崛起有关, 更值得我们认真思考, 加快吸纳更新的知识体系和思想资源, 以便更好迎接新的挑战。伴随着全球化的发展, 印度洋史的研究日新月异, 相应的知识图景也不断拓展和更新。通过不断深化对印度洋的研究, 我们能汲取什么样的经验和教训, 对于我们理解多样化的世界、多元性的文明、和谐共存的社会, 以亚非丰富的社会发展模式和路径为参照, 在西方历史的发展模式之外寻找更多的可能性, 都有很大的借鉴意义。在此背景下, 推出这期

"印度洋史专辑"不仅十分必要，也适逢其时。

一、一种作为建构性的印度洋史

印度洋史的研究，如果说20世纪90年代以前也产生了不少成果的话，最大的问题大概是包括博克舍（谟区查）（C. R. Boxer）在内的名家在战后展开的印度洋史研究均为"欧洲扩张"模式，而不是印度洋世界本身。[①]乔杜里（Kirti N. Chaudhuri）的版本是印度和伊斯兰中心的印度洋史；[②]帕特里夏·里索（Patricia Risso）的则是中东训练背景凸显的穆斯林印度洋史。[③]如果以迈克尔·皮尔逊（Michael N. Pearson）这位将印度洋史真正变为独特研究单元的学者开始算起的话，菲利浦·布亚（Philippe Beaujard）可以算第二代代表人物。[④]布亚在对印度洋世界体系展开多年研究后指出，该

---

① Charles R. Boxer, *The Great Ship from Amacon: Annals of Macao and the Old Japan Trade*, Lisboa: Centro de Estudos Históricos Ultramarinos, 1959; *The Dutch Seaborne Empire, 1600-1800*, London: Hutchinson, 1965; *The Portuguese Seaborne Empire, 1425-1825*, London: Hutchinson, 1969.

② K. N. Chaudhuri, *Trade and Civilisation in the Indian Ocean: An Economic History from the Rise of Islam to 1750*, Cambridge: Cambridge University Press, 1985; *Asia before Europe: Economy and Civilisation in the Indian Ocean from the Rise of Islam to 1750*, Cambridge: Cambridge University Press, 1990.

③ Patricia Risso, *Merchants & Faith: Muslim Commerce and Culture in the Indian Ocean*, Boulder: Westview Press, 1995.

④ Michael N. Pearson, *Port Cities and Intruders: the Swahili Coast, India, and Portugal in the Early Modern Era*, Baltimore: Johns Hopkins University Press, 1998; *The Indian Ocean*, London: Routledge, 2003（中译本见迈克尔·皮尔逊：《印度洋史》，朱明译，上海：东方出版中心，2018年）。

区在公元1世纪时经由频繁的交流已变为一个嵌入非洲—欧亚世界体系的统一空间。[1]布亚的视角和方法也得到一些非洲研究学者的回应，包括堪称印度洋史研究第三代代表的爱德华·阿尔珀斯（Edward A. Alpers）。[2]这三代学者的共同特点是均把东非海岸纳入印度洋史的整体研究之中，印度洋脱离了"印度""波斯"和"阿拉伯"。

　　印度洋史的这种转向当然也不是天然正确，对于区域应当如何划分，向来见仁见智。好的区域史研究，必然既能体现全球史的联结，又能衔接地方史的"地气"。区域是存在的，联系是存在的，人群的联系也是"自古以来"的，但不意味着区域的历史是自在的整体、特定人群的联系都"连续"可循，或者说，不意味着印度洋区域史必然是整体性的。稍加检视，印度洋三个区域均有着印度洋史的"破碎"与"整体"特征。

　　东北部印度洋的历史，或者说孟加拉湾的历史在苏尼尔·阿姆瑞斯（Sunil S. Amrith）笔下已得到了进一步呈现。[3]这片过去见证了人类现代史上最大迁徙规模之一的海域，由于隶属于多个不同的政治体和种群，向来不被视为一个整体。即便是19世纪开始在大英帝国几乎将其变成"内海"的一百多年里，由于帝国内部不同殖民地辖区的利害考量和不同区间民众的活动惯性，"区域"亦未被整

---

① Philippe Beaujard, *Les Mondes de l'Océan Indien*, Paris: Armand Colin, 2012.
② Edward A. Alpers, *The Indian Ocean in World History*, Oxford: Oxford University Press, 2013.
③ 苏尼尔·阿姆瑞斯：《横渡孟加拉湾：自然的暴怒和移民的财富》，尧嘉宁译，朱明校译，杭州：浙江人民出版社，2020年。

合。然而，由于香料、矿产资源、种植园经济、鸦片贸易、造船业、帝国基础设施建设等看似无关但又互相联系的方方面面的需求，商人、奴隶、军人、劳工穿行其间，建立了广泛的血缘、商业、宗教和文化的联结。不过，在苏尼尔之前，鲜少有学者将这一地区视为如此紧密联系的一个整体，就连学科内的方向设置，该区都被既有的知识框架分割为"南亚"和"东南亚"，毫无"整体"可言。以审视文化变迁和人类迁徙的视角切入，这一文化和经济区域当然更有弹性。

关于西北印度洋，近来学者也指出其早在古典时代便存在千丝万缕的联系，正如《厄立特里亚航海记》所显示的地中海世界活跃的人群经由红海在波斯湾和霍尔木兹海峡的活跃状态一样。在这种基本的社会经济交往中，埃及与印度之间形成了物质和文化的双向流动。[①]希腊化时代对红海沿岸及以外"食鱼"部落的描述，亦是对西北部印度洋人群珍贵的"他者"审视。[②]中世纪时期，波斯和阿拉伯商人更是先后通过海路穿越印度洋，远涉东南亚和中国。技术的进步当然是这一交流的重要基础，但亚洲区间的季风和洋流更使该期的这种兴盛成为可能。贾志扬（John W. Chaffee）便指出，帆船（Arab Dhow）、亚洲季风、贸易是决定唐朝和阿拔斯王朝

---

① 王坤霞、杨巨平：《流动的世界：〈厄立特里亚航海记〉中的海上贸易》，《西域研究》2017年第1期。

② 庞纬：《"失语"者：西方古典视域下的食鱼部落》，《海洋史研究》（第十八辑），北京：社会科学文献出版社，2022年。

贸易繁荣的三个因素。[1]从巴士拉到广州6000英里的海上航线见证了跨印度洋贸易的兴盛。其后，由于马木留克王朝著名的奴隶贩卖活动以及奥斯曼帝国与葡萄牙海军在霍尔木兹海峡之外的鏖战颇受关注，西北印度洋相关的研究一直很丰富。

至于南印度洋，莽甘（Pierre-Yves Manguin）、布亚等人经由航线复原和马来—马达加斯加语汇研究呈现出了早期先民就已发展出环形的交流圈。莽甘分析早期南岛语系族群活动范围时，将南印度洋马尔代夫以东与马来—印尼群岛的航线确定为次级航线，同时构拟了该线西段至马达加斯加岛和东非海岸的假设航线。[2]布亚的研究则从他熟悉的马达加斯加研究出发，分析马尔加什语和外部世界的联系，从而推测很早时期先民即已依靠南印度洋环流进行经济、语言和文化交流。[3]由于布亚的视角是从东非海岛和海岸出发，对于以往从南亚次大陆、波斯—阿拉伯东向或马六甲西望视角出发的研究而言也是一种有益的补充。南印度洋的洋流随着

---

[1] John W. Chaffee, *The Muslim Merchants of Premodern China: The History of a Maritime Asian Trade Diaspora, 750-1400*, Cambridge and New York: Cambridge University Press, 2018.

[2] Pierre-Yves Manguin, "Austronesian Shipping in the Indian Ocean: From Outrigger Boats to Trading Ships," in Gwyn Campbell ed., *Early Exchange between Africa and the Wider Indian Ocean World*, Landon: Palgrave Macmillan, 2016, pp. 51-76.

[3] Philippe Beaujard, *Dictionnaire Malgache-Français (Dialecte Tañala, Sud-Est de Madagascar) avec Recherches Étymologiques*, Paris: L' Harmatta, 1998; S. Blanchy, J.-A. Rakotoarisoa, P. Beaujard, C. Radimilahy éds., *Les dieux au Service du Peuple. Itinéraires Religieux, Médiation, Syncrétisme à Madagascar*, Paris: Karthala, 2006.

荷兰人绕过好望角、夺取马六甲和如吉礁（随后在此处建城，改名巴达维亚），开启了一个新的时代。不过殖民时代的南印度洋叙述并不丰富，大量的研究是围绕荷属东印度和印度次大陆东南的锡兰展开的。

可见，印度洋的不同区域区块，或多或少都曾引起关注，也产生了不少优秀的成果。然而，就认识论层面而言，把不同区块、不同时间段的印度洋历史拼在一起，就是印度洋史吗？其"破碎"和"整体"又应在何种层面予以理解？王晴佳指出当代史学同时发生着"越做越小"和"越做越大"两种趋势，丹尼尔·沃尔夫（Daniel Woolf）在20世纪下半叶已经观察到受年鉴学派影响的"整体史"框架下的"碎片化"趋势，也出现了西方文明史的扩大版"世界史"，"海洋史"和"全球史"是这种背景下的产物。[①]印度洋区域展现的多元性，反而可以成为加强认识论和方法论的实践场域。

二、一种去建构化的印度洋史

在印度洋各区域精彩研究纷呈的背景下，"印度洋世界"展示的限制当然也是很明显的。首先的挑战来自对"印度中心"（India centric）的疑虑。长期以来，作为南亚的霸主，印度的影响力已深刻表现为涵盖印度洋历史叙事的话语，尽管这套话语在其他南亚国家并不见得受欢迎，其强势性和涵盖面无可否认、作为对后殖民

---

① 王晴佳：《海洋史如何成为世界史？》，《澎湃新闻》2020年11月16日（https://www.thepaper.cn/newsDetail_forward_9911083）。

主义批判的一环，几位声名卓著的印度史名家虽然极力排除英帝国史叙述的影响，其作品客观上又无一不是为以印度为中心的"大印度"增加影响力的，是故包括苏尼尔在内的印度裔学者采取的办法，其实是转换"印度斯坦"中心为"泰米尔中心"或者"南亚—东南亚"一体联动的方法，以淡化旧的范式和经典的影响。

其次的挑战是作为"一切真历史都是当代史"的现实世界的影响。由美国国务院以官方身份首先大力推行的"印太世界"（Indo-Pacific World）本来可能是一个更好摆脱殖民体系划分和纠缠、更好地重新联结南亚和东南亚的词汇。①然而由于该词并非学术界提出并推广使用，一开始便被作为战略用词，政治性意味过强，无法被众多亚洲学者所接受，也对欧美学界有一定困扰——毕竟受过较好训练的历史学者都知道对着"印太"一词倒放电影，以今套古是历史研究的大忌。从在这个领域有成熟研究的学者诸如萧婷（Angela Schottenhammer）等人依然坚持用"印度洋世界/海域"（Indian Ocean world /L'océan Indien）和"亚太"（Asia-Pacific）世界等词汇即可看出历史学界对当代政治话语的抵制，尽管在实际研究理念上，这些学者也致力于对"太平洋—印度洋"世界的打通。2019年11月，中国学者发起"大航海时代珠江口湾区与太平洋—印度洋海域交流"国际学术研讨会，也体现了在全球史、区域

---

① The Department of Defense, "Indo-Pacific Strategy Report: Preparedness, Partnerships, and Promoting a Networked Region," June 1, 2019. 参见: https://media.defense.gov/2019/Jul/01/2002152311/-1/-1/1/DEPARTMENT-OF-DEFENSE-INDO-PACIFIC-STRATEGY-REPORT-2019.PDF。

　　　　　　　　　　　　　　　　　　　　瀛寰识略

史相结合视野下试图打通中国海洋史与太平洋—印度洋史研究的努力。①萧婷、廉亚明（Ralph Kauz）参与了此次国际会议，大作亦收入本辑之中。

如此，作为去建构化的印度洋史，当然不能简单地将印度洋视为一个天然的文化圈层空间，也不宜随意赋予大洋空间之间过多的文化和价值联系，而是应当对研究对象的合理性展开说明、分析各区域圈层不同层次的内涵和意义，由此研究差异性、建立其联系性、探讨整体性。

三、一种以海洋史（oceanic history）呈现的印度洋史

一衣带水，无论是建构化的还是去建构化的印度洋史，以海洋为媒介，串起不同区间或时间的印度洋并呈现其历史，都是很自然的选择。海洋史的视角主要以海权、文明、殖民和移民几个重要的主题为学界内外人士所熟知。其中，"海权"是以和"陆权"相对的概念和姿态进入该研究领域的。由于早期西欧强权将世界纳入资本主义商品生产和消费体系是以海权扩张的形式完成的，其引领和裹挟世界潮流发展的客观结果包括话语权的获取，因此"海权"便与"文明"相联系。在这个意义上，《海洋与文明》成为畅销全球

① 此次会议2019年11月9—10日在中国广东中山市举行，主办机构为广东省社会科学院广东海洋史研究中心、中国海外交通史研究会、国家文物局水下文化遗产保护中心、广东省中山市社会科学界联合会、中山市火炬开发区管委会，来自美国、德国、奥地利、法国、日本、澳大利亚以及中国内地、港澳台地区的100余位学者参加会议。

的作品也不难想象了。①在"文明"的观念下，"殖民"的主题紧随而来，基本被作为后殖民批判的样态。移民则是在殖民的面向上，一种更温和也更长期的人类活动交往方式的呈现。

从对地理或者通道、通路的研究，到研究贸易、贸易时代，再到世界体系、区域史，以海洋史方式呈现的历史精彩纷呈，最终在21世纪演化到更强调国家和区域之间相互影响甚至缠结的"全球史"。在这种观念、视角和方法论的指引下，印度洋史的研究当然便不再只是关于其历史演化"进程"的研究，而是印度洋世界与其他区域关系的研究、印度洋世界内部关系的研究、印度洋世界内外多层次的影响，而且其研究本身也带有了方法论的意义。正如有学者已指出的，"乔杜里在上世纪八十年代受布罗代尔地中海研究的启发，写成了《印度洋的贸易与文明》（*Trade and Civilization in the Indian Ocean*, Cambridge University Press, 1983）一书。此书后来被公认为早期近代印度洋研究的权威作品。乔杜里在书中详细描述了自公元八世纪至十八世纪印度洋各区域间不同的贸易网络。这些区域网络在不同时期存在着重叠、竞争、互补的关系，在伊斯兰教的粘合作用下构成了一套完整的印度洋贸易体系。"②除了这种基本的联结和贸易网络，在这篇以《在孟加拉湾埋葬区域研究》"标题党"揭示的宣言中，作者尤其强调新的研究对于去精英化和

---

① 林肯·佩恩：《海洋与文明》，陈建军、罗燚英译，天津：天津人民出版社，2017年。

② 曹寅：《在孟加拉湾埋葬区域研究》，《澎湃新闻·上海书评》2021年1月6日（https://www.thepaper.cn/newsDetail_forward_10596155）。

殖民者叙事风格的重要性，也提出在超越这种观念和叙事的基础上对于打破原有畛域的要求。其中，"去精英化"的提法并不新鲜，但摆脱殖民观念、话语和叙事风格，确是值得年轻一代学者重视的后"东方学"时代的要义。

那么，如何打破这种固化的设定或认知屏障呢？把南亚和东南亚放在一起研究的口号很美好，其实践却非常艰难。以海洋史的视角贯通两者、重新揭示印度洋世界的联结，无疑是其中一个不错的路径和方法。比如，印度裔移民在孟加拉、马来半岛的活动，虽然已有勾勒，尤其是在大英帝国殖民时期，然而，区域之间流动的复杂性和关联性却远未得到展现。苏尼尔已指出缅甸劳工大多来自泰卢固（Telugu）地区，泰米尔纳德邦（Tamil Nadu）最南部的人更多去锡兰，而坦贾武尔（Thanjavur）、蒂鲁内尔维利（Tirunelveli）和马德拉斯周边则与马来亚联系最紧密。[①]然而，这三条线路展示的劳工轨迹、背后的交叉、二次三次移民的问题、不同产业的关联均未明晰。事实上，印度前往缅甸的移民，尤其是英国殖民时期经过孟加拉地区前往吉大港、若开、仰光的劳工，许多都会往返或进行二次三次移民；许多涌入毛淡棉（Mawlamyine）的锡克人，本身也会进一步南下马来半岛从事矿业、农牧业和医疗；马德拉斯前往马来半岛的劳工，与到马来亚从事矿业的华工产生的缠结联系也超过我们的想象——印度北部比哈尔邦（Bihar）种植鸦片的穆斯林，又会被运到马来亚压制鸦片砖满足矿工的需求；

① 苏尼尔·阿姆瑞斯：《横渡孟加拉湾》，第135页。

缅甸的木材在印度资本的运作下，也会在马来半岛或毛淡棉经由客家华工打造、运回印度西海岸造船中心苏拉特。凡此种种，均展示了印度洋区间更深的相互依赖和缠结。深入揭示分析这些人群缠结和产业联系的演化形态和动因，是海洋史研究从一种看似散漫的"碎片"演变为更有方法论意义研究的转折步骤。

四、在海洋世界流动的基础上思考个体、家庭和人群的历史

对印度洋世界史的研究，"流动性"作为海洋世界的特质，自然可以作为一个不错的视角。然而，我们的研究终究还是要看到活生生的个体。因此，在流动性的基础上去思考个体、家庭和人群的历史变得不可回避。

首先，人如何流动？依靠什么方式体现流动性？人的流动造成了哪些变化、又产生了何种意义？这些基本的问题与学术话语体系里所谓的世界体系描述是不同的，是首先需要解决的问题，进而才能谈由人的依附关系产生的资源分配和流动的不平等，以及随后可以被描述和分析的"世界体系"。其次，印度洋世界不同地区交互的影响如何？这是全球史的议题，当然也是缠结史（entangled history）理路所热衷于揭示的表现形态。海洋史具有的流动性特质恰恰帮助着建立这种联系和共生的缠结演化。再次，印度洋的"破碎"和整体如何呈现？并非所有破碎或整体都是"全球微观史"，只有构成真正联结意义的整体和局部，才会在历史书写中表现出活力，否则，马达加斯加海边晒渔网的渔民的日常活动还是"碎片"，

印度洋世界体系也只是宏大叙事，而一旦其与南印度洋的环流结合起来，与马来词汇的交融结合起来，与有关中国瓷器联系的叙事结合起来，印度洋世界的"整体"便具有了新的样貌。

当然，史无定法，基于时代和潮流变化所产生的关注点和研究方法的变化，并不一定要体现在印度洋史的研究之中，只是我们需要明了其可能产生的影响或思考值得运用的内容。从概念、地理、贸易、世界体系到区域史和全球史，从海洋史的方法落实到"人"，印度洋史的研究无疑丰满了许多。这些关注重点和历史解释的变化，与其说具有某种继承性或优劣，不如说体现了一种"时代精神"（Zeitgeist），是当代史映射下的"真历史"。

五、印度洋史专辑构思、内容和意义

本专辑为国内推出的第一个同时包含印度洋东西两岸内容又有整体理论和研究框架的印度洋专辑，既涵盖欧美澳三代印度洋史学者的研究成果和思想，又包含新一代中国学者的新思维和新观念，一定程度上实现了思想资源转化和本土化的目的。首先，专辑借助于全球史的新视野和新方法，为海洋史和区域史、跨国史的研究注入了新的活力；其次，专辑中的许多文章，不仅体现出了跨区域研究的思想和倾向，还强调了"网络联结"的面相，代替了传统上东西二元对立的认知、波斯—阿拉伯与中国海上交通的套路，或是郑和下西洋及沿岸地点传统的地名考释；再次，专辑还体现了对以往研究所极大忽视的医疗和生态环境历史的重视，亦为当前研究的热点。专辑连同导论共收录学术史、专题论文和学术述评20篇，包括自由来稿、会议审核用稿、编辑约稿和组织翻译稿件，经过若干次审核重组打磨，前后历时三年。文章作者包括从资深教授到青年学者和研究生的梯队，体现了几代学者共同推进这一事业的意志。

在专题论文第一组5篇文章中，朱明讨论了印度洋史的全球史转向。他认为，20世纪60年代以后，受到布罗代尔"地中海世界"研究影响，印度洋史研究开始兴起，在21世纪初陆续涌现重要成果。其中，全球南方地缘政治的变动、印度洋周边成为不同"世界体系"的组成部分、全球史编纂对去国家霸权和殖民帝国叙事的追求等几个主要因素共同促成了这种兴盛，也出现了几种新的趋势：深化研究商品和经济活动主体、更重视劳工和移民、重新思考民族国家、注重东西方联动、关注环境史。印度洋史的研究也充分体现了亚洲内部多元文化共存的特征。[1]爱德华·阿尔珀斯的演讲稿《印度洋研究：我们如何来到这里，我们要往哪里去》经过整理翻译，很幸运能迅速与中文世界的读者们见面。讲稿旁及人文和社会科学中印度洋世界相关的广泛文献研究，并对印度洋研究的未来予以展望。[2]阿尔珀斯指出早期的印度洋研究并未将区域本身视为研究对象，而是将区域作为其他历史研究的背景因素。在《从"沿

---

① 朱明：《21世纪以来印度洋史研究的全球史转向》，《海洋史研究》（第十八辑），北京：社会科学文献出版社，2022年（以下出版信息同）。

② 爱德华·阿尔珀斯：《印度洋研究：我们如何来到这里，我们要往哪里去》，吴静译。

海地区"到"一股清风"》里，阿尔珀斯又深情回顾了迈克尔·皮尔逊对理解印度洋史做出的两大杰出贡献：提出沿海地区的概念以及强调对航海者的讨论。[①]与前两位对印度洋史学术史研究和发展方向进行全面提炼概述的作者不同，罗萨妮·马伽丽迪（Roxani Margariti）探讨的是印度洋世界这一由地理岛屿和地缘政治岛屿组成的"岛屿之海"如何以这些地理实体为基础形成独立、自治或半自治的社群。作者强调，印度洋世界中这样的"岛屿性"塑造了其主要的连接模式：远距离贸易、移民流动、知识网络以及朝圣实践。[②]最后，廉亚明利用《郑和航海图》和波斯、阿拉伯史料探讨了史籍里对南阿拉伯海岸港口的众多记载，包括位置的落实、港口名称的辨析等问题。该文也很好体现了德国学术传统中对古典东方语言研究的扎实基础和路数。[③]在这5篇专论中，前3篇一定程度上是关于印度洋史的学术史论述，后2篇则显示了印度洋上离散的岛屿和港口的诸多特点，包括其背后的知识网络联结和时人对岛屿和口岸的认知方式。

第二组6篇专题论文，包括了1篇古典学研究、1篇考古学研究和4篇商业贸易主题的专论。庞纬的文章以希腊罗马世界的记载切入，探究了古典时代活跃于红海两岸、阿拉伯半岛南岸、阿曼湾南部、今伊朗和巴基斯坦沿岸南部等北印度洋沿岸的"以鱼为生"

---

① 爱德华·阿尔珀斯：《从"沿海地区"到"一股清风"：迈克尔·皮尔逊对印度洋史的贡献》，冯立冰、王玉浩译。

② 罗萨妮·马伽丽迪：《岛屿之海：岛屿、岛国和印度洋的历史》，罗燚英译。

③ Ralph Kauz, "Some Notes on the Ports of the South Arabian Coast in the 'Zheng He hanghai tu'."

的族群如何被描述和想象。①由北而南到东非海岸，唐·瓦耶特（Don J. Wyatt）探析了中古时期中国在东非贸易的最早时间、开展形式、交易内容、贸易对象以及从最初的间接贸易转为直接贸易的缘由。②该文很好地厘清了既有研究里中非贸易不太清晰的部分，又为印度洋非洲海岸的贸易增添了色彩。秦大树和李凯的文章则直接回应补充了瓦耶特提出的三个大问题，指出根据考古学的新发现，中国与非洲的联系可以往前推到9世纪，而11世纪后一段时期的缩减可能跟室利佛逝与注辇和马打兰争霸导致马六甲海峡的封闭有关，中国与西印度洋地区的贸易在随后两百年间进入低谷。③塞巴斯蒂安·普朗格（Sebastian R. Prange）揭示了活跃于西印度洋的马拉巴尔海盗如何得以遍地开花的机制。这些专门从事季节性海上暴力的社区群体遵循半定居半掠夺性的生存模式，寇盗活动更多是社会结构的体现。④迈克尔·皮尔逊研究了印度西海岸为了保障商业而发展出精密复杂结构的众多港口城市。这些港口有高度的专业功能分工，为外国商人服务的捎客更是在复杂的经济关系中扮演了不可替代的角色。其中，卡里卡特（Calicut）、第乌（Diu）、康贝（Cambay）等城市相当引人注目。⑤徐靖捷对近代顺

---

① 庞纬：《"失语"者：西方古典视域下的食鱼部落》。

② 唐·J. 瓦耶特：《作为货物的人及其他：中古时期中国在东非的贸易》，郭妹伶译。

③ 秦大树、李凯：《9—10世纪输往非洲的中国瓷器》。

④ 塞巴斯蒂安·普朗格：《没有耻辱的贸易：12—16世纪西印度洋的海盗、商业和社区》，何爱民译。

⑤ 迈克尔·皮尔逊：《印度西海岸港口城市的捎客及其外商服务之角色》，王乐之译。

德乐从沙滘陈氏"远枝堂"家庭海外活动的研究再次将我们拉回遥远的东非地区。留尼汪、马达加斯加等地华人社会网络在合伙经营、资金借贷等方面提供支持力量,"远枝堂"在移居地拓展了其社会网络。作者很犀利地指出,"华人在印度洋西岸的商业网络,能够在行业、资金、语言、经营模式上为移民提供有力的支持,也带来了路径依赖的盲目性等问题"。①文章也进一步显示华人侨居地流动性之大,从东非海岸到马来半岛,其流动不受地理位置的制约,反而为社会网络所主导,一旦诸如毛里求斯等地移民政策发生变化,受到排挤的离散群体随即向马达加斯加等国转移。上述论文从古代到近代、从东非海岸、阿拉伯半岛和波斯湾到印度西海岸,展示了整个西印度洋斑驳的地理和贸易生态。

第三组3篇论文,为相当专门的医药主题的研究作品。萧婷、马修·托克(Mathieu Torck)和闻·温特(Wim De Winter)三人对外科医生和医师的研究显示了这一被多数人忽略领域的重要性。海上航行的风险包括天气、疾病、营养不良,以及"在船上传播疾病的病毒、细菌和动物",作者指出预防和救济措施是海上航行的重要组成部分,也敏锐指出这是欧洲扩张时代以利润为导向和殖民帝国模式激发出的学科和专业发展的动力。②保罗·布尔(Paul D. Buell)详尽探讨了阿拉伯医学体系的源流和《回回医方》来源的诸多问题,他聚焦于阿拉伯医学如何传播到东亚又为何无法扎

---

① 徐靖捷:《近代印度洋西岸的华商活动及支持网络》。

② Angela Schottenhammer(萧婷), Mathieu Torck, and Wim De Winter, "Surgeons and Physicians on the Move in the Asian Waters."

根而衰落(东亚贸易联系中断、药材内容被替代),并探析了可能供应药材的印度洋上的各方的各种联系。[①]奥姆·普拉卡什(Om Prakash)探讨了近代早期印度洋贸易中的鸦片。英国公司垄断鸦片,产出的增加并不仅仅是农民受到胁迫的结果。鸦片种植面积仍在增加的原因系政府向实际和潜在鸦片种植者提供预付款方面采取了宽松政策以及收购时不以产量大小而改变的价格的结果。[②]这3篇医药研究的专论横跨印度洋与西太平洋地区,在空间和内容上均是对前6篇专论的有力补充。

学术述评部分为5篇书评和综论。何爱民评述了沈丹森(Tansen Sen)的新作《印度、中国与世界:一段联系的历史》,展示了欧洲势力进入前后印中知识和商品交流网络及其变化。[③]李雅欣通过《纺织品贸易、消费文化和印度洋布料世界》这本论文集评述印度洋史研究的新进展,全文对东西部印度洋均有涉及。通过对东非海岸的"马斯喀特织物"贸易的聚焦,学者们也开始关注香料和白银以外日常生活的织物对区域的影响。[④]这两篇文章均跨越印度洋两岸,又展示了其全球性的联结,可以视为带有全球史意义的议题。李伟华以《皇家亚洲学会会刊》印度学的建立和演变为例研究英国东方

---

① 保罗·布尔:《欧亚大陆、医学、贸易:阿拉伯医学在东亚——它如何流传彼端,如何受到支持,以及可能供应药材的印度洋往来》,崔宏锐、刘馨元译。

② 奥姆·普拉卡什:《近代早期印度洋贸易中的鸦片:官方和违禁品商业交易的商品》,汪伊乔译。

③ 何爱民:《印度洋视角下的印中海上交流史——沈丹森(Tansen Sen)著<印度、中国与世界:一段联系的历史>》。

④ 李雅欣:《<纺织品贸易、消费文化和印度洋布料世界:织物之海>评介》。

学的形成和发展。①林旭鸣评述了约翰·麦卡利尔的名著《印度档案——东印度公司的兴亡及其绘画中的印度》，展示出在英国东印度公司赞助下画家通过风物和图像对殖民地的呈现及其不足。②这两篇以印度为中心的文章均充满了对东方学的反思。谢侃侃以印度洋作为反殖民场域探析印度尼西亚民族解放运动的形成特点和组织模式，彰显了跨洋网络在超越荷属东印度政府管治地理空间上的意义。③这些带有后殖民批判和反思视角的作品，为印度洋研究超越"西方中心"论述提供了有力的资源。

　　这20篇文章除12篇原创外还有8篇译文，9位来自国内外不同机构的学者不辞辛苦完成了这项复杂的翻译工程，对于印度洋知识的本土转化和传播居功至伟。在感谢他们的贡献之余，我们更看到人类不同的知识传播、引介和交流的动力和希望。仰赖于广东社科院海洋史中心团队同仁的精心编校和往复返稿讨论，专辑文章才能以如此高的质量呈现出来。总体而言，印度洋史或者说印度洋世界的研究，由于涵盖面极广、内容庞杂、层次丰富，没有人可以覆盖所有知识点。只有群策群力，搭建优秀的对话平台，不同学者和团队一起努力，共享新知旧识、互相启发激荡，方能不断提高这一领域的研究水平。也正因其复杂性，该领域的研究在我国仍处

---

① 李伟华：《英国的海外殖民与东方学研究——以1827—1923年<皇家亚洲学会会刊>印度学为中心》。
② 林旭鸣：《约翰·麦卡利尔著<印度档案——东印度公司的兴亡及其绘画中的印度>评介》。
③ 谢侃侃：《印度洋作为反殖民场域：去地域化视角下的印度尼西亚民族解放运动》。

于上升摸索阶段，具有相当广阔的发展空间。限于本人有限的能力和认识，谨择录所知较好的研究40种附录于后，期待我们能对前人的优秀成果有所继承和发扬。

参考书目

1. Alvin J. Cottrell and R. M. Burrell, *The Indian Ocean: Its Political, Economic, and Military Importance*. New York: The Center for Strategic and International Studies, 1972.（A．J·科特雷尔、R. M·伯勒尔编：《印度洋：在政治经济军事上的重要性》，上海：上海人民出版社，1976。）

2. A. R. Kulkarni, M. A. Nayeem, and T. R. de Souza eds., *Mediaeval Deccan History*. Bombay: Popular Prakashan Pvt. Ltd, 1996.

3. Abdul Sheriff, *Dhow Cultures of the Indian Ocean: Cosmopolitanism, Commerce and Islam*. New York: Columbia University Press, 2010.

4. Abdulrahman al Salimi and Eric Staples eds., *Oman: A Maritime History*. Hildesheim, Zürich, New York: George Olms, 2017.

5. Angela Schottenhammer ed., *Early Global Interconnectivity across the Indian Ocean World, Vol. I: Commercial Structures and Exchanges*; *Vol. II: Exchange of Ideas, Religions, and Technologies*. Cham, Switzerland: Palgrave Macmillan, 2019.

6. Ashin Das Gupta ed., *India and the Indian Ocean World: Trade and Politics*. New Delhi: Oxford University Press, 2003.

7. David Armitage, Alison Bashford, and Sujit Sivasundaram eds,. *Oceanic Histories*. Cambridge: Cambridge University Press, 2017.

8. Edward A. Alpers, *The Indian Ocean in World History*. Oxford:

瀛寰识略

Oxford University Press, 2013. （艾德华·艾尔柏斯：《一带一路：带你走入印度洋的历史》，杨明凯译，台中：五南图书出版股份有限公司，2017。）

9. Edward Simpson and Kai Kresse eds., *Struggling with History: Islam and Cosmopolitanism in the Western Indian Ocean*. London: Hurst, 2007.

10. Gwyn Campbell ed., *Early Exchange between Africa and the Wider Indian Ocean World*. Cham, Switzerland: Palgrave Macmillan, 2016.

11. Himanshu Prabha Ray and Edward A. Alpers eds., *Cross Currents and Community Networks: The History of the Indian Ocean World*. New Delhi: Oxford University Press, 2007.

12. Janet L. Abu-Lughod, *Before European Hegemony: The World System A.D. 1250-1350*. New York and Oxford: Oxford University Press, 1989. （珍妮特·L. 阿布卢格霍德：《欧洲霸权之前：1250—1350年的世界体系》，杜宪兵、何美兰、武逸天译，北京：商务印书馆，2015。）

13. Jos Gommans and Jacques Leider eds., *The Maritime Frontier of Burma: Exploring Political, Cultural and Commercial Interaction in the Indian Ocean World, 1200-1800*. Leiden: KITLV Press, 2000.

14. Kirti N. Chaudhuri, *Trade and Civilisation in the Indian Ocean: An Economic History from the Rise of Islam to 1750*. Cambridge: Cambridge University Press, 1985.

15. Kenneth Hall ed., *Secondary Cities and Urban Networking in the Indian Ocean Realm, c. 1400-1800*. Lanham, MD: Lexington Books, 2008.

16. Kenneth McPherson, *The Indian Ocean: A History of People and the Sea*. Delhi: Oxford University Press, 1993.(肯尼斯·麦克弗森：《印度洋史》, 耿引曾、施诚、李隆国译, 北京：商务印书馆, 2015。)

17. Kris Alexanderson, *Subversive Seas: Anticolonial Networks across the Twentieth-Century Dutch Empire*. Cambridge and New York: Cambridge University Press, 2019.

18. Michael N. Pearson, *The Indian Ocean*. London and New York: Routledge, 2003.(迈克尔·皮尔逊：《印度洋史》, 朱明、谭宝全译, 上海：东方出版中心, 2018。)

19. _____, *The New Cambridge History of India, Volume 1, Part 1: The Portuguese in India*. New York: Cambridge University Press, 1988.(《新编剑桥印度史（第一卷第一分册）：葡萄牙人在印度》, 部菊译, 昆明：云南人民出版社, 2014。)

20. _____, *Merchants and Rulers in Gujarat: The Response to the Portuguese in the Sixteenth Century*. Berkeley: University of California Press, 1976.

21. _____, *Port Cities and Intruders: The Swahili Coast, India, and Portugal in the Early Modern Era*. Baltimore and London: The Johns Hopkins University Press, 1998.

22. _____ ed., *Trade, Circulation, and Flow in the Indian Ocean World*. Cham, Switzerland: Palgrave Macmillan, 2015.

23. Om Prakash ed., *The Trading World of the Indian Ocean, 1500-1800*. Delhi: Pearson Education and Centre for Studies in Civilizations, 2012.

24. Philip D. Curtin, *Cross-Cultural Trade in World History*. Cambridge: Cambridge University Press, 1984.(菲利普·D. 柯丁：《世界历史上的跨文化贸易》, 鲍晨译, 济南：山东画报出版社,

2009。)

25. Philippe Beaujard, "The Indian Ocean in Eurasian and African World-Systems before the Sixteenth Century" (Trans. S. Fee), *Journal of World History* 16.4 (2005): 411-465.

26. _____, *Les Mondes de l'Océan Indien, Vol. 1: De la Formation de l'Etat au Premier Système-monde Afro-Eurasien (4e Millénaire av. J.-C.-6e Siècle ap. J.C.)*; *Vol. 2: L'Océan Indien, au Coeur des Globalisations de l'Ancien Monde (7e-15e Siècle)*. Paris: Armand Colin, 2012.

27. Ralph Kauz ed., *Aspects of the Maritime Silk Road: From the Persian Gulf to the East China Sea*. Wiesbaden: Harrassowitz, 2010.

28. Richard B. Allen, *European Slave Trading in the Indian Ocean*. Athens: Ohio University Press, 2015.

29. Richard Seymour Hall, *Empires of the Monsoon: A History of the Indian Ocean and Its Invaders*. London: Harper-Collins, 1996.（理查德·霍尔:《季风帝国: 印度洋及其入侵者的历史》, 陈乔一译, 天津: 天津人民出版社, 2019。)

30. Robert D. Kaplan, *Monsoon: The Indian Ocean and the Future of American Power*. New York: Random House, 2010.（罗伯特·D. 卡普兰:《季风: 印度洋与美国权力的未来》, 吴兆礼、毛悦译, 北京: 中国社会科学文献出版社, 2013。)

31. Roxani Eleni Margariti, "An Ocean of Islands: Islands, Insularity, and Historiography of the Indian Ocean," in Peter N. Miller ed., *The Sea: Thalassography and Historiography*. Ann Arbor: The University of Michigan Press, 2013, pp. 198-229.

32. Sanjay Subrahmanyam, *Europe's India Words, People, Empires,*

1500-1800. Cambridge, MA: Harvard University Press, 2017.

33. _____, *The Portuguese Empire in Asia, 1500-1700.* London: Longman Group, 1993.

34. Sunil S. Amrith, *Crossing the Bay of Bengal: The Furies of Nature and the Fortunes of Migrants.* Cambridge, MA: Harvard University Press, 2013.（苏尼尔·阿姆瑞斯:《横渡孟加拉湾:自然的暴怒和移民的财富》, 尧嘉宁译, 朱明校译, 杭州:浙江人民出版社, 2020。）

35. 陈忠平:《走向多元文化的全球史:郑和下西洋(1405—1433)及中国与印度洋世界的关系》, 北京:生活·读书·新知三联书店, 2017。

36. 耿引曾:《中国人与印度洋》, 郑州:大象出版社, 1997。

37. 顾卫民:《从印度洋到太平洋:16至18世纪的果阿与澳门》, 上海:上海书店出版社, 2016。

38. 刘金源:《印度洋英联邦国家(海岛、小国、异路)》, 成都:四川人民出版社, 2003。

39. 刘迎胜:《从西太平洋到北印度洋:古代中国与亚非海域》, 南京:南京大学出版社, 2017。

40. 张文木:《印度与印度洋:基于中国地缘政治视角》, 北京:中国社会科学出版社, 2015。

　　　　　　　　　　　　　　　　　　　　　　　瀛寰识略

菲利浦·布亚及其印度洋世界体系研究述略

~~~~~~~~~

本文介绍法国学者菲利浦·布亚（Philippe Beaujard）从马达加斯加研究开始延伸到整个印度洋沿岸地区的学术研究内容和轨迹，着重评述了其重要著作《印度洋世界》，并点明其印度洋世界体系研究在学术史上的意义和贡献。布亚认为，印度洋在公元1世纪时经由频繁的交流已变为一个嵌入"非洲—欧亚"世界体系的统一空间，在16世纪前，世界体系经历了四个兴衰周期，区域不断整合，人口、商业和生产普遍增长，核心区和边缘区也随着国际劳动分工同步演化；印度洋世界体系的演化历史也表明，资本主义不是一种欧洲发明。以印度洋为中心看不同世界体系的形成更迭轨迹，无论视角还是方法论，均有可观之处。

一、学术背景

菲利浦·布亚是一位人类学家，现为法国国家科学研究中心

---

*本文肇始于偶然与钱江先生论及迈克尔·皮尔森（Michael Pearson）印度洋史的研究，他提示我应当注意布亚新近两卷本的《印度洋世界》，谨致谢忱。

（Centre National de la Recherche Scientifique, CNRS）名誉主任、非洲世界研究所（Institut des Mondes Africains）研究员。他自述的主要研究主题包括16世纪之前的印度洋历史（主要是古代世界的全球化进程）、欧洲人到达之前印度洋植物种植的历史、马达加斯加东南部占卜者的处境和实践、马尔加什语语言学以及马岛东南部阿拉伯—马尔加什语手稿。从研究马达加斯加开始，他先后出版《王子与农民》（1983）、《马达加斯加神话与社会》（1991）、《马尔加什语—法语字典与词源研究》（1998）和《东南马达加斯加的阿拉伯—马尔加什语》（1998）四部作品，并合编有《为人民服务的上帝：马达加斯加的宗教路线、调解和融合》（2006）一书。[①]其后，布亚的研究重心转到更大的主题，开始关注整个印度洋的历史经验及其在全球历史脉络中的位置。

2005年，他在《世界历史学刊》上发表了一篇关于印度洋与欧亚非世界体系研究理论框架思考的重量级文章《16世纪前在欧亚和非洲世界体系中的印度洋》，展示了将区域研究纳入跨区域研究

---

① Philippe Beaujard, *Princes et Paysans. Les Tanala de l'Ikongo. Un Espace Social du Sud-Est de Madagascar*, Paris: L'Harmatta, 1983; *Mythe et Société à Madagascar (Tañala de l'Ikongo). Le Chasseur d'Oiseaux et la Princesse du Ciel*, Paris: L'Harmatta, 1991; *Dictionnaire Malgache-Français (Dialecte Tañala, Sud-Est de Madagascar) avec Recherches Étymologiques*, Paris: L'Harmatta, 1998; *Le Parler Arabico-malgache du Sud-Est de Madagascar. Recherches Étymologiques*, Paris: L'Harmatta, 1998; S. Blanchy, J.-A. Rakotoarisoa, P. Beaujard, C. Radimilahy éds., *Les Dieux au Service du Peuple. Itinéraires Religieux, Médiation, Syncrétisme à Madagascar*, Paris: Karthala, 2006.

或所谓的"世界体系"的诸多想法。[①]该文指出，城镇和国家的兴起及交易网络的扩张促成了欧、亚、非大陆多个"世界体系"在公元前4000年的形成。到公元1世纪时，水手、商人、宗教人员、移民频繁的交流已"将印度洋变成一个嵌入欧亚和非洲世界体系的统一空间"。在16世纪之前，该体系人口、产品、贸易的体量和质量、都市发展扩张和收缩的周期不断演化，四个被认定的演化周期见证了区域内部和周边整合的过程、人口、商业和生产的普遍增长、国际劳动分工中核心和边缘区之间等级关系的同步发展。这个时期也显示出了随之而来出现的现代资本主义的世界体系的多个特征。关于"体系"或"系统"（system），作者用的是莫林（Edgar Morin）的定义，即"一个复杂的单位及复杂的整体与部分之间的关系"由累积的互动构成，正是这些互动构成了系统的组织。[②]这些系统内组织的特点实质上既复杂又有活力，其构成的体系既生成秩序又会失序，既生成统一性又有多样性，作者就是在这种思考基础上讨论欧亚和非洲秩序的。

根据交易网络，布亚认为亚非海洋交易区可以分为南海、东印度洋、西印度洋三个区域，而贸易是印度洋变为一个"统一空间"最核心的因素。不过他也强调，交换不仅仅受地理和经济因素影响，还受到思想体系和权力平衡的影响，毕竟产品的进出口会

---

① Philippe Beaujard, "The Indian Ocean in Eurasian and African World-Systems before the Sixteenth Century" (Trans. S. Fee), *Journal of World History* 16.4 (2005): 411-465.

② Edgar Morin, *Science avec Conscience*, Paris: Fayard, 1990, pp. 242-244.

受制于政治或相应的宗教意识形态，贸易不是唯一的利润转移方法——在宗教网络和执政精英与生产者之间的生产关系中，贡赋和征税、劫掠等政治统治和冲突也起着作用，研究世界体系也还必须考虑经济体所在的文化和宗教氛围。其次，他强调"顺差转移并非中心地区取得主导地位的唯一手段，因为通过殖民化、联盟、宗教转变、婚姻等各种意识形态和政治权力的多样化战略也可以实现"（第416页）。世界体系研究的先行权威沃勒斯坦已指出弗兰克（Andre G. Frank）的"世界体系"在16世纪之前的解释上存在问题，即其仅仅着重于奢侈品交易而不涉及主要产品，因此也无法用现代世界定义的核心"劳动分工"来涵盖。作者仔细辨析后发现农产品和原材料一般都能一开始就在贸易网络里体现。[①]木材、奶制品、铜、硬石、焦油、油和粮食的交易广泛见于从美索不达米亚到阿曼到印度的网络中。贵金属从孟加拉到阿萨姆地区、缅甸、云南地区以及泰国和越南沿商业路线的流动更是进一步促成体系成形。8至10世纪的穆斯林世界、9世纪的中国和12到13世纪的埃及阿尤布王朝也通过发展信贷创造了经济扩张的工具。当然，作者亦认可吉尔斯（Barry K. Gills）等人的观点，即交易系统性的特点并不首要

---

① 如《厄立特利亚海航行记》和埃及伯利尼斯港考古证据，参见Lionel Casson, *Periplus Maris Erythraei*, Princeton, N.J.: Princeton University Press, 1989; R. T. J. Cappers, "Archaeobotanical Evidence of Roman Trade with India," in *Archaeology of Seafaring*, ed. Himanshu Prabha Ray, Cambridge: Cambridge University Press, 2003, pp. 51-69; W. Z. Wendrich et al., "Berenike Cross-Roads: The Integration of Information," *Journal of the Economic and Social History of the Orient* 46.1 (2003): 46-87.

源于奢侈品或必需品，而是对区域内剩余物品的转移。这也是经济扩张和整合的基础。由此，布亚认为对印度洋区域贸易的研究颠覆了资本主义是一种"欧洲发明"的观念，尽管17世纪的"世界体系"像是15世纪欧洲发展的扩展版。这种非欧洲中心的观念并非始于作者，早前布罗代尔便对沃勒斯坦之于16世纪的迷恋不以为然，而弗兰克和吉尔斯也反对该期存在任何"质变"，只是资本主义仅仅在欧洲可以将其基本原理加诸民族国家之上而焕发出巨大能量、成为世界体系里生产的主导模式而已。总体而言，这篇鸿文虽然也难免有宏大叙事伴随而来的粗疏，却非常有力地以周边陆地文明和政权所形成的区域性中心界定了印度洋的"边界"及基于贸易交换网络体现出的兴衰周期，展示了由陆地中心反衬形成的联结性中心印度洋作为研究单元的意义和可行性，这些都成为其随后组织相关学者研讨的基本思路，该文的核心思想也在其后两卷本的巨著中得到发扬。

　　2009年布亚与人类学家洛隆·伯格（Laurent Berger）、经济学家菲利浦·诺雷（Philippe Norel）合编《全球史、现代化与资本主义》，汇集了一批杰出学者从各自专业领域对现代资本主义框架下的全球史发展和研究形势发表的不同看法。①这批人类学家、经济

---

① Philippe Beaujard, Laurent Berger, and Philippe Norel éds., *Histoire Globale, Mondialisations et Capitalisme*, Paris: La Decouverte, 2009. 伯格算是布亚在马达加斯加田野调查和研究方面的同行，他尤其对"人类学怎样描述和解释发生在不同时间性（结构性时间、短期时间和事件性时间）和不同的互动地理层级（地方、省市、国家、区域和全球性）交汇处的社会活动"有兴趣，参见其2011年在北京大学"田野、理论、方法：中法对话：人类学与社会科学目光的交叉"会议的报告

学家、政治学家、社会学家和历史学家着重讨论了"非欧洲世界"（du monde non Européen）在人类历史上的重要作用，即在何种意义上亚洲的复兴源自其长久的"全球性"联系根基。伴随着人口增长、国家和商业发展、财富和知识的地方性积累，全球结构性变化的本质是什么？如何理解富有流动性的交换在地理上的扩张及随之而来的民族国家和世界范围内资本主义的发展？编者总结说，布亚与杰里·本特利、杰克·古迪、克里斯托弗·蔡斯-丹（Christopher Chase-Dunn）和托马斯·霍尔（Thomas Hall）一道，更多着意于多线程时间中的全球整合进程；伊曼纽尔·沃勒斯坦、乔万尼·阿瑞基（Giovanni Arrighi）、米歇尔·阿格里塔（Michel Aglietta）、贝弗里·西尔弗（Beverly Silver）、巴里·吉尔斯、罗伯特·德内马克（Robert Denemark）等人则重在探讨全球资本主义的诞生、发展和危机；伯格、诺雷两位则与杰克·戈德斯通（Jack Goldstone）、彭慕然和王国斌一起谈论分析了区域间不断重现的发展周期（"焕发

《王国与公司：全球化的人类学新解》（Laurent Berger, "Le Royaume et la Firme. Pour une Anthropologie Globale de la Mondialisation," Colloque "Terrains, Théories, Méthodologie. Dialogue Franco-Chinois: Regards Croisés sur l'Anthropologie et les Sciences Humaines et Sociales," Université de Pékin, Chine, 8-10 Avril 2011.）。诺雷已于2014年逝世，生前主要研究发展经济学、国际货币经济学、经济思想史、全球经济史及全球化的历史和理论。其2009年的大作《全球经济史》（L'Histoire Économique Globale, Paris: Éditions du Seuil, 2009）以全球化的视角充分洞察把握了社会变化的本质。该书指出斯密动力在创造市场制度中至关重要的作用，然而它却依赖于"必不可少的"政治中介（l'indispensable médiation du politique），即非常依赖于国家与商人之间建立的关系，市场体系的创造和资本主义的创造也同样如此。诺雷在斯密型动力对分工和世界体系形成方面的认知对布亚有不小影响。

　　　　　　　　　　　　　　　　　　　　　瀛寰识略

期"）与文化创造力之间的联系以及全球化进程。在与这些相当重视世界体系和全球联系学者的接触中，布亚也吸收相应观点、充实了自己关于印度洋区域及全球史联结的理论，并在接下来的作品中进行对话。

二、《印度洋世界》总体框架

2012年，布亚出版了两卷本气势磅礴的《印度洋世界》，可谓多年研究演化轨迹下集大成之作。[①]该书第一卷《非洲—欧亚世界体系最初的形成（公元前4千年至公元6世纪）》（*De la Formation de l'Etat au Premier Système-Monde Afro-Eurasien (4e Millénaire av. J.-C.-6e Siècle ap. J.C.)*）讲述所谓的世界体系如何孕育于古代世界并在公元前后形成雏形：早期几大文明形成、贸易增长、技术革新促成的最早的"全球化"，城市革命也促成了青铜时代和铁器时代的区域整合与联结，印度洋世界公元1世纪开始也终于成为统一而分层的空间、成为非洲—欧亚世界体系的中心并以区域之间的劳动分工形式表现出来；第二卷《印度洋：古代世界全球化的中心（7—15世纪）》（*L'Océan Indien, au Coeur des Globalisations de l'Ancien Monde (7e-15e Siècle)*）描绘分析了以印度洋为中心的非洲—欧亚世界体系的发展及资本主义的出现：由海道承载的香料、丝绸等交易确立着印度洋的中心位置，贸易也激励着各种技术革

---

① Philippe Beaujard, *Les Mondes de l'Océan Indien*, Paris: Armand Colin, 2012.

新。其中，中国扮演着核心角色，在16世纪前相继跨越了四个经济增长周期。这些都是伴随着人口增长、政治、社会和宗教发展以及相应的气候变化（气候不止影响政治体，还限定航路）实现的。以葡萄牙人为首的欧洲人的到来并未改变亚洲经济主导的格局，因而现代资本主义体系的未来也值得在非欧洲中心的路径下继续思索。

两卷本结构清晰，除了总论和结语外分为五大部分，分别按时间段探讨五大主题：从公元前6到公元前2世纪的古代贸易线路与早期国家、公元前1世纪到公元6世纪非洲—欧亚体系的诞生、7到10世纪唐代中国与穆斯林帝国之间的印度洋、10—14世纪宋代及其后蒙古时期的全球化、15世纪非洲—欧亚体系的贸易扩展与欧洲资本主义的出现。每一部分有一个导言介绍（第一部分还有一个总结），然后对中国、印度、东南亚、西亚或中亚、埃及、东非等主要区域以及类似于马达加斯加这种"边缘区域"在特定时期的整合与对外联结进行分析说明。第一部分主要谈从美索不达米亚到印度、从埃及到东亚青铜时代的发展状况并尝试观察界定在什么程度上各区域的"世界体系"可以算形成。第二部分首先从西亚这个介于地中海和印度洋之间难以控制的区域谈起，然后是前往"东方"的路线和印度形成新的中心、东南亚连接两洋、中国重新统一、阿拉伯海洋文化及其商队的发展、东非前斯瓦西里文化在滨海的出现、南岛语系族群的扩张和马尔加什文化出现。第三部分探唐代中国兴起和丝绸之路、伊斯兰扩张、印度形成的四个中心、室利佛逝的海权和爪哇诸国的兴起、东非斯瓦西里文化的出现以及马达加斯加的跨族群通婚。第四部分涉及宋朝黄金时期和蒙古征服、室利佛逝的衰落和满者伯夷的兴起、中西亚塞尔柱帝国到伊利汗国的变迁、犹太网络和以（并非专门）贩卖奴隶著称的波斯卡里米（kārimī）商人与埃及和也门的关系、斯瓦西里文化的兴起和伊斯兰在非洲的扩张、马达加斯加等级社会的发展。第五部分讲明代中国的扩张和收缩、印度苏丹国的繁盛和毗奢耶那伽罗（Vijayanāgara）王朝的扩张、东南亚商业苏丹国时代、西亚波斯湾的再兴、埃及与也门的国家贸易、科摩罗和马达加斯加高地的发展、葡萄牙人在印度洋的活动等等。

这些内容都重在谈论联结的可能性、商路与交流、政治兴衰对网络的影响，以及世界体系的分离与整合。作者在此书中除了沿袭之前长文中莫林对世界体系的定义以及肯定沃勒斯坦和弗兰克的开山贡献之外，还补充了蔡斯-丹和霍尔对其基于"体系性特点互相联结的网络"的定义，即相互作用（贸易、战争、通婚、信息交流）对系统单元内部结构再生产的重要性和对地方结构变化的影响，并指出沃勒斯坦、弗兰克和吉尔斯的世界体系很少涉及包括城市与国家空间的概念，且沃勒斯坦的世界体系直到16世纪才成型，18世纪才将中国和印度纳入，而弗兰克与吉尔斯的世界体系则在沃勒斯坦所定义的十二个现代世界体系特征上基本排除了中国和印度。布亚对此不以为然，本书便多处发掘并综论这些中印在18世纪前反映出来的相似体系特征和因素。两卷本体系庞大，以下谨就作者对于印度洋长距离贸易网络如何在各区域和国家兴衰的周期中不断被塑造的核心观点略加介绍。

三、环印度洋世界体系的演化

　　布亚认为，欧亚非存在多个世界体系：公元前3100—前2700年，存在埃及、波斯湾和两河的世界体系；到前1950年，西亚世界体系整合东地中海区域完成，并于前1700年与埃及的结合；前1600—前1200年，西亚北非世界体系与波斯湾和印度洋接触，并通过北部草原和戈壁地区与中国世界体系发生联系。铁器时代是欧亚非三个大的世界体系整合为一个的时代。公元前750—前350年，南欧、西亚和北非埃及的一部分已渐渐整合为一个世界体系，并与印度的世界体系碰撞，而前350年到公元1世纪则是这两个世界体系整合时期，与此同时，中国世界体系相对独立，南印度和东南亚则仅属于接触区。公元1世纪时，国家与城市都在变革，新的交易网络也在西亚、地中海和中国等地被打造。气候变好为东西方世界体系的重塑添加了助力：1世纪开始印度洋的季风增加，坎儿井灌溉系统受益，阿曼和南伊朗地区的农产品也增加（第一卷第273页）。随着古典时代的结束和东西世界体系交流的发展，隋唐国家形成与长程贸易扩张及其与新形成的伊斯兰帝国的互动成为世界体系发展第二阶段的核心要素，这种体系不单是经济的整合，更是智识和政治上理念和秩序的结合（第二卷第16页）。在伊斯兰教传播和相关帝国建立的背景下，唐代中国借助于重新繁荣的经济形势广泛开展对亚洲及印度洋地区的贸易，欧亚世界体系在不同的空间和层面也进一步整合，此时非洲的部分地区亦加入（第135页）。作者从科技发展、教育印刷、航海技术、军事装备等多方面分析了这种交流和整合。他还认为，10到12世纪宋代中国的繁荣也离不开温暖的气候和降雨量，高产粮食耕作体系的改进促成人口稳定的增长，进而扩大了市场需求。与此同时，在印度注辇王朝主导的区域中，一些基于国家和参与长距离贸易的大行会商人之间的共生关系开始形成。皮尔逊便认为印度洋作为一个"内湖"在商业上被"三分天下"始于此，不过布亚则认为注辇的这种控制主要还是基于阿拔斯王朝的衰落，无非又回到较早的古代格局而已，即依然是一个基于风向的交易系统。在中东和北非，10到11世纪科尔多瓦（Córdoba）、开罗和巴格达三个哈里发中心互相竞争主导权，这种权力和法统的竞争也创造动力，刺激了长距离贸易网络；贸易增长也伴随着斯密型动力的劳动分工而成长。南海和孟加拉湾贸易的增长在12世纪变得明显，不过作者认为其实就长期贸易格局而言，2—12世纪西印度洋尤其是红海和也门到印度之间的贸易都是犹太商人把持的，只有到蒙古征服时期，世界格局才被重塑：13世纪是一个亚洲和印度洋史的关键转折点，蒙古人迫使宋人大大增加了军事开支，滥发纸币直接导致了经济的混乱，宋人也不得不限制铜币出口，造成海外"非法"贸易大增 [案：原观点如此，有待商榷]，尽管与此同时实际贸易量在衰退。布亚认为，"世界体系"在13世纪的变异于蒙古征服后加速，但其首要因素仍是穆斯林世界主导印度洋时南亚贸易的增长。13世纪也是伊斯兰势力扩张第二阶段的结束：伊斯兰影响及于北印度，德里苏丹基本与埃及马木留克王朝是同时期兴衰的势力。德里苏丹作为南亚主要强权，致力于发展工农业产品和获得生产盈余，其政权建立本身也反映了东西印度洋贸易的增长和次大陆互相联结的需要；重新统一中国的元朝也部分借助于穆斯林网络将其影响力投射到东南亚和印度洋；与此同时西印度洋的商贸网络也促进着地中海的繁荣——威尼斯商人虽然与蒙古人有一定经济联系，但支撑威尼斯的其实主要是马木留克王朝对奴隶的购买，这种近乎垄断的生意是超越亚欧其他异国货物交易的。伊斯兰的扩张13世纪仍在持续，在北部，月即别（khan Uzbeg）统治下的金帐汗国达到巅峰，其与埃及和元朝的关系都非常密切，穆斯林网络也在中国蒙古地区以及东南亚的苏门答腊、满者伯夷治下的爪哇等地发展。不过在欧亚区域兴衰周期中，世界体系的衰落在以满者伯夷为首的东南亚诸多权力中心并不显著，尽管满者伯夷与印度东部地区的联系非常紧密。

14世纪初，世界体系的成长到达阶段性顶点，其时中国是主导中心（前二三十年也正好是新的全球温暖期），许多中国的创新也通过穆斯林世界传到欧洲，包括船舵的运用、纸、风力机械和手推车。地中海基督徒和穆斯林世界的广泛交流催生了一批城邦国家。在13和14世纪的欧洲，在封建农奴系统中脱离的中产商人阶级和各民族国家的兴起加速了封建系统的解体，意大利诸邦在与马格里布（Maghreb）犹太商人的交易中借用了穆斯林世界的信贷手段和技术创新来交易丝织品、饮品、粮食和珍珠，进一步催生了近代世界体系的各种要素。还应该注意到的是，伊斯兰学校（Madrasas）与城市和组织的兴起密不可分，尽管诸如行会和大学这类自治组织并不被容许，文艺复兴中出现的人文主义概念还是在穆斯林世界中得到了很大发展。在中世纪的交流中，知识和技术首先被传播到亚洲和北非。穆斯林和中国天文学家的交流也在1320年基于宗教保守主义才中止（虽然印刷术使得相关内容在14世纪埃及仍可见，但最终仍被禁）。在东非，伊斯兰教已传播到所有斯瓦西里海岸城镇，最远及于基尔瓦（Kilwa）。城镇带动了货币流通，大津巴布韦的文化繁荣与此息息相关，北边的摩加迪沙则是14世纪唯一使用轧制硬币的城市。斯瓦西里海岸的文化发展亦见诸科摩罗和马达加斯加北部。贸易的衰退仅仅在14世纪末经历非常短暂的一段时间，到15世纪随着海域交流的激增，世界体系很快重新获得动力。15世纪末，整个世界体系进入转型期（第389页），其后便是多数人耳熟能详的西欧人影响和改造印度洋世界体系的时期了。作者最后总结了关于核心区、半边缘区和边缘区在体系中的支配和共同演化特点，并指出这种同步发展的层级体系由区域和社会间的结构性不平衡相互作用而形成。这种分层与16世纪到来的资本主义世界体系一同演化，对其展开研究其实也可以帮我们洞见工业革命时代之后的世界体系在未来将往何处走（譬如当前的世界体系其实已经走到了财政扩张结束的阶段）（第573、580页），全书也在他赞同沃勒斯坦21世纪上半叶人类将迎来新的世界体系中结束。

四、评价与展望

总体而言，首先此书可以说是几大中心围绕的所谓印度洋交融、分离和演变为各阶段不同"世界体系"的具象化，当然也是欧亚非相关区域和国家通史的专门化，一定程度上反映了英法美学者对几大文明区域尤其是东非、中东、南亚、东南亚和东亚研究的积累深度和认识高度。这种认知系统既有文字学的传统，也有考古学的贡献；其次，对资源和技术的关注或者说偏好反映西欧学者的研究传统；再次，本书也有以布罗代尔等人代表的年鉴学派"整体史"的学术传统及对地理、气候和认知因素重视的路数的影响。这部巨作只有诺雷、皮尔逊和普塔克（Roderich Ptak）几位写了书评介绍，跟其地位很不匹配。三位专家均惊叹于其鸿篇巨制，溢美之词频出。作为其好友，诺雷在"全球史博客"上的评论更多从全球性世界体系的互相依存理论讨论，对世界的未来进行了进一步思考。作为印度洋研究的先行者，皮尔逊对后辈不吝赞叹，从材料使用的广博上对其进行了高度评价，并强调其不专就海洋研究海洋、涵括广大陆地文明和政治体的壮举，认为这是进一步解释世界体系的关键点，呼吁读者一起来阅读这些重要材料。作为海洋史研究专家和同行，普塔克指出其所揭示的奢侈品和普通商品流通、动植物交流、疾疫传播、城市兴衰、东非与马来群岛语言联系等方面突出的贡献，虽然一些困扰学界的区域格局变化（譬如注辇王朝与东南亚的纠葛）依然模糊。由于普塔克也是一位中国史专家，他提出的疑问也很独特，即中国无疑对海上贸易影响巨大，然而中国船只何时、在何种条件和情况下、多大程度上驶到亚洲其他地区港口？这点也是亟待与研究其他地区尤其是南亚和东南亚的学者对话和进

　　　　　　　　　　　　　　　　　瀛寰识略

一步统一认识的。①

虽然随着研究领域的专精，撰写这类需要大量利用二手研究作品的综合性著作容易遭到诟病，本书在一些研究区域例如中国的地名专名拼写也不尽准确，作者仍然达到了在时间和空间角度看均值得称道的高度：就时间而言，一直以来，世界体系研究者专注于地理大发现以后的世界历史整合，作者一定程度上弥补了在这之前的历史联系及相关网络，尤其是能将考古学、古代史和较为艰涩的古典研究放在近代世界联结的脉络下、从早期文明尤其是涉及技术传播和转移的物品商品门类谈起，揭示某种的"连续性"，相当难能可贵；就空间而言，本书对印度洋的区域研究提出了新思路。印度洋的研究，从乔杜里（Kirti N. Chaudhuri）等名家开始，基于对英国东印度公司的研究发展出对贸易和所谓的亚洲文明方方面面的体察，又从皮尔逊开始真正变成了独特的研究单元，所涉遍及周边社区，也超越了专讲海上交通历史的海洋史。其他当代印度史名家诸如萨布拉曼洋（Sanjay Subrahmanyam）则是进一步从后殖民理论的角度阐释欧洲殖民者那里的印度如何在印度洋商品和人员交流的背景下被作为一种猎奇和"东方主义"的知识想象，作

---

① Philippe Norel, "L' Océan Indien de Philippe Beaujard" (http://blogs. histoireglobale.com/locean-indien-de-philippe-beaujard_2390), 7 Janvier, 2013; "L' Océan Indien de Philippe Beaujard (2)" (http://blogs.histoireglobale.com/ locean-indien-de-philippe-beaujard-2_2615), 9 Mars, 2013. Michael Pearson, "Book Review: Les Mondes de l' Océan Indien," *International Journal of Maritime History* 25.2 (2013): 267-270. Roderich Ptak, "Reviewed Work: L' Océan Indien, au Coeur des Globalisations de l' Ancien Monde (7e-15e siècles) by Philippe Beaujard," *Journal of Asian History* 47.2 (2013): 245-249.

为通道的印度洋也由此被建构和解构。①在布亚的研究中，印度洋则是被定义为非洲—欧亚世界体系的中心，在全球史的联动中被进一步审视，所论自然也远逾印度洋，并且相当"非欧洲化"。这种做法也得到一些非洲研究学者的回应，以全球史为背景的信息、人员、资源流动研究"去欧洲化"的印度洋似乎方兴未艾。②当然，限于笔者对东非、埃及、西亚非常有限的认知及本文的篇幅，对本书的介绍也是挂一漏万，仅希望能抛砖引玉，供学界参考和进一步讨论。读者也不妨自己寻觅原书，展卷欣赏布亚这一波澜壮阔的巨著。

---

① 这几位均著述颇丰，谨各举一例: K. N. Chaudhuri, *Trade and Civilisation in the Indian Ocean: An Economic History from the Rise of Islam to 1750*, Cambridge: Cambridge University Press, 1985; Michael Pearson, *The Indian Ocean*, London and New York: Routledge, 2003; Sanjay Subrahmanyam, *Europe's India Words, People, Empires, 1500-1800*, Cambridge, MA: Harvard University Press, 2017.

② Edward A. Alpers, *The Indian Ocean in World History*, Oxford: Oxford University Press, 2013. 与前一个世代研究印度的学者主导印度洋研究不同，当代印度洋研究几位声名鹊起的学者均为研究非洲起家，本身是很耐人寻味的现象。

金抵纳与洋钱

~~~~~~~~~~

波斯、阿拉伯和西欧势力介入对南海的影响和激荡当然是方方面面的,体现在日常生活上可见之于各种物质文化和货币词汇的交流和借用。相对于中古时期波斯和阿拉伯商人的影响,以葡萄牙和西班牙人为代表的伊比利亚人到东亚又带来了什么呢? 不妨以一个货币的例子管中窥豹。

陈诚《陈竹山先生文集》(清雍正七年刻本)内篇卷一《进呈御览西域山川风物纪录·哈烈》记载:"城市人家少见炊爨,饮食买于店铺,故市肆夜不闭门,终夕烧灯燃烛。交易通用银钱,大者重一钱六分,名曰等哥;次者每钱重八分,名曰抵纳;又次者每钱重四分,名曰假即眉。此三等钱从人自造,造完于国主处输税,用印为记。交易通用,无印记者不使。假即眉之下止造铜钱,名曰蒲立。或六或九当一假即眉,惟其地使用,不得通行。"《西域番国志》同录此条。"等哥、抵纳、假即眉"究竟属于西域何种大中小钱币,似乎值得思考。

刘迎胜在《丝绸之路》第四章有一处提及"抵纳"被花剌子模用于进贡西辽的年金,可惜注释仅引用陈诚、李暹《西域番国志》,

与上文文献所录"交易通用银钱"史源同，也并未进一步解释。刘智《天方至圣实录》（清乾隆金陵启承堂刻五十年袁国祥印本）卷十九《忽鲁谟斯国》云："《纪录汇编》曰：忽鲁谟斯国……王以金铸钱，名底那儿，通行使用。书记皆是回回字。"沈懋中辑《清真教考》亦出《纪录汇编》此条，表明该货币名称广泛流通，直至伊朗霍尔木兹海峡一带。

将目光从西域移到南海，则有进一步发现。《星槎胜览》卷三《苏门答剌国》记载："古名须文达那。……番秤一播苛抵我官秤三百二十斤，价银钱二十个，重银六两。金抵纳，即金钱也，每二十个重金五两二钱。"可见其面额小，一般以每组二十个计算。万斯同清钞本《明史》卷四一四《外蕃传·苏门答腊》："岛产金及铜、铁、锡，市用金钱名底那儿，锡钱名加失。"则进一步指出金钱和锡钱的名称差别。最后在倪模《古今钱略》（清光绪倪文蔚刻本）卷十九的记载里，可看到这种称量货币最详细的换算规则：

> 《外国传》曰：苏门答腊，古须文达那国。或曰：汉条支、唐波斯大食，即其地也，东南大小西洋，北距海为西洋要。会市用金钱，名底那儿，锡钱名加失。《星槎纪胜》：苏门答剌国。银钱二十个重银六两。金抵纳即金钱也，每二十个重金五两二钱。又曰彼国金钱一百九十二个准中国铜钱九千个。《吾学编》略同。《东西洋考》：亚齐国即苏门答剌。一名苏文达那，余同。黄省曾《西洋朝贡典录》前注云：金钱淡金铸圆径，官寸五分，面底有纹，重官秤三分五厘。又曰每四十八个重一两四分，恒用锡钱。

右银洋钱细边,中炉鼎形,一面兽形,重二分径五分。案张燮《东西洋考》:吕宋银钱,大者七钱五分,名黄币峙;次三钱六分,名突唇;又次一钱八分,名罗料厘。小者九分,名黄料厘,俱自佛郎机携来。今江浙闽广通行洋钱,大概出自吕宋。他如下港、哑齐,即苏门答剌、和兰诸国,俱用银钱。王圻《稗史类编》:忽鲁谟斯银钱,名底那儿,据所云则外洋银钱,不出自一地,亦不止一名。以上诸品,未审何国所铸,谨图其所见以待考。

　　至此可知,首先1个金抵纳约等于47个中国铜钱;其次苏门答腊"恒用锡钱(加失)",但金钱(抵纳)也用在日常市场交易。由此进一步获知,抵纳者,即阿拉伯语"مال"、西班牙语"dinero"、葡萄牙语"dinheiro"(西、葡均源于拉丁文"denarius"),即是"钱"的意思。所谓菲律宾的银钱系为西班牙人的银元,与荷兰银元和流行于巽他、亚齐、苏门答腊的银元自然不同。金抵纳体现的是波斯人和阿拉伯人的辐射影响,或者说旧世界钱币的影响,洋钱则是葡萄牙人和西班牙人基于"新世界"贵金属和新技术发展的铸币的影响。南海甚或其他亚洲海域固有市场所受激荡与历史"叠加",斑斑可考。

"东鳀"考——4世纪前的东亚海域世界

~~~~~~~~~

　　在中国古籍中的"东鳀"实指何处的问题上，一直以来都有争论。从日本史的研究和材料反观，则可确定其不在九州或本州。从文献记载所见字名音韵、地理方位、物产、族群分布和政治势力等方面比对论证，东鳀当在琉球至北台湾一带，鳀人是4世纪前在东亚海域活动的主要族群之一。用后世文献疏证，既需审视史料编纂的过程，亦须注意概念的变动，排除这种干扰，东鳀所在也更清晰，我们对早期琉球和台湾史相关的认知亦能有所提升。

一、问题之缘起

　　就日本古代史的研究脉络而言，相对于石器时代和绳纹时代的"静寂"，从弥生时代开始，早期国家形成的趋势显现，日本也"出现"在东亚史舞台了。《汉书·地理志》云："乐浪海中有倭人，分为百余国，以岁时来献见云。"[①]这种东亚"秩序"在《三国志·魏

---

① 《汉书》卷二八下《地理志》第八下，北京：中华书局，1962年，第1658页。

书》里的《韩传》和《倭人传》中得到了令人印象深刻的体现。弥生时代的日本，最引人注目的便是邪马台国，对其所处的位置，早在江户时代，本居宣长和新井白石就有争论，主要也是以《倭人传》为分析对象和依据。[①]中国传统史籍所记周边人群之活动，内容虽多看似荒诞不经，然而细看《倭人传》里生动的里程计数，实有所凭据——由每日的里程能重构颇为合理的出使行进路线。汪向荣《邪马台国》和大久保光所编《日本史史料集成》中皆绘制有类似的图。[②]虽然里程研究有助于认识九州的地理和人群分布，邪马台国的位置至今犹有争论。[③]考古新发现能提供的仅仅是一种对九州与近畿两大地区遗址密集度的解释，井上亘倾向于认为虽然政权中心依然在九州北部，但为了平定战乱而拥立的女王偶然住在近畿。[④]另一方面，阅读早期日本史史料或相关研究，也不难发现引自《汉书》"会稽海外有东鳀人，分为二十余国，以岁时来献见云"的论述。[⑤]这句话与《汉书·地理志》对倭人的叙述在同一节，只是相隔一些段落。两种如此相近的叙述，很难轻易认定为巧合或武断地认

① 有关邪马台国的论战史，以及大和说与九州说的争论，详见沈仁安：《日本起源考》，北京：昆仑出版社，2004年，第70—77、81—95页。又见陈乐素：《求是集》，广州：广东人民出版社，1984年，第16—17页。

② 汪向荣：《邪马台国》，北京：中国社会科学出版社，1982年，第87页；大久保光编：《日本史史料集成》，东京：第一学习社，1990年，第17页。

③ 战后日本学者邪马台国相关的研究，可参见川上岩：《邪馬台国をつきとめる》，东京：读卖新闻社，1973年，第7—170页；井伊章：《倭の人々》，东京：金刚出版，1973年，第170—188页。

④ 井上亘：《2008—2009年度北京大学历史系"日本古代史"讲义稿》（未刊），第三讲"邪马台国"。

⑤ 《汉书》卷二八下，第1669页。

为是衍文、讹文。如此，东鳀人是什么人群、东鳀所处的位置在哪里、与倭人的关系如何遂成为问题。

在不同学者的讨论中，东鳀所处的位置有较大差别。如果东鳀在九州，那么倭是否即在近畿，抑或二者其实异名同指？如果倭在近畿，关于邪马台位置的争论则烟消云散。是故这一问题关乎早期日本史核心的政权控制范围和政治势力的分布，受到较多日本学者的关注。3世纪后期"东鳀"渐渐湮没无闻，而4世纪后以近畿为中心的大和朝廷也渐渐形成。在这种背景下，追寻东鳀人这个群体的活动情况，便有可能明白4世纪以前活动于东亚海域的相关人群和势力。对早期东亚海域（即所谓"东アジア海"）的研究，日本学者用力尤深，不难发现，以日本上古史研究的成果重新审视此问题别有洞天。

二、东鳀与鳀人

关于"东鳀人"，如前所述，最早的文献记载见于《汉书》。其所载该条目的上下文在吴地与粤地之间，可见在撰述者的认知中，东鳀人大致活跃于中国本土东面到东南面的海域。如果不是《汉书》在同一志的前面已提到"乐浪海中有倭人，分为百余国，以岁时来献见云"的话，则"东鳀人"必被认为是活动于日本九州岛上的先民。但既然出现了如此相似却又名称相异的记载，则不宜轻易判定为讹误或臆造。学者们由此产生了东鳀人居于日本和居于琉球或台湾一带的分歧，主张居于日本者又分为主张居于九州和本州的两种观点，这些观点的提出比琉球或台湾一带的判定明显更晚。[①]对于东鳀是在琉球或台湾抑或日本，几十年前的中国学者也有相应的争论。[②]持日本说的学者最有力的证据是徐福的故事广泛流传于

---

① 中日不同学者持论的总结，见桑田六郎：《上代の台湾》，《季刊民族学研究》1954年第18卷，第1—2期（合并号）。赖永祥译文，见《新思潮》1955年第55期，收入氏著：《台湾史研究——初集》，台北：自刊，1970年。又见王勇：《吴越移民与古代日本》，东京：有限会社国际文化工房，2001年，第89—91、94—97页。大庭修先生认为东鳀人与倭人实际是一样的，见《亲魏倭王》，东京：学生社，1971年，第209—213页。生田滋直接认定其在"日本列岛"，虽然巧妙避开了东鳀人与九州岛上"倭"的关系，但推论却已是另一个重大争论——邪马台国所在地为九州或本州，见《アジア史上の港市国家》，载大林太良主编《海をこえての交流》，东京：中央公论社，1986年，第94—95页。持东鳀位于琉球、台湾一带看法的早期代表是白鸟库吉（《〈隋书〉の流求国の言语に就いて》，《民族学研究》1925年第1卷第4期）、市村瓒次郎（《唐以前の福建及び臺灣に就いて》，《東洋学报》1918年第8卷第1期）、和田清（《琉球台灣の名稱について》，《東洋学报》1924年第14卷第4期）、原田淑人（《徐福の仙薬を求める伝説》，《Museum（ミューゼアム）：国立博物館美術誌》1958年第84期）和罗香林（《百越源流与文化》，台北："国立编译馆"中华丛书编审委员会，1955年；《古代百越分布考》，载广西民族研究所资料组编《少数民族史论文选集（二）》，内部出版，1964年）。较晚近的有久米邦国（罗香林：《百越源流与文化》，第52页引用）与何光岳（《百越源流史》，南昌：江西教育出版社，1989年，第152—155页）两位。梁嘉彬则认为，东鳀不是单一地方，而是与会稽交通频繁的日本或琉球诸岛（梁先生一直持论夷洲为琉球），参见梁嘉彬：《琉球及东南诸海岛与中国》，台中：东海大学，1965年，第112—113页。西文学界就笔者所知并无对东鳀的专门讨论，最近一部关于早期中国南部及越南之百越人历史和中国南部边界形成的力作亦未提及"东鳀"，参见Erica Fox Brindley, *Ancient China and the Yue: Perceptions and Identities on the Southern Frontier, c. 400 BCE-50 CE*, Cambridge: Cambridge University Press, 2015.
② 持东鳀是琉球或台湾观点的，见林惠祥：《台湾番族之原始文化》，上海：国立中央研究院，1930年，"附录"；周维衍：《台湾历史地理中的几个问题》，《历史研究》1978年第10期；齐涛：《东鳀即日本的理由能够成立吗——与陈国强等同志商榷》，《学术界》1991年第1期。曹永和认为，综合考虑汉武发会稽兵浮海救援东瓯的史事，可见东南沿海海道其实已畅通，东鳀并非虚拟，似指琉球或台湾，

日本，而在台湾则几乎没有。其次则是"以岁时来献见"的问题，认为台湾的土著当时尚未有这么成熟的航海活动能力。持台湾说的学者最有力的证据是日本已有"倭"的称法，"鳀"必另有他处。必须指出，将东鳀、夷洲和徐福联系在一起，很有可能只是《后汉书》史料编纂的结果：此处的夷洲可能是误植。《三国志》的记载将夷洲与徐福的联系系于"长老传言"，与《临海水土志》中对夷洲的大量具体描写相去甚远。而"岁时献见"更仅能作为有密切联系的凭证，不能想当然将其视为后世正式的"朝贡"的图景。另一方面，日本列岛星罗群布，并非非"倭"即"鳀"，鳀人也有可能与倭人居于相近的地方。对这个问题较早的讨论，由于所持材料的局限，逻辑上都比较单薄。

除了史料上的解读，有些学者也尝试音韵学上的突破。此类

不少台湾史研究者也倾向于支持这种琉球群岛或者台湾的泛指，见曹永和：《台湾早期历史研究续集》，台北：联经出版事业股份有限公司，2000年，第39页；高明士主编：《台湾史》，台北：五南图书出版股份有限公司，2005年，第47页。认为东鳀是日本、不在琉球或台湾的，见施联朱：《略谈台湾历史地理中的几个问题——兼与周维衍可志商榷》，《中央民族大学学报（哲学社会科学版）》1979年第3期；陈碧笙：《也谈台湾历史地理中的几个问题——与周维衍同志商榷》，《学术月刊》1979年第6期；张崇根：《鸟夷、东鳀补证》，《贵州社会科学》1981年第3期；吴壮达：《"岛夷""东鳀人"与古台湾关系》，载《中国古代史论丛》（第一辑），福州：福建人民出版社，1982年，第29—34页；陈家麟：《"岛夷""雕题""东鳀"非台湾早期名称》，《复旦学报（社会科学版）》1985年第2期，第44—47页。不过陈先生坦言他只是强调"雕题"不是"东鳀"，"东鳀在何处有待进一步研究"。辞书的解释条目，则依据不同作者撰写观点不一，如周维衍撰写的则支持台湾观点，见《中国历史大辞典·历史地理卷》，上海：上海辞书出版社，1996年，第208页；支持日本说的一般是以顾炎武的论述为依据，晚近的出版物则两说并陈，见夏征农、陈至立主编：《大辞海·民族卷》，上海：上海辞书出版社，2012年，第369页。

学者一般是回到字的探源。如罗香林用切音推断："台古读如dai，今音如tai与鲲之古读全同，其为同一名词，当无可疑。"[1]这与白鸟库吉的说法是暗合的。但是，称"台"者并不只有"台湾"一处，邪马台亦有"台"。有学者已纠正今日日本人通读的"ヤマタイ"（yamatai），正确读法当为"ヤマト"（yamato）——井上亘根据郭锡良的《汉字古音手册》指出，"邪马台国的中古音是jɪɑmɑdɒi，但上古音ʎiɑmɑd与奈良时代的'大和yamatö'更为接近"。[2]不过，训读为"tai""dai"的地名当不少，因此这还不足以排除九州范围。徐逸樵曾批评在邪马台国论争中牵强对音的办法："支持邪马台在九州的人们，置重点于邪马台故址究竟在九州什么地方，只要地名和ヤマト之音一致或相似，就主观地认为那就是邪马台故址所在，这样被认定的地方，多到几乎十指难数。"[3]在"鲲"与"台"的对音上，道理也是一样的。况且台湾早期更多是以其他名目如"留仇（流求）""毗舍耶"（澎湖）等代称，故此类音训证明乏力。如此，则必须对"鲲"的含义进行专门考述。

一般而言，鲲人指滨海捕鱼者殆无疑义。王勇曾参照《广韵》《集韵》《广雅》《正字通》《说文》《大汉和辞典》上的音义解释，梳理了"鲇""鳀""鲲""鲦""鳀"诸字可能的对应和源流，认为"鲲"和"鳀"属拟音，"鲦"当为会意，三字皆"鲇"的别称，似

---

① 罗香林：《古代百越分布考》，第183页。
② 井上亘：《2008—2009年度北京大学历史系"日本古代史"讲义稿》（未刊）。
③ 徐逸樵：《先史时代的日本》，北京：生活·读书·新知三联书店，1991年，第229页。

为江东一带渔民的方言；但"鲇"是淡水鱼类，所以只能找"鳀"的第二项释义"Hishiko"，中文作"黑背鳀"，为宁波一带渔民经常大量捕捞的鱼类。他以此作为东鳀与日本有很深渊源的证据。日本学者古田武彦以"高句丽"也可作"高句骊"为例，认为"鳀"也可以去掉偏旁理解，"是"读若"是非"之是，有"好、善"意，读若"ti"则意"末端"。而王先生根据上述考释则认为当为与"鳀""鲗"一样的"鱼"加"是"，而非"是"后来加上"鱼"。[1]"鳀"字是否属"鱼"关系到王先生论证中其与日本的联系，所以不得不仔细明辨。虽然洪亮吉《汉魏音》将"鳀"置于鱼部，但据郭锡良《汉字古音手册》，"鱼"上古为疑母鱼部，拟音："ŋia"；中古语居切，疑母，余韵，开口，三平，拟音"ŋio"[2]，而据唐作藩《上古音手册》，"鱼"为鱼部，疑纽，平声。[3]"鳀"上古为定母脂部，拟音"diei"；中古杜奚切，定母，齐韵，开口，四平，拟音"diei"[4]，或拟为"dʼieg"，[5]显然与"鱼"有差距，倒是和"夷""是"等相近，它们分别为"脂部，喻纽，平声"和"支部，禅纽，上声"。[6]显然，"东鳀"更能对应"东夷""东是"，以其字属"鱼"进而与日本联系，并不妥当，况且以现代日文"ひしこ"（Hishiko）作为义转再进行音转

① 王勇：《吴越移民与古代日本》，第82—84页。

② 郭锡良：《汉字古音手册》，北京：北京大学出版社，1986年，第111页。

③ 唐作藩：《上古音手册》，南京：江苏人民出版社，1982年，第159页。

④ 郭锡良：《汉字古音手册》，第81页。

⑤ John Cikoski, *Notes for A Lexicon of Classical Chinese*, Unpublished Manuscript, Saint Mary's, Georgia: The Coprolite Press, Vol. 1, p. 339.

⑥ 唐作藩：《上古音手册》，第154、119页。

也不妥当。

应该说，对"鳀"的拆分各有合理之处，也各有不尽如人意之处。造成这种两可局面的一个可能是，"夷""是"本出一源。《尔雅·释鱼》云："鳀鳀，宋刑昺疏：鲇，郭氏云：别名鳀，江东通呼鲇为鮧。"《广雅·释鱼》亦云"鳀，鲇也"，可见东鳀通东鮧。《广韵》成书于11世纪，所准则之音大体为中古唐音，其所谓"鳀"为"杜奚切"和"是义切"（《册府元龟》作"遶奚切"）都是较为可信的，在方言里无非是重音和轻音之别。可见"鳀"和"是"确都有"ti""di"音。此处，"鳀""是""夷"三字的一些东南方言发音也可以找到一致的韵母。元人戴侗《六书故》提供了一个佐证："鮧，延知切，又杜兮切。又作鯷（《说文》曰：大鲇也，亦作鳀。《汉》：会稽海外有东鳀。孟康音题，晋灼音鞮）。"[1]成书于8世纪上半叶的《唐韵》释"是"为"承纸切"，又《集韵》释"上纸切"，"又田黎切，音题"，进一步验证了这种可能。"夷"，《说文》解为："平也。从大从弓。东方之人也。"然甲骨作𢔏，似为鱼样。[2]可见"鳀""鮧"和"夷"并不只是一音之转，更可能的是同为一物的表意。[3]综上

---

[1] 戴侗：《六书故》卷二十《动物四》，《影印文渊阁四库全书》226册《经部·小学类·字书之属》，台北：台湾商务印书馆，1986年，第375a页。

[2] 徐中舒认为，《说文》篆文作"夷"者乃后起之字，其另收有一象形未识别者，孙诒让释为皋，徐先生以为不确。郭沫若谓象鱼脊骨之形，为脊之初文（《殷契粹编考释》），徐先生亦认为不可据，见徐中舒主编《甲骨文字典》，成都：四川辞书出版社，1988年，第1144—1145页。

[3] 在《篆字汇》里，"鯷"和"鳀"的注释均为"同鮧字"，而"鮧"则解释为"音题，鲈也"。字义上均只能看出其为鱼之一种。见佟世男编《篆字汇》（亥集），清康熙刻本，第69b、71a页。

所述，从字名音韵辨析可知，"鳀"无论是指善捕鱼还是披着皮革制品的"夷人"，都未必与日本有直接联系，更与"邪马台"无关联，也无法以此证明东鳀在日本。[①]

　　桑田六郎认为由于有"二十余国""岁时献见"等说法，"毋宁信其所指，或为日本，或以日本拟诸他处，非特指台湾省。吾人大致可推断：先有'会稽海外有东鳀人'一句，然后仿照倭人（日本人）之国情附之，另加上后句而成一完整概念；'东鳀'可能为'东夷洲'，而因其处在海中，故有鱼字扁。换言之，吾人可认为'东鳀'系想象中之产物，非有所指而名，系可随时将此名称加上于某一岛屿者。"[②]结合前论，东鳀或许亦可作东夷，是对东方族群的广义指称，未可遽断为倭人，但也无法以"岁时献见"即否认其与台湾的联系。一般而言，后来的"鳀海""鳀瀛"皆为一种泛指。[③]至元明之世，更是化为东面大海之代称（"东鳀鼓浪"），"鳀人"亦变为泛指，常被与蜑户（龙户）并提（"蜑人鳀人一种耳"），但在4世纪以前，其亦并非无所实指。

---

① "东鳀"又作"东鞮"，清人汪荣宝言："东鞮即东鳀也。"鞮字，《说文》谓"革履也"，《方言》谓："自关而东，复履其庳者谓之靸下（靸音婉），禅者谓之鞮（今韦鞮也）。"《骈字类编》则将"东鞮""东鳀""东倭"置于一起，既示亲缘又示区别。从皮革制品看，倭人未必为盛，也未必为其独有，可能性更大的其实是指岛上人群的物件。以"鳀"字构成讲，"鳀"和"鞮"的重大区别在于是以"鱼"还是"是"为基础。据前者，可解为善捕鱼的那群人为"是"（夷），而据后者，则不仅可以说那群"是"（夷）人善捕鱼，亦可解为那群"是"（夷）人多身着皮类制品。

② 桑田六郎：《上代の台湾》，第2页。

③ 王维：《王右丞集笺注》卷二二《碑一首·魏郡太守河北采访处置使上党苗公德政碑》，赵殿成笺注，上海：上海古籍出版社，1984年，第404页。

通过审视这些文献可以发现，后世之人已遗忘了原来的概念，毕竟"东鳀"已消失了千年，成为一个泛指的模糊语汇。将"倭—东鳀"的讨论转变成"东鳀（代替倭）—蜑（代替鳀）"的讨论不仅带有一开始将东鳀设定为偏南面而不是偏东面的假定，更相当于在后者关系的探讨中直接以东鳀等同于旧时文献里的"倭"，所以必须非常谨慎。黑背鳀与"鳀"在《倭名抄》中可对上，其鱼幼鱼晒干后为"海蜒"；"蜒"同"蜑"，亦为其位置指向东南方的一个依据。蜑丁、蜑子、蜑民、蜑户、龙户等都是常见的名称，也有许多学者专门关注，但由于过于强调民族属性和中国人的迁徙路线，至今没有令人满意的研究。"蜑"是一些尚在王朝编户体制之外的人群，"蜑户"之"户"，只是一种统称，而不是真正有户，"号蜑户，丁为蜑丁"，[1] 故"丁"也只是一个体之称，所以必须"诏滨海富民得养蜑户，毋致为外夷所诱"。[2] 滨海势豪之家执行着这种类似王朝编户的秩序管控。蜑人的来源是一个伪问题，事实上他们是一直存在的滨海人群。只是到了魏晋以后，随着经济重心的南移，才有越来越多的"化外之民"成为"编户"。就是说只有到这个时候，以海蜒为食的渔民在南方的活动才被"记载"。[3] 蜑人广泛分布于东部和南部海域，王勇推断其到日本后就被称为东鳀人，但反过来也可以推断，其在台湾的那些蜑人就被称为东鳀人。当然，更为可能

---

① 蔡绦：《铁围山丛谈》卷五，冯惠民、沈锡麟点校，北京：中华书局，1983年，第99页。

② 《宋史》卷一五《本纪第十五·神宗二》，北京：中华书局，1977年，第291页。

③ 周去非：《岭外代答》卷三《外国门下·蜑蛮》，杨武泉校注，北京：中华书局，1999年，第116页。

的是, 东鳀人是活动于琉球或北台湾一带的人群, "人民时至会稽
市", 居于琉球者有时也会到台湾。

三、"倭""鳀"与"夷洲": 假设与反证

《后汉书》修纂稍晚, 虽然也存在截取《汉书》和《三国志》内
容进行编修的历史编纂问题, 但对有些地方其实也有更多认识。[①]
例如关于东鳀其记录道: "会稽海外有东鳀人, 分为二十余国。又
有夷洲及澶洲, 传言秦始皇遣方士徐福将童男女数千人入海, 求蓬
莱神仙不得, 徐福畏诛不敢还, 遂止此洲, 世世相承, 有数万家。人
民时至会稽市。会稽东冶县人有入海行遭风, 流移至澶洲者。所在
绝远, 不可往来。"[②]如前所论, 这段话除了首次将夷洲与东鳀置
于一起, 并将徐福的传说系于称为"夷洲"的地方外, 还透露了鳀
人常来贸易的讯息。这样后世对"倭"和"东鳀"的讨论必然就会
兼及甚至转移到夷洲和澶洲所在地问题的辨析。如果《后汉书》的
这种编排不完全是南朝人臆想的话, 夷洲及澶洲的所在当为鳀人
的所在。不过, 如前所述, 《后汉书》此段记录可能只是误植, 即将
《汉书》与《三国志》关于东鳀和夷洲的记载并于一处, 因此, 需要
有其他证据来判断二者之间是否存在联系。基于这种文献编纂的

[①] 沈仁安曾对照《三国志》与《后汉书》的记载分析"倭人"和"汗人"(东击汗国
乌侯秦水上善捕鱼人群)问题, 认为《后汉书》虽较晚出, 但在史料价值上却毫不
逊色, 见沈氏前引书, 第17—20页。
[②] 《后汉书》卷八五《列传第七十五》"东夷"条, 北京: 中华书局, 1965年, 第
2822页。

困境，并且在范晔的时代其已无法进一步提供东鳀相关材料，"巧妇难为无米之炊"，只能从假设和反证的路径推敲并进一步逼近答案。通过反证可知，东鳀不在日本，则其当在琉球、台湾一带。

（一）方位、风时与气候

《后汉书》叙述东鳀与夷洲之后的注疏引述的是沈莹的《临海水土志》，其中有引人注目的信息：

> 夷洲在临海东南，去郡二千里。土地无霜雪，草木不死。四面是山溪。人皆髡发穿耳，女人不穿耳。土地饶沃，既生五谷，又多鱼肉。有犬，尾短如麕尾状。此夷舅姑子妇卧息共一大床，略不相避。地有铜铁，唯用鹿觡为矛以战斗，摩砺青石以作弓矢。取生鱼肉杂贮大瓦器中，以盐卤之，历月所日，乃啖食之，以为上肴也。

在这段记录中，"东南""去郡二千里""土地无霜雪，草木不死"（对倭地的描述为"气候温暖，草木冬青"[①]）等关键语汇，无一不指向偏南部的岛屿。王勇提出一种观点："西元前后日本列岛的居民，通过海陆二途分别与中古中国北方和南方的政权交通，亦即他们在燕地被认知为'倭人'，在吴地被称作'东鳀人'。"[②]若以燕地的视角看，则东鳀确实很有可能在东南方，但沈莹的记载是"夷洲在临海东南，去郡二千里"，终始两点和里程方位都可以对

---

① 《隋书》卷八一《列传第四十六·东夷》，北京：中华书局，1973年，第1827页。
② 王勇：《吴越移民与古代日本》，第82页。

得上，东南就不可能是出自燕地的视角了，如此也排除了其为位于燕地东南方日本列岛的可能。

假设东鳀在日本，则方位有错位：观《汉书》的叙述，将东鳀置于吴粤相交处，接着还自东向西、自北而南提及番禺、苍梧、交趾、日南，位置才大致吻合。放在《后汉书》看，若其叙述为先北部后南部，也不如描述东南部相同方位区合理，而且《后汉书》如果不认可《汉书》的方位罗列，也会另外加以说明，可见对吴粤相交的位置时人并无疑义。不过，《后汉书》谓倭及倭王所居的邪马台国"其地大较在会稽东冶之东，与朱崖、儋耳相近"，则相去较远，似乎有"东""南"不分之嫌。相反，《临海水土志》虽然也还存在一些材料和作者的疑点①，但因书中存有大量的材料可供分析，比其同时期的作品看起来要精确得多。②自从张崇根辑注的单行本面世后，学界基本都认同其所述为台湾，即以此坐实夷洲所指。③既然东鳀在《汉书》世界里处于吴粤之间，则自然亦最可能是《临海水土志》世界中的夷洲。不过如果单凭方位，不足以排除夷洲甚或东鳀位于日本的可能。内藤湖南曾争论说中国的方位常有错置之事，"古书中谈到方向，以东南相兼或以西北相兼为平常事"。④此说有些牵

---

① 徐三见：《〈临海水土异物志〉作者质疑》，《中国农史》1990年第3期。

② 相关的研究可参看孟方平：《读〈临海水土异物志〉札记》，《中国农史》1993年第1期；赵伍：《〈临海水土异物志〉成书时间考》，《西南民族学院学报（哲学社会科学版）》1999年第4期。

③ 沈莹：《临海水土志》，北京：中央民族大学出版社，1998年。

④ 内藤先生此处系借古籍中东南容易混淆误用的事实与白鸟先生辩说邪马台国在畿内而不在九州。《倭人传》从不弥国起方向即误"东"为"南"，故邪马台国当在大和。出自他的名作《卑弥呼考》，见徐逸樵：《先史时代之日本》，北京：生活·读

强, 因方位总不至于随心所欲定出。鹫崎弘朋就曾运用方位交角研究的办法来对邪马台国所处的位置进行考论, 也有可稽可信处。[1]同理, 如果材料足够, 该法也可以运用于东鳀位置的判定。

另外, 值得注意的是, 早期中国古籍记述的"南海"有时偶尔也指今天的"东海", 即约在今浙江宁波市东的海面。[2]《史记》载: "三十七年……十一月……至钱唐, 临浙江, 水波恶, 乃西百二十里从狭中渡。上会稽, 祭大禹, 望于南海, 而立石刻, 颂秦德。"[3]所以, 《后汉书》所误论的倭地在南面粤地的"朱崖、儋耳"实有可以推托的缘由。即便方位上的论定可能存在某些含混, 也不妨从季风上加以考虑。《三国志》记载: "二年春正月, 魏作合肥新城, 诏立都讲祭酒, 以教学诸子。遣将军卫温、诸葛直将甲士万人浮海求夷洲及亶洲。"[4]时值正月, 东亚季风盛行西北风向。虽然特定条件下局部东南风向可短暂出现(如著名的赤壁之战), 但航海远渡重洋至少需要十数日, 这么长时间的稳定东南风在此季节是不可能的。

既然如此, 则可排除孙权时卫温等人所到的"夷洲"为日本九州等地的可能。虽然王颋先生认为在当时的台湾不太可能"得数千人还", [5]但是就季风判定的合理性显然更可靠, "数千人"也

书·新知三联书店, 1991年, 第227—228页。

① 鹫崎弘朋:《邪馬台国の位置と日本国家の起源》, 东京: 新人物往来社, 1996年。

② 王颋:《西域南海史地研究》, 上海: 上海古籍出版社, 2005年, 第2页。

③ 《史记》卷六《秦始皇本纪第六》, 北京: 中华书局, 1959年, 第260页。

④ 《三国志》卷四七《吴书二·孙权传》, 北京: 中华书局, 1959年, 第1136页。

⑤ 王颋:《圣王肇业——韩日中交涉史考》, 上海: 学林出版社, 1998年, 第二章《徐福东渡》。

许只是古籍中常见的虚数，也有夸大战功的嫌疑，而"下狱诛"恐怕也另有隐情，未必与此直接相关。至于台湾生番是否熟习水性的问题，其实与夷洲在何处或者鲲人作为善水族群是否在台湾无关，因其战斗未必在水上，且吴军损失大半为疾疫所致。①有学者引明人陈第《东番记》所谓的"地暖，冬夏裸体，不知衣冠，自谓简便。……虽居岛中，不能操舟。畏见海，但捕鱼于溪涧。故老死不与他夷相往来"来证明台湾北部人民不善水的逻辑不成立。②有学者用C. E. S（揆一）《被忽视的台湾》中所谓的"这岛上的那些居民是分布在好几个村落里，每个村落都是自己独立的，各有其同样的权利与义务，从无一个村落隶属别村""从不知道有个皇帝、首领或酋长来统治全岛，这地方只是分成许多村落，每一个村落各自独立，各保疆土，不承认别人的权威。没有一个村落有个领袖以至高无上的权力来统治他们"等论述来论证台湾北部人群不善水，同样跟东鲲人是否在台湾北部活动无关。③这些对内陆或山上"生番"的描述都不足以否认有善水族群活动于琉球至台湾北部滨海的事实，亦

---

① "军行经岁，士众疾疫死者十有八九，权深悔之。"见《三国志》卷六十《吴书十五·贺全吕周钟离传第十五》，第1383页。

② 见于杜臻：《粤闽巡视纪略·附纪》。这种对台湾"生番"的印象有因袭和强化的嫌疑。明人张燮亦言东番"居岛中，不善舟，且酷畏海。捕鱼则于溪涧。盖老死不与他夷相往来"。见张燮：《东西洋考》卷五《东洋列国考·东番考附》，谢方点校，北京：中华书局，2000年，第106页。方豪已指出了这种因袭，而且进一步指出《明史》未见陈第原文，实为抄袭自《东西洋考》。参见方豪：《台湾早期史纲》，台北：台湾学生书局，1994年，第62—63页；《方豪教授台湾史论文选集》，台北：捷幼出版社，1999年，第320页。

③ 施联朱：《略谈台湾历史地理中的几个问题——兼与周维衍可志商榷》。

瀛寰识略

无法否认夷洲即琉球或台湾一带。无论如何，"善水"与否的证据无法证明东鳀在日本，反而是风时和气候的记录可确定夷洲位于大陆东南的方位，与在《汉书》中被置于吴粤地之间的东鳀有暗合之处。

（二）物产、风俗与族群

让我们再次回到《临海水土志》。除了方位、气候等信息外，物产和风俗也应该是重点考量的对象。"地有铜铁"，却"唯用鹿觡为矛以战斗，摩砺青石以作弓矢"。郭璞注释"麋鹿角曰格"。[①] 从"鹿格"看，无疑为偏南部地区，而台湾地区有大量的鹿确实很能吻合。[②] 从地有铜铁而却还用鹿角为武器看，显然是指台湾，而不可能是日本。因为早期倭人多用铁，并无使用鹿角的记载。《三国志》卷三十《魏书·弁辰传》云："国出铁，韩、濊、倭皆从取之。诸市买皆用铁，如中国用钱，又以供给二郡。"[③] 又，日本奈良县天理市东大寺古坟曾出土铁刀铭：

（表）泰□（和）四年十□（一）［井上作"五"］月十六日丙午正阳，造百练铁［井上作"鍊钢"］七支刀。□辟百兵，宜供供候

---

① 沈莹：《临海水土志》，正文第3页注释。

② 17世纪以后汉人在台湾猎鹿及鹿皮贸易的研究，参见曹永和：《近世台湾鹿皮贸易考》，台北：远流出版事业股份有限公司，2011年；Tonio Andrade, *How Taiwan Became Chinese: Dutch, Spanish, and Han Colonization in the Seventeenth Century*, New York: Columbia University Press, 2008。

③ 日本学者皆引《魏志》作此说，例如井伊章前引书，第82页。

王，□□□作。

　　（里）先世以来，未有此刀。百济王世□（子）奇生圣音，故为倭王旨造伝□（示）□（后）世。[1]

井上认为，"泰和四年"是东晋太和四年（369），"百济王世子""为倭王"制造了这把"七支刀"。这与《日本书纪》神功皇后摄政五十二年九月条的记载相对应："久氏等从千熊长彦诣之，则献七枝刀一口，七子镜一面及种种重宝。仍启曰：'臣国以西有水，源出自谷那铁山，其邈七日行之不及。当饮是水，便取是山铁，以永奉圣朝。'"[2]假如东鳀在日本，则较珍贵的铁制品应该也会出现于"岁时来献见"的记载中，至少更为时人所注意。

《临海水土志》又记夷洲人"能作细布，亦作斑文布，刻画其内，有文章，以为饰好也。"《隋书》谓琉球"织斗镂皮，并杂色柠及杂毛以为衣，制裁不一。缀毛垂螺为饰，杂色相间，下垂小贝，其声如珮。"《太平寰宇记》亦作此。上述证据说明夷洲大概位于琉球、北台湾一带，退一步讲，无论琉球抑或北台湾沿海地区，均属于鳀人航海的范围。结合前论字名音韵的考释，东鳀人或为着皮革制品的"夷人"，则显然若以名称看，其亦更可能在夷洲而非日本，比如何光岳就认为"用鳀皮做帽是台湾外越人的特点"。[3]陈国强认

---

① 历史学研究会编：《日本史史料》，东京：岩波书店，2005年，第24—25页。
② 井上亘：《2008—2009年度北京大学历史系"日本古代史"讲义稿》（未刊），第四讲"记纪神话与'倭之五王'"。
③ 何光岳：《百越源流史》，第154页。

为沈莹《临海水土志》所示明显为台湾，是比较接近的。[1]陈碧笙也引安倍明义《台湾地名研究》的说法："东鳀所指，非今日之琉球即台湾。"并且他认为夷洲（Y-chou）与琉球古名夷耶久、益教等音韵相同。[2]东鳀人则当在琉球、台湾一带，与台湾关系紧密，或两地均为鳀人航海活动范围。其后，夷洲所指便不甚明了了，东鳀更是销声匿迹。史载：

> 明年，上遣文林郎裴清使于倭国。度百济，行至竹岛，南望躭罗国。经都斯麻国，迥在大海中。又东至一支国。又至竹斯国，又东至秦王国，其人同于华夏，以为夷洲，疑不能明也。又经十余国，达于海岸。自竹斯国以东，皆附庸于倭。[3]

可见较东面的地区都是"倭"的范围了，而使者当时没有任何证据证明该区域是夷洲。这里提到的秦王国，当为居于九州西面或者有明海一带的常与中国相通的人群，才会"其人同于华夏，以为夷洲"，只是时人已"不能明"。从这个记录可以看出，夷洲必非在日本九州，不然倭使不至于不明了。鳀人究竟下落如何？抑或仅是称谓改变而已？从史料上看，可能是融入了其他岛屿住民，或干脆

---

① 陈国强：《〈临海水土志〉夷州即台湾考》，《台湾高山族研究》，上海：上海三联书店，1988年，第90—100页。

② 陈碧笙：《也谈台湾历史地理中的几个问题——与周维衍同志商榷》。

③ 《隋书》卷八一《列传第四十六·东夷》，第1827页。

被泛指为"夷人"。①

　　关于东鳀寥寥数语的记录并不涉及风俗。从后世将鳀人与蜒人相提并论的认知看,其与越人之间的联系高于倭人与越人的联系。清人沈钦韩在"又有夷洲及澶洲"之下疏证曰:

> 《吴志》:黄龙二年,遣将军卫温、诸葛直将甲士万人浮海求夷洲及澶洲。澶洲所立绝远,卒不可得。但得夷洲数千人还。《御览》(七百八十)《临海水土志》曰:夷洲在临海东南,去郡二千里,所居山顶,越王射有的,正白[作者按:此处更早的《太平御览》作"……四面是山,众山夷所居。山顶有越王射的正白"],乃是石也(按《寰宇记》:射的山在越洲会稽县东南十五里,去台州远。)②

　　这条材料反映的至少是夷洲居民与古越人密切的联系,传说与记忆始终交织。"遂止此洲"之下疏证曰:"风俗似吴人……脂泽悉用鱼膏,衣服兼资绢布。"省略部分系提及徐福旧事,当为《后汉书》移植的延续,而后面的衣绢鱼膏等物有很明显的夷洲、琉球人的特点。"以为上肴也"之下疏证曰:

---

① "又西南万里有海人,身黑眼白,裸而丑,其肉美,行者或射而食之。"见《南史》卷七九《列传第六十九·夷貊下》,北京:中华书局,1975年,第1975页。清人沈钦韩在为《后汉书》"有东鳀人"下疏证提到了"去临海郡东南二千里"的毛人。这种"毛人"与"海人"或"鳀人"一样,是活跃于琉球台湾甚至菲律宾群岛一线岛屿的人群。
② 沈钦韩:《后汉书疏证》卷一一《东夷传》,《续修四库全书》史部第271册,上海:上海古籍出版社,2002年,第212a页。

《明史·占城国》：饮食秽污，鱼非腐烂不食，酿不生蛆不为美。《御览》又引《临海志》云：呼民人为弥怜……凿器如槽。鱼肉腥荤安中，十五五共饮之。以粟为酒，用大竹筒长七寸许饮之。歌似犬噪，以相娱乐。得人头斫去脑，剥其肉留置骨，取犬毛染之，以作须眉髻编，其齿以作口，战斗时用之，如假面状。战得头首，还建大材，高十余丈，以头次序挂之，历年不下，彰示功。（《北史·流求传》云：王之所居，壁下多聚髑髅以为佳。人间门户上，必安虎头骨角。）按此夷洲大似今之台湾。[①]

其中，"召民"来的方式为移植《乐书》之说，而"战斗时用之，如假面状"则与"自临战斗时用之如假面状，此是夷王所服"[②]的做法一样，可见大小琉球岛屿族群的共同习惯。而倭人早期显然是"男女多黥臂、黥面、文身，没水捕鱼，无文字，唯刻木结绳"，二者明显不同。如此看，以"风俗"推论，东鳀亦不太可能在日本。

总而言之，虽然无法完全判定东鳀在台湾或琉球，却至少有更多证据可以判断其不在日本。以日本史的研究看，从对邪马台国位置的辨析上也可反证。王颋曾归纳道：自从榎一雄先生在《关于邪马台国的位置》一文中指出："上引记载中'奴国''不弥国''投马国''邪马台国'的里数和日数都是以'伊都国'为参照始点以来，大多数学者都相信所称'女王国'的境土主要在九州的中北部或非

---

① 《续修四库全书》，第212b页。
② 《太平御览》卷七八〇《四夷部一·东夷一》，《影印文渊阁四库全书》900册《子部·类书类》，第3a页。

今'近畿'的本州的西南部。不仅如此，根据牧健二等的考证，就是记载下文所涉其余不知方位的二十余'国'，也都能在同一域内找到发音相近的地名以进行指认。"[①]邪马台至少在九州上有一定的据点和控制力，甚至南部还是狗奴国的范围，倭人又无法与东鳀人等同，那么东鳀当不在九州上。而邪马台国也不太可能位于更东的地区，不然西面留出的空缺便很可能成为其他小国和人群的天地。日本所编辑诸史料集所示的行程路线即显示这种地理上的必然。从带方郡、狗邪韩国、对马国、一支国、末庐国到伊都国的入岛路线很清晰，其后或直接转向邪马台国、投马国或不弥国，或经奴国、不弥国、投马国到邪马台国，诚然九州岛上已没有留给东鳀"二十余国"的地理空间了（详见图1）。[②]

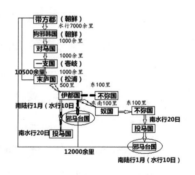

图1　朝鲜半岛到邪马台国里程图

① 分见《東洋史学》第一辑，福冈：九州大学文学部，1948年，第64页；佐伯有清：《戦後の邪馬台国研究史》第二章《反動と模索のなかでの邪馬台国研究》，东京：吉川弘文馆，1975年，第105—108页。
② 本图据日本出版史料集改绘：大久保光编：《日本史料集成》，第17页；历史学研究会编：《日本史史料》，第21页。另亦参见国立历史民俗博物馆编：《邪馬台国時代の東日本》，东京：六兴出版，1991年，第97页。

东鳀若居于日本其他地方, 则至少有同狗奴国一样的材料记载。邪马台国所在的问题如今依靠考古材料已基本明确: 王畿在大和, 女王则常在九州, 这个过程也是两个大的文化圈融成的过程以及大和国家形成的过程。壹岐一郎猜测, 东鳀人可能居于关西。[①]从地理上看已较靠北, 虽亦可能至会稽贸易, 但如果和倭人居住如此相近, 当不至于毫无材料记录, 至少在 "渡来人" 这点上会留下一些记载。东鳀在畿内、随着新的族群迁徙的压力而东移或融于其中的说法, 在族群变动的视角看是可能的, 但不会毫无痕迹, 即不会没有冲突或联盟之类的任何记录; 如果东鳀在夷洲, 由于4世纪前没有日本这类族群迁徙的挤兑压力, 其 "消融" 的无声无息更合理。

综上所述, 本节以东鳀在日本或夷洲作为开放性假设, 依据其他辅证进行反证, 可知虽然风时与气候、风俗等几项有两可的解释, 但物产指向东鳀更偏台湾, 方位、族群分布与政治势力的证据则反映东鳀不在日本。

四、概念变动: 一种可能的解释

从上面的史料可以看到, 后世文献关于东鳀记录的缺失很可能是称谓上的变动造成的。对名物的记载, 有些记录明显同名而异指, 而有些可能是异名而同指。历史学者面对的挑战, 首先来自对

---

① 壹岐一郎:《徐福集团东渡与古代日本》, 天津: 天津人民出版社, 1996年, 第21、23页。另外, 其关于铜铎与东鳀人的关系也完全没有任何证据, 见第179—183页。

这些记载的判断。譬如琉球隋代亦称"流求""流球",及至明代又有"大小琉球","小琉球不通往来,未尝朝贡。则今之奉敕封为中山王者,乃大琉球国也"①,关于小琉球国"与大琉球国同,其人粗俗,少入中国,风俗与倭夷相似"。②关于"夷洲"的记载,前后亦有变动。按《三国志》的记载,"夷洲"明显偏南,按《隋书》的记载则明显偏北。韩愈则将夷洲定位于东南,但亦与琉球区别:

> 海外杂国,若魟浮罗、流求、毛人、夷、亶之州、林邑、扶南、真腊、干陀利之属,东南际天地以万数。③

可见后世记载的名目概念一直处于变动中,且仍不时会因袭前名并举。清人胡渭在《禹贡锥指》中既指出韩愈"西南"的方位之误,也明确告诉后人,古倭人和东鳀国属"瓯骆",但是"非岛居者"。④这说明他认为东鳀是居于与倭人一样的、拥有较大地盘或活动区域的人群。在此方向的大岛,符合条件的只有九州和台湾。他随后又进一步论述倭人亦分多种,东鳀即倭之一种。⑤一些学者即从胡渭此说。不过按材料所示,"度海千里"的"倭"才是东鳀。

---

① 严从简:《殊域周知录》卷四《东夷》,余思黎点校,北京:中华书局,1993年,第163页。

② 周致中:《异域志》,陆峻岭校注,北京:中华书局,1981年,第27页。

③ 韩愈:《昌黎先生文集》卷二一《送郑尚书序》(万有文库本第五册),上海:商务印书馆,1933年,第35页。

④ 胡渭:《禹贡锥指》卷六《淮海惟扬州》,邹逸麟整理,上海:上海古籍出版社,2006年,第187页。

⑤ 同上,第188页。

显然，从韩之东南的九州，再渡海千里，只能是往南面而非东面。因为若是东面，则与会稽的方向背道而驰，无法"献见"了。当然，胡渭的说法本身也是概念变动的结果。在后世的历史叙述中，东鳀只是作为一种秩序、理念和世界观而被提及（如"东鞮献舞，南辫传歌"）。[1]有学者认为，如果东鳀在台湾或琉球，那必不可能有册封之事。而史料有"东鳀即序"一说，故东鳀必为倭。其实如果把所有这一类史料放到一起看，就会明白，诸如左太冲《二都赋》中"东鳀即序，西倾顺轨"[2]的说法表达的只是一种四方秩序的理念。关于《禹贡》中"卉服"的讨论在这点上多没有太大意义，都是材料不够的情况下互相之间的推断，反而忽视了"卉服"只是作为一种理念存在于后世不断强化的记忆之中的事实。

后世史家的书写，亦常常只是一种再组合与再创造的过程，虽然间或有新认识，也只是对当下尚存事物的新认识。北宋陈旸《乐书》云："会稽海外有东鳀人，析为二十余国，而夷洲居一焉，去临海郡二千里。其民如有所召，取大空材植于中庭如鼓，以巨杵旁舂之，声彻数里。闻者驰赴会饮，歌似犬嗥，以相娱乐焉。"[3]他把《太平御览》中所引的《临海水土志》（初仍源于《三国志》）的描述移植到了东鳀人名下，而夷洲也变成东鳀"二十余国"之一，被置于百济和高丽的条目之间；其书另有日本的条目，显示了时人对

---

① 《南齐书》卷四七《列传第二八·王融》，北京：中华书局，1972年，第820页。
② 江淹：《江文通集》卷六《拜中书郎表》，北京：中华书局，1984年，第299页注释8。
③ 陈旸：《乐书》卷一五八《乐图论·四夷歌·夷洲》，《景印文渊阁四库全书》211册《经部乐类》，第728b页。

域外了解存在一定程度的混乱，东鳀也只是东面的一个含混的大范围概念。到了顾炎武时，东鳀则被完全与日本等同，尽管没有任何证据。[①]清代文献是继续强化"朝贡"秩序的想象和虚指："盖由圣世承平，商民乐业，以东鳀远产而岁致中邦，宛如内地官山之利焉。猗与盛哉！"[②]另一种组合法是将东鳀等同于台湾，近人如丘文鸾《台湾旅行记》开篇即言"台湾古称东鳀，至隋称琉球"[③]，连横《台湾通志》也持此见[④]，而陈寿祺也把鳀人作为居于台湾及其周边岛屿的人群。[⑤]当然，这种东鳀直接等同台湾的观点如同将其等同日本的观点一样，未经任何学理论证，属于"莫能征信"的范围。[⑥]

---

① "倭亦名日本。其国西南至海，东北大山，地分五畿、七道、三岛，即班固书所云'会稽海外有东鳀人'者是也。其人魁头、断发、跣足，轻生好杀。"见顾炎武：《天下郡国利病书·浙江下·戍海篇》（原编第廿二册），《续修四库全书》史部第597册，第42a页。

② 《钦定皇朝文献通考》卷十七《钱币考五》，《景印文渊阁四库全书》632册《史部·政书类·通制之属》，第369a页。

③ 丘文鸾：《台湾旅行记》（一），《台湾文献丛刊》（第211种），台北：台湾银行经济研究室，1965年，第1页。

④ 连横：《台湾通史》（上册），上海：上海书店出版社，1991年，第9页。

⑤ 陈寿祺：《赠太子太师谥文靖太子少保兵部尚书闽浙总督金匮孙公尔准墓志铭》："往者蜗蛮纷斗攻，鳀人、龙户成沙虫；疾驰帆橹裨瀛东，奏弹耪𥹀咸如风。"见钱仪吉辑：《碑传选集》（四），《台湾文献丛刊》（第220种），1966年，第605页。

⑥ "台湾远处东海，自古不通中国，或谓即后汉之东鳀，亦莫能征信。自隋迄元，以琉球或澎湖统称之。《隋书》所谓琉球在泉州东，有岛曰澎湖，烟火相望。《元史》所谓瑠求在南海之东，澎湖诸岛与瑠求相对者也。"见刘锦藻：《皇朝续文献通考》卷三一五《舆地考十一·福建省·附台湾省》，《续修四库全书》史部第820册，第14页。

五、结语

综上所述，从文献记载所见字名音韵、地理方位、风俗、族群分布与政治势力等方面比对论证，东鳀不太可能在日本，如此，则更可能在琉球至台湾北部一带。鳀人不仅不与倭人相邻而居，更有明显差异，其人种也当有很大差异。体质人类学上的研究显示，新石器时代的中国人与现代日本人和中国人的亲缘，要比渡来系弥生人与现代日本人更近。而冲绳系和绳文系的属于另一个支系。[①]这也促使我们重新思考早期历史上人群的流动方向，以及以琉球为中心探讨东亚海域历史的可行性，而切莫以后来的势力版图想当然压缩甚至否定鳀人的活动空间。[②]族群的漂移与变动本是极其复杂的问题，而海上的史迹，又比陆上更为缥缈难寻。民族史研究常有的误区，一在于族群的切割和僵化固定，二在于地域的划定，三在于以后世文献参证史事时忽视了后世记录者概念的变动。文献中常有的"与……类"字样提醒我们，族群间本来就是交流和演化的，画地为牢通常会忽视其流动的一面。只有在对具体人群具体个案的研究中，对族群的冲突与融会过程、对其生活与演化的张力

---

① 埴原和郎：《日本人の形成》，载朝尾直弘等编：《岩波講座日本通史》第1卷《日本列島と人類社会》，东京：岩波书店，1993年，第91页。
② 日本学者对琉球群岛的关注，使其很容易将其作为东亚海域的中心来展开分析，这是相较中国学者天然的视角差异。参看增田修：《『隋書』にみえる流求国》，载古田武彦编《市民の古代》第15集，东京：新泉社，1993年。

才能有更深的理解。[①]

  中古以前的东亚海域，活跃着越人、汉人、倭人、韩人、鲲人、海人、毛人以及其他数不胜数的人群，他们或湮没无闻，或不为所识、无以名指，或名同实异，或名异实同。一些史籍的书写者由于了解有限，不明所以，对纷繁复杂的群体只能概以"倭"论。[②]由鲲人所见的4世纪前的东亚海域世界，由于史料有限依旧朦胧。[③]在有限的材料下，把握一些有效信息相当重要。除了鲲人外，研究其他族群也能继续去除笼统称"倭"的迷思——譬如："女王国东渡海千余里，复有国，皆倭种。又有侏儒国在其南，人长三四尺，去女王四千余里。又有裸国、黑齿国复在其东南，船行一年可至。参问倭地，绝在海中洲岛之上，或绝或连，周旋可五千余里。"[④]这个位于南部的"侏儒国"，如果不是史家完全臆想的话，亦大概是南部纬

---

① 山尾幸久：《邪马台国と狗奴国との戦争—西日本の東端と東日本の西端》，载国立历史民俗博物馆编：《邪马台国时代の東日本》，东京：六兴出版，1991年。

② "海东之地，为国无虑百数，北起拘耶韩，南至耶马台而止；旁又有夷洲、𬇙屿，人莫非倭种。度皆与会稽、临海相望，大者户数万，小者仅一二百里。"见吴莱：《渊颖集》卷五《论倭》，《景印文渊阁四库全书》1209册《集部·素山房诗集》，第85b页；鱼豢《魏略》曰："倭在带方东南大海中，依山岛为国，度海千里复有国，皆倭种。"见胡渭：《禹贡锥指》卷六《淮海惟扬州》，第188页。

③ 除年代较早的因素外，还有传统史籍对海上世界相对漠视的原因，直到近代一直都是而且也只能是含混描述了事。此外还有技术原因，以及掌握技术人群与史籍书写者相隔的问题，譬如关于海道的选择，迟至马端临才鲜明点出倭人的入华路径差异："其初通中国也，实自辽东而来，故其迂回如此。至六朝及宋，则多从南道浮海入贡及通互市之类，而不自北方。"见马端临：《文献通考》卷三二四《四裔考一》，北京：中华书局，1986年，第2554a页。

④ 《三国志》卷三十《魏书三十·倭人传》，第856页。

度较低的族群，皮肤较黑，身材也较短小。"裸国""黑齿国"[①]等也都有那么一丝有趣的信息在其中，这些"国"的人或许是与鳀人有关系的，或位于更南部的列岛人群。深入研究这个海域世界中的不同族群，可以为寻找以东海为中心的早期东亚史叙事提供一种可能。简言之，鳀人是4世纪前在东亚海域活动的主要族群之一，用后世文献疏证，既须审视史料编纂的过程，亦须注意概念的变动，排除这种干扰，东鳀所在也更清晰，我们对早期琉球和台湾相关的认知亦能有提升。

---

① "黑齿国"一说在黑龙江南日本海岸，见希勒格：《中国史乘中未详诸国考证》，冯承钧译，上海：商务印书馆，1928年，第88—89页。梁嘉彬则认为侏儒国在琉球，裸国在台湾，黑齿国在菲律宾，见《魏志侏儒国裸国与黑齿国考》，载梁嘉彬：《琉球及东南诸海岛与中国》，第61—72页。韩振华明确指出黑齿有三：中国东方的黑齿国、南方的黑齿、越南中部沿海的"一号黑齿"西屠国，见《西屠国在何处》，载韩振华：《中外关系历史研究》，香港：香港大学亚洲研究中心，1999年，第273—276页。希勒格（施古德Gustave Schleged）和梁两位所争为东方的黑齿国位置，亦即东亚海域黑齿国位于何处的问题。

13—17世纪东亚海上贸易世界（翻译）

万志英（Richard von Glahn）

15、16世纪之交，当葡萄牙海员闯入亚洲海域冒险时，惊讶地发现繁荣的贸易网络横跨从印度到中国的海洋。当时，马六甲（Melaka）——马来半岛上一个小小的伊斯兰苏丹国，连接印度和中国航线的十字路口——是这个海上贸易世界的重要枢纽，因此成为葡萄牙帝国缔造者眼中最贵重的战利品。在1511年葡萄牙人占领这座城市后不久，抵达该城的托梅·皮雷斯（Tomé Pires）写报告给他的赞助人葡萄牙国王，惊呼："人们无法估计马六甲（Malacca）的价值，因为它太广大和有利了。马六甲是一个为商品而设的城市，比世界上任何其他城市的都要适宜。"[1]从马六甲出发，葡萄牙人一

---

* 作者系加州大学洛杉矶分校历史系教授。本文经作者授权翻译，谨致谢忱。英文原稿载于Tamara H. Bentley ed., *Picturing Commerce in and from the East Asian Maritime Circuits, 1550-1800*, Amsterdam: Amsterdam University Press, 2019, pp. 55-82。

[1] Tomé Pires, *The Summa Oriental of Tomé Pires and the Book of Francisco Rodrigues*, London: Hakluyt Society, 1944, II, p. 286. 中译文参照皮列士：《东方志：从红海到中国》，何高济译，南京：江苏教育出版社，2005年，第220页。

路东进，于1513年抵达中国沿海；此后在东亚便不再攻城略地，转向经商逐利。

在接下来的几个世纪里，欧洲人在东亚海上的存在虽然对贸易结构造成冲击，但并未使其完全改变。[①]相反，他们主动融入几个世纪以来已经成型的海上贸易和跨文化交流之中。[②]葡萄牙人（及其他接踵而来的欧洲人）的商业成功，取决于他们依照亚洲君主制定的贸易条件同本土对手竞争的能力。然而，成功并非易事。到17世纪，荷兰人就不再依循这种在自由市场中通过竞争取得成功的商业模式，而是发展出一种依赖暴力征服、垄断控制生产中心和贸易路线的新模式。

东亚海上贸易网络的一个显著特点是以"国际贸易的主要商品中心（emporia）"为核心"港口政体"（port polities）的突出地位。这些商品中心更像是商人而非王公的城堡。王公们通常都在远离市场喧嚣的地方安居，他们从商业中获利丰厚，却很少直接介入。商业主要由跨族群、国别、语言和宗教的商人管理。商业中心则是这些商人的跨国飞地（multinational enclaves），故呈现出独特的多元和世界主义特征。在被葡萄牙人攻占之前，马六甲是"港口政体"的商品中心的典型。欧洲人，尤其是其兼具殖民统治者和商贸企业两种角色的特许贸易公司，建构了一个新的海上贸易管理框架：贸易

---

① 笔者对"海上东亚"的定义比通常地理意义上包括中、日、朝的"东亚"更为宽泛，还包括西起马六甲海峡、东至爪哇和加里曼丹环南海和暹罗湾的陆地与海域。
② 关于这个故事平允的摘要，参见François Gipouloux, *The Asian Mediterranean: Port Cities and Trading Networks in China, Japan and Southeast Asia, 13th-21st Century*, London: Edward Elgar, 2011。

港口(entrepôts)。贸易港口预设在全球范围组织商品的生产、运输和交付，因此通常要依赖殖民体制来控制贸易条件。荷兰东印度公司1618年在爪哇建立的巴达维亚城将是其最初原型。[1]

一、东亚海上贸易的第一阶段: 10—13世纪

公元900—1300年间，整个欧亚大陆都是一派经济繁荣、贸易兴盛的景象。适宜的气候、飞跃的农业生产、城市的发育、激增的货币供应及商业网络与更复杂的金融和商业机构的进步，都促进了经济发展。经济扩张最早在地中海东部的伊斯兰地区和中国出现，但很快蔓延到欧洲、印度洋海岸、东南亚大陆和群岛及日本。东亚海上贸易世界形成的主要催化剂是中国宋朝(960—1279)的经济大转型。南方稻米经济的兴起和丰富资源的开采提高了农业生产力，促进了人口大爆炸，刺激了新技术和产业的面世。茶叶、瓷器、丝绸、铁制品、纸张、书籍、糖以及大米、大豆和小麦等主食成为区域、国家乃至国际市场上交易的主要商品。南方的常绿针叶林(evergreen conifer forest)则为造船业提供了关键原材料。而造船业正是诸多历经重大技术改进的行业之一。深龙骨的船只(deep-keeled ships)、船尾舵(stern-post rudders)和航海指南针的运用增强了中国水手在海外冒险的能力。[2]

---

[1] 关于商品中心与贸易港口的区别，参见前注，第102—106页。

[2] 宋代中国的经济发展，参见万志英: Richard von Glahn, *The Economic History of China from Antiquity to the Nineteenth Century*, Cambridge: Cambridge University Press, 2016, pp. 208-278。

宋代的政治气候进一步鼓励了这种冒险。由于敌国占领了陆上丝绸之路，宋朝政府和民间商人均转向海上贸易，将其作为大宗商品和贵重商品的来源。国家财政前所未有地依赖贸易和消费的间接税，商业税和关税成为国家收入的重要来源。海外贸易也因跨国商业网络的形成而得以拓展，这种网络将东亚和东南亚主要的海上商品中心连为一体。[1] 来自波斯湾的阿拉伯商人和来自印度南部的泰米尔人不少在中国的南方港口定居。但中国与东南亚的许多生意都是由中国水手打理，他们通常以伙伴关系的方式合伙投资和分摊海外贸易远行的风险。整个11世纪，福建泉州取代了更南的广州成为中国主要的海上贸易港口。根据一通1095年撰写的碑铭，"舶商岁再至，一舶连二十艘"，自"南海"达泉州。[2] 但到13世纪，泉州作为中国国际贸易主要门户的光芒被长江口附近的宁波（明州）掩盖。宁波的崛起来自其附近的杭州重获的帝国资本及其巨大的消费需求、对日本和高丽而非东南亚海外贸易的重新定位以及宁波商人在建立海外社区和网络方面取得的成功，其与福建相比更有竞争优势。[3]

---

[1] 这一时期东南亚海上贸易，尤其是其与中国的贸易，参见Geoff Wade, "An Early Age of Commerce in Southeast Asia, 900-1300 CE," *Journal of South East Asian Studies* 40.2 (2009): 221-265。

[2] 引自苏基朗: Billy K. L. So, *Prosperity, Region, and Institutions in Maritime China: The South Fukien Pattern, 946-1368*, Cambridge: Harvard University Area Center, 2000, p. 40。

[3] Richard von Glahn, "Chinese Coin and Changes in Monetary Preferences in Maritime East Asia in the 15th-16th Centuries," *Journal of the Economic and Social History of the Orient* 57.5 (2014): 629-668; Richard von Glahn, "The Ningbo-Hakata Merchant Network and the Reorientation of East Asian Maritime Trade, 1150-1300," *Harvard Journal of Asiatic Studies* 74.2 (2014): 251-281.

从12世纪下半叶开始，中日贸易迅猛增长。它主要是由日本国内不断扩大的农业生产和商品流通尤其是货币需求驱动的。日本统治者在10世纪初已停止铸币，转以大米和丝绸等为一般等价物。但是，商业和金融急需一种更有效的支付手段。特别是对王公贵族、寺庙神社和崛起的武士家族这些统治阶级而言，他们寻求将其遥远的庄园产出的财富转运到其在京都、镰仓的府邸。大量的宋钱出口到日本，1226年镰仓幕府正式承认宋钱为其通行货币。此外，日本精英们渴望获得中国的丝织品、瓷器、书籍、笔墨纸砚及各类手工艺品等名贵商品，它们统称"唐物"（karamono）。日本的手工艺品包括剑、盔甲、扇子和漆器，在中国也备受欢迎。但在12世纪，日本出口中国的主要产品是黄金、硫黄、木材、水银等大宗商品。博多（今福冈）是日本朝廷指定对外开放的唯一港口。它成为宁波商人和船运代理商的飞地，中国商人的数量甚至超过本地人。[①]

二、14世纪东亚海上贸易的重整

1276年蒙古对南宋的征服以及忽必烈汗在1274年、1281年两次入侵日本使东亚海上贸易中断，不过其影响却很短暂。蒙古人热切地推动商业，在其庇护下，中国与印度洋世界和日本的海上交流迅速反弹。但东亚海上贸易世界的结构和组织都发生了重大变化。在东南亚，13世纪吴哥对占婆的征服及其后吴哥王国的衰落与三佛

---

① Ibid.

齐制海权在苏门答腊、马来半岛的丧失，摧毁了旧的政治和商业霸权中心。与此同时，新的海上贸易模式出现。中日贸易在14世纪继续繁盛。但随着明朝（1368—1644）定鼎，一个新的政治和经济秩序在中国建立，严重破坏了整个东亚海上贸易。

伴随三佛齐马六甲海峡商业霸权的衰落，一系列新的港口政体兴起，包括苏门答腊北部的南浡里和苏木都剌，马六甲海峡的吉打、淡马锡（今新加坡）和马六甲，以及马来半岛东海岸上的单马令、吉兰丹和彭坑。[①]三佛齐诸港口在很大程度上充当了中国和印度洋市场交流的商品中心，新兴的港口政体主要出口当地商品：胡椒和其他香料，香货，藤材和沉香、乌木等优质木材，药品以及有异国情调的热带动物产品。[②]

---

① 译者案："彭亨"在这一时期另有称法。元代《岛夷志略》作"彭坑"；明代《星槎胜览》作"彭坑"，《郑和航海图》作"彭杭"，《东西洋考》作"彭亨"，此处用后来通用名。

② 参见王添顺：Derek Heng, *Sino-Malay Trade and Diplomacy from the Tenth through the Fourteenth Century*, Athens, OH: Ohio University Press, 2009, pp. 95-100, pp. 191-217。关于14至15世纪东南亚海上贸易的新发展，参见Anthony Reid, *Southeast Asia in the Age of Commerce, 1450-1680: Expansion and Crisis*, New Haven: Yale University Press, 1993; Michel Jacq-Hergoualc'h, *The Malay Peninsula: Crossroads of the Maritime Silk Road (100 BC-1300 AD)*, Leiden: Brill, 2002; Craig A. Lockard, "'The Sea Common to All': Maritime Frontiers, Port Cities, and Chinese Traders in the Southeast Asian Age of Commerce, ca. 1400-1750," *Journal of World History* 21.2 (2010): 219-247; Kenneth R. Hall, "Revisionist Study of Cross-Cultural Commercial Competition on the Vietnamese Coastline in the Fourteenth and Fifteenth Centuries and Its Wider Implications," *Journal of World History* 24.1 (2013): 71-105。译者按：沉香木一般以南亚语系习用的"agarwood"称呼，"aloeswood"则为来自希伯来和希腊语源的称呼；印尼和马来群岛称为"gaharu"，所以也有"gharuwood"的称法。

从13世纪末开始，满者伯夷和暹罗两个新的地区强权开始对海上贸易施加霸权影响。满者伯夷王国直接统治爪哇和巴厘岛，经不断扩张，掌控通往香料群岛和南苏门答腊的贸易航线。满者伯夷采用宋钱作为官方货币，中国铜钱取代土著金银砂成为整个爪哇的主要通货。[①]暹罗能崛起为昭披耶河三角洲的强权，同其首都阿瑜陀耶的战略位置息息相关。阿瑜陀耶将富裕的农业腹地与暹罗湾连接起来。其作为一支海上力量的成功应归功于那里定居的庞大华商社区。事实上，暹罗首任国王乌通王（1351—1369年在位）是一位与土著权贵通婚的华商。[②]

元代（1271—1368）时，中国水手的航海范围扩展到印度洋沿岸。在蒙古人的统治下，公共经济和私营经济领域之间的区别很大程度被抹去：蒙古贵族通过代理商深深地卷入贸易；主要由西域色目商人组成的斡脱商人时或享有垄断海上贸易的特权；强大的商人家族经常获封官职，包括担任市舶使。政府官员自己组织和派遣海外贸易船只。与私商的竞争间歇性地激起政府对私人海上贸易的（短期）

---

① Robert S. Wicks, *Money, Markets, and Trade in Early Southeast Asia: The Development of Indigenous Monetary Systems to AD 1400*, Ithaca, NY: Cornell University Southeast Asia Programs Publications, 1998, pp. 290-297.

② 阿瑜陀耶作为主要商品中心的兴起，参见Craig A. Lockard, "The Sea Common to All: Maritime Frontiers, Port Cities, and Chinese Traders in the Southeast Asian Age of Commerce, ca. 1400-1750," *Journal of World History* 21.2 (2010): 239-245。译者案：昭披耶河一般作 "Chao Phraya"，中文俗称湄南河，来自泰语的 "河流"（mae-nam），"Ayudhya" 一般作 "Ayutthaya"，华人称为 "大城"。乌通王即拉玛铁菩提一世（Ramathibodi I），其为华人的依据来自一份17世纪荷兰人菲利茨（Jeremias Van Vliet）的记录，言其航海到暹罗湾，以商贸发家然后统治暹罗湾海滨小镇碧武里／佛丕、再北上阿瑜陀耶。

禁令。但总体而言，元代国家政策对海上贸易持赞许态度。[1]

在蒙古入侵日本期间和失败之后，蒙元帝国和镰仓幕府互存敌意。尽管如此，日本精英对"唐物"的欲望（更不用说日本市场对中国铜钱的渴望）仍未消退。[2]到1300年，中日贸易已然恢复。与此前相若，贸易航程主要由中国水手管理，但日本投资者越来越多地主动投身海外冒险。[3]1318年，一艘日本商船在温州附近搁浅，据说有"本国客商五百余人……意投元国庆元路市舶司，博易铜钱、药材、香货等项"。[4]京都和镰仓最大的禅宗佛教寺院都对前往中国贸易和朝圣有特别浓厚的兴趣。新安沉船恰好证明了宗教虔诚和商业利益相交织的双重目的。这艘日本商船载满28吨中国铜钱和陶瓷及其他船货，于1323年从宁波返回日本的途中在朝鲜海岸沉

---

① 关于元代海贸政策，参见四日市康博：Yokkaichi Yasuhiro, "Chinese and Muslim Diasporas and the Indian Ocean Trade Network under Mongol Hegemony," in *The East Asian "Mediterranean": Maritime Crossroads of Culture, Commerce, and Human Migration*, ed. Angela Schottenhammer, Wiesbaden: Harrassowitz Verlag, 2008, pp. 73-102; Derek Heng, *Sino-Malay Trade and Diplomacy from the Tenth through the Fourteenth Century*, pp. 63-71；榎本涉：《東アジア海域と日中交流：九～一四世紀》，东京：吉川弘文馆，2007年，第106—209页。从贸易货品和物质文化角度观察元代中国海上贸易的研究，参见四日市康博编著：《モノから見た海域アジア史：モンゴル——宋元時代のアジアと日本の交流》，福冈：九州大学出版会，2008年。
② 有一个估计认为，在13至14世纪的高峰期，日本进口了1000多吨的中国钱币，参见饭沼贤司《中世日本の銅銭輸入の真相》，收入村井章介编：《日明関係史研究入門：アジアのなかの遣明船》，东京：勉诚出版，2015年，第86页。
③ 村井章介有说服力地指出，这些贸易社区的跨国性质使商人是中国人还是日本人的问题并无实际意义，村井章介：《寺社造営料唐船と見なおす：貿易、文化交流、沈没》，收入村井章介编：《港町と海域世界》，东京：青木书店，2005年，第113—143页。
④ 邓淮修，王瓒、蔡芳纂：《温州府志》卷十七《遗事·海防》，弘治十六年刻本，第23页上。

没。它受1319年罹遭大火的京都东福寺委托，从中国博取钱币和货物，以筹措重建资金。其在宁波的发货实际是由扎根在博多的中国商人代理寺庙经营的。[1]

　　然而从14世纪30年代开始，中日贸易航向越来越动荡的水域。后醍醐天皇试图恢复皇权，这终结了镰仓幕府，但也引发了两个对立的皇室朝廷之间的分裂，并为一个新的幕府将军足利（1338—1573）的脱颖而出铺平了道路。尽管如此，日本的政治动荡似乎并没有打断前往中国贸易的航程。不过，随着孛儿只斤·妥懽帖睦尔（1333—1370年在位）继登大宝，在中书右丞相伯颜的建言下，元廷对日本采取严厉的措施并暂停贸易。这至少部分根除了宁波（庆元）市舶司官员的贪污腐化恶行。日本商人拒绝进入宁波，转而劫掠沿海城镇，煽动了对臭名昭著的"日本海盗（倭寇）"的大恐慌。1340年，伯颜垮台，中日贸易关系一度得以恢复，但1348年后中国自身又陷入内乱。随着贸易机会的消失，水手们铤而走险。14世纪50年代，倭寇开始捕掠渤海湾的商船及从江南向元大都（北京）运送粮食和其他货物的漕船。这些"倭寇"的确切起源和身份模糊不清，但最近的研究表明他们是发端于朝鲜南部、九州北部及二者之间主要岛屿济州、壹岐、对马的跨国水手集团。[2]

　　尽管元末最后几十年充满动荡，但明朝第一位皇帝洪武（1368—1398年在位）的统治才标志着对东亚海上贸易的决定性

---

① 川添昭二：《鎌倉末期の対外関係と博多：新安沈没船木簡·東福寺·承天寺》，收入大隅和雄编《鎌倉時代文化伝播の研究》，东京：吉川弘文馆，1993年，第301—330页。
② 榎本涉：《東アジア海域と日中交流：九～一四世紀》，第106—175页。

破坏。洪武帝决心消除他认为是蒙古风俗的侵蚀污染，并恢复儒家经典崇奉的农业社会制度和价值观。在如此行事中，洪武不仅否定了蒙古遗产，还否定了元朝统治下继续繁荣的强大的市场经济。洪武的政策虽然在他三十多年的统治下发生了演变，但其基本目标始终不变：恢复儒家学说理想化的自给自足的乡村经济，并尽量减少市场经济及其造成的不平等。为了实现这一议程，皇帝亲自制定了财政政策，其根本是恢复对国家的单向实物支付、征募劳役和实施自给自足的军屯，以及向官员、士兵发放实物而非金钱。[①]洪武发行了一种新的不能兑换的纸币——宝钞，同时禁止使用金银（甚至一段时间内包括国家发行的铜钱）作为货币。不过，宝钞事后证明是一次惨败。至1425年，宝钞的价值仅为其面值的2%，并且基本上不再具备货币功能。[②]此外，明代国家无法铸造出足量的铜钱，在15世纪30年代初完全暂停铸币。国内商业大幅萎缩，民众采用未经铸造的白银作为主要交易手段。

　　洪武还贬低对外开展国际贸易和文化交流的益处。他建立了一个高度形式化的朝贡外交体系，以提升中国皇帝的礼仪霸权，并迫使外国君主尊重顺从。根据朝贡体系的规定，外国使团只允许进行三种交换：（1）贡赋，上贡本国出产的异宝等，得赏大批明帝国的慷慨回赐；（2）官方贸易，陪使团来朝的外商按照明朝官员决定的

————————

① 有关洪武经济和财政政策的摘要，参见Richard von Glahn, *The Economic History of China from Antiquity to the Nineteenth Century*, Cambridge: Cambridge University Press, 2016, pp. 285-289。

② Richard von Glahn, *Fountain of Fortune: Money and Monetary Policy in China, 1000-1700*, Berkeley: University of California Press, 1996, pp. 70-73.

二　印度洋与太平洋　　　　　　　　　　　　　　　　　　　309

价格同官府交易其带来的商品；（3）私人贸易，外商的余货还可以通过官府指定的牙商卖给中国商人。因此，明朝政府插手了朝贡贸易的各个方面。1374年，洪武禁止中国商人出海，并在严格管理的朝贡体系下限制所有对外贸易。[1]

禁止私人海上贸易将持续到1567年，这有效地扼杀了宋元时期繁盛的海外贸易。虽然朝贡体系提供了一些重要的交流机会，但中国的出口急剧减少。这一断裂最明显的证据是中国陶瓷在同东南亚的海外贸易中突然无影无踪。明朝一立国，中国陶瓷在沉船货物中所占的比例便剧降。它们在郑和下西洋结束后的15世纪30年代几乎完全不见。15世纪最后十年，当禁令暂时放松时，中国陶瓷重新大量出现在沉船中，但在16世纪再次消失，直到1567年禁令废止。[2]东南亚陶瓷贸易中的"明代断裂"（Ming Gap）不仅反映了明朝海禁的有效性，也折射出明代前一百年中国民间瓷器烧制的大滑坡。[3]

三、15世纪东亚海上贸易的复兴

尽管受到明帝国朝贡体系的限制，15世纪东亚海上贸易还是缓

---

[1] 对明朝海禁研究得最全面的是檀上宽，他强调对国防（对倭寇）的关注而不是经济动机，参见檀上宽：《明代海禁=朝貢システムと華夷秩序》，京都：京都大学学术出版会，2013年。

[2] Roxanne Maude Brown, *The Ming Gap and Shipwreck Ceramics in Southeast Asia: Towards a Chronology of Thai Trade Wares*, Bangkok: The Siam Society, 2009.

[3] Yew Seng Tai, "Ming Gap and the Revival of Commercial Production of Blue and White Porcelain in China," *Bulletin of the Indo-Pacific Prehistory Association* 31 (2011): 85-92.

慢恢复。日本以及与明朝建立外交关系的其他国家都试图利用朝贡体系提供的贸易通道。中国水手慢慢鼓起勇气绕开海禁法令,向琉球和东南亚走私。到15、16世纪之交,越来越多的走私商人对禁令置若罔闻,引发中国官员在安全方面新的担忧,并最终导致明朝与新一代倭寇之间的武装冲突。

足利幕府将军义满(1358—1408)[①]早年寻求恢复与中国的关系并重获中国市场和商品,尤其是恢复使用已经成为日本国内经济命脉的铜钱。但洪武对日本的外交姿态反应冷淡。1386年,由于对幕府没有采取更强有力的措施来遏制倭寇掠夺感到不满,洪武暂停了与义满的联系。然而,义满得到了永乐皇帝(1402—1425年在位)更积极的回应。在从洪武指定的继任者手中夺取帝位之后,永乐开始奉行一套完全不同的外交政策。这是受蒙古世界帝国憧憬启发的政策,也是被他恶意反元的父亲所否定的政策。永乐试图通过在1407年控制北越从而创造自己的世界帝国。他多次出征蒙古,并派遣其心腹郑和将军统帅大规模的舰队下西洋。郑和在1405—1433年间展开七次远航,远至阿拉伯和非洲海岸,为明朝的朝贡臣属花名册增添了数十个新的番国。[②]永乐还恢复了与日本的外交关系,于1404年授予义满"日本国王"称号并欢迎朝贡使团每年入京一次。

---

① 义满在明朝成立的1368年正式成为幕府将军,其时十岁,并于1394年正式退休。然而,即使在退休后他仍继续控制政府,直到1408年去世。

② 关于郑和及其行程,参见Edward L. Dreyer, *Zheng He: China and the Oceans in the Early Ming Dynasty, 1405-1433*, New York: Pearson / Longman, 2007。

1408年义满去世，其子义持（1386—1428）接任幕府将军。但义持接任不久，突然停止向中国派遣贡使，这激起日本国内贵族的反对。1432年当足利幕府又恢复对华朝贡时，明帝国却已从永乐的热情外交政策中回撤。朝贡关系变得越来越一厢情愿。日本使节和商人热切渴求（明朝已不再铸造的）铜钱、丝布、纱线和各类"唐物"。对华朝贡是幕府的重要收入来源，幕府将贸易特许权租让给富裕的寺庙神社和武士家族。但明廷受自身财政困难所扰，几乎没有欲望去贴补朝贡贸易。1453年来华的日本朝贡使团包括多达九艘海船、一千两百名船员，大大超过以往。这促使明廷削减使团规模：十年一贡，每次不超过三艘贡船。此外，明廷只象征性地赏赐了若干铜钱，进一步削弱了使团的商业价值。[1]

受此拖累，日本崛起的地区统治者——大名（*daimyō*）武士家族开始探索获得中国商品的替代方案。机会留给了统治琉球群岛的琉球王国。明朝立国之初，琉球分裂为三个独立的酋长国，每个都被明朝承认为朝贡国。1429年，琉球王国的尚巴志击败对手，"并而为一"。尚氏与明廷建立了密切关系。琉球一共向中国派遣了一百七十一次朝贡使团，仅次于朝鲜，几乎是其他国家的两倍。这些使团让琉球能与中国人进行广泛的商业交流。中国水手还经常违反海禁前往琉球贸易。在明朝缩减日本朝贡使团规模后，日本商人涌向琉球，以获得中国的铜钱和其他商品。[2]

---

① 关于明日朝贡关系的综合研究，见村井章介等编《日明関係史研究入門：アジアのなかの遣明船》，东京：勉诚出版，2015年。

② 参见滨下武志：Hamashita Takeshi, "The Rekidai hōan and the Ryukyu Maritime

瀛寰识略

琉球本地除马匹外，并无多少可供贸易的产品。不过，其主要港口那霸却成为中日贸易绝佳的商品中心和中日获取南海商品的重要供应地。中国铜钱（此时主要是由福建和琉球商人仿照宋钱私铸）仍然是中日贸易的主要内容。那霸坐落在一处优质天然海港中间的大岛上。作为一个跨国商人的飞地，兴盛起来的那霸港被划分为毗邻码头和天使馆、盖有围墙的华人社区久米，与较远处日本商人、本地岛民居住的若狭町。一条筑堤将那霸同腹地和王宫首里连接起来。首里建在大约五千米外的悬崖上，俯瞰整个海港。[①]

琉球作为中国和东南亚商品的进口通道，其重要性引发了日本一流大名之间激烈的竞争。在应仁之乱（1467—1477）及接踵而至的足利幕府权力衰颓后，细川氏在京都掌握大权。前往日本的琉球船只数量急剧下降。获得细川氏许可的堺（今大阪）商人接管了琉日贸易。但细川氏垄断外贸的努力遭到日本西部大名大内氏的挑战。16世纪初，大内氏及受其委托的博多商人在同琉球、明朝的贸易关系中占据上风。大内氏和细川氏之间的斗争在1523年达到高潮。他们在这一年针锋相对地同时向明朝派遣朝贡使团。这两个使团在宁波登陆后爆发暴力冲突，促使明廷切断了与日本的一切朝贡

Tributary Trade Network with China and Southeast Asia, the Fourteenth to the Seventeenth Century," in *Chinese Circulations: Capital, Commodities, and Networks in Southeast Asia*, eds. Wen-Chin Chang and Eric, Tagliacozzo, Durham: Duke University Press, 2011, pp. 107-129。
① 参见上里隆史: Uezato Takashi, "The Formation of the Port City of Naha in Ryukyu and the World of Maritime Asia: From the Perspective of a Japanese Network," *Acta Asiatica* 95 (2008): 57-77。

关系。1539年，大内氏又派遣使团前往宁波，重获朝贡贸易协议。但到那时，变革风潮已经席卷了整个东亚海上世界。[1]

四、16世纪东亚海上世界的转型

16世纪中叶，三个新的发展趋势从根本上重塑了东亚的国际经济：(1)中国国内经济的勃发刺激了商业化，并增强了对作为货币媒介的白银的需求；(2)葡萄牙人的到来，因亚洲、欧洲和西班牙美洲殖民帝国的连接而形成的全球经济；(3)"港口政体"商品中心的出现，其经济繁荣和政治独立来自海上贸易而非农产品和农业税。这些发展趋势对贸易网络、商业社区、商品生产和政治权力、文化交流都产生了深远的影响。巨大的贸易诱惑极大地冲击着明朝的朝贡贸易体系。明朝强力推行海禁的努力引发了暴力对抗，并促使葡萄牙人带来的火药武器迅速传播。最后在1567年，明朝被迫开禁。大量流入中国的日本和美洲白银重整了贸易网络，催生了新的国际贸易机制。港口政体抓住这些变局带来的经济、政治机会一跃而起，一段时间内至少为中国官僚统治的农业帝国政治模式之外的另一种道路。

中国只是缓慢地从洪武的反市场政策的衰退影响中恢复过来。但到16世纪中叶，农业和手工业生产的兴盛促进了城乡交流、区域专业化、帝国范围内主要市场的形成（最引人注目的是棉纺织

---

① 有关细川氏和大内氏对外贸易竞争的摘要，参见村井章介等编《日明関係史研究入門：アジアのなかの遣明船》，第12—18页。

品这个全新产业)、新金融机构和商业组织的诞生,以及壮观的城市繁荣。不过,宝钞或铜钱都已无力维持,明朝经济亦已开始依赖未经铸造的白银来润滑商业流通。而日本在本州西部的石见发现了丰富的银矿,又从中国引入水银精炼技术炼银。16世纪20年代以降,其采矿业突飞猛进。可在朝贡贸易体系的限制下,这些白银很少能够运抵中国。在向中国私贩白银一本万利的蛊惑下,"倭寇"活动进入新阶段。与14世纪的掠夺性海盗相比,新的倭寇团伙主要由出没于日本南部港口或浙江沿海岛屿之外的跨国水手集团组成。至少从其首领看,他们大多数是中国人。16世纪40年代后期,朝廷打击走私的行动升级为明朝和倭首之间的全面战争。

　　16世纪头十年,葡萄牙人到达东亚海域。这使得明朝消灭倭寇和走私贸易的努力更为复杂。在与明朝谈判贸易特权的初步尝试失败后,葡萄牙人同倭首们缔结同盟,以获得丰厚的日本白银贸易份额。他们还通过引进舰炮、火枪等"奇技淫巧"的火药武器,从而改变诸方势力之间的平衡。1543年,随着偶然发现日本列岛,葡萄牙人开始寻求与九州地区大名做生意的机会。1549年,大友宗麟(1530—1587)在其九州东北海岸首府丰后府内的热情款待了耶稣会传教士沙勿略(Francis Xavier)。府内是一个繁华的国内贸易中心,很容易就可以获得白银。但次年,九州西部的松浦大名允许葡萄牙人在平户港建立商馆。平户港实际早已成为倭寇商人的据点,为日本沿海的白银产区提供了更便捷的通道。①明朝则在1557年允

---

① 关于大友氏和松浦氏的外贸活动,分别参见伊藤幸司:《大内氏の外交と大友氏の外交》,收入鹿毛敏夫编著《大内と大友——中世西日本の二大大名》,东京:勉诚

许葡萄牙人在澳门居留贸易，以此离间葡萄牙人与倭寇的关系。

虽然葡萄牙人至此已能合法地将日本白银贩至中国（换取中国出口日本商品80%的丝绸、棉布），但中国的需求远远超过葡萄牙商人的能力。中国水手日益罔顾朝廷的禁海令。福建月港据说是拥有一两百艘远洋商船的母港，其居民"数万家，方物之珍，家贮户峙。东连日本，西接暹球，南通佛郎"。[①]华南沿海的地方精英厌倦倭寇掠夺且自身渴望从外贸中获利，吵着要求开禁。最后，在1567年，福建巡抚说服朝廷放开海禁，同时制定了一系列贸易新规：出海的中国船长必须先领到船引，商品数量根据配额确定；禁止出口硫、铜、铁等战略物资；中国商人必须在一年内回国。最重要的是，朝廷保留禁止与日本直接贸易的禁令。

尽管存在诸多限制，但无论是对东亚海上贸易还是全球的贸易而言，新时代已经启航。除日本白银外，美洲白银也开始从欧洲流入亚洲并最终流向中国。1571年，西班牙人在马尼拉建立贸易据点，开辟了跨太平洋航路，将秘鲁、墨西哥的白银投放到中国市场。虽然马尼拉如同澳门，名义上是一个遥远的欧洲贸易帝国的殖民前哨，但到1600年，绝大多数居民都是中国移民，他们实际垄断了马尼拉与华南的贸易。欧洲消费者热切渴望瓷器、丝绸等中国手工艺品。但是向中国贩卖白银所赚的利润，却是创建第一个真正的全

出版，2013年，第479—514页；外山幹夫：《松浦氏と平戸貿易》，东京：国书刊行会，1987年。译者案：此处的松浦大名指松浦隆信。

① 引自Richard von Glahn, *Fountain of Fortune: Money and Monetary Policy in China, 1000-1700*, p. 117。译者案：该句为朱纨《增设县治以安地方事》的截取引文，以"民居数万家"开始，句末还有"彭亨诸国"。"暹球"即"暹罗"。

球贸易体系的主要动力。[1]

在贸易全球化带来的东亚海上贸易转型过程中，既有赢家，也有输家。新秩序中最大的输家是琉球王国。15世纪下半叶，日本船只接管琉球群岛和日本港口之间的贸易，琉球在商业和航运方面的优势就已开始下滑。货币流通的变化反映出其经济日益依赖日本。琉球商人已不再向日本市场供应明朝铜钱，而是购买15世纪下半叶开始在九州南部激增的仿照中国铜钱铸造的劣钱。1534年访问琉球的中国使节在报告中说，其居民仅使用日本铸造的只有标准铜钱价值十分之一的空白的、无任何铭文的私铸硬币——小型无文钱（*mumon*）。[2]1567年明朝开禁后，充当中日贸易中间商的角色的琉球很快就遭淘汰。琉球在东亚海上贸易的边缘化也破坏了其政治独立。1609年，九州南部的岛津大名实际控制了琉球，这最终将导致琉球王国并入日本民族国家。

随着越南中部沿海的会安作为新的中日贸易商品中心的出现，琉球商品中心的贸易消亡也进一步加速。16世纪20年代，大越王国因权臣争斗而分裂，莫登庸篡权并在越南北部的东京建立莫朝（1527—1592）。王国中部、南部则处于阮氏和郑氏领主的军事支

---

① Dennis Flynn and Arturo Giráldez, "Born with a Silver Spoon: World Trade's Origins in 1571," *Journal of World History* 6.2 (1995): 201-222.

② 陈侃：《使琉球录》，国立北平图书馆善本丛书第一集影印明嘉靖刻本，第32页a。参见Richard von Glahn, "Chinese Coin and Changes in Monetary Preferences in Maritime East Asia in the 15th-16th Centuries," pp. 644-647, 653-655。译者案：据陈侃《使琉球录》所载："通国贸易，惟用日本所铸铜钱，薄小无文，每十折一，每贯折百，殆如宋季之鹅眼、綖贯钱也。曾闻其国用海巴，今弗用矣；然与其用是钱，孰若用海巴之犹涉于贝哉！"

持下，名义上仍然由黎王统治。1558年，阮、郑联盟解体，阮氏自立为王，建都富春（今顺化[Hué]附近）。1592年，郑氏打败莫氏，夺回东京，后将黎王降为傀儡。阮氏和郑氏的内战持续到1673年，之后双方宣布休战。

与东京广阔的冲积平原相比，沿越南崎岖中部海岸延伸的阮氏疆土不适合水稻农业。鉴于缺乏根本的农业基础，阮氏采取重商主义战略，鼓励外贸，以广开财源。距离富春下游约十千米的会安被宣布为自由港，向所有商人开放。16世纪90年代初，阮氏朝廷以中国商人为中间商，向"日本国王"发出信件，寻求建立贸易关系。[①]虽然这些姿态没有得到回应，但到17世纪初，会安已成为中日贸易的主要枢纽，继承了此前那霸的商业中心角色。[②]1601年日本德川幕府成立后，会安成为"朱印船"（red seal ships）的主要目的地。这些海外贸易商得到幕府的正式特许。会安也像那霸那样成为跨国商人的飞地，居住在这里的主要是日本和中国商人（图1）。1617—1622年，居住在富春的一位耶稣会士这样描述会安："有两个城镇，一

---

① 参见最近发现的九州国立博物馆（Kyūshū kokuritsu hakubutsukan）藏1591年《安南国副都堂福义侯阮书简》（Annan koku fukutodō Fukugi kō Guen shokan），九州国立博物馆编《ベトナム物語》，福冈：TVQ九州放送，2013年，第105页，图版79。

② 岩生成一：《南洋日本町の研究》，岩波书店，1966年，第20—84页；菊地诚一：《ベトナムの港町：「南洋日本町」の考古学》，深沢克己编《港町のトポグラフィ》，东京：青木书店，2006年，第193—217页；Craig A. Lockard, "The Sea Common to All: Maritime Frontiers, Port Cities, and Chinese Traders in the Southeast Asian Age of Commerce, ca. 1400-1750," *Journal of World History* 21.2 (2010): 234-239。克雷格·洛卡德（Craig A. Lockard）一文回顾了西方学界研究会安的学术史。

个是中国人的, 另一个是日本人的; 他们都有自己的街区间隔和几个地方主管, 并以自己的方式生活; 也就是说, 中国人根据自己的法律和习俗, 而日本人则用他们自己的。"[1]1633年"朱印船"贸易中止, 荷兰人取代日本人, 会安商品中心的贸易继续繁盛。

图1　"朱印"船到达会安, 出自17世纪初茶屋新六"从长崎到会安航行绘画手卷"

正如我们所看到的, 15世纪下半叶, 足利幕府将与中国的朝贡贸易特权交予强大的大名。应仁之乱后的几十年间, 细川大名及受

---

① Cristoforo Borri, *Cochin-China: Containing many admirable Rarities and Singularities of that Country*, London: Robert Ashley, 1633, 第八章, 无页码。这一时期东亚海上华商社区的情况, 参见钱江: James Chin, "The junk trade and Hokkien merchant networks in maritime Asia, 1570-1760," in Tamara H. Bentley ed., *Picturing Commerce in and from the East Asian Maritime Circuits, 1550-1800*, pp. 83-112。

其委托的堺商人垄断了朝贡贸易，但到16世纪初，他们被控制主要国际贸易港口博多的大内氏取而代之。随着16世纪40年代倭乱的加剧，九州地区的统治者包括大友、相良、岛津、松浦等大名，竞逐同倭寇、葡萄牙人和明朝往来的贸易同盟。"唐人町"居住的不仅是航海贸易商，还有在博多、平户、五岛、丰后府内、臼杵和九州其他港口迅速增加的工匠、医生和零售店主等。

　　大友宗麟可能是最有雄心从海上贸易中博取政治利益的日本大名。宗麟努力使丰后府内成为日本对外贸易的中心，这是他妄图一统日本的远大政治抱负的一部分。大友家族长期以来一直参与博多的对外贸易。他们为声名狼藉的1453年朝贡使团提供过一艘海船。1544年，宗麟的父亲大友义鉴（1502—1550）大胆地派出使臣前往宁波。但由于缺乏合理的凭据，其请求被拒。义鉴其后派遣的两个使团亦有着同样的结局。1551年，宗麟即位。当时大内大名遭家臣暗杀，在宗麟的运作下，其弟大内义长继任家督。[①]趁此良机，1553年宗麟和义长向中国派遣了一个声称代表"日本国王"的联合使团，但这次还是被拒之门外。1557年宗麟向宁波派遣的另一艘船也因被怀疑是海盗船而遭扣押、焚毁。宗麟继续另觅他途。他允许耶稣会士在丰后府内建立使团和医院，后皈依基督教。这个决定肯定有政治动机。1579年，他甚至派遣使团与暹罗建立贸易关系。但是宗麟的政治抱负却付之东流。1586年，岛津氏占领丰后府内，将其焚烧一空。惨败的宗麟向丰臣秀吉求援。1587年，丰臣秀吉征伐

① 译者案：大内义长原名大友晴英，1544年被大内家收为养子，次年被送回。

九州，降伏岛津氏和大友氏。这也扼杀了日本列岛港口政体独立的最后一丝可能。[1]

1586年被岛津武士焚毁后，作为国际贸易中心的丰后府内遽兴遽亡。宗麟志得意满之时，丰后府内的跨国性质反映在其地理布局上："唐人町"位于城市中心的大名府邸附近，与基督教堂和西边的主要寺庙神社相邻（图2）。大名府邸正对面的大宅被认为是商人仲屋宗悦的家。[2]时人描述，宗悦的父亲出身卑微，早在冒险进入海外贸易前便因从事清酒生意而大发其财，成为"日本西部最富有的人"。宗悦与中国商人、工匠广阔的网络关系颇深，据说是同来府内贸易的外国商人洽谈价格的主脑。他自己的海外贸易投资远至柬埔寨。仲屋家族还在大阪、堺和京都设有分支机构，以便利其汇款、融资和商品推销活动。[3]最近的考古发掘出土了大量实用的越南、暹罗和缅甸陶瓷以及精美的中国、朝鲜瓷器，证实丰后府内与海外市场的广泛联系。[4]有证据表明，大友氏灭亡后，府内居民继续从事对外贸易。如一份1617年的合同记录，中国投资商向府内的

---

① 伊藤幸司：《大内氏の外交と大友氏の外交》，收入鹿毛敏夫编著《大内と大友：中世西日本の二大大名》，第479—514页。

② 坪根伸也：《南蛮贸易时代の豊後府内：出土遺物樣相からみた国際貿易都市豊後府内の评价》，收入鹿毛敏夫编著《大内と大友：中世西日本の二大大名》，第181—218页。

③ 鹿毛敏夫：《十六世紀九州における豪商の成長と貿易商人化》，收入鹿毛敏夫编著《大内と大友：中世西日本の二大大名》，第141—178页。

④ 参见Hiroko Nishida（西田浩子），"The trade activities of sixteenth-century Christian daimyo Ōtomo Sōrin," in Tamara H. Bentley ed., *Picturing Commerce in and from the East Asian Maritime Circuits, 1550-1800*, pp. 113-126。

一名日本商人借出1.1贯目（41千克）白银，用作前往会安的贸易航程的担保金。①但是从1635年开始，德川幕府的对外贸易限制彻底终结了府内作为国际港口的命运。

　　图2　16世纪末丰后府内（含大友院、"中国町"、耶稣会使团处、上市街、国际码头）

　　16世纪，像丰后府内和越南、爪哇等海上东亚的诸多跨国商人社区构成的港口政体，在政治动荡和经济波动的"创造性破坏"中茁壮成长。但整个17世纪，复兴的农业国家吞并了这些港口政体，并使海上贸易受到更严格的政治控制。

---

① 《豊後屋庄次郎抛银証文》（*Bungoya Shō Jirō nagegane shōmon*），福冈县《福冈县史资料》VI, 1936年，第163—164页。

五、17世纪的东亚海上贸易世界

16、17世纪之交，海上东亚的外贸壁垒日渐消融。随着荷兰、西班牙以及葡萄牙商人的到来，接踵而至的贸易扩张加速了，所有人都渴望从中国对白银的贪婪需求中获利。虽然秀吉建立的统一支配政权扼杀了日本列岛独立港口政体的前景，但日本的新统治者，特别是德川幕府（1601—1868）的创始人家康也认识到对外贸易的财政、战略和技术效益。三十年来，海上贸易上升到前所未有的水平。但从17世纪30年代中期开始，情况出现逆转。德川采取了一系列严厉限制外贸和接触的政策。1644年明朝的灭亡和初出茅庐的清朝对在台湾建立独立基地的郑氏商侯的惩罚性政策，剧烈地缩减了中国的对外贸易。16世纪下半叶，折磨欧洲和中国的经济萧条对外贸也产生了负面影响。为了追溯17世纪东亚海上贸易兴衰的轨迹，我将重点关注两个故事：日本"朱印"船和台湾郑氏商侯。

从一开始，第一代德川幕府将军家康（1601—1616年在位）就跟随其前任的脚步，在海上寻求与东亚其他地区的外交和商业联系。在1601年发给阮氏朝廷和马尼拉西班牙船长的信件中，家康坚持认为日本船只有持有其政府颁发的许可证才能在他们的港口进行贸易，与此同时，他也保证外国船只的安全通道。[1]所有在日

———————
[1] 加藤荣一：《オランダ連合東インド会社日本商館のインドシナ貿易：朱印船とオランダ船》，收入田中健夫编《前近代の日本と東アジア》，东京：吉川弘文馆，1995年，第234—250页。

本的船只（包括日本的和外国的）离港前往海外贸易冒险都有义务获得指定目的地的"朱印状"。[1]大多数"朱印状"被批给了日本商人家族，但是幕府官员、中国商人和居住在日本的欧洲人也获得了这些许可证。[2]如表1所示，在这个系统运作的三十年间（1604—1635），越南港口是"朱印"船的主要目的地（超过总数的三分之一），但它们也经常光顾暹罗、马尼拉和柬埔寨。[3]

表1 "朱印"船许可证（1604—1635）

目的地	"朱印状"	占总数比例（%）（数据经四舍五入）
交趾（会安）	75	21
暹罗（阿瑜陀耶）	55	15
马尼拉	54	15
安南（东京）	47	13
柬埔寨	44	12
台湾	36	10
澳门	18	5
北大年（马来半岛）	7	2
占婆	6	2
其他	11	3
总数	353	

（资料来源：岩生成一《朱印船貿易史の研究》第147页，表4。）

---

[1] 岩生成一的《朱印船貿易史の研究》（東京：弘文堂，1958年）仍然是对"朱印"许可证制度未被超越的研究。译者案："朱印"许可证即"朱印状"，译文有时对引号和"许可证"灵活处理为"朱印状"以适合中日文书写习惯。

[2] 在1611年被禁止进行此类航行之前，九州大名也积极参与"朱印"贸易。

[3] 表格包括存在目的地信息的所有航程；"朱印状"实际的总数更高。

"朱印"船的航程描绘了一个将日本与更广阔的东亚海上世界连接起来的新贸易网络。由于仍然被禁止与中国直接贸易，日本商人利用会安、东京、马尼拉甚至阿瑜陀耶等港口作为代替与中国同行进行贸易。在所有这些港口中（正如我们已经看到的会安的例子）"唐人町"和"日本町"看起来彼此相邻（图3）。在17世纪20年代，有多达3000名日本人和超过20000名中国人定居在马尼拉，相较而言，西班牙人只有数百名。[①] 在"朱印"贸易后期，在台湾的西班牙、荷兰和大陆商人也成为显著的贸易伙伴。然而，琉球在这种新贸易航线的布局中缺席。在为长崎的角屋商人家族准备的葡萄牙航海图的一份日本译文版本上，虚线表示角屋的船在会安航程中使用的贸易路线完全绕过琉球穿过台湾海峡。

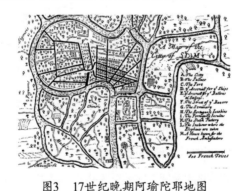

图3　17世纪晚期阿瑜陀耶地图
商人飞地以原国籍划分（包括中国人、日本人、葡萄牙人和马来人）
被置于暹罗首都以外（底部）

---

① Birgit Tremml-Werner, *Spain, China, and Japan in Manila, 1571-1644: Local Comparisons and Global Connections*, Amsterdam: Amsterdam University Press, 2015, p. 303, p. 310.

德川幕府还重构了日本与外部世界的海上联系。如前所述，在16世纪60年代，平户取代了丰后府内成为来日本的葡萄牙商人的中心，但平户很快被附近的长崎侵蚀。长崎镇最初是一个小渔港，在一个新兴的基督教皈依者社区周围壮大。1570年，地方大名（他本人是一名皈依者）授权葡萄牙人将长崎作为停泊地。从这时起，葡萄牙商人专门将长崎作为进入日本市场的门户。秀吉于1588年颁布新规定，重申了中央政府对涉外贸易的垄断权并将长崎置于其直接控制之下。在德川政权治下，长崎仍是直接由幕府管理。尽管受到限制，例如幕府将军的代理人可优先购买中国丝绸商品，长崎的商业仍蓬勃发展，在"朱印"航海的鼎盛时期，包括葡萄牙和中国居民在内的城市人口达到了25000人。[①]

德川发展对外贸易对荷兰人来说是个极大的福音。荷兰人在1602年荷兰东印度公司成立后成为亚洲贸易的重要力量。1609年，家康允许公司在平户建立自己的贸易据点。然而最初平户更像是一个海盗的巢穴而不是贸易中心，旨在为荷兰船只截捕葡萄牙和中国船只提供一个庇护所。[②]日本的保护提供了至关重要的帮助，使荷兰东印度公司得以在亚洲海上贸易中获得立足点；例如，1615年从平户航往暹罗的公司船只（实际是由荷兰人抢占并重新命名的葡萄牙船只）运载了大量的日本武士以及白银、武器和盔甲这类船

---

① 对于长崎葡萄牙人定居点的起源及该城在秀吉统治下作为国际港口的发展，参见长崎县史编集委员会：《长崎县史：对外交涉篇》，东京：吉川弘文馆，1985年，第36—70页。
② 英国人也于1613年在平户建立了一个交易据点。但英国的冒险未能盈利，据点遂于1624年被废弃。

货。[1]但在1624年之前，公司并未在日本市场取得很大进展，当时荷兰在台湾南部建立了热兰遮城，并通过包括在福建经营的郑氏家族在内的商人获取中国商品。

  1615年德川政权终于在列岛上取得了无可争议的政治霸权。政治兼并缓解了幕府的军事和财政压力，削弱了外贸作为收入和供给来源的价值。1616年家康去世后，德川领导层通过强制执行严格的、基于规则约束的地位秩序，重新集中精力维护社会稳定。这种政治观点越来越多地将商业财富的集中视为对武士至高无上地位的诅咒。同样，这种观点也体现在将基督教社区与日本社会的其他部分区分开来的实践。17世纪30年代，认为外国人是破坏稳定力量的观点日益盛行，促使幕府采取越来越严格的措施将日本与外界隔开。到1641年，德川政府废除了"朱印"贸易特许并禁止日本人海外冒险；驱逐了葡萄牙人并严厉执行对基督徒的长期禁令；荷兰和中国商人被转移到唯一的长崎港口（他们被限制在城市边缘的监狱式院落里）；并且通过强迫外国商人与指定的日本商人同业公会开展业务，对中国丝绸进口实行垄断。虽然这些所谓的"锁国令"（一个18世纪创造的术语）主要是为了维护国内秩序，但其亦显示出日本继续对外贸易的愿望，尽管受到有利于幕府条件的控制。[2]然而，通过消除与荷兰和中国商人的竞争，这些法令无意中增强了

————————
① 加藤荣一：《オランダ連合東インド会社日本商館のインドシナ貿易：朱印船とオランダ船》。
② 外贸及许多外交交流与被德川视为朝贡的主题，被委托给边境的大名政府：萨摩（与琉球）、对马（与朝鲜）和松前（与蝦夷地[Ezochi]，即北海道和其他北部岛屿）。

他们在商业谈判中的支配地位。

在锁国令生效后，台湾成为日本主要的中国商品来源地。自17世纪20年代以来，作为荷兰人、西班牙人海外扩张的目标，台湾到1642年大部分都在荷兰人控制之下。荷兰东印度公司开始将台湾发展成殖民基地，种植甘蔗（使用移居的中国劳工）并与土著人交易鹿皮，这两项出口商品都以日本为目的地。但在17世纪50年代中期，为了控制该岛，荷兰东印度公司与郑氏家族之间爆发冲突，最后以1662年对荷兰人的驱逐告终。[1]

郑氏家族是这个时代跨国商人集团的典范。[2]郑芝龙（1661年卒）出生于泉州，成为平户华商李旦随从之前曾在澳门和台湾担任译员，在平户郑氏娶了一位日本妻子。因走私被明朝海军抓住后，郑氏提出协助明朝开展日本和中国之间的秘密非法交易清剿。在明朝的最后几十年中，郑芝龙成为沿海边界的最高军事指挥官，同时也基于安海和厦门逐步建立了一支强大的商船舰队。虽然郑芝龙于1646年向清廷投降，但他的儿子郑成功拒绝投降，而且在福建沿海建立了独立统治。在17世纪四五十年代，郑氏商舰逍遥法外并主导着中日贸易：1654年在以长崎为港的56艘中国船里，41艘来自郑氏家乡港口

---

[1] 关于荷兰在台湾的统治，见欧阳泰：Tonio Andrade, *How Taiwan Became Chinese: Dutch, Spanish, and Han Colonization in the Seventeenth Century*, New York: Columbia University Press, 2008。

[2] 关于郑氏家族及其商业帝国，见杭行：Xing Hang, *Conflict and Commerce in Maritime East Asia: The Zheng Family and the Shaping of the Modern World, c. 1620-1720*, Cambridge: Cambridge University Press, 2015。

安海；1658年，到达长崎的47艘中国船里有28艘为郑氏所派。[1]

　　1661年，新兴清政府的统治者（曾在1655年发布海外贸易禁令）下令将福建和广东的沿海人口迁到内陆（沿着海岸创造一个18—30千米的无人带）以努力制止沿海居民与郑氏的秘密接触。这一行动迫使郑氏重新部署到台湾，在那里他们驱逐了荷兰人并重建了其与日本、马尼拉和东南亚的海上贸易。在郑成功儿子郑经的领导下，这个家族主导了长崎与马尼拉商品中心的贸易。[2]但在1683年，清军武力占据了上风，夺得台湾（并入清帝国）并摧毁了郑氏家族及其商业企业。然而，这场胜利之后清朝立即恢复了自由贸易。中国商人蜂拥至长崎令德川惊恐——1685年有八十五艘中国船只抵达。从17世纪60年代晚期开始，德川政府对中国丝绸价格飙升感到惊恐，已经采取了一系列措施，旨在坚定不移地阻止白银外流。日本银币贬值——而更重要的是，中国经济萧条开始（1660—1695年所谓的"康熙大萧条"）——严重削弱了中国对日本白银的

---

① 岩生成一：《近世日支貿易に関する数量的考察》，《史学雑誌》第62篇第11号，1953年，第995页。译者案：郑芝龙为李旦的义子甚或"契弟"，不只是普通随从；郑芝龙所娶太太即平户藩士田川七左卫门之女田川氏，平户传说其名为"松"；另外，郑芝龙系被明朝招安，并未曾被明军擒获。
② 山脇悌二郎：《長崎の唐人貿易》，东京：吉川弘文馆，1964年；Xing Hang, *Conflict and Commerce in Maritime East Asia*, pp. 163-175, pp. 188-209.

需求，并且到1700年日本的白银出口已停止。①

因此，17世纪下半叶成为海上东亚历史新阶段的过渡。中国和日本新政权的政治统一再次证明了农业官僚国家作为政治经济典范的优势。清帝国和德川幕府都恢复了明代朝贡主权和外交模式，但与明朝的实践相反，贸易特权与朝贡关系脱钩。虽然清政府在1757年将欧洲贸易商限制在广州单一港口，但随后几十年外贸增长的速度更快。正如我们所看到的，这不是17世纪40年代采用的锁国令，而是德川政府从1668年开始采取的削减日本对外贸易的贸易保护主义政策。

到1700年，在海上东亚著名的"商业时代"（1400—1650）期间蓬勃发展的港口政体几乎都消失了。琉球和九州大名领地已被吸纳进霸权主导的德川政治秩序；清帝国统一了台湾并从其海上边缘消灭了像倭寇这样的自由船民贸易商；在1672年停止针对郑氏的敌对行动之后，越南的阮氏政权将注意力转向南进，扩展到湄公河三角洲并发展以稻米种植为中心的农业经济基础。到18世纪末，阮氏统

---

① 参见田代和生：Kazui Tashiro, "Foreign Trade in the Tokugawa Period—Particularly with Korea," in *The Economic History of Japan: 1600-1990, Vol. 1, Emergence of Economic Society in Japan, 1600-1859*, eds. Akira Hayami, Osamu Saitō, and Ronald P. Toby, Oxford: Oxford University Press, 2003, pp. 105-118。关于中国的康熙萧条，见岸本美绪：Kishimoto-Nakayama Mio, "The Kangxi Depression and Early Qing Local Markets," *Modern China* 10.2 (1984): 226-256；萧条对中国海外贸易的影响，见Richard von Glahn, "Cycles of Silver in Chinese Monetary History," in *The Economic History of Lower Yangzi Delta in Late Imperial China: Connecting Money, Markets, & Institutions*, ed. Billy K. L. So, London: Routledge, 2013, pp. 39-44。

治者将抹去其作为一个海上港口政体的起源，并彻底拥抱中国的农业官僚国家模式，将自己重塑为统治一个复兴的大越帝国的帝制王朝。

跨国商人社区与培育他们的港口政体一起消失了。在"朱印"船鼎盛时期，海上东亚已经发芽的"日本町"逐渐枯萎。长崎象征着新的秩序，中国和荷兰贸易商被限制在单独的围墙院落中，禁止与日本居民混杂。这种抑制模式（旨在允许贸易但排除文化互动）后来被清政府在1757年施加的"一口通商"（Canton system）复制。在18世纪，跨国商人社区在澳门和马尼拉等欧洲殖民飞地以及东南亚海域的港口城镇最为有力地持续着，这些地方在始于1740年左右的华人离散族群开始发动后与中国移民一起增长。在19世纪，于欧洲殖民强权建立的新制度秩序下重建的东亚海上贸易还将产生新的港口城市范式——诸如新加坡、香港和上海等贸易港口——并同时培育出一种新的世界主义。

世界史上的太平洋时代（合译）

贝卡·科尔霍宁（Pekka Korhonen）

最早使用太平洋时代（Pacific Age）一词的是日本政治经济学家稻垣满次郎。[①]稻垣在19世纪80年代末就读于剑桥大学，其间师从英国历史学家西莱（John Robert Seeley），在其指导下研究大不列颠帝国对外扩张政策的历史。西莱曾受德国地理学家卡尔·李特

─────────

* 本文作者贝卡·科尔霍宁（Pekka Korhonen）系芬兰于韦斯屈莱大学（University of Jyväskylä）社会科学哲学研究所世界政治学教授，日本东京大学、早稻田大学、京都大学和香港岭南大学、中国人民大学访问学者。

原文刊于*Journal of World History* 7.1 (1996): 41-70。译者按：本文最早翻译于2006年，当时美国夏威夷大学本特利（Jerry H. Bentley）教授慷慨授权刊出一批《世界历史学刊》论文，中山大学历史系徐坚教授着意将其引进国内，其后因故未出版，本文亦无从校订问世。2014年我们重拾旧译之际，正值北京举办APEC峰会，中方在会上首次倡导成立亚太自由贸易区，共建亚太伙伴关系。此文虽属旧作，但在梳理近百年来东西方人士对亚太地区政治、军事、经济关系之构设的思想史、观念史上，仍具重要的学术参考价值和现实指导意义。

① 渡边昭夫（Watanabe Akio）：《アジア・太平洋の国際関係と日本》（*Ajia-Taiheiyō no kokusai kankei to Nihon*），东京：东京大学出版会，1992年，第98—102页。我非常感谢1994年2月与渡边在东京的青山学院大学（Aoyama Gakuin University）的一次交谈。同样我也得益于在1994年3月于早稻田大学与山冈道男（Yamaoka Michio）的交谈及其对此问题的研究，山冈道男：《アジア太平洋時代に向けて：その前史としての太平洋問題調査会と太平洋会議》（*Ajia-Taiheiyō jidai ni mukete—sono zenshi toshite no Taiheiyō mondai chōsakai to Taiheiyō kaigi*），东京：北树出版，1991年。我也要感谢澳大利亚国立大学的赤见友子（Akami Tomoko），她允许我引用她的两份文稿，其中一份为其论文的一章，*The Liberal Dilemma: New Liberals and Internationalism at the Institute of Pacific Relations, 1925-1930*, Canberra: Australian National University, Pacific

瀛寰识略

尔（Carl Ritter）的影响。经由稻垣，某种带有欧洲19世纪理想主义色彩的语辞，被引入到有关太平洋地区之未来的讨论当中。这一过程本身已耐人寻味，但那种因不同语境间概念之转化而导致的观察视角之切换似乎更引人兴味。

西莱的语辞风格是基于一些大词汇（big words）的运用。这些词汇中的第一个是"海洋"（ocean）。西莱一定程度上援引了李特尔的视野来看待欧洲的历史进程。李特尔有一种看法：把水看作交流媒介，将之与文明进程的观念联系起来[①]，从而发展出一套"文明三阶段"的理论。人类文明发展的第一个阶段是大河（potamic）文明阶段，其间人类社会倚河流聚居。第二个阶段是内海（thalassic）文明阶段，此间人类社会繁衍于内海沿岸，如地中海地区及波罗的海沿岸。第三个阶段，亦即文明发展的最高阶段是海洋（ocean）文明阶段。大河文明和内海文明的兴盛是全球性的，但唯独欧洲推动人类社会迈向海洋文明的阶段，从此商业和文化波及世界各大洋。[②]

Studies Centre, 1995；另一份是"The Rise and Fall of a 'Pacific Sense': Experiment of the Institute of Pacific Relations, 1925-1930,"《渋沢研究》（*Shibusawa kenkyu*）第7期，1994年，第2—37页。我的文章也同样受德里克（Arif Dirlik）的启发："The Asia-Pacific Idea: Reality and Representation in the Invention of a Regional Structure," *Journal of World History* 3 (1992): 55-79.

① *Die Vorhalle Europaischer Volkergeschichten vor Herodotus, um den Kaukasus und an den Gestaden des Pontus. Eine Abhandlung zur Alterthumskunde*, Berlin: G. Reimer, 1820.

② J. R. Seeley, *The Expansion of England: Two Courses of Lectures*, London: Macmillan, 1883, pp. 87-90.

西莱运用的第二个词是"进步"（progress）。这是一个带着浪漫色彩的词语。它的论证结构跟一个穷小子因娶了公主而继承王位的神话相似。在李特尔眼中，欧洲就是那个穷小子，海上航线则代表了公主，而整个世界则是神话里的王国。正如李特尔所强调的，欧洲大陆是所有大陆中最小的。[①]在更早的时期，其他文明的进步程度，如中国、印度、波斯及阿拉伯，早已远高于欧洲的水准。然而人类进入19世纪以后，这种情形就改变了："欧洲成为世界文明与教化的中心……它是人类精神的核心，是地球的燃点和焦点，所有的光束集中于此，并由此重新反射回去。"[②]到19世纪中期，欧洲已经成为世界最先进的地区、商业和政治的中心、世界文化的绝对领导者。此前世界从未出现过这样的中心。这就是为何在欧洲从来不需要唤起一种像"大西洋时代"这样的概念。那太狭隘了。在19世纪，欧洲人的宏大理想可不仅局限在一片海洋，而是要拥抱全世界。李特尔使用诸如"全球的""地球的""海洋的"的词汇来描述这个新世纪。

在西莱那里，穷小子即人口稀少、土地贫瘠的孤岛英格兰，大海则是公主，而大不列颠帝国便是那个王国。英格兰是一个积极进取的国家。大部分欧洲以外的世界看起来像停滞的，甚至欧洲早前的进步国家，比如葡萄牙、西班牙、荷兰、瑞典、德国和法国也都停滞了。自19世纪80年代开始，世界只剩下三群上进者：英国人、美国

---

① Carl Ritter, *Europa. Vorlesungen an der Universitat zu Berlin*, Berlin: Georg Reimer, 1863, p. 1.

② Ritter, *Europa*, pp. 7, 23.

人和俄国人。它们是引领着世界历史向前迈进的民族。

西莱第三个词是"经济"（economics）。西莱并不钟情于战争或军事英雄主义。对他而言，进步与经济扩张是紧密关联的。海洋的世纪意味着探索世界范围内的链接有助于商业和工业的成长。他用轻蔑的眼光看待大陆型国家，因为它们把资源浪费在彼此间无足轻重的征战当中。这正是它们发展停滞的原因。唯英国足具智慧，几个世纪以来置身于欧陆战争之外。西莱以一种广为人知的说法指出英国此战略的效果："我们似乎……不经意间就征服并殖民了半个世界。"[①]

"未来"（future）是第四个词。时间是以世纪为单位来衡量的，因为就文明之规模而言，进步与否难以在比这更短的时段内区分出来。在一定意义上，西莱是一位独特的历史学家，他不注重客观历史知识，而是把它当作一种谋划未来的工具。因此，他是一个政策主导型的社会科学家，大不列颠未来的繁荣是其至上关注所在。大不列颠拥有超过千万的人口，届时英语将风行世界。随着他们丰富的资源开采，英国人口将迅猛增长。基于此，西莱预计，五十年后（至1930年）英国人口将超过一亿。只要英国维持政治稳定，她的殖民属地就不会像美国那样脱离宗主国之控制，各种资源也就不必耗费于军事冒险之中，未来英格兰的领导地位将会得到长久保障。[②]这样的世界里有活力的经济主导型大国将迈向繁荣的未来，将来一切会以宏大的海洋性术语作为衡量标准。

---

① Seeley, *The Expansion of England*, p. 8.

② Seeley, *The Expansion of England*, pp. 10-16.

西莱的弟子稻垣满次郎继承了业师的表述，但用在一个不同的语境里。在稻垣心目中，日本也是一个穷小子：一个狭小贫穷的岛国栖身于强权不断扩张的世界当中。然而，他认为他的国家跟英国有相似的起点。不列颠既然能走向繁荣，那日本当然也可以。西莱所教授的成功秘诀——拓展商业与工业及避免高耗费的军事行动——同样适用于日本。稻垣当真乐观，他坚信他的国家有能力跻身一流的工业大家之列，虽然当时日本只是一个出口矿产、生丝、茶叶和大米的国家。①稻垣的乐观很大程度上源于他主要从经济角度观察世界。古典经济学直接考虑正和游戏的情形——所有人都能同时获利；而从军事及领土的角度思考，则会迫使讨论者落入零和游戏的争论中——每个参与者不是赢家便是输家。换言之，经济上，世界被描绘成一片繁荣富足；而军事上，世界充满危机。

　　世界仅剩下一个仍有可能供大规模扩张的区域——太平洋地区。西莱所认定的进步国家因此将会挟武力进入太平洋。英格兰将从南面远涉重洋而来。俄国则利用当时正在兴建的西伯利亚铁路由北向南扩张。②覆盖中国的铁路网建设也正在商讨之中。加拿大1887年已完成了跨越国境的太平洋铁路的修筑。稻垣认为，人类已经进入一个文明新阶段——"铁路加海洋"的阶段，会打开内陆地区的大规模商业贸易。1889年美国也着手在尼加拉瓜开凿一条运河。而法国则自1879年始已经在巴拿马开展类似的工程。

---

① Inagaki Manjirō（稻垣满次郎）, *Japan and the Pacific: A Japanese View of the Eastern Question*, London: T. Fisher Unwin, 1890, pp. 54-56.

② Inagaki, *Japan and the Pacific*, p. 40.

德国在1884年吞并新几内亚时已经从商业及殖民上扩张至太平洋地区。

欧洲国家从四面八方涌向太平洋。稻垣并不将此视作威胁，他自信日本在日英结盟下足以独力维护自身利益。他愈加认为这是一个难得的机遇。欧洲的商品透过各种途径输入太平洋地区，日本亦可借此把自己的产品运往欧洲。欧洲扩张为日本打开了一片广阔的世界市场。日本将作为各主要贸易路线的中心，它的商业远景将得以确立。[1]像符拉迪沃斯托克、温哥华和新南威尔士也很有可能发展成为商业中心，当地也会受惠于相互合作。稻垣对与澳大利亚的联系特别感兴趣。[2]这可能是首个要求建立泛太平洋合作组织以对抗欧洲阴谋的倡议之一。

基于这种对欧洲扩张及地方回应的预见，稻垣本可以声称太平洋地区最终也会进入地球化时代（Telluric Age）。但是他没有这样说。他的最大贡献之一就是放弃这种欧式词汇，创设了一个新词。他声言21世纪将属于太平洋时代（Pacific Age）。[3]世界的驱动力中心将从欧洲转移到太平洋。欧洲是一个稳定而成熟的地区，无法指望将来发生伟大的变动。"铁路加海洋"文明阶段、欧洲资本及贸易经验的传播以及太平洋地区丰富的资源意味着历史舞台的中心将转移至太平洋。稻垣把19世纪视为大西洋时代也就符合逻

---

① Inagaki, *Japan and the Pacific*, p. 47.

② Inagaki, *Japan and the Pacific*, p. 57.

③ 稻垣满次郎（Inagaki Manjirō）：《東方策·結論草案》（*Tōhō saku ketsuron sōan*），东京：哲学书院，1892年，第1页。

辑了。因此，欧洲伟大在概念上只局限于一个海洋、一个世纪。李特尔和西莱两人极可能都会为这一想法所震惊。稻垣所言预示着欧洲达致最强盛之际，即是其被抛离、落后之时。①

稻垣命名了这个新时代。但他绝对不是首先发起这一讨论的人。这一讨论的部分根源可追溯至17、18世纪欧洲人对中国和日本的乌托邦式的描述。②在澳大利亚文献中关于太平洋时代这一想法，柯普兰（Henry Copeland）在1882年满带想象地描绘太平洋时已有提及。③在美国文献里，人们认为后来担任美国总统林肯国务秘书的参议员西华（William H. Seward）于19世纪50年代加利福尼亚淘金热时期写下了以下的预言："欧洲思想、欧洲商业及欧洲企业，尽管它们的实力在增长，欧洲国家间的联系尽管越来越紧密，但是欧洲的重要性将来会相对下降，因为太平洋地区凭借其海岸线，星罗棋布的岛屿及相互接壤的领土，此后将会成为世界人

---

① 更多稻垣的论述，见渡边昭夫《アジア・太平洋の国際関係と日本》；Pekka Korhonen, "The Dimension of Dreams: The Discussion of the Pacific Age in Japan 1890-1994," in *Japan's Socioeconomic Evolution: Continuity and Change*, eds. Sarah Merzger-Court and Werner Pascha, Curzon Press: Japan Library, 1995。

② Carl Steenstrup, "A Gustavian Swede in Tanuma Okitsugu's Japan: Marginal Notes to Carl Peter Thunberg's Travelogue," *Journal of Intercultural Studies* 6 (1979): 20-42.

③ C. Brunsdon Fletcher, *The New Pacific: British Policy and German Aims*, London: Macmillan, 1917, p. 39.

类历史活动的主要舞台。"①西华以及美国海军准将佩里（Mathew Perry）代表着一群热衷于扩张政策的美国人。1854年日本被迫开放正是这帮人努力的一项结果。然而，由于美国向国内荒芜地带开疆拓土及内战消耗了大部分资源，扩张政策实质上难以获得美国政府支持，直至19世纪末为止。进一步来说，当时美国的对外政策主要集中在贸易上，美国商人依仗英国的霸权保证海上商路畅通无阻。西华的预言已经被遗忘了。直到20世纪初，他的言论为其后世同道重新发掘出来作为争论的历史根据。

美国政治中的太平洋时代

太平洋时代的概念被真正引入美国公众议论和美国政治，得益于两个人的亲密合作——海军上校马汉（Alfred Thayer Mahan）和美国总统西奥多·罗斯福（Theodore Roosevelt）。马汉的代表作《海权对历史的影响：1660-1783》②（*The Influence of Sea Power upon History*: *1660-1783*）为19世纪末美国海军的近代化和对外扩张提供了思想基础，而马汉也成了当时美国国家海上战略的权威。他影响渐增部分是由于正在崛起的政治家西奥多·罗斯福钟情于他的理论。私下他们成了朋友，一位思想家与一位实干家合作无

---

① Homer Lea, *The Valor of Ignorance*, New York and London: Harper and Brothers, 1909, p. 168; Nicholas Roosevelt, *The Restless Pacific*, New York and London: Charles Scribner's Sons, 1928, p. 3.
② Alfred Thayer Mahan, *The Influence of Sea Power upon History*, London: Sampson Low, Marston, 1890.

间，形塑了美利坚合众国的远大前景。时任美国海军副部长的罗斯福对美国于1898年夺取菲律宾的战略产生了重要的影响，他积极地运作美国政治家支持兼并这些岛屿。美国总统威廉·麦金莱（William McKinley）决定实施这一举措，随着领土扩张至西太平洋地区，美国成为一个殖民大国。这一事件比1898年和平兼并夏威夷群岛更具深远意义。两次兼并展示了一种新的美洲扩张精神。美国动用战争从老牌殖民强国西班牙手中夺得菲律宾。争夺菲律宾的战争以及美国的新兼并，一举地提升了美国的国际地位。殖民地的拓展使美国成为一个可与欧洲的帝国强权匹敌的力量。帝国主义一词19世纪末在西方强权那并不具负面含义，相反它是一个带有积极意义的词：拥有殖民地的一流强国。另外如其他词汇用法那样，持有殖民地是一种地位的象征，就好比当今拥有核武库一样。日本也采取同样的策略来提升其国际地位，1895年吞并台湾作为其殖民地而非待其如日本本土。①美国于1899年完成它的版图扩张，当时美国跟德国在柏林会议上瓜分了萨摩亚群岛。

罗斯福1900年出任美国副总统，其后总统麦金莱遇刺，1901年他突然继任美国总统。麦金莱的外交政策摇摆于扩张主义与孤立主义之间，而罗斯福则有明确的远见，要让美国成为公认的世界强国。他对一项修建铁路贯通美国中部峡谷的计划怀有极大兴趣。1903年他放弃了在尼古拉瓜进展不顺的"工作"，转而策动巴拿马脱离哥伦比亚，接替法国公司，要求加速开凿运河。美国海军的力

---

① Pekka Korhonen, "Japanin ekspansio 1854-1945 ja nationalismin nousu lantisen Tyynenmeren alueella," *Rauhantutkimus* 3 (1990): 34-67.

量在罗斯福治下急剧扩充。1907年他命令大白舰队（Great White Fleet）进行从大西洋到太平洋的环球航行，美国已经成为公认的海上强国。罗斯福的系列举措，美国在太平洋的利益已不仅仅主要停留在经济层面上，还加进了明显的军事维度。①

马汉和罗斯福的著作在19世纪末因其经世想法而激动人心。与此相关的是一种典型的19世纪末积极进步的氛围：一个"物质与精神富足、繁荣无限"的辉煌时代行将结束。②一个新世纪、一个新时代即将开启。它将比那些通过竞争赢取的利益带来多得多的富足。竞争中并非每人都是赢家。像许多当代作者一样，马汉和罗斯福明白，国际竞争是种族及文明的竞争，而非经济上的。两人的军事背景使其更倾向于认为世界是冲突而非和谐的。毫无疑问，争夺太平洋的胜利者将是"斯堪的纳维亚旅鼠"③般的欧洲人，在"盲目外向的冲动"④之驱使下征服世界，为落后民族带去基督福音。罗斯福1899年在一次演讲中也表达了同样的情绪，他敦促美国国民过一种奋发进取的生活，因为"肩负起人类大命运的20世纪即将降临我们面前"，届时将决定哪个国家有勇气和能力足以"赢取世界的支配权"。⑤在同年发表的一篇文章中，罗斯福继续讨论这一主

---

① George E. Mowry, *The Era of Theodore Roosevelt, 1900-1912*, New York: Harper and Brothers, 1958.

② Alfred Thayer Mahan, *The Interest of America in Sea Power, Present and Future*, London: Sampson Low, Marston, 1897, p. 264.

③ Mahan, *Interest of America in Sea Power*, p. 251.

④ Mahan, *Interest of America in Sea Power*, p. 264.

⑤ Theodore Roosevelt, "The Strenuous Life," in *The Strenuous Life: Essays and Addresses: The Works of Theodore Roosevelt*, New York: Charles Scribner's Sons,

题："文明的传播有助于推进和平。换言之，一个伟大文明力量的每一步扩展都意味着法律、秩序和正义的胜利……无数事实证明，野蛮人或消退或被征服，和平随之而至……透过扩张，强大的开化种族逐渐为那些处在野蛮族群控制下的蛮荒之地带去和平。"[①]

世纪之交，种族是分析世界政治常用的概念。正如马汉在1900年描述的那样，进取的条顿种族，特别是三个伟大的条顿国家——德国、英国和美国，在20世纪之初将肩负起推广基督教文明的重任。其将主要跟曾代表古老文明而此时已僵化停滞的亚洲民族发生碰撞。日本是个例外。日本是一个海上强国，它跟那些条顿国家意气相投，热衷维护海上贸易，并迅速学习吸收了工业文明，以至于马汉认为日本是欧洲列强旁支，就好像美国是欧洲联邦的一员一样。一千年前条顿部落继承了罗马文明的历史，也同等适用于正向条顿文明学习的日本。[②]

罗斯福总统有时候被认为是使用"太平洋时代"或相关词汇的先驱。这当然无法从文献上求证。即便是煞费苦心编撰的厚重的

1906, 20, pp. 3-22.

[①] Theodore Roosevelt, "Expansion and Peace," in *The Strenuous Life*, 20, pp. 23-38.对照小西奥多·罗斯福的观点，这种简单的自以为是的看法更为明显。小西奥多·罗斯福作为总统的儿子在前任菲律宾兼波多黎各总督离任之后就19世纪末的世界局势作了以下评论："不证自明的是，白种人国家将无可匹敌。对有色人种国家的战争犹如远征狩猎一般，是危险而激动人心的。白种人似乎命定地要统治整个世界。"详见*Colonial Policies of the United States*, New York: Doubleday, 1937, p. 66。

[②] Alfred Thayer Mahan, *The Problem of Asia and Its Effect upon International Politics*, London: Sampson Low, Marston, 1900, pp. 147-150.

《罗斯福百科事典》(*Theodore Roosevelt Cyclopedia*)，亦完全忽略了这一表述。[1]然而据调查，他在1898年论及兼并菲律宾议题以及在1905年俄日战争结束的演说上提到了"太平洋时代之黎明"的说法。同样，美国国务卿海约翰(John Hay)也证明他用过这样的表述。[2]马汉则确实提过太平洋将代替大西洋成为未来世界利益与斗争的中心。[3]在世纪之交，这一词似乎属于一个常用的政治词汇，至少在罗斯福的圈子里是如此。

　　1904到1905年的日俄战争一举改变了太平洋地区的战略格局和讨论气氛。战前太平洋地区的海上强权分别是大不列颠、俄国和日本，而美国才刚刚开始扩充其海军力量。1902年英日结盟后，大不列颠鉴于德国海军力量的崛起，已逐步减少其在太平洋地区的军事力量，把战舰集结在大西洋水域。当日本在太平洋击溃了俄国海军时，它一跃成为该地区最强大的海军力量。这里面包含着一种心理上的冲击：一个亚洲国家毫无悬念地战胜了一个几十年以来一直被视为热衷于扩张的欧洲强权国家。[4]

---

[1] Albert Bushnell Hart and Herbert Ronald Ferleger, eds., *Theodore Roosevelt Cyclopedia*, Westport: Theodore Roosevelt Association, 1989.

[2] Hadi Soesastro, "The Role of the Pacific Basin in the International Political Economy," *Foreign Relations Journal* 4 (1989): 65-66.

[3] Mahan, *The Problem of Asia*, pp. 131, 192.

[4] 的确如此，如果我们忽略菲律宾在1898年击败西班牙军队而获得胜利的话。问题在于我们如何解读这一例子。事实是西班牙人并没有向菲律宾人投降（如果这是事实的话，对19世纪的世界而言，这将是一个奇耻大辱），它是向属于白种人国家的美国屈服了。这要感谢来自菲律宾大学特马里奥·里韦拉(Temario C. Rivera)的提醒。

排亚（Anti-Asian）观念

日本战胜俄国导致那些希望争夺太平洋地区主导权的国家间的势力重构。关于富庶的太平洋的想象黯然失色，贫乏成为讨论议题：资源稀缺，食物匮乏，空间狭小，市场竞争激烈，失业率骤增。从军事层面看，即将到来的争夺会空前激烈，种族作为活动主体得到前所未有的清晰强调。威廉二世（Kaiser Wilhelm II）"黄祸"一词迅速在该地白人国家中传播，并成为排亚作者喜用的概念。

此词在美国第一个颇具影响的使用者是杰克·伦敦（Jack London）。他在其作品中把社会主义和民主理念跟种族主义连用，浑然不知二者的差异。[①]早在1904年他到中国东北见证日本军队的胜利。他在那里写了一篇文章，告诉读者狂热的日本人正做着拿破仑的旧梦，如果狂热的日本统治了中国，那么四万万勤勉的中国人将成为西方世界的"黄祸"。对西方世界而言，在20世纪一个新的"种族大跃进"似乎正在那种结合中发展。[②]

---

① 涩泽雅英（Shibusawa Masahide）：《太平洋にかける橋：渋沢栄一の生涯》（*Taiheiyō ni kakeru hashi—Shibusawa Ei'ichi no shōgai*），东京：读卖新闻社，1970年，第231—234页。有关美国的排华、排日活动，见涩泽，第211—53页；若槻泰雄（Wakatsuki Yasuo）：《排日の歴史：アメリカにおける日本人移民》（*Hainichi no rekishi: Amerika ni okeru Nihonjin no imin*），东京：中央公论社，1972年。
② Jack London, "The Yellow Peril," in *Revolution and Other Essays*, London: Mill and Boon, 1910, pp. 220-237. 参考同一本文集里面的另一则小故事《歌利亚》（Goliath）。它写到狂热的日本袭击美国，并在五分钟之内击溃了美国在日本海域的军事力量，同上注，第82—85页。

在1909年荷马·李（Homer Lea）出版了第一部描绘日美战争的著作——《无知之勇》（*Valor of Ignorance*）。它在美国立刻成为畅销书，其日文版也售出了4万册。李不是一个排亚主义者。他倾慕革命后的新中国，学习中文，并且一度在中国担任军事顾问。[①]这种经历使他反对日本及其对亚洲大陆的领土野心。因此，李可以被称作温和排外主义者。他以外国移民会冲淡盎格鲁—萨克逊人种的纯洁性、增加美国社会的犯罪率、战略上造成美国在与移民输出国的战争中的软弱为由，反对外国移民进入美国。在这些方面，日本和德国尤为危险，因为这两个国家的经济和军事力量的剧增使它们变得有威胁性了。相应地，李认为在所有美国移民中，德国移民的犯罪率超过了其他移民犯罪率的总和。[②]对于建构敌人的形象而言，这种带有可耻的民族主义的刻画是一种很平常的做法。这里有必要指出的是，这种形象构建不仅仅是针对亚洲人的，而是针对所有对美国有威胁的国家的。"条顿"一词已不如"盎格鲁—萨克逊"那样普遍适用了，它失去了其早年所蕴含的积极意义，成为德国人的专属。

李郑重其事地预计，德国可能会进攻美国[③]，但对他而言，大西洋已经不再是一个让人感兴趣的地区了。李显然参与了太平洋时代的讨论，他认为太平洋才是未来世界最重要的部分："不管将来的世界在政治上、经济上或军事上由哪个国家或联盟控制，控制太平

---

① 涩泽雅英：《太平洋にかける桥》，第236—246页。
② Lea, *The Valor of Ignorance*, p. 131.
③ Lea, *The Valor of Ignorance*, p. 151.

洋才是关键。"①因此，对世界领导权的争夺将会发生在美国与日本之间。在李的小说中，他虚拟了一场日本武力如何从美国太平洋侧翼登陆并占领它的战争。在战争中，日本在美国中部大草原上轻而易举地击退了试图反击却组织涣散、装备落后的美国军队。美国失去了富饶的太平洋、西海岸、阿拉斯加、夏威夷和菲律宾，上述区域由日本占据，日本因而可以轻松地对付该地区的弱国。李书的主旨是抨击美国民众所持的"商业主义"可维持两国和平的观点，这种想法是建立在一种对经济互助互存的幻想与误解的基础之上的。②当时类似的观点也在日本出现。比如李就曾经批评日本天皇的私人秘书金子坚太郎爵士（Baron Kaneko Kentarō）在一篇文章中提出的看法："如果我们停止向美国出售丝绸，美国妇女将买不到一件丝织品……而且如果我们不输出茶叶给他们，美国人也喝不到茶。美国人是如此地依赖我们的产品。"③金子坚的论点典型是从经济学的角度来回答当时日美两国间可能发生军事冲突的问题。他还开列了一个清单，展示日本依赖美国的情形。他最后总结道，日本人民将不允许政治家将他们的国家拖入一场对双方都毫无益处的战争当中。李轻易地驳斥了这种简单的观点。④

全书都贯穿了李希望能够为改善美国的陆海军武器装备争取

---

① Lea, *The Valor of Ignorance*, p. 189.

② Lea, *The Valor of Ignorance*, p. 163.

③ Lea, *The Valor of Ignorance*, p. 164; "Japan and the United States—Partners," *North American Review* 184 (1907): 631-635.

④ 李和金子坚在想法上的分歧和矛盾在涩泽雅英的书《太平洋にかける橋》第250—251页中有所分析。

到更多军费的观点。应该由美国而不是日本控制太平洋，并借此控制整个世界。太平洋提供了潜在的财富，不过这只能通过军事斗争才能取得。这就是他传达的信息，也是这本书在美国和日本畅销的卖点。需要指出的是，当时美日双方都在启动扩建海军的计划，而这将导致一场军备竞赛。美日之间发生海战的可能性成为以后几十年当中一个长期争论的话题。[①]

澳大利亚记者福克斯（Frank Fox）在1912年出版了一本书，分析了太平洋地区的政治、经济和军事局势。他开篇明确提出了自己的观点："太平洋是未来之洋……不管是以战争的方式还是和平的方式，下一场文明之间的竞争将取决于太平洋地区，胜利者的奖励将是世界的霸权，它最终是属于白种人还是黄种人呢？"[②]福克斯认为，通过工业和商业的手段，和平竞争是可能的。日本经济迅速发展，中国和印度经济起步，这都为亚洲国家以廉价的手工业产品渗透西方市场，侵蚀其工业基础，提供了可能性。只要自由贸易得以在太平洋推行，亚洲国家是有机会获得成功的。但是，福克斯又宽慰地说："在亚洲没有自由贸易的概念，而且美国、加拿大、新西兰和澳大利亚也会一致地保护它们的国内市场免受来自亚洲国家竞争的破坏。"[③]就保护国内市场而言，它们只要通过征收惩罚性

---

① 关于种族问题及其缘由可参考赫克托的精彩分析, Hector C. Bywater, *Sea-Power in the Pacific: A Study of the American-Japanese Naval Problem*, New York: Arno Press, 1970.

② Frank Fox, *Problems of the Pacific*, London: Williams and Norgate, 1912, pp. 1-2.

③ Fox, *Problems of the Pacific*, pp. 235-236.

关税就可以轻易地做到，而惩罚性关税在任何"白种人的国家"中是可以任意推行的。

那就只剩下中立的市场了。这包括好几个，中国代表着太平洋地区最大的一个。因此，欧洲主要国家不远万里来到亚洲推行他们的门户开放政策，保障他们对亚洲市场的占有。针对中国市场的"门户开放政策"是由美国总统麦金莱任内的国务卿海约翰于1899年提出的。美国借此防止欧洲国家在中国划分势力范围，保障美国商人可以自由地进出中国市场。因为当时美国在经济上能跟任何国家竞争，但军事上它是一个弱国。美国海军在亚洲的力量仍然弱小。从国内政治而言，美国想要对中国展开军事征伐仍然存在困难，因为美国正陷入由埃米利奥·阿奎纳多（Emilio Aguinaldo）领导的大规模的菲律宾独立战争当中。[①]欧洲国家极不情愿地同意了海约翰的提议，而"门户开放"成了在中立市场中实行自由竞争的代名词。20世纪头十年的问题是：自由竞争持续着，而中立市场却逐步变成一个或几个大国的势力范围，其数量正在减少。趋势是明显的，所有的主要工业国家只能依赖将商品出口到其直接控制的势力范围内。在这种情形之下，所有国家的商业贸易都将直接取决于该国的陆军和海军的影响力。任何国家如果试图扩大市场都会导致军事冲突。[②]

另外一点令人担心的是，世界人口急剧膨胀。人口增加开始倒

---

① Robert D. Schulzinger, *American Diplomacy in the Twentieth Century*, New York and Oxford: Oxford University Press, 1990, pp. 21-24.

② Fox, *Problems of the Pacific*, pp. 236-237.

逼粮食生产的底线。福克斯预计，像澳大利亚这样地广人稀的国家将会成为一些饥饿的亚洲民族侵袭的对象。[1]据此分析，在太平洋地区的竞争还会和平地持续上一段时间，但或早或晚，它都会演变为一场军事斗争。由于日本在自然资源和耕地面积上的匮乏，加上其在军事上的傲慢和工业上的进步，福克斯认为日本将不可避免地卷入到这场争夺中，虽然其获胜的概率不大。他用当时流行的女性代词断言："她（日本）在走向崛起的道路上陷得太深了，不可能安然于默默无闻，她必须明白这一点。"[2]

　　几年之后，日本成为太平洋地区的强国。但是到福克斯写作本书的时候，日本海军已经是强弩之末。在1912年，距离巴拿马运河的开通仅差几个月的时间了。运河于1914年开放商品运输航道。运河开放后，美国可以调动军舰到太平洋地区，而不用顾虑其东海岸会受到来自欧洲的袭击。[3]在另一方面，英日同盟也出现了降温的迹象。英国逐步加强其在该地区的力量存在，强化在新加坡和其他地方的海军基地。这两个方面的发展暗藏着英国和美国为争夺对太平洋之控制而发生大战的危机。这是福克斯所能预见的最大危险，而他写作本书的一个要旨就是提供政策建议：中止英日同盟，代之以英美同盟（Anglo-Celtic alliance）来实现双方对太平洋的主

---

[1] Fox, *Problems of the Pacific*, pp. 118-119.

[2] Fox, *Problems of the Pacific*, p. 46. 事实上日本对他们在经济和军事上取得的进步是非常自豪的，他们也不打算隐藏这一事实，请参考Baron Suyematsu, *The Risen Sun*, London: Archibald Constable, 1905。

[3] Fox, *Problems of the Pacific*, pp. 42-43, p. 265.

导。这个同盟将标志着一种无可匹敌的力量之存在。[1]

两年之后"一战"爆发，英美同盟变为事实，共同对抗德国。另外，澳大利亚记者弗莱彻（C. Brunsdon Fletcher）也写了两本跟福克斯论调类似的关于太平洋地区事务的作品。[2]这两本书是在伦敦出版的，并被认为极大地影响了英国民众对太平洋局势的看法。澳大利亚总理休斯（W. M. Hughes）为其中一本书撰写了前言，强调太平洋地区将成为世界的中心。[3]而澳大利亚则处在一个尴尬的位置上。他们拥有富饶的大陆，它的资源足以使他们在太平洋地区有一个美好的前景。但是因为他们的人口只有五百万，他们自觉非常不安全，就好像一个弱者坐在一箱金子上面，听到院子里面发出令人毛骨悚然的声响。要完全实现他们在太平洋地区的发展潜力，他们需要一个强大的盟友。作为英联邦的成员和盎格鲁—萨克逊民族的身份使他们获得了安全感。然而首要的是，他们要让英国和美国维护其在太平洋地区的利益。他们有充分的理由强调太平洋地区的重要性。这也解释了书里对敌人形象的刻薄描绘。在"一战"期间，他们的敌人是德国，然而更为长久的威胁却来自"众多且饥饿"的亚洲人。

正如日本陆军元帅山县友朋在1914到1915年间很有预见地写道，战后欧洲强国将会在太平洋地区重新实行其毫无止境的扩张：

---

[1] Fox, *Problems of the Pacific*, p. 280.

[2] C. Brunsdon Fletcher, *The New Pacific: British Policy and German Aims*, London: Macmillan, 1917; Fletcher, *The Problem of the Pacific*, London: William Heinemann, 1919.

[3] Fletcher, *The New Pacific*, pp. xix–xxv.

当目前欧洲国家间的大冲突结束，政治和经济秩序恢复以后，各国将再次聚焦远东地区，觊觎着从该地撷取的利益与特权。这一天到来之时，白种人和有色人种间的争夺将是残酷的，谁又能保证说白种人不会联合起来对付有色人种呢？……要言之，在"亚洲人的亚洲"的前提之下，我们必须努力解决困扰我们的种种问题。[①]

与此相似，所有梦想着在太平洋地区及世界范围内获得繁荣的国家，都不约而同地构建着对手的种族形象。

太平洋时代的第一阶段讨论，开始是在一种相当乐观的探索太平洋地区经济发展可能性的氛围中进行的。军事争夺的可能性在稻垣满次郎的预见中是微乎其微的，甚至在马汉和罗斯福那里也是渺茫的。他们的军事化主要是针对在欧洲国家主导世界的格局下美国如何赢得一席之地的问题，而非针对太平洋地区的某一特定对手。他们不愿跟近乎欧洲强国水平的日本开战，而其他那些太平洋"蛮族"又不足以构成大威胁，也不在美国考虑的范围之内。就世界霸权方面而言，直到日俄战争爆发之前，太平洋的局势都是相当稳定的。欧洲显然是世界强权的中心，英国垄断了海上霸权。太平洋地区的活力被认为是欧洲发展动力漫溢到世界上最后一块未开发地区的结果。其拓展前景是如此之广阔，足以容纳下每个实力相称的国家，其他国家则够不上。这里将是一个富饶的世界。

[①] Louis M. Allen, "Fujiwara and Suzuki: Patterns of Asian Liberation," in *Japan in Asia*, ed. William H. Newell, Singapore: Singapore University Press, 1981, p. 100.

日俄战争之后，战略格局为之一变。俄国的扩张被阻挡住后，欧洲在亚洲的步伐放缓了。当然这并不影响英国以及其他在太平洋地区实力稍逊的欧洲国家的地位，比如德国和法国。然而当地的主要活动者——日本和美国——双双强势走向太平洋幕前。随着新势力加入竞争，世界经济形势变得紧张起来了。仅存的可供开发的免费资源看来比此前预料的少得多。紧缺代替富足成为潜在的共识。这种形势导致更为尖锐的种族和军事争论，而经济的语汇在讨论中被边缘化了。工业化的20世纪的乐观图景正在褪色，通过军事手段争夺该地区的财富，乃至统治整个世界的可能性，若隐若现地跃出太平洋时代的地平线。

新太平洋的开启

"一战"大举摧毁了旧有的世界秩序。作为世界中心的欧洲现在成了一片废墟的中心。德意志帝国和奥匈帝国消失了，俄国陷入内战，而大不列颠和法国被严重削弱。战争终结了欧洲的全球扩张。欧洲，特别是大不列颠，在太平洋地区仍有影响，但现在作为"守成者"，仅能竭力维持在该地区的既有地位。[1]太平洋地区的重要性在欧洲人的优先次序中降到了次要的地位，而欧洲在太平洋地区未来的影响力也降低了。希望争夺太平洋地区霸权的大国数

---

[1] Roosevelt, The *Restless Pacific*, p. 6; Karl Haushofer, *Geopolitik des Pazifischen Ozeans: Studien über die Wechselbeziehungen zwischen Geographie und Geschichte*, Berlin-Grunewald: Kurt Vowinkel, 1924, pp. 20-25.

量急剧减少。

这一时期极具代表性的著作是奥斯瓦尔德·斯宾格勒（Oswald Spengler）于战争期间完成的《西方的没落》（*Der Untergang des Abendlandes*）。[①]这虽是两卷本的大部头著作，而且许多地方不易阅读，但是在哲学书籍中销量很好。到1926年第一个英文版出版为止，其德文版已售出了9万册。或许其中最重要的并非是书本内容，而是书名本身。在太平洋地区，"西方的没落"意味着人们对传统欧洲强国想象的幻灭。他们发动惨烈的战争把自己拖垮了。[②]

并非所有人都忘记了太平洋，也不是所有人都对欧洲充满失望。战后重建开始了，一些观察家还惦记着战前太平洋时代的美梦。其中一人就是对太平洋时代拥有浓厚兴趣、主修地缘政治学的德国学者卡尔·豪斯霍弗尔（Karl Haushofer）。他的目的是唤醒因战败而陷入半低迷的德国国民。他强调太平洋正是未来的源泉[③]，希望德国国民铭记于此，这次采用贸易而不再以殖民强权的手段来利用它。他甚至运用日本谚语来鼓励读者的乐观精神："如果一个神灵离你而去，另外有一个也将随之而来。（棄てる神れば，助ける神あり）。"[④]

[①] Oswald Spengler, *Der Untergang des Abendlandes: Umrisse einer Morphologie der Weltgeschichte*, 2 vols., Munich: Oskar Beck, 1918-1922; 译文见*The Decline of the West*, trans. C. F. Atkinson, 2 vols., New York: Alfred A. Knopf, 1926-1928。

[②] Guenther Stein, "Through the Eyes of a Japanese Newspaper Reader," *Pacific Affairs* 9 (1936): 177-190.

[③] Haushofer, *Geopolitik des Pazifischen Ozeans*, p. 123.

[④] "If one god leaves you, another one will help." Haushofer, *Geopolitik des Pazifischen Ozeans*, p. 13.

如鄂森顿（P. T. Etherton）和赫娑（H. Hessell）等英国作家指出的那样，"一战"使得世界"重心"由北海转移到太平洋。他们鼓动他们的国家保持对这一地区的牢固控制。[1]他们的著作实质上不过是福克斯要求英美结成盎格鲁—萨克逊同盟以对抗亚洲威胁的论点之翻版，而且福克斯还就该主题出版了专书论述。[2]鄂森顿和赫娑除了在战略格局的变动方面有所论述以外，新意寥寥无几。

　　关于太平洋时代的新一轮讨论出现在20世纪20年代。经历了惨烈的"一战"，世界范围内都致力于防止战争灾难重演。中心位于欧洲的国际联盟正是这种尝试最耀眼的产物。一套指导国际政治的新办法——广泛参与且公开的国际会议，开始取代旧有的专业的秘密外交。虽然名为政府层级的会议组织，但它主要集中在欧洲，太平洋地区国家极少采用这种外交方式。另一种会议组织——公众政治参与程度较低的私人层面的国际会议——似乎更适用于太平洋地区的情形，太平洋地区的国家类似于欧洲国家那样的外交传统要短一些。[3]

　　"二战"前的国际合作也出现了类似的差异：欧洲人倾向于制度性的解决方式，而太平洋地区国家则偏向于实用性的解决方式。

---

[1] P. T. Etherton and H. Hessell Tiltman, *The Pacific: A Forecast*, London: Ernest Benn, 1928.

[2] Frank Fox, *The Mastery of the Pacific or the Future of the Pacific*, London: Bodley Head, 1928.

[3] Lawrence T. Woods, *Asia-Pacific Diplomacy: Non-governmental Organizations and International Relations*, Vancouver: University of British Columbia Press, 1993.

这种国际合作的最早尝试实际上是于1911年在夏威夷发起的致力于维持国际间友好和平关系的环太平洋俱乐部（Hands-Around-the-Pacific Club）。夏威夷有着悠久的国际主义传统，当地领导人和知识分子都强调太平洋地区与国际间合作的重要性以及夏威夷在这种合作中的中心地位。这说明了太平洋诸岛正在准备迎接太平洋时代的到来。俱乐部的成员包括来自各太平洋区域国家的有声望人士和政治家。1917年俱乐部更名为泛太平洋联盟（Pan-Pacific-Union）。该联盟成功举办了一系列的国际会议，其中最重要的贡献是发起太平洋学术会议（Pacific Academic Conference）。火奴鲁鲁于1920年主办了第一届泛太平洋科学会议（Pan-Pacific Science Conference），该会议催生了太平洋科学协会（Pacific Science Association），该组织在今天仍然很活跃。参与者大部分是没有特别政治企图的自然科学家。其中最为重要的系列学术会议便是太平洋关系学会（Institute of Pacific Relations）。它在1925至1948年间聚集了来自太平洋地区和欧洲地区的数千名学者和领导人参加。在某些情况下，它甚至可以影响到许多政府决策。[1]

太平洋关系学会把学术的重要角色带进了太平洋地区的政治事务当中。学术为国际关系提供了一个相对中立的渠道，国家利益

---

[1] Paul F. Hooper, *Elusive Destiny*: *The Internationalist Movement in Modern Hawaii*, Honolulu: University of Hawai'i Press, 1980, pp. 65-136. 还可参考Philip F. Rehbock, "Organizing Pacific Science: Local and International Origins of the Pacific Science Association," in *Nature in Its Greatest Extent: Western Science in the Pacific*, eds. Roy MacLeod and Philip F. Rehbock, Honolulu: University of Hawai'i Press, 1988, pp. 195-221。

在科学的研讨中得到公开表达和讨论；本着友好的精神，学术争论并没有迫使政府做出任何承诺。1925年第一届太平洋关系学会会议在火奴鲁鲁召开，对外正式宣称太平洋关系学会"是一个所有深切关注太平洋的人的联系载体，在这里会面和工作的人们并非他们的政府或其他任何组织代表者，他们是一个个致力于提升人类福祉的独立个体"。[①]学会成立之初带有强烈的基督教色彩，因为它早期的推动者大多是基督教青年会（YMCA）的成员。但太平洋关系学会短时间之内便发展为一个囊括主要社会科学家、经济学家以及一般商人和记者的学者会议组织。其诸多科研项目为解决各种威胁太平洋区域和平的潜在问题提供了解决之道。其大部分成员是美国公民，但也有许多来自日本、中国、加拿大、澳大利亚和新西兰的知识分子活跃其间。偶尔也有来自韩国、菲律宾、苏联以及英国、法国、荷兰等欧洲国家的代表。国际联盟也派出观察者进驻该组织。太平洋关系学会是当代知识分子在太平洋地区创建一个和平的国际社会尝试的主要载体。

在太平洋地区诸多问题当中，太平洋关系学会主要研究工业发展、食物供应、国家间及国内政治紧张、人口统计、种族关系和移民问题。该地区的紧张关系在一定程度上是由于盎格鲁—萨克逊国家的排亚移民举措造成的。美国1924年通过针对日本的《美国移民限制法案》（The American Immigration Restriction Act）就是一个

---

① Paul F. Hooper, as quoted in "A Brief History of the Institute of Pacific Relations," *Shibusawa kenkyu* (1992): 3-32.

特别的政治难题，因为它降低了一个既成强权的种族地位。[①]而排华和排朝则未引起太大风波，因为这两个国家国力当时相对弱。其他问题包括亚洲国家尤其是日本的迅速工业化问题、反殖运动问题、中国内战问题、中日关系问题、美日潜在的军事冲突问题，这一切问题自李的预测性描绘以来正日益浮出水面。太平洋关系学会以开明的方式处理这些问题，呼吁放宽排亚立法，强调亚洲的工业化并不是一个威胁，因为它可以解决亚洲国家面临的人口膨胀问题。学会以经济学的视野看待这些问题，我们也许可以引用一位中国香港代表的描述来概括：

> 新生的国家很有可能在看待太平洋沿岸国家的时候会带有一种相似的短见和妒嫉，正如过去在地中海和大西洋沿岸所出现过的那样。太急于保护他们可能获得的利益，每个国家可能都忽略了财富的总增长多半是有赖互信互助实现的，而不是靠盲目竞争得来的。顺从于一种与自己最好的顾客开战的奇怪欲望，这可能会颠覆历史的经济解释。我们必须明确，通过恰当的渠道，东方的工业和商业发展不会给任何国家带来任何损失，不论是对欧洲还是其他国家。[②]

---

① 可参Viscount Shibusawa (渋沢栄一), "Peace in the Pacific—Japan and the United States," *Pacific Affairs* 3 (1930): 273-277。

② W. J. Hinton, "A Statement on the Effects of the Industrial Development of the Orient on European Industries," in *Problems of the Pacific: Proceedings of the Second Conference of the Institute of Pacific Relations, Honolulu, Hawaii, July 15 to 29, 1927*, ed. J. B. Condliffe, Chicago: University of Chicago Press, 1928, p. 391.

在太平洋关系学会的刊物上重申的一个主旨是，人类历史从地中海经大西洋，最后抵达太平洋。欧洲国家因为发动战争而蒙羞，太平洋地区潜在军事冲突的说法犹在，但是太平洋地区也蕴含着一种更为明智的国际政治的可能。这是显而易见的，比如"历史的经济解释"的说法。在上述引文中，参与者的政治取向是明显的，他们分别是来自不同国家的具有影响力的知识分子和学者，他们清楚他们的话语具有一定的分量。更进一步说，在当时这种争论是可行的。世界经济的规模远未达到1913年的水准，很明显一切正朝着美好的方向发展。部分太平洋地区的经济体繁荣了，特别是美国。1923年，关东大地震袭击了日本，但是其重建速度异常迅速，日本经济继续膨胀。与此同时，国际政治进展顺利。1922年，华盛顿海军会议成功地限制了英国、美国及日本的海军规模，缓和了该地区的军备竞赛。太平洋关系学会承担并鼓励类似的行动。其成员、来自哥伦比亚大学的历史学教授詹姆斯·绍特韦尔（James T. Shotwell）与张伯伦（J. P. Chamberlain）草拟了一份制止战争的协定。协定的措辞在1927年太平洋关系学会会议上得到了广泛的讨论。[①]1928年6月，该协定的修订本在国联委员会上被采纳作为《白里安—凯洛格公约》（Briand-Kellogg Pact）得到了50个政府的签署。它正式把作为国家政策工具的战争列为非法。世界似乎正在迈向永久和平。太平洋关系学会的成员对此以及学会的参与感到高

---

① Institute of Pacific Relations, "Diplomatic Relations in the Pacific," in *Problems of the Pacific*, ed. Condliffe, pp. 172-177.

兴。①太平洋关系学会是非常乐观的，它的工作在来自太平洋地区国家的知识分子、自由主义者和国际主义同人看来，带有学术追求的特色。

1927年在太平洋关系学会的成员及相关人士中，太平洋时代的讨论重新点燃。同年在火奴鲁鲁举办的第二届学会会议上，日本帝国教育会会长泽柳政太郎在开幕致词中提到"太平洋将日益成为世界的中心"。②英国代表怀德（Frederick Whyte）爵士指出，"近来人们经常提到未来的战争与和平的问题取决于太平洋区域"，他还补充说，"东半球正在挑战西方的统治地位"。③在当时这一观念最有力的鼓吹者可能是美国人，例如《新共和》（*New Public*）杂志的编辑赫伯特·克罗利（Herbert Croly），他在太平洋关系学会上看到了建立一种未来亚洲各国政府层共同商讨解决地区问题的国际组织的可能性。他甚至还预见了太平洋委员会（Pacific Community）的成立，以区别于基于欧洲的国联。④

另一位具有影响力的美国学者尼格拉斯·罗斯福（Nicholas

---

① 可参发表在《太平洋事务》（*Pacific Affairs*）第三期（1930）上的几篇文章，其中包括F. W. Eggleston, "Australia's View of Pacific Problems," p. 12; Lord Hailsham, "Great Britain in the Orient," pp. 17-26; Newton W. Rowell, "Canada Looks Westward," pp. 27-28。

② Sawayanagi Masatarō（沢柳政太郎）, "The General Features of Pacific Relations as Viewed by Japan," in *Problems of the Pacific*, ed. Condliffe, pp. 30-33.

③ Sir Frederick Whyte, "Opening Statement for the British Group," in *Problems of the Pacific*, ed. Condliffe, pp. 23-29.

④ Herbert Croly, "The Human Potential in Pacific Politics," in *Problems of the Pacific*, ed. Condliffe, pp. 577-590.

Roosevelt）继续着马汉-罗斯福式的论点，他随意地用太平洋时代的概念来阐述美国在太平洋区域扩张的必要性和必然性。[①]他说道："20世纪最引人注目的事实是，世界事务的舞台已从大西洋转移到太平洋。"[②]尼格拉斯·罗斯福可能是第一个在语法上用过去式来表达这一观点的人。以往所有的讨论都指向未来，对于那种梦幻般的理想，这（用将来式）似乎更符合逻辑，但是罗斯福坚信转变已然发生。

然而，大多数讨论者继续使用将来式表述。除了美国人之外，当时部分日本人亦非常倡导这一观念。日本基督教青年会的秘书长及太平洋关系学会日本委员会委员斋藤惣一在日本工业俱乐部（Japanese Industrial Club）中是这样告诉他的听众的：伴随着和平与繁荣，"太平洋时代即将到来"。[③]斋藤可能不知道三十八年前稻垣的作品。因为他主要参考了西华和西奥多·罗斯福的观点。不确切的引用反映出他可能只是听说过这些观点。太平洋关系学会的会议很可能是其资讯的来源。

而另外一些日本学者似乎做足了功课。守屋荣夫出版了一部名为《太平洋时代来了》的作品。虽然他没有提到稻垣，但在书中关于文明之进程由大河阶段至内海阶段再到海洋阶段的论述，以及将大西洋时代与太平洋时代进行比较的观点，跟稻垣所提出的如此

---

① Nicholas Roosevelt, *The Philippines: A Treasury and a Problem*, New York: Sears, 1933, p. 283; Roosevelt, *The Restless Pacific*, pp. 274-283.

② Roosevelt, *The Restless Pacific*, p. vii.

③ 斋藤惣一（Saitō Sōichi）：《太平洋时代的到来とその諸問題》（*Taiheiyō jidai no tōrai to sono shomondai*），《貿易》（*Bōeki*）1928年第28期，第18—24页。

相似，显示出他可能已注意到稻垣的早期作品。①参加过1929年京都会议的日本杰出自由知识分子新渡户稻造提到，作为太平洋时代崛起的前身的大西洋内海文明和海洋文明两个阶段。他也提到卡尔·李特尔（Carl Ritter），但误拼作"Carl Richter"。②这暗示着他读过稻垣的日文著作，因为在那里面卡尔的名字是用片假名拼写的。太平洋时代的观点在不同来源国家可能也不同，但是它们在20世纪20年代太平洋关系学会的系列会议中碰撞到一起。

另外两位演讲者同在1929年10月28日的太平洋关系学会会议上提到太平洋时代这一概念：一位是学会的秘书长美国人戴维斯（J. Merle Davis）③，另一位是京都府相模守。④他们演讲的时机尤为关键，因为当天美国华尔街国际证券交易所的股票崩盘。

国际形势再现逆转。经济繁荣期结束，转为经济大萧条。太平洋关系学会的刊物《太平洋事务》（*Pacific Affairs*）上出现了各种故事：中国内乱，美国提升关税保护政策，澳大利亚物价下跌，日本限制朝鲜移民，世界各地出现失业。太平洋关系学会是由一群关心经济的知识分子所组成的，伴着自由国际政治的基础之消失，它的影响亦随之迅速下降。《白里安—凯洛格公约》在世界范围内才实施了一年，就被人们抛诸脑后了。20世纪30年代成了危机加剧的十

---

① 守屋荣夫（Moriya Hideo）：《太平洋時代来る》（*Taiheiyō jidai kuru*），东京：日本评论社，1928年，第6页。

② Nitobe Inazō（新渡户稻造），"Opening address at Kyoto," *Pacific Affairs* 2 (1929): 685.

③ J. Merle Davis, "Will Kyoto Find the Trail?" *Pacific Affairs* 2 (1929): 685-688.

④ Governor Sagami, "Governor Sagami's Greeting," *Pacific Affairs* 2 (1929): 761.

年，中日冲突升级，日美关系紧张加剧。人们越来越担心日本会对某个白种人国家发动战争，比如美国①、英国②或苏联。③

军事议题成了人们讨论太平洋事务的中心。他们完全遗忘了谈论太平洋时代时的乐观。在沮丧时期，乐观与狂热很容易被认为是过分天真，虽然它们当中没有任何内容在本质上是幼稚的。只是国际社会的气氛改变罢了。许多经济学家坚持反对关税壁垒而主张利益共享的自由贸易，甚至在1931年，还有乐观主义者认为，"的确，将来历史学家很有可能会记录下此时此刻正在发生的一种必然走向，这基本可以描述为所有太平洋周边国家正转向内向化"④。很不幸，这位匿名作者选择了这一词汇作为1931年太平洋关系学会会议的背景文件。他们用"内向化"意在表示，"一战"后太平洋地区与欧洲间的贸易相对减少，而本地区内的相互贸易迅速增加，最终在20世纪20年代太平洋地区俨然成为一个独立的经济单位。然而将来历史学家的纪录却恰好相反。在经济学上，大萧条是指太平洋区域内贸易大幅下降，而经济上相对发达的欧洲尽管深陷于危机，

---

① Hector C. Bywater, *The Great Pacific War: A History of the American-Japanese Campaign of 1931-33*, New York: St. Martin's Press, 1991; Arnold J. Toynbee, "The Next War—Europe or Asia?" *Pacific Affairs* 7 (1934): 3-13; Robert S. Pickens, *Storm Clouds over Asia*, New York: Funk and Wagnalls, 1934; Nathaniel Peffer, *Must We Fight in Asia?*, New York: Harper and Brothers, 1935.

② Ishimaru Tōta（石丸藤太）, *Japan Must Fight Britain*, New York: Telegraph Press, 1936.

③ O. Tanin and E. Yohan, *When Japan Goes to War*, New York: Vanguard Press, 1936.

④ Anonymous, "The Development of Pacific Trade," *Pacific Affairs* 4 (1931): 516-522.

还是可以相对地增加其在世界贸易中的份额。[①]在政治层面，1931
年日本占领中国东北，国际联盟分裂，世界范围内独裁趋势加剧。
各国纷纷限制进口，从这层意义而言，的确所有国家转向内向化。
结果是亚洲国家走向集权而非经济整合。为工业国家控制市场的
区域性帝国的合法性问题成为人们讨论的新议题。[②]

　　1931年之后，尽管学会仍是一个活跃的组织，但学会刊物上几
乎找不到任何关于太平洋时代的论述了。它在"二战"期间甚至一
度变得重要起来，因为它为美国制定亚洲政策提供专业报告和知
识。[③]当然，有可能在某些地方，比如夏威夷，讨论仍在继续。因为
在当地知识分子看来，这是合适的。[④]不管怎样，战后"太平洋时
代"一词还在某些讲演中出现，但是其用法看起来多少有点空泛，
跟行文不着边际。[⑤]除了以上的情形，20世纪是太平洋时代的观点
似乎在1929年已经湮灭了。1941年，一种新的看法出现了，《生活》

---

① William Brandt, "The United States, China, and the World Market," *Pacific Affairs* 13 (1940): 279-319.

② 参见Takaki Yasaka（高木八尺），"World Peace Machinery and the Asia Monroe Doctrine," *Pacific Affairs* 5 (1932): 941-953。

③ 威廉·勃兰特提及此问题，他对这种可能性持乐观的态度，William Brandt, "The United States, China, and the World Market," p. 319。库尔特·海瑟（Kurt Hesse）认为东亚才是世界未来的中心，而不是太平洋，见Kurt Hesse, *Die Schicksalstunde der alten Machte: Japan und die Welt*, Hamburg: Hanseatische, 1934。

④ Hooper, *Elusive Destiny*.

⑤ William Wyatt Davenport ed., *The Pacific Era: A Collection of Speeches and Other Discourse in Conjunction with the Fortieth Anniversary of the Founding of the University of Hawaii*, Honolulu: University of Hawai'i Press, 1948.

杂志的出版人兼太平洋关系学会的活跃分子亨利·卢斯（Henry R. Luce）宣称20世纪是美国世纪。[①]

21世纪

20世纪60年代，太平洋时代的讨论再次出现。就好像19世纪80年代和20世纪20年代那样，20世纪60年代又是一个乐观的时期，经济发展迅猛。另外，参与讨论的人是带有经济取向的。经济学家垄断了整个讨论，至少直到20世纪90年代，这些讨论多少有些避讳探讨军事议题。

就基本概念本身而言，自西莱和稻垣以来，"太平洋时代"一词的含义鲜有变化。一如既往，在太平洋时代的论域内，经济主导型的国家将领先迈向辉煌的21世纪，所有的事物都以宏大海洋语汇来描述。结论是世界经济、政治和文化中心将由大西洋地区转移到太平洋地区。虽然在词义上并没有新意，但是它的语汇、语境和行动者却值得我们去研究一番。主要的不同之处是，欧洲作为边缘力量对太平洋地区已经没有任何决定性的影响力了。现在所有动议都掌握在该地区国家手中，它们相互间的关系如何，尤为重要。

1976年在太平洋地区经济整合的讨论中，太平洋时代的概念复兴了。它是在太平洋自由贸易区（PAFTA）概念下，由日本经济学

---

① Donald W. White, "The 'American Century' in World History," *Journal of World History* 3 (1992): 105-127.

家小岛清（Kojima Kiyoshi）提出的。[①]日本外务省大臣三木武夫（Miki Takeo）把这一理念作为他的主要外交政策平台。在向日本民众和国际观众推销其外交政策的过程中，三木开始启用旧标签"太平洋时代"。[②]他把这一标签贴到"21世纪"上，是因为在那时看来20世纪实在太远了。同时三木在词义上作了另一个改动：在谈及亚洲的潜在发展时，他喜欢用"亚太时代"（アジア−太平洋時代）的表述。[③]

1968年，部分太平洋经济学者在日本外务省的支持下，聚集于东京，讨论太平洋地区的区域整合。日本与会者基于21世纪太平洋时代的假设，乐观地表述了他们的看法。但是美国、加拿大、澳大利亚和新西兰的与会者则忽视了这种观点。[④]这一概念在1929年后的几十年里销声匿迹了。在20世纪60年代末太平洋自由贸易区并没有获得太多支持。但是定期召开的太平洋贸易与发展会议（PAFTAD）则开始探讨太平洋地区经济合作的可能性。太平洋贸

---

① 小岛清（Kojima Kiyoshi）、栗本弘（Kurimoto Hiroshi）：《太平洋共同市場と東南アジア》（*Taiheiyō kyōdō ichiba to Tōnan Ajia*），东京：日本经济研究中心，1965年。
② 可参见一个有关三木武夫政治辞令的全面分析：Pekka Korhonen, *Japan and the Pacific Free Trade Area*, London and New York: Routledge, 1994, pp. 145-153.
③ 参见三木的《私のアジア・太平洋構想》（"Watakushi no Ajia-Taiheiyō kōsō"）和其1967以后的演讲：三木武夫（Miki Takeo）：《議会政治とともに—三木武夫演説・発言集》（*Gikai seiji to tomoni: Miki Takeo enzetsu hatsugen shu*），东京：三木武夫出版纪念会，1984年。
④ Woods, *Asia-Pacific Diplomacy*; Kojima Kiyoshi, ed., *Pacific Trade and Development: Papers and Proceedings of a Conference held by the Japan Economic Research Center in January 1968*, Tokyo: JERC, 1968.

易与发展会议主要是由经济学家组成的，但是它在许多方面效仿了太平洋学会。它主要研究太平洋地区的经济问题，具有明显的政策主导倾向，为各国政府会面提供安全的讨论空间而避免政治风险。其伙伴组织太平洋地区经济理事会（PBEC）于1967年在东京成立。它的目标与太平洋贸易与发展会议类似，并且两者也有一定的重叠，但太平洋地区经济理事会是一个专门的商人组织。20世纪70年代，太平洋时代的观念在这两个组织之间得到交流。不过当时气氛相当压抑，特别是石油危机以后。

到20世纪80年代，太平洋时代的讨论变得活跃了。至少有四个方面的事情与之相关。第一，不仅是日本，几乎所有的东亚和东南亚国家都追求经济发展的愿景，该地大部分国家都进入了经济繁荣时期，其未来似乎一片光明。第二，经济主义作为一种意识形态，在一些国家中广泛传播。20世纪70年代的中国，改革使得国内经济体系开放外贸和投资。[①]这两方面为这些国家的高度自尊和乐观情绪的生长提供了物质和精神土壤。第三，1978年美国在太平洋地区的贸易额超过了其在大西洋地区的贸易总额，到20世纪80年代前期美国跨太平洋贸易总额超过其在大西洋地区的贸易总额。这些事件重要而且具有标志性意义，因为贸易数据是判定世界经济中心的一个首要手段。第四，1980年在堪培拉发起了太平洋经济合作理事会，即现在的太平洋经济合作理事会（PECC）。最初的参与者有澳大利亚、日本、美国、加拿大、新西兰、韩国、东盟（ASEAN）诸国、

---

① Pekka Korhonen, "The Theory of the Flying Geese Pattern of Development and Its Interpretations," *Journal of Peace Research* 31 (1994): 93-108.

瀛寰识略

巴布亚新几内亚、斐济和汤加。后来中国以及墨西哥、秘鲁、智利等拉丁美洲国家纷纷加入。这一组织囊括了大量的国家，把太平洋沿岸大小国家拉到了一起。太平洋经济合作理事会为太平洋地区的经济合作和整合提供了一个半官方组织架构，使之可能成为一个整体。太平洋经济合作理事会的重要性还在于这样一个事实，政治上需要再次推广太平洋时代这一观念，而基于上述诸多因素，现在一切条件已经成熟了。

太平洋共同体（Pacific Community）的理念出现在先，接着才出现相关的推广。在20世纪70年代末，一些太平洋地区强国的政治家对这一理念产生兴趣。在美国，发起这一观念的是一些美国西岸的政治家。[①]在日本，外交大臣大平正芳（Ōhira Masayoshi）发起了一个研究小组向政府提供政策指引，因为他像十年前的三木武夫一样，希望开始在太平洋议题上构建其外交政策。[②]在澳大利亚，前总理魏德仑（E. Gough Whitlam）积极推广这一观念[③]，而时任总理弗雷泽（Malcolm Frazer）发起太平洋经济合作理事会。智利也

---

① *The Pacific Community Idea: Hearings before the Subcommittee on Asian and Pacific Affairs of the Committee on Foreign Affairs, House of Representatives*, Washington, D.C.: U.S. Government Printing Office, 1979; Congressional Research Service, Library of Congress, *An Asian-Pacific Regional Economic Organization: An Exploratory Concept Paper*, Washington, D. C.: U.S. Government Printing Office, 1979.

② 环太平洋连带研究小组（Kan Taiheiyō Rentai Kenkyū Gurūpu）：《環太平洋連帯の構想》（*Kan Taiheiyō Rentai no Kōsō*），东京：大藏省印刷局，1980年。

③ E. Gough Whitlam, *A Pacific Community*, Cambridge and London: Australian Studies Endowment, 1981.

表示了同样的兴趣。[①]此刻日本人最热衷于兹。大平已经开始应用太平洋时代这一概念了[②]，但是1980年他的猝死使这一计划被迫停止。继续在外交上动议的责任落到了他的继任者铃木善幸（Suzuki Zenko）身上。[③]

虽然大部分讨论者坦言，这一预想来自传统强国日本、美国、澳大利亚，但是在20世纪80年代太平洋时代的说法传播到小国。[④] 太平洋时代的讨论常常隐含有霸权主义，然而这一阶段经济共同体与和平合作的梦想是强烈的，以致许多小国也借此机会跃跃欲试。作为一个大社群的一员，它们跟其他大国一样感到自豪。欧洲学者

---

① Francisco Orrego Vicuna ed., *La Communidad del Pacifico en Perspectiva*, Santiago de Chile: Instituto de Estudios Internacionales de la Universidad de Chile, 1979.

② 大平正芳回想录刊行会编著（Ōhira Masayoshi Kaisōroku Hankōkai）：《大平正芳回想錄》（*Ōhira Masayoshi kaisōroku*），东京：鹿岛出版会，1983年，第570页。

③ 可参见铃木1981年1月在ASEAN峰会期间的演讲《鈴木総理大臣のアセアン諸国訪問》（*Suzuki sōri daijin no ASEAN shokoku hōmon*），东京：外务省亚细亚局，1981年；或者他1982年6月在火奴鲁鲁东西方研究中心的报告："The Coming of the Pacific Age," *Pacific Cooperation Newsletter* 1 (1982), pp. 1-4。

④ 菲律宾方面的研究参见Jose P. Leviste, Jr. ed., *The Pacific Lake: Philippine Perspec tives on a Pacific Community*, Manila: Philippine Council for Foreign Relations, 1986；马来西亚方面的研究见アリフィン・ベイ（Arifin Bey）著、小林路义编：《アジア太平洋の時代》（*Ajia-Taiheiyō no jidai*），东京：中央公论社，1987年；新加坡方面的研究参见Lau Teik Soon and Leo Suryadinata, eds., *Moving into the Pacific Century*, Singapore: Heinemann Asia, 1988；阿根廷方面的研究参见Carlos J. Moneta, *Japon y America Latina en los años Noventa*, Buenos Aires: Planeta, 1991；智利方面的参见School of Social and Economic Development, *A New Oceania: Rediscovering Our Sea of Islands*, Suwa: University of the South Pacific, 1993。

对正在地球另一面展开的奇怪且具有潜在威胁的讨论，也显示出持续兴趣。①

亚洲人跟"盎格鲁—萨克逊"人对太平洋一词的运用有不同之处。在20世纪80年代前半期，日本讨论者使用太平洋时代一词，②而在美国人的论域里则倾向使用太平洋世纪一词。③两者差异并不大，在日本文献中"太平洋世纪"（Taiheiyō seiki）的表述随处可见。④

自20世纪80年代后期起，事情发生了变化。这些变化可能是由

① Institut du Pacifique, *Le Pacifique*, "*Nouveau Centre du Monde*", Paris: Berger-Levraut, 1983; Michael West Oborne and Nicholas Fourt, *Pacific Basin Economic Cooperation*, Paris: OECD, 1983; Staffan Burenstam Linder, *The Pacific Century: Economic and Political Consequences of Asian-Pacific Dynamism*, Stanford: Stanford University Press, 1986; イ・イ・コワレンコ他（I. I. Kova-lenko）编、国际关系研究所译：《アジア=太平洋共同体論：構想・プラン・展望》（*Ajia-Taiheiyō kyōdōtai ron—shisō, puran, tenbō*），东京：协同产业出版部，1988年。

② 可参见斋藤镇男（Saitō Shizuo）编：《太平洋時代：太平洋地域統合の研究》（*Taiheiyō jidai: Taiheiyō chi-iki tōgō no kenkyū*），东京：新有堂，1983年；经济企画厅総合計画局（Keizai kigakuchō sōgō keikaku kyoku）：《太平洋時代の展望：2000年に至る太平洋地域の経済発展と課題（21世紀の太平洋地域経済構造研究会報告）》（*Taiheiyō jidai no tenbō—2000 nen ni ataru Taiheiyō chi-iki no keizai hatten to kadai*），东京：大藏省印刷局，1985年。

③ William McCord, *The Dawn of the Pacific Century: Implications for Three Worlds of Development*, New Brunswick, N. J. and London: Transaction, 1991; Frank Gibney, *The Pacific Century: America and Asia in a Changing World*, New York: Macmillan, 1992; Mark Borthwick, *Pacific Century: The Emergence of Modern Pacific Asia*, Boulder, Colo.: Westview, 1992; 亦可参见东京《亚太共同体》（*Asia Pacific Community*）杂志在1978至1986年间刊登的诸多文章。

④ 小岛清编著：《續・太平洋経済圏の生成》（*Zoku Taiheiyō keizaiken no seisei*），东京：文真堂，1990年，第296—297页。

于亚洲国家日益增长的自豪情绪所致，也可能与美国跟许多亚洲国家的经济冲突加剧有关。这些主要冲突是缓慢形成的，并且这些分歧会否演变为冲突尚未明朗，然而一种追寻新团体认同的诉求无疑正在亚洲国家间形成。自20世纪80年代中期以来，人们讨论的不再是太平洋时代，而是亚太时代（Asian-Pacific Age）。[①]这个词似乎是直译自日语的"アジア－太平洋時代"（Ajia-Taiheiyō jidai），三木是最早使用这一词语的。亚太在日文"アジア—太平洋地域"（Ajia-Taiheiyō chi-iki）中是被广泛地用作指代这一区域的地理名词，但现在它也指称一个时代。从术语学的角度而言，亚洲人与欧洲人在此的分歧并不明显，但时势使亚洲人更喜欢后者。有趣的是，亚洲用法在人们的讨论里正逐渐推广开来。在20世纪80年代几乎所有文献中，听来自然的英文表述"Asian-Pacific"已经被更为直白的"Asia-Pacific"替代。1989年成立的最新的太平洋地区国际合作组织的命名——亚太经合组织（APEC）即使用了这一词汇。

这还呈现了一种趋势：人们更多地关注亚洲国家的合作。与此相关且符合逻辑的一个新名词——西太平洋时代（Western Pacific Age，西太平洋の時代），这是由日本经济学家渡边利夫（Watanabe

---

① Hiroharu Seki (関寛治), *The Asian-Pacific in Global Transformation: Bringing the "Nation-State Japan" Back In*, Tokyo: Institute of Oriental Studies, University of Tokyo, 1987; 小池洋次（Koike Hirotsugu）：《アジア太平洋新論：世界を変える経済ダイナミズム》（*Ajia-Taiheiyō shinron: Sekai wo kaeru keizai dainamizumu*），东京：日本经济新闻社，1993年；山冈道男：《アジア太平洋時代に向けて》；渡边昭夫：《アジア・太平洋の国際関係と日本》。

Toshio）于1989年创造的。^①在组织称谓上，这种发展得到了马来西亚总理拿督斯里马哈蒂尔博士（Datuk Seri Dr. Mahathir Mohamad）的大力推动，他于1981年提出"向东看"（Look East）的政策，^②在1990年他又提议创立东亚经济集团（East Asian Economic Group），此后更名为东亚经济协议体（East Asian Economic Caucus），这是"二战"以来首次约略地将东亚抽象化地看作一个统一单位，而这是由日本以外一个亚洲国家完成的。由于马哈蒂尔的提议，这一术语的语义在该区域的运用开始发生变化。"东南亚"一词逐渐为"东亚"替代，大体涵括从韩国到印度尼西亚，有时候还包括澳大利亚的区域。无独有偶，当时还出现了"亚洲文艺复兴"、亚洲成为"人类文明的发源地"，以及亚洲是"20世纪的经济中心"等说法。^③在一本由马哈蒂尔和日本民族主义者、国会议员石原慎太郎（Ishihara Shintaro）合著的名为《亚洲可以说不》（"No"と言えるアジア；*The Asia That Can Say "No"*）的书中，运用了亚洲时代（Asia Age；アジアの時代）和亚洲世纪（Asia

---

① 渡边利夫（Watanabe Toshio）：《西太平洋の時代：アジア新産業国家の政治経済学》（*Nishi-Taiheiyō no jidai. Ajia shin sangyō kokka no seiji keizaigaku*），东京：文艺春秋，1989年。

② Lim Huang Sing, *Japan's Role in ASEAN: Issues and Prospects*, Singapore: Times, 1994.

③ Commission for a New Asia, *Towards a New Asia*, n.p.: Sasakawa Peace Foundation, 1994.

二　印度洋与太平洋

Century; アジアの世紀）的表述。^①在美国也有大量跟太平洋东西两岸分歧相关的作品，其中有一本明显是拾荷马·李的牙慧。^②

双方的分歧还没有显得十分尖锐。除了这些概念，太平洋时代的乐观和传统印象仍在广泛传播。例如，一种狂热疾呼出现在《远东经济评论》（*Far Eastern Economic Review*）1994年新年号（New Year issue）上一篇文章中："太平洋世纪比预计来得要早，原计划还要再过几年才来临的，显然这一地区按自己的步伐加速发展。"太平洋时代的语汇似乎在循环再现。在经济形势乐观的时期，简单的经济决定论并不能解释这种周期性的上升与风行，虽然那些时期必有一种狂热的情绪跟对未来的憧憬相契合。至少还有一个因素是必要的：在政治上，他们需要将区域合作的理念推广给各国或地区的听众们。当经济困难时期来临，这种预见自然会从人们的讨论中消失。它将再次退缩在满布尘埃的古老图书馆的书架之上，直到一位眼光敏锐的新狂热者出现，将其身上的灰尘拂去。

或许这一理念的循环往复充当着时代最敏锐的指示者。因此目前的讨论类似于20世纪初那场讨论。相对的经济紧缩开始蔓延，世界各国债台高筑，失业率上升，经济竞争加剧，区域集团正在酝酿。由于现时的实际富裕，形势尚未恶化，相对来说，一切还是相当轻

---

① マハティール（Mohamad Mahathir）、石原慎太郎（Ishihara Shintarō）：《「NO」と言えるアジア—対欧米への方策》（*"No" to Ieru Ajia: Tai Oo-Bei he no kaado*），东京：光文社，1995年，第14、237页。

② George Friedman and Meredith Lebard, *The Coming War with Japan*, New York: St. Martin's Press, 1991; Hector Bywater, *Great Pacific War*, New York: St. Martin's Press, 1991.

松的。公众尚未被教导如何坦然承受一场大战所必然带来的损失，而大量乐观的"太平洋时代"的文献仍层出不穷。但我们不能确定当21世纪真正到来时，还能听到多少关于太平洋世纪的讨论。

（与陈冠华合译，第二译者）

现代太平洋世界的移民和文化关系研究导论

〰〰〰〰〰〰〰

　　本文为个人所承担国家社会科学基金中国历史研究院重大项目子课题设想，也是对开展关于现代太平洋移民研究的一个展望。这一课题力图阐述和分析中国、日本、印度、东南亚和跨太平洋前往美洲的移民对近现代太平洋世界形成的影响。移民及其文化是太平洋网络形成的重要内容，也是中国与现代太平洋世界形成无法绕过的一环。在全球史与海洋史的视野下，思考这种太平洋内移民和文化的交错和网络形成、环境的影响、国际关系的缠结以及经济的共生，是研究开放的太平洋关系重要的一环。

　　近三十年来，太平洋史研究逐渐兴起，由于结合了新兴的环境史和全球史，日益为学界所重视。一批澳大利亚和美国学者相继引领的研究带动了太平洋史在各国家和地区的广泛兴起。从具有跨界影响的环境史名著《哥伦布大交换》，到丹尼斯·弗林主编的《太平洋世界》陆续出版，前辈学者对"16世纪以来不断发展的重要却常常被忽视的跨洋和内部联系互动"的推动孜孜不倦。"太平洋世界"的研究路径，也沿着受全球史影响的开放的太平洋历史路径进行全面转型。

　　　　　　　　　　　　　　　　　　　　　　　瀛寰识略

所谓的开放的太平洋史的研究，即是要将资本主义发展的机理纳入太平洋研究之中，研究在经济活动之下形形色色的人群的行为和路径选择。华人、日本人、朝鲜人、俄罗斯人、印度人、马来人、菲律宾人等等，都曾经参与了太平洋世界的历史发展和演化，衍生出多种多样的文化关系，体现了各行为主体对历史的参与和创造特点。从中国的视角看太平洋世界的形成和构建，尤其是其在太平洋全球化中发挥的作用，亦能看出其如何与西方资本主义的影响显现出的不同特点。中国的影响与太平洋世界自身的发展脉络既有关联，又有差异。在16世纪，中国对太平洋世界的影响相对主动有力，大量的中国移民也在随后几个世纪从各个方面塑造了太平洋世界的面貌。及至19世纪，中国被资本主义卷入太平洋世界，作为国家主体的角色相对被动，华人移民也更多成为殖民和强权国家政治经济议程的一部分。以此线索反观印度和东南亚移民，比照日本和朝鲜移民，亦有助于重新认识不同人群在不同的情势和体系下参与现代太平洋世界历史的过程。

　　正因为不同的人群从属于不同的政治实体或势力，社群文化千差万别，其路径的差异性也导向形态和结局的巨大差异。基于这种人群属性，本课题并不排斥民族国家框架和分析模式，因为这是历史上真实形成的体系，国家与国家之间的关系也是一直存在的，完全去国家化的历史书写存在另外的局限。以海洋史和全球史为视角，本课题会进一步将这种国家框架置于太平洋世界之中，凸显其对于这一现代体系形成的意义。以"整体史"的角度看，移民和文化关系网络与经济形态、环境影响和国际关系均密不可分，其形成的动因和特点与其他几个因素息息相关。

太平洋史与大西洋史最大的不同便是存在无数岛群自成生态圈的"圈层"。因此，太平洋世界的整体研究，更是在大西洋史的"环""跨""圈"理论（大卫·阿米蒂奇，2002）上均需进一步拓展，尤其是"圈"的环节。从传统的西域南海史地研究，到研究贸易时代、世界体系等议题，再到区域史、海洋史等研究方法的更新，新时代研究不同区间比较性和交互性的"全球史"最终诞生。太平洋史的研究向着太平洋世界与其他区域关系的研究、太平洋世界内部关系的研究、太平洋世界内外多层次的影响发展，研究本身也带有了方法论的意义。正如马特·松田所指出的，我们不能把太平洋只是看成一个海洋，而要看成多个"洋"，包括是谁的太平洋、在哪里的太平洋。其间，移民自然串起了联系的层次，也是核心的"人"的要素。在流动性的基础上去思考个体、家庭和人群的历史、思考其衍生出的文化关系是历史学以人为本的基本方法。人的活动将串起太平洋的"破碎"和整体。例如，沙巴海边晒渔网的渔民的日常活动、澳洲引进作为牲畜运力的骆驼可能还是"碎片"，太平洋世界体系也只是宏大叙事，而一旦其与太平洋的环流结合起来，与"哥伦布交换"结合起来，与有关中国瓷器和美洲海岸沉船联系的叙事结合起来，太平洋世界的整体性便得以展现。以人为本的整体与个案研究相结合，是课题的应有之义。

本课题拟通过六个主体部分，阐述和分析移民对太平洋世界的影响。第一，总述近代以来太平洋移民网络的形成，主要介绍历史地理意义上太平洋世界的主要人类传统文明的演化史及关系、课题研究主题的分期、理由与研究所使用的主要材料与方法。第二为华人在太平洋地区的移民情况及其影响，叙述朝贡贸易体系下中国与太平洋世界移民与文化关系的发展，同时西方大航海活动如何开始触及太平洋世界并且卷入其既有网络，包括华人移民在东南亚、日本和美洲的社区发展和文化演化。本章也涉及朝贡贸易体系逐步开始瓦解下中国与太平洋世界关系的变化，契约劳工、加利福尼亚淘金热和拉美的种植园与零售业将华人深深地卷入美洲沿岸和腹地之中，也改变了中国与东南亚和美洲的关系。第三为日本和朝鲜的太平洋地区移民及其影响。日本传统上在"南洋"也很活跃，《华夷变态》《通航一览》等著名文献记录着日人的海上活动。"朱印船"贸易很大程度上也是这种活动的结果。近世幕府与环南海诸国的往来，尤其是以《外蕃通书》为代表的记录已为不少学者所注意。近代以来，日本对太平洋的经略与日俱增，从东南亚、南太平洋岛国到美洲，日本移民的强势扩张及其文化生态值得系统地检视。第四为东南亚移民的太平洋地区及其影响。近代以来，东南亚一些地区相继为西欧殖民势力控制，其社会和文化形态也发生了相应变化。与此同时，东南亚地区间移民，包括群岛间地移民和海岛东南亚与大陆东南亚间的移民一直未曾间断。十六世纪以降，华人移民不断大量进入东南亚，其中不少华人在十九世纪又陆续移居北美和拉美各国，创造了东南亚太平洋移民的第二股流动大军。十九世纪后半期，大量菲律宾移民又开始横跨太平洋移居美国，掀起了东南亚对于太平洋移民的第三次高潮。第五为印度的太平洋移民及其影响。泰卢固地区、泰米尔纳德邦、坦贾武尔、蒂鲁内尔维利和马德拉斯周边民众前往缅甸、锡兰和马来亚的路径所显现的劳工轨迹、交叉以及多次移民的问题、不同产业的关联均值得作为印度人跨印度洋进入太平洋的重点背景予以研究。英国殖民时期印度前往缅甸的移民，经过孟加拉地区前往吉大港、若开、仰光，许多劳工都会往返和多次移民。十九世纪，更有大量印度移民开始经由第二和第三次移民进入美国，甚或以新加坡和香港为跳板直接进入美国。凡此种种，均展示了印度移民进入太平洋世界及其文化关系的多种样态。最后，课题将探讨太平洋移民社会的形成、族群关系，以及中国在太平洋移民网络和现代太平洋世界形成中的重要地位。这一部分主要是总结中国与太平洋世界移民与文化关系变化的动力、本质性特点与意义，探讨其对太平洋世界的形成及发展具有重要的意义。当然，随着实际研究的展开，原有的构想肯定会或多或少被突破和修正，写作也会一定程度偏移，然而，这也是这类大议题的魅力所在——不断有发现、永远在路上。

参考文献

Nagazumi, Akira. "Southeast Asian Studies in Japan," *Archipel* 9 (1975): 3-20.

Anderson, Robert S. Richard Grove, and Karis Hiebert; with a foreword by James F. Mitchell eds. *Islands, Forests and Gardens in the Caribbean: Conservation and Conflict in Environmental History.* Oxford: Macmillan Caribbean, 2006.

Balk, G. L., et al. *The Archives of the Dutch East India Company (VOC) and the Local Institutions in Batavia (Jakarta).* Leiden: Brill

Academic Publishers, 2007.

Blussé, Leonard, and Menghong Chen, eds. *The Archives of the Kong Koan of Batavia*. Leiden and Boston: Brill, 2003.

Boxer, C. R. *Dutch Merchants and Mariners in Asia, 1602-1795*. London: Variorum Reprints, 1996.

Boxer, C. R. *Fidalgos in the Far East, 1550-1770*. Hong Kong: Oxford University Press, 1968.

Boxer, C. R. *Jan Compagnie in War and Peace, 1602-1799: A Short History of the Dutch East-India Company*. Hong Kong: Heinemann Asia, 1979.

Braudel, Fernand. *Civilization and Capitalism, 15th-18th Century, Vol. II: The Wheels of Commerce*. Trans. Siân Reynold, Los Angeles: University of California Press, 1982.

Braudel, Fernand. *Civilization and Capitalism, 15th-18th Century, Vol. III: The Perspective of the World*. Trans. Siân Reynold, Los Angeles: University of California Press, 1982.

Cator, W. J. *The Economic Position of the Chinese in the Netherlands Indies*. Chicago: University of Chicago Press, 1986.

Ch'en, Ching-ho. *Historical Notes on Hội-an (Faifo)*. Carbondale: Center for Vietnamese Studies, Southern Illinois University, 1974.

Chaunu, Pierre. *Les Philippines et le Pacifique des Ibériques (XVIe, XVIIe, XVIIIe Siècles): Introduction Méthodologique et Indices d'Activité*. Paris: S. E. V. P. E. N., 1960.

Chen, Boyi. "Borders and Beyond: Contested Power and Discourse around Southeast Coastal China in the Sixteenth and Seventeenth Centuries," *International Journal of Asian Studies* 15.1 (2018): 85-116.

Chen, Boyi. "The Hokkien in Early Modern Hoi An, Batavia, and Manila: Political Agendas and Selective Adaptions," *Journal of Southeast Asian Studies* 52.1 (2021): 67-89.

Chen, Menghong. *De Chinese Gemeenschap van Batavia, 1843-1865: Een Onderzoek naar het Kong Koan-Archief.* Amsterdam: Amsterdam University Press, 2011.

Cheng, Weichung. *War, Trade and Piracy in the China Seas (1622-1683).* Leiden: Brill, 2013.

Clark, Hugh R. *Community, Trade, and Networks: Southern Fujian Province from the Third to the Thirteenth Century.* Cambridge, MA: Cambridge University Press, 1991.

Dror, Olga, and Keith W. Taylor, eds. *Views of Seventeenth-Century Vietnam: Christoforo Borri on Cochinchina and Samuel Baron on Tonkin.* Ithaca, NY: Cornell Southeast Asia Program Publications, 2006.

Dunlap, Thomas R. *Nature and the English Diaspora: Environment and History in the United States, Canada, Australia, and New Zealand.* Cambridge: Cambridge University Press, 1999.

Felix, Alfonso, ed. *The Chinese in the Philippines (Vol. I-II).* Manila: Solidaridad Publishing House, 1966 &1969.

Flenley, John and Paul Bahn. *The Enigmas of Easter Island: Island on the Edge.* Oxford: Oxford University Press, 2003.

Flynn, Dennis O. Arturo Giraldez, and James Sobredo, eds. *European Entry into the Pacific.* Aldershot: Ashgate Publishing Limited, 2001.

Flynn, Dennis O. Arturo Giraldez, and Richard von Glahn, eds. *Global Connections and Monetary History, 1470-1800.* Burlington, VT:

瀛寰识略

Ashgate, 2003.

Flynn, Dennis O. and Arturo Giráldez, eds. *The Pacific World: Lands, Peoples and History of the Pacific, 1500-1900* (17 Volumes). Aldershot, Hampshire: Ashgate /Variorum, 2001-2010.

Garden, Don. *Australia, New Zealand, and the Pacific: An Environmental History.* Santa Barbara, CA: ABC-CLIO, 2005.

Gipouloux, François. *The Asian Mediterranean: Port Cities and Trading Networks in China, Japan and Southeast Asia, 13th-21st Century.* Trans. Jonathan Hall and Dianna Martin, Cheltenham, UK; Northampton, MA: Edward Elgar, 2011.

Grove, Richard, Vinita Damodaran, and Satpal Sangwan, eds. *Nature and the Orient: The Environmental History of South and Southeast Asia.* Delhi: Oxford University Press, 1995.

Hall, D. G. E. *A History of South-East Asia.* London: Macmillan, 1970.

Hellwig, Tineke, and Eric Tagliacozzo, eds. *The Indonesia Reader: History, Culture, Politics.* Durham: Duke University Press, 2009.

Henley, David, and Peter Boomgaard, eds. *Credit and Debt in Indonesia, 860-1930.* Singapore: Institute of Southeast Asian Studies; Leiden: KITLV Press, 2009.

Hoàng Anh Tuân. *Silk for Silver: Dutch-Vietnamese Relations, 1637-1700.* Leiden; Boston: Brill, 2007.

Horden, Peregrine and Purcell Nicholas. *The Corrupting Sea: A Study of Mediterranean History.* Oxford: Blackwell, 2000.

Jacq-Hergoualc' h, Micheal. *The Malay Peninsula: Crossroads of the Maritime Silk-Road (100 BC-1300 AD).* Trans. Victoria, Hobson, Leiden: Brill Academic Publishers, 2001.

Lach, D. F. *Asia in the Making of Europe*, Vol. 1. Chicago and London:

The University of Chicago Press, 1965.

Lee, Mary Paik. *Quiet Odyssey: A Pioneer Korean Woman in America.* Seattle: University of Washington Press, 1990.

Li, Tana. *Nguyễn Cochinchina: Southern Vietnam in the Seventeenth and Eighteenth Century.* Ithaca, NY: Cornell University, 1998.

Lieberman, Victor B. *Strange Parallels: Volume 1, Integration on the Mainland Southeast Asia in Global Context, c. 800-1830.* Cambridge and New York: Cambridge University Press, 2003.

Lieberman, Victor B. *Strange Parallels: Volume 2, Mainland Mirrors-Europe, Japan, China, South Asia, and the Islands Southeast Asia in Global Context c. 800-1830.* Cambridge and New York: Cambridge University Press, 2009.

McEvoy, Arthur F. *The Fisherman's Problem: Ecology and Law in the California Fisheries, 1850-1980,* Cambridge: Cambridge University Press, 1986.

McKeown, Adam. *Chinese Migrant Networks and Cultural Change: Peru, Chicago, and Hawaii, 1900-1936.* Chicago and London: The University of Chicago Press, 2001.

McNeill, J. R., ed. *Environmental History in the Pacific.* Canberra: Australian National University, 1988.

Mizushima, Tsukasa, George Bryan Souza, and Dennis O. Flynn, eds. *Hinterlands and Commodities: Place, Space, Time and the Political Economic Development of Asia over the Long Eighteenth Century.* Leiden and Boston: Brill, 2013.

Murray, Dian H. *Pirates of the South China Coast, 1790-1810.* Palo Alto, CA: Stanford University Press, 1987.

Newson, Linda A. *Conquest and Pestilence in the Early Spanish*

瀛賽识略

Philippines. Honolulu: University of Hawai'i Press, 2009.

Ng, Chin-Keong. *Boundaries and Beyond: China's Maritime Southeast in Late Imperial Times*. Singapore: NUS Press, 2017.

Ng, Chin-Keong. *Trade and Society: The Amoy Network on the China Coast, 1683-1735*. Singapore: Singapore University Press, 1983.

Nguyễn, Thế Anh. "L' Immigration Chinoise et la Colonisation du Delta du Mékong," *The Vietnam Review* 1 (1996) : 154-177.

Nguyên, Thiêu Lâu. "La Formation et Évolution du Village de Minh-Huong (Faifóo)," *Bulletin des Amis du Vieux Hué* 284 (1941): 359-367.

Owen, Norman G., ed. *The Emergence of Modern Southeast Asia*. Honolulu: University of Hawai'i Press, 2005.

Paul, D' Arcy. *The People of the Sea: Environment, Identity, and History in Oceania*. Honolulu: University of Hawai'i Press, 2005.

Powell, J. M. *A Historical Geography of Modern Australia: The Restive Fringe*. Cambridge: University Press, 1988.

Prakash, Om, ed. *European Commercial Expansion in Early Modern Asia*. London: Variorum, 1997.

Ptak, Roderich. *China, the Portuguese, and the Nanyang: Oceans and Routes, Regions and Trade (c. 1000-1600)*. Aldershot: Ashgate, 2003.

Ptak, Roderich. *China's Seaborne Trade with South and Southeast Asia (1200-1750)*. Aldershot: Ashgate, 1999.

Purcell, Victor. *The Chinese in Malaya*. London: Oxford University, 1948.

Purcell, Victor. *The Chinese in Southeast Asia*. London: Oxford University, 1951.

Purcell, Victor. *The Position of the Chinese in Southeast Asia*. New York: International Secretariat, Institute of Pacific Relations, 1950.

Reid, Anthony. *Southeast Asia in the Age of Commerce, 1450-1680: Volume 1, The Lands below the Winds*. New Haven: Yale University Press, 1988.

Reid, Anthony. *Southeast Asia in the Age of Commerce, 1450-1680: Volume 2, Expansion and Crisis*. New Haven: Yale University Press, 1995.

Salmon, Claudine, and Denys Lombard. *Les Chinois de Jakarta: Temples et Vie Collective*. Paris: Éditions de la Maison des Sciences de l' Homme, 1977.

Schurz, W. L. *The Manila Galleon*. New York: E. P. Dutton & Co., 1959.

Shaffer, Lynda Norene. *Maritime Southeast Asia to 1500*. New York: M. E. Sharpe Inc. 1996.

Souza, George Bryan de. *Survival of Empire: Portuguese Trade and Society in China and the South China Sea, 1630-1754*. Cambridge: Cambridge University Press, 1986.

Takaki, Ronald. *Strangers from a Different Shore: A History of Asian Americans* (Updated and Revised Edition). Boston: Little, Brown and Company, 1998.

Tarling, Nicholas, ed. *The Cambridge History of Southeast Asia* (2 Volumes). Cambridge: Cambridge University Press, 1992.

Taylor, Jean Gelman. *The Social World of Batavia: European and Eurasian in Dutch Asia*. Madison: The University of Wisconsin Press, 1983.

Taylor, Joseph. *Making Salmon: An Environmental History of the*

瀛寰识略

Northwest Fisheries Crises. Seattle: University of Washington Press, 1999.

Taylor, Keith W. *A History of the Vietnamese.* New York: Cambridge University Press, 2013.

Tracy, James D., ed. *The Rise of Merchant Empires: Long Distance Trade in the Early Modern World 1350-1750.* Cambridge: Cambridge University Press, 1993.

Wang, Gungwu. *China and Southeast Asia: Myths, Threats, and Culture.* Singapore: National Singapore University Press, 1999.

Wang, Gungwu. *China and the Chinese Overseas.* Singapore: Time Academic Press, 1991.

Wickberg, Edgar. *The Chinese in Philippine Life, 1850-1898.* New Haven: Yale University Press, 1965.

Wills, Jr., John E. *China and Maritime Europe, 1500-1800: Trade, Settlement, Diplomacy, and Missions.* New York: Cambridge University Press, 2011.

Wilson, Andrew. *Ambition and Identity: Chinese Merchant Elites in Colonial Manila, 1880-1916.* Honolulu: University of Hawai'i Press, 2004.

Wolters, O. W. *History, Culture, and Region in Southeast Asian Perspectives.* Singapore: Institute of Southeast Asian Studies, 1999.

Yang, Kao Kalia. *The Latehomecomer: A Hmong Family Memoir.* Minneapolis: Coffee House Press, 2008.

包乐史、吴凤斌:《18世纪末巴达维亚唐人社会》,厦门大学出版社,2002年。

陈博翼:《限隔山海:16—17世纪南海东北隅海陆秩序》,江西高校出版社,2019年。

陈达:《南洋华侨与闽粤社会》,商务印书馆,2011年。

陈佳荣、谢方、陆峻岭:《古代南海地名汇释》,中华书局,1986年。

丹野勳:《明治・大正・昭和初期の日本企業の南洋進出の歴史と国際経営》,《国際経営フォーラム》2016 (27): 51-91。

高伟浓:《拉丁美洲华侨华人移民史、社团与文化活动远眺》,暨南大学出版社,2012年。

高伟浓:《清代华侨在东南亚:跨国迁移、经济开发、社团沿衍与文化传承新探》,暨南大学出版社,2014年。

宫崎正胜:《航海图的世界史:海上道路改变历史》,朱悦玮译,中信出版社,2014年。

何塞・C. 摩亚:《美国、加拿大、拉丁美洲的移民、文化和社会经济发展:一个全球的和新世界的视角》,宁夏人民出版社,2017年。

后藤乾一:《近代日本と東南アジア》,岩波书店,1995年。

黄滋生、何思冰:《菲律宾华侨史》,广东高等教育出版社,1987年。

纪宗安:《日本对南洋华侨的调查及其影响(1925—1945)》,《中国社会科学》2009年第1期。

蒋国学:《越南南河阮氏政权海外贸易研究(1600—1774)》,广东世界图书出版公司,2010年。

金应熙编:《菲律宾史》,河南大学出版社,1990年。

李恩涵:《东南亚华人史》,五南图书出版公司,2003年。

李庆新:《濒海之地:南海贸易与中外关系史研究》,中华书局,2010年。

李亦园:《一个移殖的市镇:马来西亚华人市镇生活的调查研究》,"中研院"民族学研究所,1970年。

梁英明、梁志明、周南京、赵敬:《近现代东南亚(1511—1992)》,北京大学出版社,1994年。

林肯・佩恩:《海洋与文明》,陈建军、罗燚英译,天津人民出版社,2017年。

刘宏、黄坚立:《海外华人研究的大视野与新方向》,八方文化企业公司,2002年。

鲁滨孙:《新史学》,何炳松译,上海古籍出版社,2012年。

马凌诺斯基:《西太平洋的航海者》,梁永佳、李绍明译,华夏出版社,2002年。

麦留芳:《方言群认同:早期星马华人的分类法则》,"中研院"民族学研究所,1974年。

孟宪章等译:《日本帝国主义在中国东北的移民》,黑龙江人民出版社,1991年。

南洋贸易株式会社:《南洋贸易五十年史》,南洋贸易,1942年。

南洋厅:《南洋群岛要覧》,南洋厅,1939年。

南洋厅长官官房:《南洋廳施政十年史》,南洋厅长官官房,1932年。

山本有造:《日本植民地经济史研究》,名古屋大学出版会,1992年。

上原辙三郎:《植民地として観たる南洋群岛の研究》,南洋群岛文化协会,1940年。

室伏高信:《南進論》,日本评论社,1936年。

施坚雅:《泰国华人社会:历史的分析》,厦门大学出版社,2010年。

松江春次:《南洋開拓拾年誌》,南洋兴发株式会社,1932年。

唐纳德·B.弗里曼:《太平洋史》,东方出版中心,2011年。

唐纳德·狄侬等主编:《剑桥太平洋岛民史》,张勇译,社会科学文献出版社,2020年。

王赓武:《海外华人:从落叶归根到追寻自我》,北京师范大学出版社,2019年。

杨国桢等:《明清中国沿海社会与海外移民》,高等教育出版社,1997年。

余彬:《主权和移民:东南亚华人契约性身份政治研究》,暨南大学出版社,2014年。

袁丁编：《近代以来亚洲移民与海洋社会》，广东人民出版社，2015年。

袁艳：《融入与疏离·华侨华人在古巴》，暨南大学出版社，2013年。

张嘉玲：《二战时日本南进政策下台湾与东南亚之关系》，淡江大学硕士论文，2014年。

周南京等编：《印度尼西亚华人同化问题资料汇编》，北京大学亚太研究中心，1996年。

庄国土、刘文正：《东亚华人社会形成和发展》，厦门大学出版社，2009年。

三

全球史与海洋史

在中国史与世界史之间：
中外关系史教学与科研的一点思考

~~~~~~~~~~~

20世纪初以来，中外关系史研究取得了长足的发展，涌现了诸如向达（1900—1966）、姚楠（1912—1996）、田汝康（1916—2006）、韩振华（1921—1993）、张广达（1931—）、蔡鸿生（1933—2021）、谢方（1933—2021）、戴可来（1935—2015）、陈佳荣（1937—）、陈高华（1938—）、耿昇（1945—2018）等一大批兼通中国史与世界史的名家。自1981年中国中外关系史学会成立以来，更是召开了50多次学术会议，出版《中外关系史论丛》《中外关系史译丛》《中外关系史通讯》共60多辑，成果俱在。[1]然而，由于在学科设置上，中外关系史并不属于历史学之下的二级学科，而是被置于专门史范畴内，学生培养和新的科研骨干力量的补充受到限制，日益窘迫。专门史领域看似与中国古代史、中国近现代史、世界史并列，实则许多学校和科研机构并无招生资格；偶有具备资格的机构，生源质量也不如其他几个区块；本科教育的专业设置上则几乎无从谈起。因

---

① 万明：《以全球史推动中国中外关系史新发展》，《中国社会科学报》2020年10月12日。

此，隶属于专门史之下的中外关系史，其"边缘"地位不言自明。如何在这种局限下改进提升中外关系史的教学研究、促进中国史和世界史的融合，也成为当务之急。对于这种情况学界内前辈也表达过一定的忧虑，借此机会，我谈一点个人在教学和科研中的心得感想，供学界同人讨论。

21世纪初，我在中山大学历史系读书，受到悠久而强劲的中外关系史传统影响，也学习吸纳了不少优秀成果。后来我到北京大学历史系读书，对从中国西域到西亚的研究传统和师资力量更是深感震撼。去美国留学后，我的研究重心从中国史和中外关系史转向亚洲史和华人华侨史，也更加重视东南亚本土研究。到厦门大学历史系工作之后，系里让我到世界史区块服务，参与亚非史教研室和另外更多属于专门史区块的海洋文明与战略发展研究中心的教学和科研事务。按照系领导的设想，由于过去二十年间华人华侨史研究相对而言过于强势，以至于一定程度上代替了东南亚史研究，现在需要以中外关系史以及新兴的海洋史、全球史这些被置于"专门史"的领域和研究范式来重新整合、发展东南亚史和世界史。这种思路在阐述我们未来一段时间以内的学术旨趣之余，也表明中外关系史这一"在中国史与世界史之间"的交叉领域的价值。

在教学上，首先应该开拓学生的眼界，激发其热爱乡土、了解乡土，开眼看中国、开眼看世界的热情和勇气。兴趣是最好的老师，在充分感受多样性和趣味性的基础上，肯定有不少人愿意投身到各种丰富多彩的主题的学习和研究中。在中国史的教学领域，不妨适量增加中外经济和文化交流、中西交通的内容，包括西域南海史地、西方传教士对华互动、外交史和国际关系史、比较宗教史等区块。尤其是我国有深厚的西域南海史地研究传统，从这一分支出发，基础比较厚实，更容易让后学者感受到中外关系史的魅力、前仆后继，不难涵育出富有活力的参天大树和成片林荫。

在世界史的教学领域，不妨在区域和国别史研究中，于入门引导的时候更多旁涉中外关系史的内容，让学生感觉更亲切，并容易对接上其原有的知识体系和认知。譬如，听众可能对遥远的苏拉维西岛和望加锡、特尔纳特缺乏概念，不妨先介绍华人很早即已到达香料群岛，"cengkeh"（丁香）等词汇很早就成为当地古老的词汇，更易引发共情；讲南非英国与布尔人之间的战争，可以谈及其后劳动力短缺引入大量华人矿工、致死率高达40%的悲惨历史；讲加勒比种植园制度或秘鲁劳工，也少不了华人契约劳工或太平天国后出洋广东移民的故事。

其次，要在兴趣的基础上，增强学生对外语的掌握能力。除英文之外，第二外语或众多小语种对其未来进一步研究中国史、中外关系史、世界史均至关重要。中国的发展离不开世界且早已置身其中，即便是中国史的研究者，通过吸收外国学者不同视角和学术训练背景产生的优秀成果，也能不断提升自身研究水平。中外关系史和世界史的研究，外语更是基础，借鉴吸收不同背景学者的前沿研究，本是题中应有之义。

再次，应该拓展学生对文献的阅读和感知。无论是本科课程还是研究生专门的文献课程，适量的一手文献阅读训练均不可或缺。例如，在涉及菲律宾群岛的历史时，适量布置阅读翻译《菲岛史料》（*The Philippine Islands*），既能引发学生对于早期中菲贸易的兴趣，又能将白银流动和早期全球化、欧洲扩张和西班牙殖民活动、西班牙全球帝国比较研究等议题联系起来。在涉及海岛东南亚问题时，适量以《瀛涯胜览》《海岛逸志》作为训练材料，既让学生有亲近感，又容易理解该地区与华人密切的关系。如果条件许可，辅以外文一手文献《印度尼西亚读本》[1]与《荷属东印度的华人经济活动》[2]阅读，必然能深化对群岛历史及其与华人纠葛历史的理解，也能适当让学生超越原有华人华侨史研究的舒适区，对群岛地区自身的历史脉络有更深的理解。又如在越南史的教学中，如果能在传世汉喃文献之外适量引入西欧人的游记，也能令人恍若置身18和19世纪的殖民官员、探险家、传教士、东方学者等所生活的时空之中，带动效果更强。由此可见，中外关系史的教学，只要讲究布局，搭配合理的议题，亦足以配合科研的开展。

在科研上，我们要展开中国史与世界史的对话，立足中国，放眼世界，面向未来，构建有特色的学术体系。笔者主张将中外关系史和华人华侨史放到专门史尤其是海洋史和全球史研究范式中展开，而非在东南亚史的范围内，这样才可以恢复这两个领域的格局和荣光。就个人经验而言，这些年也对这一类跨区域研究的进路多有尝试。

---

[1] Tineke Hellwig and Eric Tagliacozzo eds., *The Indonesia Reader: History, Culture, Politics*, Durham: Duke University Press, 2009.

[2] David Bulbeck ed., *Chinese Economic Activity in Netherlands India*, Singapore: Institute of Southeast Asian Studies, 1992.

笔者曾做过一些中外关系史的研究,重点落在交通和区域互动上。例如,《"东鳀"考——4世纪前的东亚海域》指出古籍中的东鳀为4世纪以前活跃于琉球到北台湾一带的善水人群,而非来自日本九州或本州岛,也蕴含了对旧的民族史研究的反思;《边界与超越:16—17世纪中国东南的强权与话语》(*Borders and Beyond: Contested Power and Discourse around Southeast Coastal China in the Sixteenth and Seventeenth Centuries*)展现了流动人群往来海岸边界两端而被王朝和殖民政权标识为海盗行径的场景,以及"非无国家"(non-stateless)民众如何在界内、界外活动并在固有秩序下确认自身的位置,这是伴随着边界不断被中、西、荷等几大势力强化而演化的;《动乱还是贸易?》(《動乱か貿易か——16—17世纪中国东南沿海部における"寇"》)全面重新辨析了16—17世纪从日本列岛到我国东南沿海和菲律宾陆海地带所谓"寇"的实质问题;《"Aytiur"(Aytim)地名释证:附论早期海澄的对菲贸易》复原了西班牙传教士在华行程路线,并指出月港与马尼拉的交易量大概在隆庆开海后二十年才急剧拉升;《从月港到安海:泛海寇秩序与西荷冲突背景下的港口转移》指出,中国海寇、西班牙与荷兰几方势力的斗争导致了最后港口在二十年间转移的结局。2019年,我也应邀完成《牛津手册》(*Oxford Handbook*)系列《中国对外贸易(1644—1860)》第六章《中国与东南亚古代帆船贸易》("The Ancient Junk Trade with Southeast Asia"),评估了近代早期中国与东南亚帆船贸易的规模、运量、路线、腹地影响情况和所受到的限制,也跟相关同行进一步探讨评估了近代早期的各种交易数据。

新兴的海洋史和全球史的范式也能为中外关系史带来新的刺激和活力。例如，在东南亚史研究方面，我未刊的博士论文《陆海无疆：会安、巴达维亚和马尼拉的闽南离散族群（1550—1850）》（*Beyond the Land and Sea: Diasporic South Fujianese in Hội An, Batavia, and Manila, 1550-1850*）以在东南亚三个港口的闽南人社区为核心展开研究，把研究带回东南亚区域国别史中，研究其本地社区发展和演化的过程，而不仅仅只是传统意义上的帆船贸易或中外交通范畴的历史，三处海港的联结又凸显了以海洋为中心的分析框架。在2016年哥伦比亚大学"路与带：近现代中国、内亚和东南亚的网络"会议的会议论文《近代早期会安、巴达维亚与马尼拉闽南人与东道国的相互依赖》（*The Interdependence of South Fujianese and Their Hosts: State Agendas versus Diasporic Agencies in Pre-Modern Hội An, Batavia, and Manila*）中，我研究了闽南人在东南亚不同口岸城市形成不同适应性特征的历史演化缘由，该文修正版由《东南亚研究学刊》（*Journal of Southeast Asian Studies*）刊载。另外，笔者分别在《南洋问题研究》和《东南亚研究》上发表了《"亚洲的地中海"：前近代华人东南亚贸易组织研究评述》和《稀见环南海文献再发现：回顾、批评与前瞻》两篇纲领性和综论性的论文，指出当前我国东南亚的研究从认识论和方法论而言，历史解释被不同区块研究分割牵引，研究议题又常"只见树木不见森林"，缺乏整体把握；就基础研究而言，语言训练捉襟见肘、缺乏制度史依托等问题和局限。两篇文章陈述了该领域研究的代表性观点并予以展望。

　　就具体东南亚区域国别史而言，中外关系史也能有所延伸。例如，笔者对越南及占婆历史展开研究，相关成果包括2016年亚洲研究学会年会中西部分会报告《前岸与腹地：1500到1800年代会安与他者中的闽南人》（*Foreland and Hinterland: Hội An and the SouthFujianese Among Others, 1500-1800s*）、2019年组织亚洲研究学会年会亚洲分会组织"近代早期以来亚洲帝国与殖民扩张的回响"（The Resonance of Imperial and Colonial Expansion in Asia since the Early Modern Era）学术专场，作报告《占婆研究及其早期回应：18到20世纪》（*Studies of Champa and Its Early Resonance, 18th-20th Centuries*），等等。我与合作者已基本完成两种占婆史诗的译注，接下来计划着手译注一部越南人对老挝和暹罗边界冲突的记录。前者是和有关专家着手合作的一个包括占婆手稿译注（Collection des Manuscrits Cam/Koleksi Manuskrip Melayu Campa）项目和部分研究作品在内的工程，前两年已组建了一个学术训练背景多元的国际化团队，并取得了部分研究成果，当然前路还很漫长，需要学界同人一起努力。

　　同理，马来—印度尼西亚群岛的历史也可以是中外关系史研究的自然延伸。我在2016年亚洲研究学会太平洋分会报告的论文《帝国边界之外：寺庙宫祠与巴达维亚闽南社区的形成》（*Beyond the Imperial Frontier: Kelenteng and the Formation of the South Fujianese Community in Batavia*）中，分析了雅加达现存的最早十二处华人寺庙所体现的六类功能，研究了华人客居社会嵌入性的问题。目前笔者在东南亚史研究上的主要精力集中于正在推进的国家社会科学基金冷门绝学专项课题"三宝垄和井里汶编年史译注研究"。这一课题之于中外关系史的意义在于，这是非常好的中国史与世界史结合的案例，能借助于新的研究范式推动原有领域的研究。下面不妨简单介绍下这个由中外关系史带动、作为世界史研究课题的例子。

澳大利亚墨尔本大学亚洲学院前院长里克列夫（M. C. Ricklefs）所编、由荷兰著名学者从马来文翻译为英文的《15—16世纪爪哇的华人穆斯林：马来文三宝垄和井里汶编年史》（以下简称《编年史》）[1]是一种早期马来群岛伊斯兰化的重要史料。马来—印度尼西亚群岛近代早期以前历史的研究一直存在的一个突出问题便是史料匮乏，不得不倚仗考古材料、少数古汉籍史料和《马来纪年》（*Sejarah Melayu*）等史籍文献。本课题所要进行的是一部极为重要的史料文献汇总译注研究，既关乎早期华人在东南亚的活动，也涉及群岛本地的伊斯兰化问题。

《编年史》作为一种史料，需要进一步辨析；又由于其重要性，研究早期马来群岛和华人穆斯林问题无可回避。然而长期以来，中文学界一般只倚赖陈达生对原文的汉译，而没有在欧洲和澳洲学者的译注评论基础上进一步展开研究，殊为遗憾。该研究在这种背景下提出，一是因为这份资料译注对于学界而言是珍贵的材料，建

---

[1] H. J. de Graaf and Th. G. Th. Pigeaud, *Chinese Muslims in Java in the 15th and 16th Century: The Malay Annals of Sěmarang and Cěrbon*, ed. M. C. Ricklefs, Clayton, Victoria: Monash University, 1984.

立在对原始文献译注和辨析之上的各种交错印证，不啻于对史料可靠性的不断检验和对研究的推进，能极大丰富我们对于15—16世纪群岛社会经济样态的认知，也是对未知史事的基本补充。因为该议题较为冷门，过去极少有中国学者注意，偶有注意者也仅止步于陈达生译本而未能吸纳澳洲权威学者的研究，澳洲学者又不谙汉文，无法进一步拓展，殊为可惜。二是因为这份资料研究对于群岛本地的伊斯兰化问题、早期华人东南亚生活和在地化等相关议题有重要推进意义，而这些议题本身也具有重要的理论和现实意义。我倾向从文本辨析出发，探讨伊斯兰化的诸多学理问题；从组织形式入手，考察特定社会组织和祭祀场所的结构功能特点，分析这种功能在华人穆斯林和非穆斯林地方社会扎根方面的意义；从互动缠结史（entangled history）的角度入手，揭示其在近代早期全球化史中显现的意义。

文献资料上，由于长期未引入该文献译本，知者寥寥，偶有使用译本者，亦未利用已有译注本的成果，因而该区域和议题仍有不少可探讨和提升的空间。从《编年史》中我们可以看到郑和船队船员及其后裔如何以伊斯兰教团结华人，然后与土著合作，逐渐将传教对象从华人转向土著，传教语言也渐渐由汉语改为爪哇语和马来语。郑和船队不再到访后的数十年间，社区衰落、清真寺被改为三宝公庙的现象也能进一步对话宗教传播与民间信仰机制的问题。资料方面，当然还可以进一步探讨华人在地化的联姻现象以及华人公主（Puteri Cina）产生的机制。

理论思想上，这种文献学意义上的整理和正本清源本身即题中应有之义，借此也能了解西方殖民官员学者对殖民地的认知和知识框架。此外，该课题对于伊斯兰，尤其是东南亚华人伊斯兰化研究、东南亚伊斯兰教传播及宗教史的问题都具有很大价值。到16世纪末，伊斯兰教和非伊斯兰教世界的界限在东南亚愈发分明；从16世纪中期开始，对伊斯兰化的问题才可以做出整体评估，而此前的发展可能更像是一种反复的过程（比如爪哇北部沿海地区穆斯林社区衰退、清真寺被改建为三宝庙）。以这种视角看《编年史》反映的问题，亦有助于审视地方社区宗教发展在地方、区域和全球史中的意义。

就学科建设发展而言，值此"一带一路"倡议稳健展开之际，加强"一带一路"共建国家历史文化研究和世界史学科建设，促进中国与伊斯兰世界的文化交流，至为切要。此外，由于涉及中国与东南亚多方面的内容，该议题也是一个很好的中国史和世界史研究融合的课题，有助于这两个长期有隔阂的学科共同进步。简言之，该文献为研究爪哇华人史以及东南亚早期穆斯林化进程提供了无可替代的参考价值。研究爪哇华人穆斯林与本地社会共生交往这一议题，既具有"全球史"跨文化交流、互动、互联的天然优势，也具有"在地化"的深厚特点，两者的结合即显现当下方兴未艾的"全球在地化"（Glocalization）理论和实践特点：个人和组织保持着包含本地和长距离互动的人际交往网络，展示了人类连结从地方到全球不同尺度规模的能力。

以全球史的视角看，即便伊斯兰化一直在持续，是否像17、18世纪那样逐渐增强，还是有个发展衰退的过程，应该再拉长观察时

　　　　　　　　　　　　　瀛寰识略

间段。整体评估最难面对的问题就是地区差异。例如，马来世界的重要分支占婆开始皈依伊斯兰看起来并不晚于群岛地区，而之后占婆伊斯兰化退潮，颇有昙花一现的感觉。法国传教士在占婆观察到有人变成穆斯林，但还没建清真寺，且提及占王的兄弟很想信教但是不敢，说明其时"传统"力量之强。真正的全民皈依要到被越南势力压缩到南部一小块区域以后17世纪的宾童龙政权和顺城镇藩王方有条件推行。从群岛地区看，伊斯兰教的传播仍然是点对点的跳跃式方式，很难评估整体而言宗教发展是反复还是单线传播的过程。在信奉伊斯兰教的标准上，或者说伊斯兰化的标准上，更是争论不休（属于神明和礼仪正统化与标准化争论的大议题），很难有一套所谓的严格标准。

从全球史的角度出发，研究爪哇华人穆斯林与本地社会共生交往及作为全球史的地方和区域史的意义，为可操作拓展的方向。《编年史》中那些珍贵而生动的历史记载，既属于华人华侨史，也属于伊斯兰世界史、伊斯兰教东南亚传播史，更是全球史、海洋史和东南亚史的重要组成部分，折射出人类丰富的文化交流片段和璀璨文化子遗。以该科研的例子看，借助于新的研究范式和视角，新时代下的中外关系史研究，不仅势在必行，而且适逢其时。

普鲁士与耶稣会传教士
中外交通史事探幽二则

~~~~~~~~~~~

一、自身的边界观：一位普鲁士传教士及其关于故土的对华介绍

近十余年来，随着《东西洋考每月统记传》（*Eastern Western Monthly Magazine*）的影印出版，一些中国学者开始对该杂志及其编纂者进行研究，也才开始有更多中国人得以了解这位叫郭实猎（Karl Friedrich August Gützlaff, 1803—1851）的普鲁士传教士。[1] 如果知道他在如此短暂的生命中编辑和撰写的著作的数量和质量[2]、他对中国的了解程度以及让中国人了解西方世界的努力和成

---

[1] 相关研究参见爱汉者等编：《东西洋考每月统记传》，黄时鉴整理，北京：中华书局，1997年，"导言"；邹振环：《西方传教士与晚清西史东渐》，上海：上海古籍出版社，2007年。郭实猎还有许多个汉字译名：郭实腊、郭士立、郭甲立、郭甲利，等等。
[2] 各种文字的著作约85种，其中中文著作占61种，参见 Alexander Wylie, *Memorials of Protestant Missionaries to the Chinese*, Shanghae: American Presbyterian Mission Press, 1867, pp. 56-66。

效，那么我想任何人都会对他表现出敬意。与同时期的传教士如裨治文（Elijah Coleman Bridgeman）、雅裨理（David Abeel）、卫三畏（Samuel Wells Williams）、伯驾（Peter Parker）、麦都思（Walter Henry Medhurst）、司梯文斯（Edwin Stevens）等人相比，郭实猎明显更"世俗"，更加强调以中国人能理解的方式进入，研究他书写和编纂的文字，相信即可体验到这种用心：他编纂的著名报纸《东西洋考每月统记传》就显现了这种方法。①比如有些内容用书信形式发表，甚至一度以"书"代"论"，借旅居海外的汉人之口来述说外国情况。黄时鉴先生认为，虽然当时汉人出洋并非不可能，但"就内容和行文来看，这些书信不大像中国人写的家书，洋人编写的形迹很明显，大约实际上出自编纂者之手"。②又比如在《东西洋考每月统记传》（第一期）《序》中，他说："子曰四海之内皆兄弟也。是圣人之言不可弃之言者也。结其外中之绸缪。倘子视外国与中国人当兄弟也。请善读者仰体焉。不轻忽远人之文矣。"③这个序言就是以多个"子曰"来引领每个段落，让中国人感受孔子亲切的教导句式，让中国人在相同思维方式的句式中"不轻忽远人之文"，学习远人值得学习的一切。而且，在民族国家和民族意识崛起

---

① 此书署名"爱汉者"，即郭实猎笔名。1834年他在广州组织成立益智会。后来杂志停刊，有人认为1837年后的《东西洋考每月统记传》仍由他主编，有人认为马礼逊（Robert Morrison）的儿子马儒翰（John Robert Morrison）也提供了一部分书稿。黄时鉴在影印本序言中说："与米怜主编的《察世俗每月统记传》相比，宗教已经不是《东西洋考》的基本内容。……如果说《察世俗》是一种宗教刊物，那末《东西洋考》就是一种由牧师编纂的世俗刊物。"见注1所引书导言第13页。

② 《东西洋考每月统记传》，导言第25—26页。

③ 《东西洋考每月统记传》，第3页，道光癸巳年六月。

的背景下，如果考虑到之前著名的先行者是西班牙、葡萄牙和意大利、法国人的话，郭实猎在传教之外也肩负着一定的民族情感。他离开欧洲前写信给老师说欧洲欠了福音很大的债，因为它没有很好地跟其他民族分享福音的恩典，德意志应该在一切善与美的事情上与其他国家一样努力做出贡献，就充分表现了这种情感。

在对其人其书有充分了解之后，是时候切入本文的主题了。我感兴趣的是这样一位具有特殊背景和身份的人，在19世纪德意志统一前，如何看待自己的故国和其他欧洲国家？他告诉中国人的他观念中的国家、边界和空间如何？或者说他为何如此表述？作者类似的涉及地理和空间观念的作品，如《古今万国纲鉴》（*Universal History*）、《地理便童略传》（*Geographical Catechism*）等，已有学者予以关注。[①] 而另外诸如《万国地理全集》（*Universal Geography*），据伟烈亚力说是《东西洋考每月统记传》发表的有关文章的汇集，相对而言则较少被关注。[②] 因此，《东西洋考每月统记传》中并非书的主体、全书只有十余处提及而以往不太为人所关注的这种观念值得注意，以下略作分析。

郭实猎称普鲁士为"破鲁西（国）""破路斯（国）"等，此外另

---

① 邹振环：《西方传教士与晚清西史东渐》，上海：上海古籍出版社，2007年。
② Alexander Wylie, *Memorials of Protestaut Missionares to the Chinese*, p. 60. 吴义雄：《在宗教与世俗之间：基督教新教传教士在华南沿海的早期活动研究》，广州：广东教育出版社，2000年，第426页。

有一个"阿理曼国"①，由"法兰西国东达阿理曼国"②可知日耳曼之所在。郭实猎还借一个中国人之口表达了对阿理曼国的看法：

> 《儒外寄朋友书》：弟届兹驻阿理曼国，务心文艺，焚膏继晷。其国之形势，我汉人少知。盖此民在阿细阿无藩属之地，洋艘所到稀少矣。其国在欧罗巴列国之中间。……国主不一，犹乃中国昔时有之列国。此邦亦然，有帝君多矣。诸王公侯伯等各驻本都，以治其邦。……③

在这里，他认为日耳曼居于欧洲的中心，而且是各邦林立。他还打了个比方，意思是同中国战国时代的"封建"一样。在另一篇介绍欧洲各国的文章中，作者又担心中国读者混淆了日耳曼诸国和欧洲诸国的性质，强调欧洲诸国和中国的战国不同，这种区别的关键是看"主"是否"奉命"：

> 《欧罗巴列国版图》：欧为天下四大洲之至小。……日汉挪华国……另有公侯之地方，所不汇题矣。版图一览，便可知国孥所进之项，有四海之权在握，惟英吉利为魁，统制所属者，不独在欧罗巴之洲，而普天下四方据国也。……俄罗斯地之广大，民人之多，

---

① 即法语"Allemagne"、西班牙语"Alemania"、葡萄牙语"Alemanha"显示的拉丁语系音译。
② 《东西洋考每月统记传》，第292页，道光丁酉年十一月。
③ 《东西洋考每月统记传》，第221页，道光丁酉年四月。

军士之勇，火速之兴，独立无双。法兰西国威权大重，兵势大盛，三者为列国之首也。第二等之国，曰奥地利亚、曰破路斯等国，事权在手也。破之三军武艺精熟，谙知韬略，其余国赖大国之护也。至于欧列国与中国古时之列国不同，各邦有其主，是主不奉命，而擅自摄权焉。[1]

在这则描述中，郭实猎介绍了欧洲列国，包括德意志中的诸侯国如汉诺威等。在他的观念里，英国是最强大的，因为统辖的地方不限于欧洲大陆。英国、俄国和法国为第一流强国。奥地利、普鲁士由于军事实力也不错，而且君主掌握着权力，所以可以算是二等强国。普鲁士是他的故国，而他的评价现在看起来也是很客观的，他以这种方式讲给清代的中国人听也很容易被理解。但是，他并未解释在领土和权利关系上日耳曼、普鲁士和奥地利的关系，让人感觉这三者就是和法兰西一样的列国，这大概也是民族国家思潮兴起前的一种状态，这种例子往往更准确地反映了时人的观念，值得我们多加重视。换句话说，现在的领土和边界观念更多是被后来的民族国家观念所影响的。

那么，郭实猎是如何描述自己的故乡呢？首先，由《地理·峨罗斯国志略》中"西连海隅，及瑞、破鲁西与奥士体喇、都尔基等国"[2]的记载可知普鲁士东边的边界位置。其次，由对普鲁士专门的论述可知其在欧洲的定位。这一段尤其重要：

---

① 《东西洋考每月统记传》，第367—369页，道光戊戌年五月。
② 《东西洋考每月统记传》，第273页，道光丁酉年九月。

《地理·破路斯国略论》：破路斯国在莪罗斯、法兰西两国之中间，达阿里曼列邦之北方，此为新国。康熙三十九年①，该邦之君自立，登王位，耗费钱财荡产，穷国孥，进退两难。但世子接位，铢积寸累，贪婪刻薄，所好者为②操演武艺矣，每日跑马放枪，更改陈一阵势，选勇侍卫护身，于是国之弁兵声名高着矣。惟世子好乐，大振文字，赞承大统，文风甚盛。惟邻国怨恶，恐其为霸，四方列君纠合，欲降服也。及国家临危，入地无路，上天无门，而王无奈，愤③力忘生、效死，七年争战焉。④久战胜负不分。诸敌看大势如此，对垒交锋，或胜、或败，毕竟失望，且劝和也。当下王凯旋京都，慈惠爱民，且得志矣，百姓悦服也。王宽边界、开学堂、招贤纳士、劳之、来之、匡之、直之、辅之、翼之，王崩时，万国咸宁。其侄儿接位，放肆纵欲，与法兰西民，开衅隙矣。其起军侵地，而败之也。世子摄权乐善，王后之貌美如花矣，且发奋自修。不幸法兰西皇帝领军不胜数，攻国、损兵、折将。夺破国大半庶民，七年间，如奴也。⑤但嘉庆十七年⑥，百姓复竭力奋勇上阵，且合他国驱逐

---

① 即1700年。当为康熙四十年（1701）普鲁士建国。

② 别字，当作"惟"。

③ 别字，当作"奋"。

④ 即1756—1763七年战争。

⑤ 1806年拿破仑把西方和南方十六个中、小德意志邦组成莱茵同盟，小邦退出了德意志帝国。8月6日奥地利弗兰茨二世摘下德意志神圣罗马帝国的皇冠。普鲁士虽然仍得以是一个国家（俄国沙皇说情），但必须把易北河西部地区割让给拿破仑弟弟热罗姆的威斯特伐利亚王国。

⑥ 即1812年，事实上应该是嘉庆十八年（1813），因为人民的起义在腓特烈·威廉四世《致吾国臣民诏书》（1813年3月17日）之后。（Friedrich Wilhelm IV., "Aufruf

法兰西民出境，自侵敌国矣。地方辽阔，共计为方三十二万一千余里，有屋房三百三十余万间，烟户册一千二百九十三万余丁，弁兵共计五十二万余名，儒学于国监共五千位，每月入国孥银三千六百元也。每男丁至二十余岁，必入伍上阵，或一年，或三年，学营规也。故此庶民为武也，既如是然，王谕子女进学，勤读书，故此文墨之人不胜数也。[1]

在这则描述中，他首先认为普鲁士在法国和俄国的中间（之前认为日耳曼在欧洲中间），即普鲁士西至莱茵河区，其南才是日耳曼。这点后来中国人徐继畬就弄错了。其次，他认为普鲁士是"新国"，即1701年才建国。后来就是各国的干涉和艰苦的战争——因为"恐其为霸"，即怕面对一个统一强大的普鲁士而破坏现有的边界线，其后战争难分胜负就与普鲁士和谈了。然后普鲁士开始了发展，等到国王死的时候，"万国咸宁"——这里的万国就包括德意志其他诸邦和欧洲其他各国。接着是跟拿破仑的战争，先败后胜，然后就进入了治平时期。"王宽边界"描述的是普鲁士的开疆拓土，其中两个"七年"战争是相隔半个世纪的不同战争，但郭氏的写法很容易令人混淆。此外，我们看到普鲁士的士兵的确地位很高。人民奋起反抗，将法国入侵者驱逐出边境，我们也看到郭实猎表现

---

an Mein Volk" [17. März 1813], erschienen am 20. März 1813, in *Korners Werke*, Berlin, Leipzig, Wien, Stuttgart: Deutsches Verbgshaus Bong & Co., O. J., um 1900, 497 f.）

[1] 《东西洋考每月统记传》，第244页，道光丁酉年六月。

出的自豪感和明晰边界概念的出现。

在郭实猎的观念中，俄罗斯、奥地利和普鲁士是东方三大国，都强调改革和尚武，但欧洲国家的争霸都是"转眼成空"的宿命：

> 《杂闻》：峨罗斯破路斯奥地利欧罗巴东方三国相合，执古革新，其军营不胜数，其居民蕃衍，其地方广袤也。夏天募军阅兵，跑马、放炮、舞刀、演枪，以着韬略，操演武艺。帝君三位亲躬验阅，兵弁云集洸洸、赫赫、昌盛，但繁华世界转眼成空，六十年后，其亿兆豪雄，胥已归尘泯没矣。[①]

这是因为冥冥之中都会有上帝在指引，拿破仑虽然横扫了交错的边界，却终究失败，列国复归位。《霸王》云：

> 奥国京都归服，则阿里曼列国，跪拏皇帝[②]掌理，独有破鲁西国不然。此国亦交战而败矣。嘉庆十一年[③]间，法兰西军凯旋在破鲁西京都，峨罗斯国防御不及，法皇帝莫不冲锋、破军也。……当时拏皇帝侵峨罗斯，上帝刑罚之，以灾祸降之，其有冷死、饿死者，多矣。于时奥士体喇及阿理曼列国，兼破鲁西与峨罗斯皇帝结约，冒死伐拿皇帝。[④]

---

① 《东西洋考每月统记传》，第248页，道光丁酉年六月。

② 前亦书"拏皇帝""拿破戾"，皆指拿破仑。

③ 即1806年。

④ 《东西洋考每月统记传》，第262—263页，道光丁酉年八月。

后拿破仑复起,"及与英军再战,胜负不分之际,忽然破鲁西军来助英军",所以最后取得了胜利。《谱姓继绪·拿破戾翁》:"皇帝加增荣光,与破鲁斯国王结衅隙,致国家涉于艰危也。……破鲁斯王召有成万良民,抵挡国敌。欧罗巴列国合而攻击之,势头如此,打仗难矣。""惟上帝定命遏抑之。英吉利、破鲁斯两军,击败其军,咸溃散奔走焉。"①

其中的英国,正是郭实猎所多有赞颂的国家。他在《贸易通志》(*Treatise on Commerce*)里就说:"天下各国互相市易,惟英国为第一矣。"②当然,普鲁士的贸易也算比较兴旺:"《贸易通志》破路斯国,政事有名,国人戴之。产五谷、材木、白铅、大呢、麻布。商船六百五十二只,外国船进口者二千只,所载入之货与西洋各国不异。"③

郭实猎的这些观点,后来为"开眼看世界"的中国人魏源、徐继畬、梁廷枏等人所继承。《瀛寰志略》卷四述及欧罗巴时,几乎全部引录了《欧罗巴列国版图》一文,只将一些国名的音译用字作了改动。如:"嗹国之南曰日耳曼列国,为欧罗巴之中原。日耳曼之东北,临波罗的海,曰普鲁士。日耳曼东南曰奥地利亚。"④仍然把日耳曼视为欧洲的"中原"。而叙述名称更为详细,日耳曼包括"阿勒曼、阿里曼、占曼尼、耶马尼、热尔麻尼、亚勒墨尼亚",普鲁士

① 《东西洋考每月统记传》,第304页,道光丁酉年十二月。
② 《东西洋考每月统记传》引《贸易通志》,第23页。
③ 谢清高口述、杨柄南笔录、安京校释:《海录校释》,北京:商务印书馆,2002年,第244页。
④ 徐继畬:《瀛寰志略》,上海:上海书店出版社,2001年,第107页。

则包括"普鲁杜、部各西亚、捕鲁写、图理雅、破各西、比阿尔弥亚、单鹰国"。①徐继畲虽然明白日耳曼和普鲁士的分立,却仍表述有误;明白内部的诸邦林立,却没法尽道其详。这点郭实猎负有一定责任,因为他似乎也无法准确界定各邦的疆界,以至于徐继畲继承了这种模糊的界定。②也许,清晰性的边界是近代民族国家兴起的产物,其"线"性更多只反映在更为现代著述中。③

二、寻找"Haij-tien"

玛丽娜·斯图伊贝尔(Maria Stuiber)博士在写博士论文时曾读到一传教士的信件中提到了"Haij-tien"这个地名,想知道是哪里,遂通过朋友询问。这个传教士叫奥古斯丁尔-埃勒米滕·乔万尼·达马斯西诺·德拉·康斯齐奥涅(Augustiner-Eremiten Giovanni Damasceno della SS. Concezione),他在1775年、1776年和1778年给斯特凡诺·博尔吉亚(Stefano Borgia)写了四封信。1775年的信里写到他给皇帝的外甥或者孙子画过油画,1776年还提及在北京或者北京周边的地方待过,"Haij-tien"是这些信的发送地址,所以我初步锁定该地在北京,但还要找到确切证据。

"Augustiner"的开头极具挑战,这表明此人为奥斯定修士,有关

---

① 徐继畲:《瀛寰志略》,注27所引书第142页。

② 徐继畲:《瀛寰志略》,第108、144页。

③ Diether Raff, *Deutsche Geschichte*, München: Max Hueber, 1985, p. 496.附图显示1815年维也纳会议后德意志尚保持各邦林立的状态。有拜恩、萨克森等。

他的资料，有可能仍躺在梵蒂冈档案馆中，或以拉丁语、西班牙语、葡萄牙语、意大利语等语言刊印流行，一时半会查阅不易。德国人做学问，先是通过查相关的工具书来寻找答案。对不熟悉的中国地名自然如此。鉴于其思路的价值，不妨赘述一下。她说明了该地名出现的地方并提出其文献搜寻推测的几个地方：

...In L. Richard: Comprehensive Geography of the Chinese Empire and Dependencies (Shanghai 1908) habe ich leidglich einige entfernt ähnlich aussehende Ortsnamen gefunden:

- Hait'an (Insel und Bucht)

- Haiyên (Bezirk in der Präfektur Kiashing)

- Haich'êng (Bezirk im Department Kuyüen)

- Hwaijên (Bezirk in der Präfektur Tat'ung)

Auf die gleichen Ortsnamen bin ich auch in G. M. H. Playfair: The Cities and Towns of China. A geographical Dictionary (Shanghai 1910) gestoßen. Von der Comprehensive Georgraphy habe ich einige Scans angefertigt.

第一个地名应当为海坛；第二个在嘉兴地区的，即海盐；第三个可能是固原州海城县；第四个在大同的，对音判断即怀仁。施图伊贝尔博士用的这两种书都很有意思，"L. Richard"即法国人夏之时（Louis Richard），那本名著就是1908年出版的《中国坤舆详

瀛寰识略

志》（*Geographie de l'Empire de Chine*），"G. M. H. Playfair" 即光绪年间英国（兼任奥匈帝国）驻福州领事白挨底。[①]他的《中国地名辞典》虽然很出名，但时至今日仍被欧洲学者使用着实出人意料，夏之时的书亦然。虽然她找的以上四个地名应该没有一个对的，却或许告诉我们 "Haij-tien" 是市一级以下的地名。加上该教士以其为落款处地点，在北京的可能性较高。这个音和"海淀"很近，承蒙党宝海教授告知：欧洲传教士来华，常利用拉丁字母编制汉文的拼写方案。此处的词尾 "-j" 只是表示 "i" 音的延长，或带有轻微摩擦的 "i"，而不发 "zh" 音。一些传教士转写汉语中的半元音 "y" 就是用这个 "j"。同样，"tien" 的 "t" 可以表示 "d"。在威妥玛—理斯字母方案中，"d" 用 "t" 来表示，"t" 用 "t'" 来表示。所以就拼音原则和方法看，"Haij-tien" 可以视为准确的标音，指当时的海淀镇。[②]对音之外，相关文献的验证则必须从教士们的生活和寄信入手。一般北京的传教士会通过陆路的商队或转到广州转澳门再转海路这两种路径交流信件，所以落款地点并不固定。北京传教士住在哪里？这又是个有趣的问题。

据蒋友仁（Michel Benoist）神甫的信件，"康熙朝时这位君主

---

① 白氏1872年（同治十一年）前来中国，进入北京英国驻华公使馆为翻译生。嗣后历任上海、台南、淡水、镇江、北海、台湾（台北）等地代理领事：英国驻上海副领事（1891）、驻北海领事（1893）、驻宁波领事（1894）、代理驻汕头领事（1899）、驻福州领事（1899），在此任上一直工作到1910年退休。白氏在公务之余，还从事植物研究，并且发现了许多新品种。他作为一个植物学家似乎非常出色。参见黄长：《欧洲中国学》，北京：社会科学文献出版社，2005年，第345页；罗桂环：《近代西方识华生物史》，济南：山东教育出版社，2005年，第104页。
② 党宝海教授答复笔者邮件，2010年1月27日。

赏赐法国人在宫墙内建起了教堂（我们现在正是住在那里）"，中译者注释"指在皇城西北部法国传教士建的教堂"。[①]至于为何会住在这里，其实也很简单。1693年康熙皇帝患疟疾多方医治无效，洪若翰、刘应进奎宁治好了他的病。康熙病愈后就把原辅政大臣苏克萨哈的王府及附近一块地赐予他们作为寓所和教堂之用。[②]此宅原为苏克萨哈的王府，后被鳌拜侵夺，康熙擒拿鳌拜后自然充公。该教堂就是后来所称的北堂，在阜成门一带。[③]这就是法国耶稣会士的住所，属于海淀的范围。

知道了法国耶稣会士住在哪里之后，下一步就是看我们寻找的主角奥古斯丁尔-埃勒米滕·乔万尼·达马斯西诺·德拉·康斯齐奥涅这位意大利奥斯定修士住哪里了，他的住地应该就是确定"Haijtien"在哪的证据。

费赖之（Louis Pfister）说："新来西士得入京供职亦友仁力也。"[④]另由书信也可知，蒋友仁（他也是一个艺术家教士，基本主要的工作是建筑构图和园林设计包括圆明园的设计）和大名鼎鼎

---

① 《蒋友仁神父的第二封信》，见杜赫德编：《耶稣会士中国书简集：中国回忆录（VI）》，郑德弟、吕一民、沈坚译，郑州：大象出版社，2005年，第34页。

② 《耶稣会教士宋若翰（Pélisson）神父致国王忏悔师、本会可敬的拉雪兹神父的信》："皇帝并不满足在紫禁城内安排法国耶稣会士的住房，过了一段时间之后，他在紧挨他们住房的地方划给耶稣会士一片可用于建造教堂的空地。"见《耶稣会士中国书简集：中国回忆录（VI）》，第157页。

③ 北堂前后位置不同，光绪间才迁往今天位于北京西城区西什库大街33号的西什库教堂，义和团时曾遭围。

④ 费赖之：《在华耶稣会士列传及书目》，冯承钧译，北京：中华书局，1995年，第853页。

的宫廷画师、意大利人郎世宁（Joseph Castiglione）住在一起，还和一位叫让—戴马史塞（Jean-Damascene）的意大利奥斯定修士住一起，另外根据文献：

> 还有一位奥斯定会神甫安德义（约翰—达玛塞纳—马恩省·德·拉康塞普西翁），即后来担任北京主教（1778年至1781年去世）的萨鲁斯蒂（Salusti）阁下。(...et aussi le P. Augustin Damascène de la Conception, le futur évêque de Pékin Mgr. Salustide 1778 sa mort 1781.)

这个人即是P. Augustin Damascène de la Conception，相信也是Augustiner-Eremiten Giovanni Damasceno della SS. Concezione。而且我们还有其他证据指向这一点，奥斯定修士安德义（Joannes Damascenus Salusti）确实曾与郎世宁、王致诚、艾启蒙共同创作乾隆平定回部的图画，他也曾受任为北京主教，"一七六二年时尚为帝作平定额鲁特图画数幅，其他诸幅则由艾启蒙（第三八三传）神甫、王致诚（第三五六传）修士与奥斯定会士约翰—达玛塞纳—马恩省神甫任之。"[①]综上，安德义就是我们要找的传教士，虽然他的名字有各种欧洲语言拼写法，不过由籍贯、修会、交游、作画和任职都可以确定实为一人。

他们工作（作画）处在如意馆，与"Haij-tien"音无可对应地名

---

① 费赖之：《在华耶稣会士列传及书目》，第649页。

（"西人为帝作画之处在如意馆"[①]、"如意馆在启祥宫南"[②]）。那么，他们的住处（阜成门周边的北堂）应当就是"Haij-tien"所在。于是，最后我们可以找一找当时他们对自己住处的记载来印证。

据北京大学图书馆特藏部所藏的18世纪《耶稣会士中国书简集》原版，蒋友仁神甫曾提及住所仅有的两处"Haij-tien"：

Notre hospice de **Hai-tien** est à plus dùne demi-lieue d'étendue du palais, et il y a encore trois quarts de lieue de la porte devant laquelle il descendoit de sa mule jusqu'à la maison européenne.（我们在海淀的住院离宫殿有半法里以上，而从他在其前面跳下骡来的［圆明园］门口到西洋楼还有四分之三法里的路程。）[③]

Mais quelque temps qu'il fît, il venoit la veille à Peking,qui est éloigné de deuxgrandes lieus de Hai-tien.（但是节庆日前夕他总要到离海淀两法里以外的北京来。）[④]

---

① 费赖之：《在华耶稣会士列传及书目》，第647页。

② 费赖之：《在华耶稣会士列传及书目》，第648页引昭梿《啸亭续录》。

③ Jean-Baptiste Du Halde éd, *Lettres Édifiantes et Curieuses, Écrites des Missions Étrangères (Nouvelle Édition): Mémoires de la Chine*, Paris: J. G. Merigot, 1780, p. 407.

④ Jean-Baptiste Du Halde éd, *Lettres Édifiantes et Curieuses, Écrites des Missions Étrangères (Nouvelle Édition): Mémoires de la Chine*, p. 408.

如此，则可以确切断定奥古斯丁尔–埃勒米滕·乔万尼·达马斯西诺·德拉·康斯齐奥涅落款所指的"Haij-tien"即海淀，该教士即意大利的圣母怀圣大教堂（人骨堂）的奥斯定修会修士安德义。

评《海景：海洋史、海岸文化与跨洋交流》

~~~~~~

Jerry H. Bentley, Renate Bridenthal, and Kären Wigen eds., *Seascapes: Maritime Histories, Littoral Cultures, and Transoceanic Exchanges*, Honolulu: University of Hawai'i Press, 2007.

　　本书为2007年出版的论文集，所收14篇论文源于更早几年前在华盛顿国会图书馆召开的研讨会，涉及海盗、航员、迁移、种族、造船、贸易等相关研究领域，时间跨度从16世纪奥斯曼帝国与印度洋到20世纪早期西印度港口工人在巴拿马运河务工的政治问题，作者主要是在美国教书的历史学者。作为"全球史"和"海洋史"的研究先锋，夏威夷大学教授、《世界历史学刊》主编本特利（Jerry H. Bentley）挂帅本书主编实为众望所归。本特利的成名作（*Old World Encounters: Cross-Cultural Contacts and Exchanges in Pre-Modern Times*, New York: Oxford University Press, 1993）是用"跨文化方法"打通"欧洲中心世界史的杰出范例"，其书考察了1492年前的跨文化接触，基于全球分析指出了几种在接触中显现的"不同类型的转变、冲突和妥协",阐明了欧洲人和其他人群接触的历史情景。他与齐格勒(Herbert F. Ziegler)合编的《新全球史》是被广泛采用的教材,其随后的几部大作(1996a、1996b、1998)讨论的也都是全球史的问题,旨在研究全球动力和地方状况的交互影响,通过跨区域、半球的、海洋的和其他全球的方式去了解过去。不过,随着"全球史"显示出与"国家史"一样的本质局限、史家对各种语言和背景史料运用的力不从心以及对是否存在世界历史统一进程和主题的质疑,一种对全球史有本质修正的"海洋史"日益居上。1999年,本特利的雄文《作为历史分析架构的海域和大洋水域》(Sea and Ocean Basins as Frameworks of Historical Analysis)敏锐地引导了新的潮流。他指出直到19世纪中叶,历史学家仍以民族国家为分析单位——兰克及其后继者所关注的主要和其生活年代相关:关注政制、宪法、外交政策和民族共同体的政治经历。其后他们渐渐认识到(战后的意识转折)超越此界线的大规模历史进程的重要性,开始关注广大互动地带。所以,海洋水域作为分析架构有可观的前途,其轮廓和特征因时而变,变动的关系在水域活动人群和大量陆地之间。他强调关注"商业的、生物学的和文化交流的进程"(这些既影响个体社会,也影响整体全球),强调"经济整合、历史分析、海事区域、大洋水域、海域和社会整合"。不过早期所谓跨区域贸易(如从印度到美索不达米亚)离整体史的考虑尚有一定距离。大西洋16世纪才走向社会和经济的互动。太平洋虽在此以前已有频繁互动,但作者认为未达到真正意义的社会和经济互动。16世纪后"世界的所有海洋是一体的"(全球"欧洲湖"),海事史也进入全球史范畴。16世纪晚期西班牙和其他欧洲海员开始建立太平洋和大西洋的直接联系。概言之，本特利强调以系统的和长时段的水域（如地中海、黑海）人群互动来突破不合理的和想象的划分（如欧洲或亚洲）。关于另外两位编者，雷纳特·布里登绍（Renate Bridenthal）是纽约城市大学布鲁克林学院退休教授，卡伦·魏根（Kären Wigen）在伯克利大学时已受到良好的地理学训练，这对其学术取径影响至深，现在她已是斯坦福大学历史学系东亚研究中心教授。她强调"海事区域"和面向"世界主要海洋周边小区"的方法可以成为基于民族国家和许多其他基于陆地建构的分析方式的另一种选择。这种方法其实在50多年前布罗代尔对地中海水域的分析中已开先河，其后菲利普·柯丁（Philip D. Curtin）探讨了从地中海到印度洋和东南亚的水域（1984，山东画报出版社2009中译本）、柯提·乔杜里（Kirti. N. Chaudhuri）、安东尼·瑞德（Anthony Reid）相继在印度洋水域（1985）、东南亚岛屿（1988-1993，商务印书馆2010中译本）以及柯丁进一步在大西洋水域（1998）的研究上均有所创获，但尚有更多社会空间和历史地理的重新构思可以进行。

本书展示了海洋在世界史上扮演的重要角色——贸易、移民路径、帝国航线、地中海、海盗和走私者的机会之地，使得"世界海洋区域形成的历史事件的原创性研究汇聚在一起"。这些文章的研究路径非常多样，或从物质、文化和知识构建的角度讲述和解释海域的历史经验，或着眼于政治和军事控制造成的影响，或着眼于社会史的角度（劳动组织、信息流动、族群政治意识），或处理地中海、

瀛寰识略

日本海和大西洋海域的"海上破坏者"和如何控制的问题。编者强调区域史学者被比喻为这半个世纪公众和政策制定者梳整更大范围世界知识的"过滤器"。重新认识政治、地理和文化边界等一直是区域史学者关注的内容。他们通过时间和空间处理纷繁的事件和背景,将以前不同领域的学者置于一起对话,探索历史性的内在互动(文化交流的主题最为显著),指导我们认识历史进程中的人物媒介和历史结构的重要性。此书丰富的案例提醒我们海域上人群的活动与陆上人群同样重要,其倡导一种新的区域和全球地理学,即陆海并重的观察,对不同海洋环境活动人群的探索、对独特区域的进一步关注,以弥补原来地理学过分偏重陆地的不足。

魏根为本书撰写了扼要而精彩的导言,现仅稍赘数语。第一部分"理论建构"三篇文章考察了岛屿、滨海、船舶和海洋空间。约翰·吉利斯(John Gillis)展开了对区域意义的分析和"岛屿中心视角"的建构,他认为在近代早期,岛屿是最为充满各种贸易、争斗、易名的地方,其在早起扮演的商业、航海、移民、政治和工业革命上面扮演至关重要的角色。其立论从欧美人对太平洋岛屿的不同理解开始(他们将一种非常不同的大洋岛屿观念带入太平洋),力图回答1500至1800年间所谓的"大西洋的大洋洲"是如何发生的,答案自然是岛屿的塑造。岛的意识和概念也在美洲的进一步"融入"、造船和航海进一步发展的过程中变化,陆/岛的"区隔"渐消。尽管从制度上看,"遥远"的岛屿上面诸如封建制度、中世纪经济方式等要比新世界存在得更长久,但是在岛民自己看来,陆地才有遥远和孤立的空白地带,而海中群岛星罗密布,船只往来如梭,联系十分紧密。事实上，海岛是最初的"新欧洲"。欧洲人的第一桶金其实来自海（岛）而非大陆，通过群岛帝国积累的财富回到大陆，部分用于投资土地，部分用于资本化并最终推翻旧秩序。18世纪晚期陆海的界限又重新被明确了（新的民族国家"边界"概念的需要），而19世纪这种划分变得绝对，与其说是商业联系减弱或距离变得更远，不如说是在蒸汽时代，船只开始绕过岛屿，加强了它们的孤立感，海岛也失去了联结的作用。汉斯·康拉德·凡·蒂尔博格（Hans Konrad Van Tilburg）《交易之舟》一文的着眼点在"船"本身，他认为造船并非不言而喻的，它不仅是跨洋交易的工具，更是这种交易的产品。无论是中国帆船由于排华法案而在美国西海岸消失的例子，还是二战时美国海军对夏威夷舢板的征召，作者要告诉我们的是船"可以被用来贸易、出售、改造、重命名、赋予新的标识、珍视或遗忘"，所以必须将船舶视为动态的、可变的文化形式。作者强调不能将船舶的解释仅仅限制在技术发展的范畴，船舶既是海洋领域的独特特征，也是跨洋文化交流的象征。虽然这些例子略有牵强，方向仍值得肯定。珍妮弗·盖纳（Jennifer L. Gaynor）的文章讲述的是海洋空间的概念如何完全变为东南亚的政治想象，在那里，政治地理的概念长期为大海（不仅只是"家乡"）所涵盖，包括海洋的地缘政治的地方概念以越来越明确和更加"领土化"。以印度尼西亚为例，空间领土化的概念塑造了族群差异的构想和"海民"的反常位置。作者特别使用了"Nusantara"（群岛世界）这一概念（即马来群岛作为整体环绕和非中心的一种概念），指出其组成了印度尼西亚民族主义的"地理人"要素；而当民族主义这种政治想象确

　　　　　　　　　　　　　　　　　　瀛寰识略

立后，"领土化"的趋向强化，促成这一点的海民却又吊诡地从政治进程边缘化。作者要强调的是海洋空间如何被海洋意识清楚地呈现，以及在帝国、殖民、民族国家和后民族国家的背景下，海洋空间如何在19和20世纪的意识形态中表达的。不过，基于作者选取的例证对象，究竟是海民、民族主义还是有宗教原因塑造这种意识仍可以进一步讨论。

第二部分"帝国"四篇文章追索了领土国家通过海洋对权力的扩展，总体讲是自上而下的视野。帝国力量的核心体现在于社会网络、地理知识、法律典则、习俗规则。卡拉·莱恩·菲利浦（Carla Rahn Phillips）认为全球化不是从哥伦布的航行开始的，而是始于西葡两国划定东西半球势力范围的条约。该文探寻的是在帆船时代，近代早期的国家如何保持全球帝国运作，因为这从信息传播和航海技术上讲都有一定困难。她发现在哈布斯堡时代的伊比利亚世界，西葡将公私传统和制度带到海外，比如质询会，还有在此基础上产生的服务于商贸和防卫的舰队，又比如1573年对殖民地城镇等建立的管理和规定。不过维持海外帝国的不仅仅是法律，更有传统及其间相互产生利益的网络、家庭定义的个人忠诚。尽管早期全球化带来了挑战，葡萄牙和西班牙的帝国官僚机构和官员忠于王室，并以塑造其同胞的相同传统为基础，自信地管理了持续数百年的海外帝国。水手并非四处漂泊的"世界公民"，他们深系于家乡，船上的法令和社会结构经常塑造了一种地方小区的存在。所以，广阔的海洋并未减弱传统的强大力量，实际上极弱的王权被殖民者利用，成功地控制着殖民地。此文从组织入手考察，兼涉传统与心态，极具洞察力。吉安卡罗·卡萨尔（Giancarlo Casale）将欧洲对大西洋的发现和同时期奥斯曼帝国对印度洋的发现放在一起对比。他发现与常识不同，奥斯曼并未继承中世纪伊斯兰世界原有的"知识"，印度洋对帝国来说是个"新世界"，其相应的认识与欧洲人对美洲的认识更是异曲同工。从知识获取和学习速度看，征服埃及之后，奥斯曼学者迅速重新掌握了印度洋世界的知识，而16世纪前葡萄牙人也未能及时印刷出版新知识，双方其实旗鼓相当。"探索时代"（Age of Exploration）不能仅仅通过关注西欧自身知识发展的狭隘故事来理解，而是远远超出西欧文明传统界限的过程，这是一个共同的"探索时代"。当然我们似乎不应该把学者对知识的掌握等同于政策制定者或实际主事者（更无法等同于"国家"），也不当把出版理所当然地视为知识会被广泛接受。伊莱格·古尔德（Eliga Gould）发现大西洋西岸和南部的欧洲法律有差别，从而造成了相对分隔的社会，可以进行战争但却不影响欧洲本土母国及其他殖民地。伟大的民主革命带来的国际变革往往掩盖了新秩序在海盗寇掠行为和非正规战争中的起源，重叠的权利和边界的缺失使得"边缘者"仍有不少施展暴力的空间，海上尤其如此。美国继承了欧洲的法权体系，但仍是一个明显区别于欧洲的区域，如可以在国内剥削奴隶，驱逐其管辖范围内的印第安人以及向其边界以外的"无人占领"领土扩张。这种界外无惩罚的观念根深蒂固，大西洋世界法权的"现代化"也未能取代它。阿兰·卡拉斯（Alan Karras）研究的是加勒比海殖民地这种列强进行主权竞争的地带，他认为18世纪大西洋世界的居民不能自由地从事任何他们认为有利的商业活动，相反，一系列广泛的商业法规定义了可接受的贸易伙伴、交换产品和分销方法。加勒比海岛是18世纪最好的显现挑战法律限制的交易观察场所，加勒比白人在一直继续规避他们无法受益的法律。对三种类型口岸的阐明是本文的一大特色。最后，当然是非法活动日渐侵蚀着殖民地的根基，规则翻云覆雨，开发消费压过了监管的法律，商业也走向灭亡。作者强调商业原则更多是需要以跨海力量为前提的。

第三部分"社会学"四篇文章重点落在船舶和港口的社会学研究，关注点主要在海上劳工阶层，包括体制力量的强迫性和劳工的应对。克里·沃德（Kerry Ward）带我们进入的是19世纪末"常识"以为的"欧亚交汇"的好望角小区。她指出好望角只是一个欧洲船只往来大西洋和印度洋的中途服务站。尽管亚洲或非洲学者可能会认为这是常识（这大概便是选定海事研究区域最重要的问题所在了），作者还是基于研究进一步指出在建立可行的休整点和贸易站方面，这个沿海地区的失败与成功一样多。沃德对好望角小区的各色人等和城市历史的表现、对荷英法葡诸国在此的势力交错和影响的展示颇为精彩，将该地视为航船和贸易网的次级区域也颇具识见。阿兰·格里戈·科布雷（Alan Gregor Cobley）关注的是加勒比海地区"非洲—加勒比裔"海员的自我意识。他追溯了这种海上移动社群的历史，探寻了该海上离散族群的社会共同体。作者认为，在政治上，加勒比海既团结了该地区的人民，又分裂了该地区的人民。加勒比海地区是天然的研究宝地，过去五百年间该水域中帝国历史的互动，连续、多样的内外移民共同交织了今日的场景，西印度海员的家庭、组织、文化和自我意识的形成绝非朝夕之间。非洲-加勒比裔海员倾向于将独立劳工移民的国际主义、世界主义观点与对加勒比岛屿的根深蒂固和认同感结合起来。在文化和意识形态上，海外非裔加勒比人的标志是自信、适应能力强、开放性和"身份的可塑性"。莉萨·福塞特（Risa Faussette）研究的码头工人是加勒比的另一类人。这些人扼守海洋帝国的商业结点，灵活地游走。意识到自身对扩大海上贸易的战略重要性，这些黑人码头工人利用他们在帝国交换中心的角色来挑战殖民劳动力市场的结构。面对美帝国的海上扩张，码头工人懂得利用从报纸上获得的信息反抗种族剥削（巴拿马运河），他们的历史不仅阐明了殖民劳动力市场对美帝国主义崛起的重要性，而且还说明了殖民劳工如何超越局限，以自身的方式汲取、无视、构建、改造民族国家的主张，以回应美帝国的海上扩张。如此，种族、殖民劳力市场和帝国关系在此得以透视。巴拉钱德兰（G. Balachandran）讲述的是印度水手的故事。作为大英帝国的成员，他们被有意忽视，然而却吊诡地避开了联邦政权的束缚，而一战唤起的主体性殖民意识，却也是获得权利和同时被规训的双刃剑。作者指出考察印度海员在国际航运中的行为时不应忽视他们的流动性、模糊性、主观性，以及他们不断发展的经验和思想。总体讲这一组文章对档案文献运用的分寸把握适度，非常值得学习。而且在编排上，与第二部分的"自上而下"遥相呼应，在关注下层群体的活动的同时无时无刻不显示着国家、强权或制度权力的在场，同时也下启第四部分对突破结构分层、对群体更为精细的人类学式的观察。

第四部分"违规者"描述了颇为经典的一个走私者和海盗的世界。艾米丽·戴（Emily Sohmer Tai）给我们展示了一个前近代的西方图景：政治权力不断试图越海扩张，而商业利益要求不逾领土。海上寇掠行为暴露了随之而来的陆海政治经济对抗。中世纪地中海的贼寇要求的不仅是财物，还有政治利益，比如热那亚利用海寇扩展其对地中海东部聚落的控制。因此，海寇是"政治和商业利益的互动"，海上寇掠不仅代表对物质资源的争夺，更是对政治资本的争夺，即利用政治优势来加强或挑战领土秩序。海洋的经验使一些欧洲人对政治空间的概念更具弹性，从而得以超越内陆的政治对抗模式。彼得·沙宾斯基（Peter D. Shapinsky）有意识地探讨了15、16世纪日本领主（如野岛领主，实际也是最大的海寇）在海上而非陆地的权威，发现他们在滨海区域控制着合法及非法的各种海上活动，野岛和其他海上霸主的护卫做法类似于航海组织的做法，即在船只停泊处或通道处征税或购买通行证，中世"锁国"的日本就是这样保持寇掠与保护的平衡的，其在生态方面与全球其他地方的相似性（海洋环境中谋生）超越了基于陆地的文化或政治定义。在本文中，日本海寇被重新审视，对进一步探究滨海地区人群活动、家族与控制、制度与操作都具有重大意义。匹兹堡大学教授马库斯·雷迪克（Marcus Rediker）为我们讲述的是近代早期大西洋水域的犯罪与惩罚。他发现船只和港口绝不仅仅是贸易工具和地点，在18世纪的大西洋这两者还是剧场和舞台：一方面，政府通过对海盗的公共审判和行刑仪式震慑犯罪者和有倾向加入犯罪者，另一方面在公海上反抗者也执行着称为"正义分配"的相同仪式, 如果水手们抱怨他们的船长行事不公, 海盗就会抓住时机进行象征性的权力倒置——船长们将在自己的船上即同样的社会空间受到酷刑惩罚, 甚至"野蛮处置"和处决, 这种权力的倒置和交互性, 被作者视为恐怖的现代舞台。

　　大体讲, 海洋史研究的局限是容易变得漂浮不定和难以把握。和其他方法一样, 它也容易变得局部和偏执, 所以其研究不应被神话, 框定海事研究区域时要慎重考虑局部与更大范围世界之间的关系。与全球史并非要研究全球的历史一样, 海洋史绝非仅要研究海洋的历史。另外, 仅仅讨论海洋史事, 是否可以理解今日全球化的"谱系"也是一个值得怀疑的问题。在无视许多相关材料的情况下, 仅仅满足于细屑微小的若干船只修造和航行技术、或者从甲口岸到乙口岸再到丙口岸的肤浅事实陈述常常是海洋史研究的误区所在。本书一定程度上避免了这些问题, 其对"时间、空间和知识"三个维度的关照值得学习, 对群体和个人既有结构分层、也有个体情感、心态和自我意识的探讨, 足以示来者以轨则。

哥伦比亚大学"路与带：
中国、内亚与东南亚的网络"工作坊综述

~~~~~~~~~~~

2016年11月11日至12日，美国哥伦比亚大学召开了一场题为"路与带：中国、内亚与东南亚的网络"（Road and Belt: Networking among Modern China, Inner and Southeast Asia）的工作坊，此次会议是在哥伦比亚大学魏德海东亚研究所（Weatherhead East Asian Institute）与东亚语言及文明系赞助下，由哥伦比亚大学现代西藏研究讲席教授滕华瑞（Gray Tuttle）与东亚系博士生孔令伟共同组织，邀请了十二名在中国、内亚与东南亚研究方面的杰出学者与学界新锐，以"一带一路"的视野重新检视历史时期中国、内亚与东南亚之间紧密的文化交流。

滕教授指出此次会议的目的是希望能够结合内亚和东南亚研究以及东亚系的中国研究，为不同区域的研究者们提供一个跨区域研究的合作平台。他以自己熟悉的藏学研究领域为例，点明了这种交互性如何可以影响研究范式、又如何促使我们思考藏传佛教与清代国家的关系等等。孔令伟则指出近二十年来的海外中国研究整体上有一个重大转向，开始从一些中国周边的地区包括内亚、

东亚、日韩、越南甚至整个东南亚来看中国,尤其是十七世纪以后的、范围更大而有待定义的"中国"与其周边地区的互动关系。因此这次会议主要邀请了三个领域的研究学者,分别是中国史、内亚史和东南亚史方面的学者参与。他提出了一些比较有意义的问题,如我们大家所朗朗上口的"一带一路"(丝绸之路经济带和海上丝绸之路)的概念究竟在讨论些什么?该怎么样从一个历史的观点去分析这个当代的议题?又该如何通过一些学术性的观点,来探讨中国跟内亚甚至整个东南亚的跨区域整合的问题?

会议第一场由东南亚史权威学者、康奈尔大学历史系埃利克·塔格里科佐(Eric Tagliacozzo)教授以《非带非路:600—1600年左右中国—东南亚的历史"青春期"》(Neither Belt Nor Road: Sino-Southeast Asia's Historical "Adolescence", c. 600-1600 CE)为题综述在公元7世纪到17世纪一千年的长时间段中,以物质文化为例,东南亚和中国长期、广泛而深远的交往。从象牙犀角等奢侈品、燕窝等各种食品、镇痛剂利尿剂等各种药品,到丧葬的棺材、残留嵌在东南亚小溪岸边的瓷器残片等各种祭祀和日用品,塔格里科佐教授综述了双边交往早期存在的"瓷器向南、海产品向北"模式。他指出这种模式主导了区域经济和政治秩序,较早的学术研究提出的"朝贡贸易"在这种视角下也没有完全过时——一定程度上对南洋诸国的赐封交换的正是东南亚物产进入北部市场的许可。正因为东亚系统内部的交织无论是文化意识还是物质交换都极其重要,在"青春期"交易模式下成形的"成人期"才以其稳定的联结内核进一步呼应今日的"海上丝绸之路"。圣路易斯华盛顿大学历史系博士候选人陈博翼则以《闽南人与东道主的相互依存：近代早期会安、巴达维亚和马尼拉的"国家议程"与离散族群能动性》（The Interdependence of South Fujianese and Their Hosts: State Agendas versus Diasporic Agencies in Pre-Modern Hội An, Batavia, and Manila）为题探讨了明后期到清中期寓居海外的闽南人怎样在东南亚不同的社区发展出不同的因应机制，并试图评估哪些实践机制更有效、哪些机制在哪些层面或方面有所缺失、体察这些客寓社会地方政治生态的变化。虽然三地都演化出一些因应客居地的机制：在广南，闽南人增进了财政国家的能力、卷入了内战、帮助统治者拓边；在巴达维亚，殖民地蔗糖工业的劳力需求与殖民人口上所需维持的平衡是关键；在西属菲律宾，殖民地经济上日用品的依赖和市场交易的维持使闽人成为"春风吹又生"的必不可少的组成部分。但是，演化的机制间存在深浅程度的差异。巴达维亚的代理系统显然执行了沟通的功能，而在会安则有科考和对官僚机构的渗透、田宅所有权的获得等"越南人化"的通道作为相应的替代性机制，同样属于非代理管治系统的马尼拉则缺乏相应层面的机制导致了互不信任作为结构性困境长时间的存在。

第二场两篇文章所讨论的主题都是在古代人群之间发生的交流、文化适应甚至身份改变的故事。宾夕法尼亚大学历史系费丝言教授以《俘虏、移民与政权建设》讨论明代西南的苗族俘虏、战争以及政权的边疆叙事（Captivity, Migration, and Regime Building: Stories of Duzhang and Bozhou in Ming China）。她强调在中国西南苗人归顺明朝政府的官方论述之下，其实掩盖了苗人各部利用明朝的力量进行内部斗争的事实。当明朝政府听说有苗人动乱而派兵过去时，却发现这其实只是苗族内部发生纷争，当一方说另一方叛乱而请求明朝政府进行干预时，朝廷却发现并没有这回事。在这个战争叙事里面，她主要利用了官方的方志，还有通俗小说等非常有趣的材料，讨论了我们常常会忽略的性别面向——在战争中很多的女性被牺牲，或是被绑架、出售等等，这些女性可能是阵亡的军人和苗人的家属；而在战争结束后，她们因为丈夫在战争中死去而变得孤苦无依，为了生计着想，这些女性最后可能会被当做商品来处理，该研究提醒我们这些历史上被忽略的人事。印第安纳大学内陆欧亚学系博士候选人蔡伟杰《隔离的困境：清代蒙古边界上汉人定居者的蒙古化（1700—1911）》（Dilemma of Segregation: Mongolization of Han Chinese Settlers on the Qing Mongolian Border, 1700-1911）介绍了清代移居外蒙古的汉人以及其后代的蒙古化问题。清朝透过诉诸于族群主权，在不同民族之间创造了各种身份以及地域的差异，而清朝蒙汉关系也是跟着这个轨迹发展，虽然清代在蒙古归顺后，设置了蒙汉隔离的限制政策，但实际上清廷面对汉人进入蒙古问题时，面临着两难的境况。因为一方面征讨准噶尔需要汉商的运输军需，另一方面当内地发生灾荒时，蒙古又是疏散灾民的一个好去处，因此清廷不得不设立各种规定来规范进入蒙古的汉人，蔡氏讨论的正是这样一批违反禁令而长期在蒙古非法居住的汉人。蔡伟杰透过收藏在乌兰巴托和台北两地的蒙汉民间文书来分析清代中叶移民蒙古的汉人和后裔怎样整合进入蒙古社会，最终在法律上由移民转变为蒙古的过程。这些汉人的移民多半来自山西和直隶，他们在蒙古逗留的时间超过20年，最长的可以到40年，这些人会说蒙语、写蒙文，也有蒙古名字；他们娶蒙古妻子，生儿育女，对蒙古文化也很熟悉，其后代的情况也类似。当他们行将就木，或者是被官府发现而被迫遣返原籍时，他们的妻小在蒙古就面临孤苦无依的窘境。于是，像蒙古人一样，他们把妻儿和其他财产奉献给藏传佛教的领袖——哲布尊丹巴呼图克图，成为大沙毕（蒙文"yekeshabi"）的一部分。透过这种方式，不仅他们的妻小生计跟财产得到保障，他们的后代也可以登录到大沙毕的档册，其身份也通过这种方式转变为蒙古籍，他们也顺利变成了蒙古人。在此个案中，我们可以看到这些汉人移民透过诉诸蒙古的地方制度跟权威，而不是清朝的中央法规，来改变自己的法律地位和身份，他们透过这种方式能够在清朝政府管辖限制下游离，并且逃避国家的监视。过去学界在讨论所谓的蒙汉关系史时，多半是讨论蒙古人汉化的层面，蔡伟杰则反过来讨论了汉人蒙古化这样一个被忽略的议题。这就说明蒙古人跟汉人在相处的过程中，其实在文化认同上是交互影响的，并促使人们关注文化交流议题中的法律面向，移民在当地的文化适应，还有他们本身的身份转变等问题。

　　第三场由布兰迪斯大学历史系杭行教授和埃默里大学历史系博士生卢正恒共同讨论全球史与区域史如何结合、中国与海洋之间的关系以及在全球史的架构下，一个帝国或者国家在这个时期如何以更有效的方式来稳固周边，并且从周边的稳固中获取些许利益，从而更有效地控制这个区域。杭行《远海的儒者乐园：十八世纪中国世界秩序下的河仙港口国》（Confucian Paradise in the Distant

Seas: The Hà Tiên Port Polity in the Eighteenth-Century Chinese World Order）举了清朝时被纳入朝贡体系的河仙港口来论证清代国家的外围控制。河仙鄭氏统治者表现出的"儒学化"倾向与清帝国、越南政权如何有效利用旧有架构保持外围的稳定恰好相得益彰。卢正恒以《大清得力助手：清代黄氏家族的历史》（Qing's Man Friday: A Family History of the Huang Clan during the Qing Period）进一步论证帝国透过旧有存在的当地体制保持适当的控制、而不以军事或是经济直接介入。他主要讨论的议题为清朝黄梧的家族。明代时该家族在漳州并不是主导宗族和群体，但明清鼎革之际，在清朝政府的帮助下他们成为控制漳州地区的宗族势力，并且世代担任着福建水师提督的职务。清政府透过福建旧有的宗族制度创造新的主导宗族，进而稳固沿海的社会秩序和安全。卢正恒认为，一个国家和帝国在用最低的成本去控制这些海洋和沿海地区时，最好的办法就是雇佣中间人（intermediary），即用旧有的秩序来降低成本。但其实这个策略几乎是任何一个国家和帝国都利用过的，不仅仅像大英帝国在印度招募一些印度精英，或者法国在非洲通过统治一些部落来扮演中间人、西班牙在东南美洲雇佣一些印第安的精英阶层，把他们变成为基督教的一份子，藉以降低统治成本增加统治效率。

第二天的四位演讲者讨论的主要是国家（nation）这个概念在中国跟中亚乃至东南亚互动过程中所发挥的作用，以及所谓国家认同和边界概念的形成与影响。哥伦比亚大学东亚系博士生黄彦杰的报告《分崩离析：当代中国民族主义和大中华》（Coming

Apart: Contemporary Chinese Nationalism and Greater China）主要聚集在是中国这个国家概念的形成，以及大中华、大中国这个概念是如何形成的、东南亚的华侨和港台这些地区的中华意识。

孔令伟的报告《欧亚网络：清、西藏地区和拉达克王国的中亚与俄罗斯情报搜集》（Eurasian Networking: Intelligence Collection of Central Asia and Russia between the Qing Dynasty, Tibet and Ladakhi Kingdom）研究清朝与西北和西南之间的沟通网络。拉达克是位于中国西藏西部、北印度以及帕米尔高原间一个非常小的王国，很多人或许觉得这是一个无足轻重的小地方，但事实上它对清朝在中亚的情报网络，乃至于世界地理的认知，发挥过非常重要的作用。过去我们看清代历史时，经常会忽视一些周边国家，尤其是诸如哈萨克斯坦，拉达克，布鲁特（吉尔吉斯坦），巴达克山（阿富汗）。孔氏认为这里所指的国家，更精确的来说是前近代国家，不是当代所定义的民族国家，或是拥有完整的边界与主权概念的现代国家。通过第一手的多语种档案，孔令伟指出哈萨克斯坦和拉达克对清廷在中亚的布局与发展起到了非常重要的作用。简单来说，清朝和俄罗斯的联系在18世纪中期之前不是直接经过今天的新疆，因为中间有准噶尔蒙古的屏障；18世纪以后，因为准噶尔蒙古人被清朝征服，清得以通过哈萨克和俄罗斯有更多的接触。另一方面，清朝在17世纪末至18世纪中，通过拉达克和当时的印度甚至与西藏阿里地区，对准噶尔与中亚进行了大量情报收集。在此期间清朝甚至得以通过拉达克获得印度莫卧儿王朝与沙俄帝国的地理信息、风土人情乃至对方政权的相关情报。

最后一个讨论专场由印第安纳大学内陆欧亚学系荣·瑟拉（Ron Sela）教授和澳大利亚悉尼大学历史系大卫·布罗菲（David Brophy）教授完成。瑟拉教授本人主要研究的是中亚地区突厥语系穆斯林的历史。他在工作坊中以《中国和内亚：过去与现在》（China and Central Asia, Past and Present）为题对中国和中亚地区的互动，做了学术史的回顾，并思考了将来学科发展与现实议题的结合，对如何从正面的角度去思考中国与中亚的未来发展提供了一些看法。布罗菲教授的论文《开罗、喀什噶尔和伊斯坦布尔的穆斯林现代主义者：赛义德·穆罕默德·阿萨里和新疆穆斯林》（Modernist Islam between Cairo, Kashgar and Istanbul: Saʿid Muḥammad al-ʿAsali and the Muslims of Xinjiang）是通过全球史的视野来看穆斯林的出色文章。他通过考察了赛义德·穆罕默德·阿萨里的生平，为我们展示出这位足迹横跨亚欧非三大洲的穆斯林知识分子，在丝绸之路上曾发挥过重大的沟通作用：该个案反映了穆斯林知识精英如何构建起一个横跨埃及开罗、新疆喀什噶尔到土耳其伊斯坦布尔的学术网络。通过日记、个人著作以及他学生的一些撰述，布罗菲很广泛地、也很宏大地把整个穆斯林知识分子所形成的一个知识圈清晰地勾勒出来，也揭示了穆斯林世界拥有很强的知识网络联结。

最后，与会专家进行了圆桌讨论，展望了在"一带一路"推行的大背景下，政策导向、研究基金变动对区域间的交互研究和区域史教学的影响和推进的各种可能，以及文化观念、学术话语霸权和其引发的知识生产对学科发展的影响。比如在一定时期，某些倡议

（例如"一带一路"）会与其他国家的文化观念和战略产生关联。在这种背景下，中国及其周边地区的研究无疑会进一步受到美国研究基金的青睐，长期趋势看教职的设置也会有变化。美国现在的中亚专家不仅对其阿富汗和伊拉克战争有不少贡献，也对中国或东亚多少有所涉猎，如此其研究自然是跨区域性的。美国其实一直有"T"字型的"丝绸之路"方案，即打通中亚和南亚。前国务院专职驻外大使、中亚南亚事务局首席助理国务卿理查德·霍格兰德（Richard E. Hoagland）便曾表示虽然当局没有去力推，但这个服务于阿富汗驻军战略的方案一直被或多或少保持着，即稳定中亚"斯坦"，提供更安全的阿富汗周边环境、改善经济状况。俄罗斯一直依靠自己主导的欧亚经济联盟向南拓展并与印度形成准盟友的关系，战略目的很明显，故而对横向的"丝绸之路"缺乏兴趣。因而其实俄罗斯会更乐于接受美国的这种纵向方案，但必须是在俄罗斯主导下进行，这样等于一个欧亚经济联盟的自然延伸。印度则对于这个方案怀有疑虑，因为这样使俄罗斯得以很轻松重新获得自阿富汗战争以来对于印度洋的地缘战略优势。印度的国家安全、国家利益、国家战略毫无疑问要求印度必须是南亚的主导，对其他包括俄罗斯、美国和中国的势力扩展自然都保持疑虑。如此看，中国本位出发的"带与路"及其引发的对中国自身和外部世界关系的思考仍可拓展。又比如说中国研究，跟日韩研究、东南亚研究、内亚研究等区域研究在美国有没有一个跨界地域整合的研究趋势呢？关于这个问题有不少人可能会觉得很乐观，但其实执行起来是比较困难的，这和学科具体的设置还是有关系。美国的内亚研究有一个在往东亚靠拢的趋势,如今天在哥伦比亚大学和宾夕法尼亚大学,蒙古学和藏学其实是设立在东亚系的。过去在冷战时期,美国可能会倾向把蒙古学放在跟中亚研究、俄罗斯、斯拉夫研究有关的系所里,而把西藏放在南亚研究内,也就是跟印度、尼泊尔、不丹这些地区研究放在一起。现在把藏学和蒙古学设立在东亚系可能跟美国的关注导向变化有关,其实反映出中国的崛起改变了美国学科设置的趋势,未来大概会有越来越多的大学会把蒙藏学设置在东亚系。

本次会议主题是"路与带",因而必然讨论陆海两道。"丝绸之路"其实是一个浮动的概念。在历史时期,先后有匈奴,突厥,契丹,蒙古,还有后来的准噶尔蒙古,乃至于清朝对新疆进行经营。这些都显示出游牧民族与农耕民族相比有比较强的特性,也就是移动的概念。这个概念目前在海外学界也比较受到重视,即移动性(mobility)的问题。那么,何以游牧民族的移动性对于沟通丝绸之路很重要?对于丝绸之路上的游牧民族而言,贸易往来是重要的经济收入来源,加上游牧民族的经济形态、擅长迁移,所以对于沟通欧亚两端的商业贸易起了非常关键的作用;蔡伟杰认为丝绸之路上既有游牧民族也有定居民族,双方的互动交流才是事情的全貌。以蒙古来说,现在有一种说法:蒙古人创立的蒙古帝国,实际上是最早的全球化,无论从其创设的驿站制度,还是海上贸易,都构成了相当复杂的欧亚世界网络。这种欧亚化就被一些学者视为现代全球化的雏形。同时游牧民族又被一些人仅仅当作丝绸之路上的一个文化交流的传播者,因为他们移动比较快速,控制交通较为方

　　　　　　　　　　　　　　　　瀛寰识略

便，而蔡氏进一步强调他们更是文化交流的驱动者。比如青花瓷就是中国瓷器加上伊朗颜料，再加上蒙古"品味"（蒙古人崇尚青色）结合出来的一个产品。由此分析，其他游牧民族文化上的偏好，有时也在影响着我们文化的推广和接受。中国在传统的中亚历史叙事中无足轻重，如今"一带一路"的提出让中亚重新注意中国，也开始注意中国在他们历史上、在他们的经济生活中扮演的角色。这一机遇也推动了中国学界对中亚与东南亚进一步的深入认识。至于"海上丝绸之路"，其沿线上的港口和城市，本身已经存在非常久的互相贸易历史，也并不完全仰赖中国——当时中国是有一些贸易端点，但不是唯一的核心。例如，在东南亚有一个非常有名的航海民族武吉斯人（Bugis），可以跟欧洲的腓尼基人相提并论。他们航行在东南亚的各地，沿着"海上丝绸之路"，他们贸易着各种商品，例如印度的布匹、香料或是燕窝等。在各地他们都有非常完整的贸易网络和收入，所以说并不是只有中国是贸易的核心。再从近一点的大航海时代来看，16—17世纪，当时东南亚各国政权，如阿瑜陀耶（Ayutthaya）王朝，还有越南的广南政权等，都是靠自身的力量或与西欧人合作而获取火器，一定程度而言都建立了非常强大的海上霸权，也能与荷兰东印度公司抗衡。"海上丝绸之路"沿线国家早已存在的东南亚贸易网络及其自洽性，尤其提示我们在处理海路的区域联结问题时考虑以何者为"中心"的视角产生的利与弊、考虑网络内更多层次的联结。有与会者亦指出，"一带一路"有其历史背景，我们不能只关注当下的政治和经济，更应该发现历史在无形中已经建构过的类似的东西，"一带一路"或许在一定程度上呈现了历史，透过时下反观历史，这也是值得学界进一步研究的问题。

（孔令伟、陈博翼、蔡伟杰、卢正恒圆桌讨论整理稿）

厦门大学"海洋与中国研究"国际学术研讨会综述

2019年3月30到31日，厦门大学人文学院、中山大学历史学系联合举办的"海洋与中国研究"国际学术研讨会在厦门大学召开，来自欧洲、美洲、亚洲、澳洲9个国家和中国18个省、市、自治区（含港澳台地区）的近200名学者莅临研讨，兼庆贺杨国桢教授八十华诞。会上，杨教授主编的《海洋与中国研究丛书》26本及其研究团队历经四年撰写的《中国海洋空间丛书》新著4种同时举行了首发式。首日会议以主题发言贯穿始末，次日专题研讨以"台湾海峡与海洋史""中国东南区域海洋社会经济史""南中国海贸与海防""东北亚海域与海洋史""海洋史学视野下的中国与东南亚""海洋生活与文化传播"六大主题板块展开，关注海洋文明与文化的多元性和全球性，就时段而言则有不少涉及清代的内容，兹列述如下。

首日上午张海鹏（中国社会科学院）先生从回忆《林则徐传》开始，提出近代以来落后挨打的局面与清朝对海洋的忽视和制海权的丧失是分不开的。海洋以及海洋史问题的认识与研究无论是对历史还是对现实（南海和琉球）都有重大意义。陈春声（中山大学）认为杨老师将16世纪以后中国海洋历史发展的脉络，置于资本主义体系在全球扩展的视野下考察，并大量利用了来自欧洲、日本的第一手档案和文献资料，这些论述和工作具有重要的方法论意义。王国斌（加州大学洛杉矶分校）提出中国的早期现代海洋经济可以被视为明清政治经济的一部分，还是亚洲区域海洋贸易网络的关键部分，也是早期现代全球贸易的紧要部分。李国强（中国历史研究院）认为杨先生"以海洋为本位的研究方法"与明清以来经世致用的学术传统一脉相承，有助于建立中国海洋史学科体系。滨下武志（中山大学、东京大学）提出需要超越贸易、朝贡关系、漂流问题，进一步以琉球与中国明清王朝历时440多年的往来历史档案《历代宝案》和海关资料研究海防、造船、灯塔等问题。包乐史（莱顿大学）提出四种历史方法协同分析中国海洋历史：考古方法（沉船研究等）、依靠官方记录方法（传统的海关、海防等研究）、利用民间历史文献资料（包括田野调研材料）构建新的海洋社会经济史、利用外国档案馆的史料。苏基朗（澳门大学）认为研究中国海洋史不可避免地要讨论其体系：一方面是国家制定的法律规范、政府政策方略以及各级行政细则条例等；另一方面也涉及民间形成的各色乡规民约或是风俗人情习惯。吉浦罗（法国国家科学研究中心）探讨了16至18世纪中国的海洋贸易组织与地方精英的关系，强调地方精英（商人、地主、高级军人）在对外贸易投资中发挥了至关重要的作用，认为海上贸易的投资者和经营者可以分更精细的类别：船只所有人、托运人、租船人等散商。科大卫（香港中文大学）指出19世纪以来香港兴起的关键因素是其重要的海港位置，并强调其发展不仅因其货物出口量巨大，也受益于良好的商业制度（公司法）。陈支平（厦门大学）反思了明清时代中国的朝贡体系，提出霸权与历史话语的关键问题。

　　下午，刘宏（南洋理工大学）介绍了其团队近期出版的三本书，认为侨批作为一种机制，把华人社会以及居住国和祖籍国社会有机地结合在一起，在此基础上建立的侨批网络是联系海洋亚洲的重要制度化纽带。华人社团账本则是东南亚华人社会历史中最基本与最重要的经济档案与文本文献。龙登高（清华大学）利用尘封近百年的天津海河工程局和浚浦工程局的英文档案，细致梳理了近代津沪疏浚机构的四次制度变迁，首次提出和论述了"官督洋办"与"公益法人"等为人忽视或误解的制度创新，并再现了中外官商利益群体之间合作与博弈的具体过程和制度成果。王振忠（复旦大学）以稀见的法国藏《燕行事例》抄本为据分析了19世纪前后中朝贸易的实态，指出从"杭货"以及"燕贸"这样的通俗常言可以看出，包括江南一带的中国商品通过北京源源不断地流往朝鲜甚至转卖到日本。程美宝（香港城市大学）以清代小人物"Whang Tong"（黄东）的故事为视角，以18世纪一个越洋赴英的普通中国人的事迹展现出中外交往史的一个侧面。范金民（南京大学）报告了阅读《明清土地契约文书研究》的一点体会，就清代房产买卖的实际运作提出了饶有意思的问题。其论文则依据一批尚未被引用的档案，考察康熙开海后至乾隆十四年间由广州入口的洋船数量及其载运的商品与白银，探讨开海之初中西贸易的制度安排，进而衔接了清代前期开海后中西贸易的缺环。苏智良（上海师范大学）回顾了上海从面海而生到临海而兴的历程。常建华（南开大学）认为《明清土地契约文书研究》对于认识日常生活史特别是农民生活的研究具有重要的参考价值，对于认识"共同体"问题提供了以"土地所有权"审视的路径。黎志刚（昆士兰大学）提出以贸易、移民与华商为线索，和海洋视角联系在一起考察清代以降的中国与世界。白蒂（那不勒斯东方大学）探讨了16到18世纪长崎唐人屋敷（唐人坊）的建立和运作、唐人的生活方式和国际角色。松浦章（关西大学）讲述了乾隆年间棉花进口危机。蔡志祥（香港中文大学）以英国驻汕头领事的报告分析清末汕头通商口岸与"香叻暹汕"跨国贸易网络的形成。郑振满（厦门大学）报告了闽南地区祠堂和庙宇碑刻中所见有关海外移民的一些资料，指出这些祠庙碑铭展现了以闽南为中心的东亚国际网络，而做中国的海洋史研究则需要考虑庙和仪式如何将中国和世界联系起来。潘振平（国家清史编纂委员会）回顾了杨教授撰写《林则徐传》和清史传记项目道光朝人物传记的历程。刘进宝（浙江大学）辨析了19世纪李希霍芬对"丝绸之路"的命名。

31日上午，杨彦杰（福建省社会科学院）认为以郑芝龙为代表的闽南海商在两岸贸易中实则扮演着重要角色，17世纪中叶海峡两岸贸易网络的拓展延伸是明末清初中国海洋社会成长的标志。朱勤滨（闽江学院）认为清朝为了加强对帆船出入台湾的管理，出台了闽台指定口岸航行的"对渡制度"，并不断就对渡制度的运行适时作出调整。段芳（厦门大学）认为台鲁之间的经贸联系可追溯到明郑海商集团在山东设立山海路"五商十行"，经过对渡时期"行郊"的经营，开港之后外国势力的渗透，台湾与山东之间经贸往来日益紧密。卢正恒（埃默理大学）通过对清代《内阁大库档案》中关于班兵在台湾海峡遭遇风难的记录，探讨环境变化对于班兵渡海及台湾历史产生的影响。王潞（广东省社会科学院）对福建东北部的竿塘诸岛封禁案进行了剖析，认为这起封禁案不仅牵涉乾隆君臣对于"洋利"的态度、国家禁律，还掺杂着府城绅士与沿海各县澳主、渔户之间的利益之争，实则是各方势力利益角逐的结果。刘序枫（台湾"中研院"）对明清时期海上商贸活动中"公司"的组织及形态进行再考察，尝试透过对目前所见明清时期闽台及海外地区相关史料中留存的"公司"记载及田野调查记录，由中国东南沿海各地的传统社会中追寻"公司"的各种形态，并与传统地方社会中使用"公司"的组织加以对比研究。涂丹（南京信息工程大学）指出明清时期大量海舶香药的输入，提升了时人健康、饮食水平，丰富女性审美观念的同时，亦助长了社会上造假风气的兴盛，同时也出现了专业性的辨假类药书。谢湜（中山大学）认为明清浙江的海疆政策经历了强制移民、例行肃清到永远封禁的转变，治理方式则经历了民政撤离、军事管制和坚壁清野三个阶段。陈辰立（厦门大学）对明清传统时代大东海渔业活动对岛屿的利用作了探讨，指出明清时期沿海渔民活动范围逐渐由近海走向远洋。吕小琴（河南师范大学）从私盐不"私"看明清近场私盐的治理困境，认为私盐问题作为历代社会治理的痼疾如何在明清"被治理化"的过程实质上反映了明清两朝国家治理体系的缺陷及国家治理能力的不足。赵思倩（日本关西大学）以19世纪前期茶叶消费大国的英国市场为主要研究对象，通过英国海关和东印度公司的相关数据资料来探究英国市场的高仿茶叶的一些特征和问题，由此探讨近代中国绿茶市场的海外动态。杨培娜（中山大学）整理利用雷州地方庙宇和宗祠之中现存碑刻文献，分析其所见濒海社会，如乡村生活、官民互动、海外贸易移民等问题。赵珍（中国人民大学）对清代东南沿海巡洋会哨的洋面范围、会哨时间及规程、海洋岛屿风浪等因素进行了分析，并强调巡洋会哨作为清代海疆治理的一项重要制度在维护与稳定东南沿海洋面日常秩序中起到了重要作用。布琼任（伦敦政治经济学院）利用现存于大英图书馆的马礼逊档案中估计是第四代阿伯丁伯爵于19世纪30年代从中国收集的系列的营汛图，探讨清政府在治理海疆方面的政策与方针，说明清代筹海思维的系统性与复杂性和清廷内洋—外洋的治理概念。王昌（中共福建省委党校）探讨了郭寿生的海权思想，认为郭寿生接受、理解了马汉的"海权论"，将之与中国的实际结合起来，认为海权丧失乃近代中国受挫的重要原因。武文霞（广东省社会科学院）认为1893到1939年间海外华商投资广州近代工业、金融、商业和城市建设，多领域、多层次、多维度地推动了广州城市近代化。

31日下午，黄顺力（厦门大学）以明清两朝朝野对"海防"认知的传承及第一次鸦片战争爆发后国人对这一认知的变化为题，简要梳理了其思想意识观念的发展脉络，探究了其"传承"与"衍变"的内在理路。朱德兰（台湾"中研院"）分析了长崎华商泰益号关系文书的史料价值。盛嘉（厦门大学）从四个方面重新评价了徐继畬超越自我地理疆界和令人惊叹的政治视野。何娟娟（关西大学）对清末币制改革中各省引进日本版纸币的过程作了简述。张彩霞（厦门大学）指出清代山东沿海地区商贸的繁盛促使福建商人和山东官员以及本地海商积极推动修建37 座天后宫,妈祖信仰在山东沿海地区的传播达到鼎盛。聂德宁(厦门大学)探讨了17、18 世纪中国民间海外贸易航路的变化发展历程,就清代海外贸易航线特别点出的康熙开海后"东南洋"的部分。曾玲(厦门大学)透过对殖民时代新加坡华人社团账本的收集、整理与研究,提出建构新加坡华人社团经济史。牛军凯(中山大学)结合神敕实物展示了宋杨太后信仰在越南的流传状况。周翔鹤(厦门大学)认为由于商人大多有购买檀香等香料进行贸易的需求,故而导致中国航船多绕东部南洋行驶,而不直接取直线距离南下,并剖析了印度洋赤道逆流在古代帆船向南洋东部航行时的影响。李毓中(新竹清华大学)用杨慧玲在德国发现的珍贵的菲律宾唐人手稿展示了难得一见的华人记在账册上的交易商品内容,从而得以窥见相关商业运作模式。陈博翼(圣路易斯华盛顿大学)介绍了明清时代环南海地区40种稀见的原始文献。蓝达居(厦门大学)报告了在福建泉州市泉港区土坑村港市海洋生计的历史田野调查和港市文化的发展。曹悦(日本关西大学)以德川时代日本江户和大阪出版的有关篆书的书目为例,探究其成因以及当时日本对于中国篆书书法的接受情况。潘茹红(闽南师范大学)从文献学的视角,分析中国传统海洋图书的演变与发展。陈贤波(华南师范大学)结合相关文献,考察了图像编纂过程、刊布原委和主要内容,发现其努力刻画的百龄名臣形象当中,包含了曲折复杂的人事关系和政治过程。最后,会议在来自海内外高校、科研院所、文博系统的众多知名学者与青年新秀提出新视野、新论点的交流互动、切磋砥砺中取得圆满成功。

(于帅、陈博翼整理稿)

附录
泉州海上丝绸之路法律制度书目举隅

中文

《中国与海上丝绸之路：联合国教科文组织海上丝绸之路综合
　　考察泉州国际学术讨论会论文集》，福州：福建人民出版社，
　　1991年。

包乐史、吴凤斌、聂德宁校注：《公案簿》（1—15辑），厦门：厦门大
　　学出版社，2002—2017年。

卜正民：《塞尔登的中国地图：重返东方大航海时代》，刘丽洁译，
　　北京：中信出版社，2015年。

陈达：《南洋华侨与闽粤社会》，上海：商务印书馆，1939年；北京：
　　商务印书馆，2011年。

陈达生：《泉州伊斯兰教石刻》，福州：福建人民出版社，1984年。

陈佳荣：《中外交通史》，香港：学津书店，1987年。

陈希育：《中国帆船与海外贸易》，厦门：厦门大学出版社，1991年。

崔丕、姚玉民等：《日本对南洋华侨调查资料选编》（三辑），广州：
　　广东高等教育出版社，2011年。

方龄贵校注：《通制条格校注》，北京：中华书局，2001年。

弗朗索瓦·吉普鲁：《亚洲的地中海：13—21世纪中国、日本、东南亚商埠与贸易圈》，龚华燕、龙雪飞译，广州：新世纪出版社，2014年。

傅宗文：《沧桑刺桐》，厦门：厦门大学出版社，2011年。

傅宗文：《刺桐港史初探》，《海交史研究》1991年第19期，第76—165页；1991年第20期，第105—151页。

葛金芳：《两宋东南沿海地区海洋发展路向论略》，《湖北大学学报》2003年第3期。

韩国学中央研究院编：《至正条格》（校注本），城南：韩国学中央研究院，2007年。

怀效锋点校：《大明律》，北京：法律出版社，1999年。

黄纯艳：《宋代海外贸易》，北京：社会科学文献出版社，2003年。

黄时鉴点校：《通制条格》，杭州：浙江古籍出版社，1986年。

李东华：《泉州与我国中古的海上交通：九世纪末—十五世纪初》，台北：学生书局，1985年。

李金明、廖大珂：《中国古代海外贸易史》，南宁：广西人民出版社，1995年。

李庆新：《海上丝绸之路》，合肥：黄山书社，2016年。

李庆新：《明代海外贸易制度》，北京：社会科学文献出版社，2007年。

李燕：《古代中国的港口：经济、文化与空间嬗变》，广州：广东经济出版社，2014年。

李玉昆：《泉州海外交通史略》，厦门：厦门大学出版社，1995年。

廖大珂：《福建海外交通史》，福州：福建人民出版社，2002年。

廖大珂：《宋元时期泉州的阿拉伯人》，《回族历史》2011年第2期。

廖大珂：《谈泉州"蕃坊"及其有关问题》，《海交史研究》1987年第2期。

林天蔚：《宋代香药贸易史》，台北：中国文化大学出版部，1986年。

柳立言主编:《中国史新论:中国传统法律文化之形成与转变(法律史分册)》,台北:联经出版事业股份有限公司,2008年。

刘文波:《宋代福建海商崛起之地理因素》,《中国历史地理论丛》2006年第1期。

穆罕默德·巴格尔·乌苏吉:《波斯湾航海家在中国港口的遗迹:广州、泉州、杭州》,穆宏燕译,成都:四川人民出版社,2019年。

沈家本:《历代律令》,台北:商务印书馆,1976年。

沈家本:《历代刑法考附寄簃文存》,北京:中华书局,1985年。

沈之奇:《大清律例集注》,怀效锋、李俊点校,北京:法律出版社,2000年。

斯波义信:《宋代福建商人的活动及其社会经济背景》,《中国社会经济史研究》1983年第1期,第39—48页。

斯波义信:《宋代商业史研究》,庄景辉译,台北:稻禾出版社,1997年。

苏基朗:《唐宋时代闽南泉州史地论稿》,台北:商务印书馆,1990年。

苏基朗:《中国经济史的空间与制度:宋元闽南个案的启示》,《历史研究》2003年第1期,第35—43页。

王赓武:《南海贸易与南洋华人》,姚楠译,香港:中华书局,1998年。

吴澄:《临川吴文正公集》,《景印文渊阁四库全书》,台北:商务印书馆,1986年。

吴海航:《元代法文化研究》,北京:北京师范大学出版社,2000年。

吴海航:《元代条画与断例》,北京:知识产权出版社,2009年。

吴泰、陈高华:《宋元时期的海外贸易与泉州港的兴衰》,《海交史研究》1978年第1期。

吴文良、吴幼雄:《泉州宗教石刻》(增订本),北京:科学出版社,2005年。

吴幼雄:《泉州宗教文化》,厦门:鹭江出版社,1993年。

许泉:《泉州海外交通史概说》,《海交史研究》1978年第1期。

杨国桢主编:《闽南契约文书综录》,《中国社会经济史研究》1990年增刊。

杨一凡编:《皇明条法事类纂》,北京:科学出版社,1994年。

张星烺:《中西交通史料汇编》(第一册),北京:中华书局,1977年;2003年。

郑鹤声、郑一钧:《郑和下西洋资料汇编》,济南:齐鲁书社,1980年。

中国航海学会、泉州市人民政府编:《泉州港与海上丝绸之路》,北京:中国社会科学出版社,2003年。

中国航海学会:《古代航海史》,北京:人民交通出版社,1988年。

朱嘉仑:《论宋元时期泉州港的兴起与衰落》,广东省社会科学院硕士论文,2019年。

朱彧:《萍洲可谈》,李伟国点校,北京:中华书局,2007年。

庄炳章等:《泉州历代名人传》,晋江地区文物管理委员会,1982年。

庄为玑、郑山玉、李天锡:《泉州谱牒华侨史料与研究》,北京:中国华侨出版社,1998年。

祖生利、李崇兴点校:《大元圣政国朝典章·刑部》,太原:山西古籍出版社,2004年。

日文

梅原郁主编:《中國近世の法制と社會》,京都:京都大学人文科学研究所,1993年。

斯波义信:《宋代商業史研究》,东京:风间书房,1968年。

松浦章:《清代海外貿易史の研究》,京都:朋友书店,2002年。

松浦章:《中国の海商と海賊》,东京:山川出版社,2003年。

土肥祐子：《宋代南海貿易史の研究》，东京：汲古书院，2017年。

小叶田淳：《中世南島通交貿易史の研究》，东京：日本评论社，1939年（增补版：东京：临川书店，1993年）。

辛岛升：《十三世紀末における南インドと中国の間の交流—泉州タミル語刻文と元史馬八児伝をめぐって》，载榎博士颂寿纪念东洋史论丛编纂委员会编：《東洋史論叢：榎博士颂寿纪念》，东京：汲古书院，1988年。

英文

Abt, Oded. "Muslim Memories of Yuan-Ming Transition in Southeast China," in Francesca Fiaschetti and Julia Schneider eds., *Political Strategies of Identity Building in non-Han empires in China* (*Asiatische Forschungen* 157, Special Issue). Wiesbaden: Otto Harrassowitz, 2014, pp. 147-167.

Brook, Timothy. *Mr. Selden's Map of China: Decoding the Secrets of a Vanished Cartographer.* Toronto: House of Anansi Press, 2013.

Chaffee, John. "At the Intersection of Empire and World Trade: The Chinese Port City of Quanzhou (Zaitun), Eleventh-Fifteenth Centuries," in Hall, Kenneth R. ed. *Secondary Cities & Urban Networking in the Indian Ocean Realm, c. 1400-1800*. Lexington Books, 2008, pp. 99-122.

Chaffee, John. *Branches of Heaven: A History of the Imperial Clan of Sung China*. Cambridge, MA: Harvard University Asia Center, 1999.

Chen, Ta. *Emigrant Communities in South China*. Shanghai: Kelly and

Walsh Ltd, 1939.

Clark, Hugh R. "Muslims and Hindus in the Culture and Morphology of Quanzhou from the Tenth to the Thirteenth Century," *Journal of World History* 6.1 (1995): 49-74.

Clark, Hugh R. "Quanzhou (Fujian) During the Tang-Song Interregnum, 879-978," *T'oung Pao* 68 (1982): 132-149.

Clark, Hugh R. "The Religious Culture of Southern Fujian, 750-1450: Preliminary Reflections on Contacts across a Maritime Frontier," *Asia Major (Third Series)*19.1-2 (2006): 211-240.

Clark, Hugh R. *Community, Trade, and Networks: Southern Fujian Province from the Third to the Thirteenth Century.* New York: Cambridge University Press, 1991.

Gipouloux, François. *The Asian Mediterranean: Port Cities and Trading Networks in China, Japan and Southeast Asia, 13th-21st Century.* Trans. Jonathan Hall and Dianna Martin, Cheltenham and Northampton, MA: Edward Elgar Publishing, 2011.

Heng, Derek. *Sino-Malay Trade and Diplomacy from the Tenth through the Fourteenth Century.* Athens: Ohio University Press, 2009.

Maejima, Shinji. "The Muslims in Ch'üan-chou at the End of the Yuan Dynasty," *Memoirs of the Research Department of the Tōyō Bunko* 31 (1973): 7-51; 32 (1974): 47-71.

Schottenhammer, Angela. "China's Emergence as a Maritime Power," in John W. Chaffee and Denis Twitchett eds., *The Cambridge History of China: Volume 5, Sung China, 960-1279 AD, Part 2.* Cambridge: Cambridge University Press, 2015, pp. 437-525.

Schottenhammer, Angela. "Quanzhou's Early Overseas Trade: Local Politico-Economic Particulars During Its Period of Independence,"

Journal of Song Yuan Studies 29 (1999): 1-41.

Schottenhammer, Angela. "The Maritime Trade of Quanzhou from the 9th Through the 13th Centuries," in Stephan Conermann ed., *Der Indische Ozean in historischer Perspektive*. Hamburg: E. B.-Verlag, 1998, pp. 89-108.

Schottenhammer, Angela. *The Emporium of the World: Maritime Quanzhou, 1000-1400*. Leiden: E. J. Brill, 2001.

So, Billy K. L. *Prosperity, Region, and Institutions in Maritime China: The South Fukien Pattern, 946-1368*. Cambridge, MA: Harvard University Asia Center and Harvard University Press, 2000.

Wang, Gungwu. *The Nanhai Trade: The Early History of Chinese Trade in the South China Sea*. Singapore: Times Academic Press, 1998.

法文

Allès, Élisabeth. *L'Islam de Chine: un Islam en Situation Minoritaire*. Paris: Karthala / Institut d'études de l'Islam et des sociétés du monde musulman, 2013.

Chen, Da-sheng. "Recherches sur l'Histoire de la Communauté Musulmane de Quanzhou (Fujian-Chine)," M. A. Thesis, EHESS, 1989.

Chen, Da-sheng, and Ludvik Kalus. *Corpus d'Inscriptions Arabes et Persanes en Chine*. Paris: P. Geuthner, 1991.

Gipouloux, François. *La Méditerranée Asiatique: Villes Portuaires et Réseaux Marchands en Chine, au Japon et en Asie du Sud-Est, XVIe-XXIe Siècle*. Paris: CNRS Éditions, 2009.

瀛寰识略

Yang, Qinzhang, Dasheng Chen, Lombard Denys, Salmon Claudine. "Récentes Découvertes à Quanzhou (Zaitun)," *Archipel* 39 (1990): 81-91.

德文

Conermann, Stephan, ed. *Der Indische Ozean in historischer Perspektive* (Asien und Afrika. Beiträge des Zentrums für Asiatische und Afrikanische Studien (ZAAS) der Christian-Albrechts-Universität zu Kiel). Hamburg: E. B.-Verlag, 1998.

Schottenhammer, Angela. *Das songzeitliche Quanzhou im Spannungsfeld zwischen Zentralregierung und maritimem Handel.* Sttutgart: Franz Steiner Verlag, 2002.

后记

本书起于一个偶然的机缘。漓江出版社上海中心总监彭毅文想推出一些历史类作品,于是委托蔡伟杰代为寻觅。伟杰兄原先想设计一个宏大的系列,后因各种原因搁置。但既然他问是否能结集一些已刊论文,我自然义不容辞,很快着手编选了一批论文、札记、书评、通讯和译文。经出版社讨论和采选,最后确定收入这19篇,分为"中国与东南亚""印度洋与太平洋""全球史与海洋史"三部分,如果要用拔高的话讲,那就是"立足东南亚,兼及印太,放眼全球"。

第一部分内容集中在中国与东南亚之间,各篇分载《南洋问题研究》《东南亚研究》《明代研究》《全球史评论》《海洋史研究》《中国史研究动态》。第二部分横跨印度洋和太平洋,各篇分载《海洋史研究》《国家航海》《台湾研究集刊》,还有部分来自国家社会科学基金中国历史研究院重大项目"中国与现代太平洋世界关系研究(1500—1900年)"子课题内容。空间上而言,正好与上一部分纵横相追,互为经纬。第三部分各篇分载《中外关系史学会40年回顾与展望暨纪念韩振华先生诞辰100周年学术研讨会论文集》《丝瓷之路》《历史人类学学刊》《清史研究国际通讯》，还有部分来自福建省"海上丝绸之路沿线国家（泉州）司法合作国际论坛"委托课题内容。这一部分跳出特定区域，是关于世界范围内各种"联系"的历史，从欧洲到中国、从大西洋到东南亚，在海洋史、中外关系史、全球史的框架内重新审视中国史和世界史的分野、区域划分、学科设置、科际协调、资源投放、研究导向、观念变迁等诸多问题，反映了活在时代进程中的作者的所闻所想和苦苦挣扎。

　　需要指出的是，限于篇幅和体例，一些访谈杂文、与全球联系有关但侧重经济史的篇目和英文论文并未收入本书。《限隔山海》中的两篇因与第一部分主题高度契合，暂以原刊论文的形式收入，另补充新的发现。此外，硕士论文《明代南直隶海防研究》和博士论文《陆海无疆：会安、巴达维亚和马尼拉的闽南离散族群：1550—1850》(*Beyond the Land and Sea: Diasporic South Fujianese in Hội An, Batavia, and Manila, 1550-1850*)的章节篇目均未收入，将各自作为专著另行出版。感谢欧阳泰、万志英、贝卡·科尔霍宁三位先生慨允，我的少量译注与他们的佳作是完全不相称的。事实上，正是在对他们论著的不断学习中，个人的相关研究才得以不断增强。陈冠华是我大学同学和室友，当时我们一起奋战校译，欧阳泰一文的校对惠我良多。科尔霍宁一文则是他主译和用心打磨的结果，我可以说更像是狗尾续貂，一起最后完成了这两篇的修正。万志英一文则是周鑫和罗燊英两位学长学姐帮我校对修正的，完善了很多问题。王潞和王一娜作为责编更像无名幕后英雄，编译润饰颇为辛苦。也感谢孔令伟、蔡伟杰、卢正恒、于帅几位参与会议稿讨论和整理的共同作者，三篇译文和两篇通讯纪要得以一并收入，为本书增色不少。收入本书的各篇，有些在发表后仍发现小错误，也在此一并订正。刘浦江老师曾说怀疑很多学者声称论文集一仍原貌不过是为自己的懒惰找借口，为了与自己的慵懒作斗争，本次除对书稿进行通校、统一各篇注释格式之外，对若干不满意的篇章也进行了一定的内容补充和修改。校书如扫落叶，随扫随有，所以也只能说是尽量予以完善。感谢王雯及匿名审稿专家帮忙纠偏挑错，少却贻笑大方之处颇多。拣选篇目和审订校对工作相当繁琐，衷心感谢肖月编辑的意见和耐心。由于所涉内容前后写作时间很长，要感谢的人也难以一一列举，只能书成再分赠致意。

以"立足南洋观察，思考两洋体系"的要求看，本书是远远不够的，希望以后在此领域能不断进步，完成诸如"全球史下的东南亚""东南亚华人研究方法论"等课程教案或"15—18世纪的环南海世界"等一些构想的宏大课题写作。作为"前菜"，本书只能说稍稍打开了一扇观察之门，是为"识略"。翻阅这些篇目，从最早2006年翻译的《荷兰东印度公司与中国海寇（1621—1662）》，到最晚2021年秋冬定稿的《纵横：如何理解印度洋史》，整整16年过去了！白驹过隙流年逝，日月如梭竟日驰，不禁自我感叹一番。是为记。

2022年夏至于鹭岛

胭砚计划

~~~~~~~

东洋志:

《锁国: 日本的悲剧》, [日] 和辻哲郎著, 郎洁译

《战斗公主 劳动少女》, [日] 河野真太郎著, 赫杨译

《给年轻读者的日本亚文化论》, [日] 宇野常宽著, 刘凯译

《青春燃烧: 日本动漫与战后左翼运动》, 徐靖著

《同盟的真相: 美国如何秘密统治日本》, [日] 矢部宏治著, 沙青青译

《昭和风, 平成雨: 当代日本的过去与现在》, 沙青青著

《平成史讲义》, [日] 吉见俊哉编著, 奚伶译

《平成史》, [日] 保阪正康著, 黄立俊译

《一茶, 猫与四季》, [日] 小林一茶著, 吴菲译

《暴走军国: 近代日本的战争记忆》, 沙青青著

《古寺巡礼》, [日] 和辻哲郎著, 谭仁岸译

《造物》, [日] 平凡社编, 何晓毅译

太阳石:

《鲁尔福: 沉默的艺术》, [西] 努丽娅·阿马特著, 李雪菲译 (即将出版)

《达里奥: 镜中的预言家》, [秘鲁] 胡里奥·奥尔特加著, 张礼骏译 (即将出版)

《科塔萨尔: 我们共同的国度》, [乌拉圭] 克里斯蒂娜·佩里·罗西著, 黄韵颐译

《巴罗哈: 命运岔口的抉择》, [西] 爱德华多·门多萨著, 卜珊译

《皮扎尼克: 最后的天真》, [阿根廷] 塞萨尔·艾拉著, 汪天艾、李佳钟译

《多情的不安》, [智利] 特蕾莎·威尔姆斯·蒙特著, 李佳钟译

《在大理石的沉默中》, [智利] 特蕾莎·威尔姆斯·蒙特著, 李佳钟译

《〈李白〉及其他诗歌》，[墨]何塞·胡安·塔布拉达著，张礼骏译

《珠唾集》，[西]拉蒙·戈麦斯·德拉·塞尔纳著，范晔译

《阿尔塔索尔》，[智利]比森特·维多夫罗著，李佳钟译

《自我的幻觉术》，汪天艾著

《群山自黄金》，[阿根廷]莱奥波尔多·卢贡内斯著，张礼骏译

《诗人的迟缓》，范晔著

巴西木：

《这帮人》，[巴西]希科·布阿尔克·德·奥兰达著，陈丹青译，樊星校

《一个东方人的故事》，[巴西]米尔顿·哈通著，马琳译

《抗拒》，[巴西]胡利安·福克斯著，卢正琦译

《歪犁》，[巴西]伊塔马尔·维埃拉·茹尼尔著，毛凤麟译，樊星校

《表皮之下》，[巴西]杰弗森·特诺里奥著，王韵涵译

努山塔拉：

《瀛寰识略》，陈博翼编著

其他：

《少年世界史·近代》，陆大鹏著

《少年世界史·古代》，陆大鹏著

《男孩的心与身——13岁之前你要知道的事情》，[日]山形照惠著，张传宇译

《噢，孩子们——千禧一代家庭史》，王洪喆主编

《大欢喜：论语章句评唱》，李永晶著

《回放》，叶三著

《雪岭逐鹿：爱尔兰传奇》，邱方哲著

《故事新编》，刘以鬯著

《亲爱的老爱尔兰》，邱方哲著

《说吧，医生1》，吕洛衿著

《说吧，医生2》，吕洛衿著

《天命与剑：帝制时代的合法性焦虑》，张明扬著

《现代神话修辞术》，孔德罡著

《看得见的与看不见的》，[法]弗雷德里克·巴斯夏著，于海燕译